高等学校计算机科学与技术应用型教材

计算机网络教程

主编　溪利亚　彭文艺　苏莹

北京邮电大学出版社
www.buptpress.com

内 容 简 介

本书是华中科技大学武昌分校精品课程建设成果。本书以“重基础，强素质，重实践，重应用”为宗旨，以满足读者学习网络基础知识、网络构建和网络应用的需要，比较全面系统地介绍了计算机网络的发展、基本概念、原理体系结构、数据通信技术、局域网技术、网络互连技术和因特网技术。全书分两个部分，第一部分以理论教学为主，第二部分以实践教学为主。每章课后附有习题，并为任课老师免费提供电子课件。

本书编排方式新颖，内容基础性强，概念清晰，逻辑严谨，实验教学源于生活中的网络应用，实用性强。本书适合作为高校计算机专业和理工类网络课程教材，也可作为从事计算机与信息技术应用的工程技术人员的参考用书。

图书在版编目(CIP)数据

计算机网络教程 /溪利亚，彭文艺，苏莹主编 .--北京：北京邮电大学出版社，2014.1(2016.6 重印)
ISBN 978-7-5635-3822-5

Ⅰ.①计… Ⅱ.①溪… ②彭… ③苏… Ⅲ.计算机网络—高等学校—教材 Ⅳ.①TP393

中国版本图书馆 CIP 数据核字(2013)第 315349 号

书　　名：计算机网络教程
著作责任者：溪利亚　彭文艺　苏莹　主编
责 任 编 辑：刘春棠
出 版 发 行：北京邮电大学出版社
社　　址：北京市海淀区西土城路 10 号(邮编：100876)
发 行 部：电话：010-62282185　传真：010-62283578
E-mail：publish@bupt.edu.cn
经　　销：各地新华书店
印　　刷：北京源海印刷有限责任公司
开　　本：787 mm×1 092 mm　1/16
印　　张：20
字　　数：493 千字
印　　数：3 001—4 500 册
版　　次：2014 年 1 月第 1 版　2016 年 6 月第 2 次印刷

ISBN 978-7-5635-3822-5　　定　价：40.00 元

前　　言

计算机网络是当今计算机科学与工程中迅速发展的新兴技术，也是计算机应用中一个空前活跃的领域。计算机网络改变了人们的工作和生活方式，网络技术已广泛用于办公自动化、企业管理、金融与商业电子化、军事、科研与教育、信息服务、医疗与卫生等领域。计算机网络技术是广大学生学习的一门重要课程，也是新世纪人才要掌握的重要基本技能之一。

计算机网络技术发展至今，已有40多年的历史，形成了比较完善的体系。计算机网络知识内容庞大复杂，课程具有理论性、实践性、应用性强，知识更新快，信息量大，多学科交叉等特点。为了满足计算机网络课程学习的需要，在有限的教学学时内，将这门课的基本理论、基本知识讲透讲懂，而且让学生掌握基本的实际网络技能，就需要计算机网络课程的教学主动适应社会需求，理论与实践并重，有机地组织教学内容。我们从重基础、强实用的角度出发，针对三本院校学生学习的特点，编写了本书。

本书分两个部分，第一部分以理论教学为主，第二部分以实践教学为主。第一部分分6章，各章之间的结构关系如下：

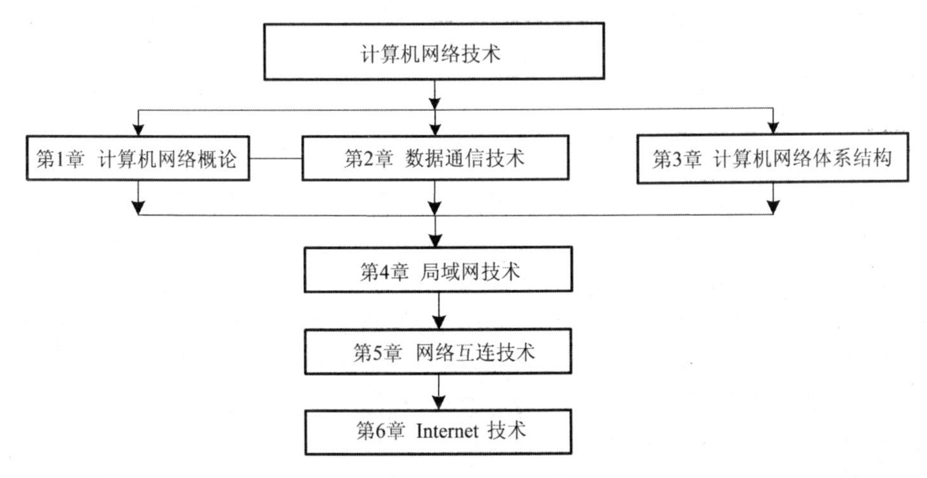

第1章介绍了计算机网络的基本概念、组成、性能指标和发展趋势，这是全书的基本。

第2章介绍了数据通信的基本概念、传输媒体、信道复用技术和数据交换技术等，为初学者奠定数据通信技术的基础。

第3章介绍了计算机网络的体系结构，对OSI参考模型与TCP/IP参考模型进行了比较和分析，初步为学习者奠定了计算机网络架构的思想。

第4章介绍了局域网的特点、体系结构、以太网技术、局域网互连技术、虚拟局域网技术、无线局域网技术，以及结构化布线技术等。

第5章介绍了网络互连的基本概念、类型、互连网络协议IP、虚拟互连网络的概念、与之配合使用的ARP、RARP、ICMP的作用，重点介绍了IP地址与硬件地址的关系、路由器转发分组的流程、子网与子网掩码等关键技术，以及NAT、IPv6和运输层的TCP、UDP的基本概念。通过本章的学习，能让学生切实了解因特网是怎样工作的。

第6章介绍了Internet的发展历程、接入方式，以及常用的Internet应用，为学习者提供系统的网络应用技术知识和应用指导。

计算机网络课程不仅是一门理论性很强的课程，同时也是一门实践性很强的课程。学生必须通过严格的实践训练才能真正掌握和深入理解计算机网络的基本理论。计算机网络课程实践教学的设计思想的重点是理论与实践相结合，使学生真正掌握计算机网络的基本理论和技术，并使其分析问题、解决问题和创新的能力进一步提高，以及充分调动学生学习的积极性和能动性，培养学生良好的学习方法与获取知识的能力，能更好地适应社会，走向社会。

本书的实验部分依据计算机网络课程的脉络，由浅入深地设计安排了9个实验。实验内容由易到难以满足不同层次基础的学生需求，授课形式采用课内外实践结合的方式，充分体现"双主"的"以学生为主体，以教师为主导"教学模式。"以教师为主导"，把握学生基本知识的考核，并以参与者、协助者的身份积极主动地指导学生并帮助其解决问题。"以学生为主体"，充分调动学生的积极性和能动性，鼓励学生充分利用课外时间开展实践，着力培养学生良好的自主学习能力与获取知识的能力。计算机网络实践内容分为两个层次如下所示：

目的	技能与实验
基本技能	常用网络设备、网线制作
	网络测试与管理命令
	组建 Windows 环境下的局域网与共享资源
中级技能	网页的制作、发布和测试
	应用服务器的搭建
	静态路由
	宽带接入网络和无线局域网
高级技能	网络数据包的监听和分析
	编写简单的客户/服务器程序

第一层次是基本技能训练和中级技能训练，适用于普通理工类专业，主要包括网络设备和网线制作、网络测试与管理命令、组建 Windows 环境下的局域网与共享资源、宽带接入网络等4个实验(建议课外完成)，以及网页制作、应用服务器搭建和静态路由3个实验(建议课内完成)。

第二层次是高级技能训练，适用于对计算机网络要求较高的计算机专业和学有余力的优秀学生，培养他们的创新精神、动手能力和协议分析能力，包括网络数据包的监听和分析、编写简单的客户/服务器程序2个实验(建议课内完成)。

为了使读者能检查学习效果，每章课后附有习题，并为任课老师提供电子课件。习题注重对知识的灵活应用，与实际紧密结合。

本书第1章、第4章、第5章及实践教学部分由溪利亚编写，第2章、第3章由彭文艺编写，第6章由苏莹编写。溪利亚老师制定了本书的编写大纲，并对全书进行了统稿。

本书在编写过程中得到了欧阳星明教授、顾兵教授和聂兵老师的关心和帮助，在此表示衷心的感谢。

限于编者的学术水平，错误和不妥之处在所难免，敬请读者批评指正。编者的电子邮件地址为：lucy_xz@163.com。

编者

于华中科技大学武昌分校，武汉

目　　录

第1部分　理论篇

第1章　计算机网络概述 …… 3

1.1　计算机网络的基本概念 …… 3
1.1.1　计算机网络的产生和发展 …… 3
1.1.2　计算机网络的定义 …… 6
1.1.3　计算机网络的功能 …… 7
1.2　计算机网络的组成 …… 8
1.2.1　计算机网络的组成 …… 8
1.2.2　Internet的组成 …… 9
1.3　计算机网络的分类 …… 13
1.3.1　不同覆盖范围的网络 …… 13
1.3.2　不同使用者的网络 …… 14
1.4　计算机网络的性能 …… 14
1.4.1　计算机网络的性能指标 …… 14
1.4.2　计算机网络的非性能指标 …… 16
1.5　我国互联网应用的发展 …… 17
1.5.1　我国互联网网民数量增长情况 …… 17
1.5.2　我国互联网网民接入方式的变化 …… 18
1.5.3　我国互联网基础资源的使用情况 …… 18
1.5.4　我国互联网应用情况分析 …… 19
1.6　计算机网络的发展趋势 …… 24
习题1 …… 26

第2章　数据通信技术 …… 28

2.1　数据通信的基本概念 …… 28
2.1.1　信息、数据、信号和信道 …… 28
2.1.2　数据通信系统 …… 29
2.2　数据传输介质 …… 32

2.2.1 导向传输媒体…… 32
2.2.2 非导向传输媒体…… 37
2.3 信道复用技术…… 39
2.3.1 频分多路复用…… 40
2.3.2 时分多路复用…… 40
2.3.3 波分多路复用…… 41
2.4 数据交换技术…… 42
2.4.1 线路交换…… 42
2.4.2 报文交换…… 43
2.4.3 分组交换…… 44
2.4.4 交换技术比较…… 47
2.5 数据通信方式…… 49
2.5.1 串行通信和并行通信…… 49
2.5.2 数据传输的同步技术…… 50
2.5.3 数据通信的方式…… 51
2.5.4 信号的传输方式…… 52
2.6 数据编码技术…… 53
2.6.1 数字信号模拟化时的编码方法…… 53
2.6.2 模拟信号数字化时的编码方法…… 54
2.6.3 数字数据编码…… 55
2.7 差错控制技术…… 57
2.7.1 差错产生的原因…… 57
2.7.2 差错控制方法…… 57
2.7.3 差错控制编码…… 58
习题 2 …… 62

第 3 章 计算机网络体系结构 …… 64

3.1 网络体系结构概述…… 64
3.1.1 网络体系结构…… 65
3.1.2 网络层次结构及相关概念…… 66
3.1.3 网络协议…… 67
3.1.4 网络服务…… 68
3.2 OSI 参考模型…… 69
3.2.1 OSI 参考模型的结构…… 69
3.2.2 OSI 参考模型中数据的流动…… 75

3.3　TCP/IP 参考模型 …… 78
3.4　OSI 参考模型和 TCP/IP 参考模型的比较 …… 79
习题 3 …… 81

第 4 章　局域网 …… 83

4.1　局域网概述 …… 83
4.1.1　局域网的特点 …… 83
4.1.2　局域网的关键技术 …… 83
4.1.3　局域网的体系结构 …… 85
4.1.4　IEEE 802 标准系列 …… 86
4.2　以太网概述 …… 86
4.2.1　以太网的工作原理 …… 86
4.2.2　传统以太网的连接方法 …… 93
4.3　局域网互连技术 …… 94
4.3.1　共享式介质局域网互连(在物理层互连以太网) …… 94
4.3.2　交换式局域网互连(在数据链路层互连以太网) …… 99
4.4　虚拟局域网 …… 108
4.4.1　虚拟局域网的概念 …… 108
4.4.2　虚拟局域网的实现方式 …… 109
4.4.3　虚拟局域网的应用特点 …… 110
4.5　高速局域网 …… 112
4.5.1　高速局域网的发展 …… 112
4.5.2　快速以太网 …… 113
4.5.3　吉比特以太网 …… 113
4.5.4　10 吉比特以太网 …… 115
4.5.5　光纤分布式数据接口 …… 116
4.6　无线局域网与 IEEE 802.11 协议 …… 118
4.6.1　无线局域网的概念 …… 118
4.6.2　无线局域网的应用 …… 118
4.6.3　无线局域网标准 …… 119
4.7　局域网结构化综合布线 …… 121
4.7.1　结构化布线的优点 …… 121
4.7.2　结构化布线系统的组成 …… 122
4.7.3　结构化综合布线系统的设计要点 …… 123
习题 4 …… 124

第5章 网络互连技术 …… 127

5.1 网络互连概述 …… 127
5.2 互连网络协议 TCP/IP …… 128
5.3 因特网网际协议 IP …… 129
5.3.1 IP 地址 …… 131
5.3.2 IP 地址与硬件地址 …… 136
5.3.3 地址解析协议和逆地址解析协议 …… 138
5.3.4 IP 层转发分组的流程 …… 142
5.3.5 子网与子网掩码 …… 145
5.3.6 网际控制报文协议 …… 151
5.4 网络地址转换 …… 153
5.5 IPv6 …… 155
5.6 因特网传输层协议 …… 157
习题 5 …… 160

第6章 Internet 技术 …… 164

6.1 Internet 概述 …… 164
6.1.1 Internet 的概念 …… 164
6.1.2 Internet 的发展历程 …… 165
6.1.3 Internet 的标准化工作 …… 167
6.2 Internet 的接入 …… 168
6.3 域名系统 …… 170
6.3.1 域名系统概述 …… 170
6.3.2 Internet 的域名结构 …… 171
6.3.3 域名服务器 …… 172
6.4 WWW 服务 …… 175
6.4.1 统一资源定位符 …… 176
6.4.2 超文本传输协议 …… 176
6.4.3 超文本标记语言 …… 178
6.4.4 搜索引擎 …… 179
6.5 E-mail 服务 …… 179
6.6 FTP 服务 …… 181
6.7 Telnet 服务 …… 183
6.8 网络管理 …… 185

6.8.1　网络管理的目的和内容 …… 185
6.8.2　网络管理系统的构成 …… 185
6.8.3　网络管理系统的功能 …… 186
6.8.4　简单网络管理协议 …… 186
习题 6 …… 187

第 2 部分　实验篇

实验 1　常用网络设备 …… 193
实验 2　网络测试与管理命令 …… 204
实验 3　组建 Windows 环境下的局域网与共享资源 …… 211
实验 4　网页制作相关技术概述 …… 224
实验 5　应用服务器的搭建 …… 229
实验 6　静态路由 …… 254
实验 7　宽带接入网络和无线局域网 …… 259
实验 8　网络数据包的监听和分析 …… 267
实验 9　编写简单的客户/服务器程序 …… 278
参考文献 …… 307

第 1 部分
理论篇

第1章
计算机网络概述

计算机网络是计算机技术与通信技术相互渗透和结合的产物，以 Internet 为代表的计算机网络对当今人类社会的生活、科技、教育、文化与经济发展都有着深远的影响。计算机网络已经成为信息社会的命脉和发展知识经济的重要基础，成为人们日常生活和工作中不可缺少的工具，人类已进入以网络为核心的信息时代。本章从网络的产生和发展开始，全面介绍计算机网络的功能、组成、性能、应用和未来的发展趋势等相关知识。

本章主要讨论以下问题：

○ 计算机网络是如何产生和发展的？

○ 什么是计算机网络？

○ 计算机网络可以为我们做什么？

○ 计算机网络是如何构成的？

○ 计算机网络可以分为哪几种类型？

○ 如何衡量计算机网络的性能？

○ 计算机网络未来的发展趋势如何？

1.1 计算机网络的基本概念

1.1.1 计算机网络的产生和发展

计算机网络始于20世纪50年代，是为了满足人们对数据通信和资源共享的需求而产生的。计算机网络是计算机技术和通信技术结合的产物，计算机技术和通信技术的飞速发展给计算机网络的产生提供了可能。通信技术为计算机之间交流信息和数据提供了手段，计算机技术渗透到通信技术中，提高了通信技术的各种性能，包括智能和速度。纵观计算机网络发展的历程，从形成到成熟，历经了4个阶段。

1. 第一个阶段：以主机为中心的计算机网络(20世纪50年代)

1946年世界上第一台电子数字计算机 ENIAC 问世，当时计算机技术与通信技术并没有直接的联系。20世纪50年代初，由于美国军方的需要，美国半自动地面防空系统(Semi-Automatic Ground Enviroment, SAGE)将远程雷达信号、机场与防空部队的信息，通过无线、有线线路和卫星信道传送到位于美国本土的一台 IBM 计算机进行处理，有线和无线通信线路总长度超过了241 km。这项研究开始了计算机技术与通信技术相结合的尝试，出现了第一代计算机网络，如图 1-1 所示。人们把这种以单个计算机为中心的联机系统称为以主机为中心的联机系统，它是一种典型的计算机通信网络。20 世纪 60 年代初，美国航空公司建成由一台主机与分布在全美的 2 000 多个终端组成的航空订票系统 SABRE-1。

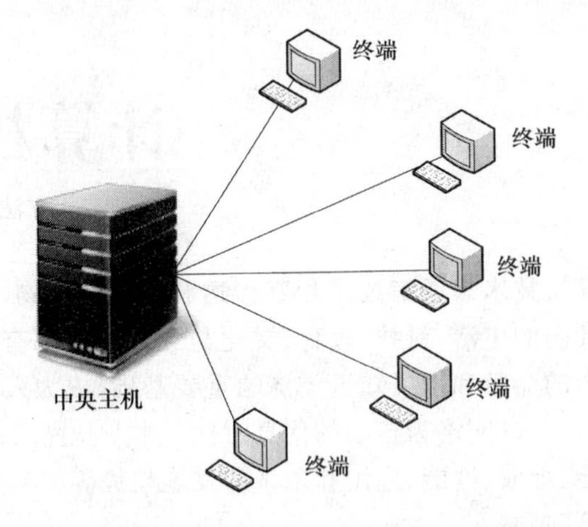

图 1-1　以计算机为中心的计算机网络

这种网络结构简单，以主机为中心，集中控制，终端主要依赖于电话网络与中央主机分时进行数据通信。系统中如果中央主机的负荷较重，会导致系统响应时间过长；单机系统的可靠性一般也较低，一旦中央主机发生故障，将导致整个网络系统瘫痪。

2. 第二个阶段：计算机-计算机网络（20 世纪 60 年代中期到 70 年代中期）

随着计算机应用技术和通信技术的进步，军事、科研、企业与政府希望将分布在不同地点的计算机通过通信线路互连，使网络用户可以使用本地计算机上的软件、硬件和数据资源，也可以使用联网的其他计算机的软件、硬件与数据资源。同时，为了弥补第一代计算机网络的不足，提高网络的可靠性和可用性，设计出了将多台计算机相互连接的第二代计算机网络，如图 1-2 所示。这个阶段的计算机网络采用了分组交换技术构成的通信网络实现计算机与计算机的互连，人们把这种网络称为以分组交换网络为中心的计算机网络。

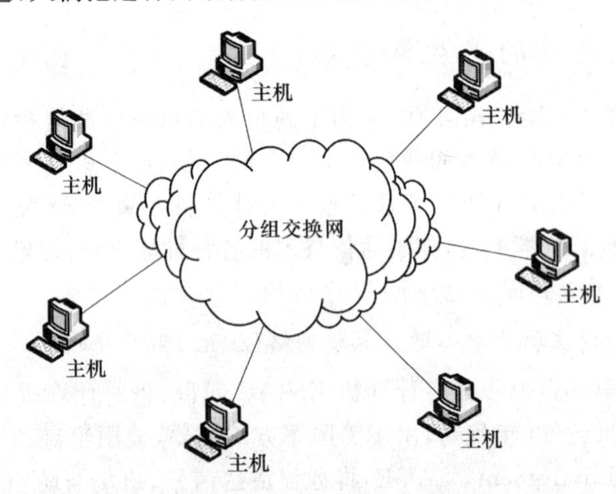

图 1-2　以分组交换为中心的计算机网络

第二代计算机网络的典型代表是美国国防部高级研究计划局(Advanced Research Project Agency,ARPA)的ARPANET(通常称为ARPA网)。1969年,ARPA提出将多个大学、公司和研究所的计算机互连的课题。1969年ARPANET只有4个节点,以电话线作为主干网络,到1973年ARPANET发展到了40个节点,进入工作阶段。此后,ARPANET规模不断扩大,1983年已经达到100个节点,通过无线、有线与卫星通信线路,使网络覆盖从美国本土到夏威夷甚至欧洲的广阔地域。

ARPANET是计算机网络发展的重要里程碑。ARPANET的研究提出了资源子网、通信子网的两级网络结构的概念;研究了报文分组交换的数据交换方法;采用了层次化的网络体系结构模型与协议体系,促进了TCP/IP的发展,为Internet的形成奠定了基础。

3. 第三个阶段:网络体系结构标准化阶段(20世纪70年代中期到80年代末期)

经过20世纪60年代到70年代前期的发展,人们对组网技术、方法和理论的研究日趋成熟,为了促进网络产品的开发,各大计算机公司纷纷制定自己的网络技术标准。IBM公司为了使自己公司制造的计算机易于联网,并有标准可循,使网络的系统软件、网络硬件具有通用性,1974年首先提出了完整的计算机网络体系结构化的概念,宣布了SNA标准。IBM公司用SNA作为标准建立起来的网络称为SNA网,用户可以非常容易地将IBM各系列和型号的计算机互连构建网络。然而,为了增强计算机产品在世界市场的竞争能力,其他公司也都公布了自己的网络体系结构标准,例如,DEC公司公布了DNA(数字网络系统结构),Univac公司公布了DCA(数据通信体系结构)等。这样就形成了各计算机制造厂商网络体系结构标准化。

各个公司都有自己的网络体系结构,就使得各公司自己生产的各种设备容易互连成网,有助于该公司垄断自己的产品。但是,随着社会的发展,不同网络体系结构的用户迫切要求能互相交换信息。

为了使不同体系结构的计算机网络都能互连,国际标准化组织(ISO)于1977年成立专门机构研究这个问题。1978年ISO提出了“异种机联网标准”的框架结构,这就是著名的开放系统互联(Open System Interconnection,OSI)参考模型。只要遵循OSI标准,一个系统就可以和位于世界上任何地方、也遵循这同一标准的其他任何系统进行通信。OSI得到了国际上的承认,几乎所有网络产品厂商都纷纷表示支持OSI,大大地推动了计算机网络的发展,成为其他各种计算机网络体系结构依照的标准。

20世纪80年代,微型计算机的发展、普及推动了企业内部的微型计算机与智能设备的互连需求,从而带动了局域网技术的高速发展。局域网厂商从一开始就按照标准化、互相兼容的方式竞争,1980年,IEEE 802委员会制定了局域网标准,极大地促进了局域网的发展和成熟。

4. 第四个阶段:Internet的广泛应用(20世纪90年代后)

1993年,美国政府宣布实施“国家信息基础结构(NII)行动计划”。NII即Nation Information Infrastructure的缩写,也称为“国家信息基础设施”。这个计划要求在全美建成通达全国各地的信息高速公路,也即一个由通信网、计算机、信息资源、用户信息设备与人构成的互连互通、无所不在的信息网络。人们常用“信息高速公路”来形象而生动地形容这个计划。

1994年,美国又提出了建立“全球信息基础结构(GII)”的计划,建议将各国的NII互连起来组成世界范围的信息基础结构。GII 的形成使 Internet 的发展进入了一个新的阶段。

20 世纪 90 年代以后,以 Internet 为代表的计算机网络得到了飞速发展,推动了科学、文化、经济和社会的发展。Internet 中的信息资源涉及商业、医疗卫生、科研教育、休闲娱乐、金融、政府管理等。用户可以使用 Internet 上提供的 WWW、电子邮件与 FTP 服务,也可以通过 Internet 与朋友聊天,发表自己的见解或寻求帮助。

Internet 的广泛应用和高速网络技术的发展使得移动网络、网络多媒体计算、网络并行计算、存储区域网、云计算和物联网等正在成为新的网络研究热点。

1.1.2 计算机网络的定义

1. 计算机网络的定义

计算机网络在发展的不同阶段或从不同的角度,有着不同的含义。目前,关于计算机网络的定义可以分为 3 类:广义的观点、资源共享的观点和用户透明性的观点。

广义的观点指出计算机网络是“在某种协议控制下由一台或多台计算机、若干台终端设备、数据传输设备,以及用于终端和计算机之间或者若干台计算机之间数据流动的通信设备所组成的系统的集合”。计算机网络中的协议就是通信双方为了实现通信所建立的标准、规则或约定。协议由语义、语法和时序 3 部分组成。语义规定通信双方彼此“讲什么”,即确定协议元素的类型,如规定通信双方要发出的控制信号、执行的动作和返回的应答;语法规定通信双方彼此“如何讲”,即确定协议元素的格式,如数据和控制信息的格式;时序(同步)规定事件执行的顺序,即确定通信过程中通信状态的变化。

资源共享的观点能够准确地描述现阶段计算机网络的基本特征,将计算机网络定义为“以相互共享资源(硬件、软件和数据等)方式连接起来的、各自具备独立功能的计算机系统的集合”。按照资源共享的观点,现阶段计算机网络的基本特征主要表现在以下 3 个方面。

(1) 计算机网络建立的目的是实现计算机资源的共享。计算机资源包括计算机硬件、软件和数据。网络用户不仅可以使用本地资源,而且可以通过互联网络访问远程计算机资源,还可以调用网络中的计算机协同完成某项工作。

(2) 互连的计算机是分布在不同地理位置、具有独立处理能力的自主计算机。在计算机网络中计算机之间没有主从关系,所有计算机都是平等独立的,既可以联网工作,也可以独立工作。

(3) 互连计算机之间的通信必须遵循共同的网络协议。计算机网络由多个节点互连组成,节点之间要有条不紊地交换数据,每个节点之间就必须遵循事先约定好的通信规则,就是我们所说的协议。这就和人们之间交流是一样的,没有共同语言,交流就会有障碍。

用户透明性的观点定义了计算机网络中“存在着一个能为用户自动统一管理资源的网络操作系统,由它调用完成用户任务所需要的资源,而整个网络像一个大的计算机系统一样对用户透明”。严格地说,用户透明性观点的定义描述是一种分布式计算机系统(Distribute Computer System),简称为分布式系统。它基于计算机网络,也区别于计算机网络。计算机网络与分布式系统的共同点主要表现在:一般的分布式系统建立在计算机网络之上,因此二者在物理结构上基本相同。两者的区别主要表现在:分布式操作系统与网络操作系统的设计思想不同,因此它们的结构、工作方式与功能也不同。计算机网络为分布式系统的研究提供了技术基础,而分布式系统是计算机网络发展的高级阶段。

尽管计算机网络技术及其应用已经取得了很大的进步,新的技术不断涌现,但是从资源共享的观点定义计算机网络仍然能准确地描述现阶段计算机网络的基本特征。

2. 网络的网络

在对计算机网络有了一个初步理解后,我们更进一步来看看计算机网络、互联网(互连网)以及 Internet 的关系。

网络是由若干个节点和连接这些节点的链路组成的。网络中的节点可以是计算机、集线器、路由器、交换机等网络设备,如图 1-3(a)所示,三台计算机通过三条链路连接到一个集线器上,构成了一个简单的网络。一般地,我们可以用一朵云表示一个网络。网络和网络可以通过路由器互连起来,这样就构成了一个覆盖范围更大的网络,即互联网(或互连网),如图 1-3(b)所示。因此互联网是"网络的网络"(Network of Networks)。而 Internet 是世界上最大的互联网(用户数以亿计,互连的网络数以百万计)。Internet 通常也用一朵云来表示,如图 1-3(c)所示,表示许多主机连接在 Internet 上。

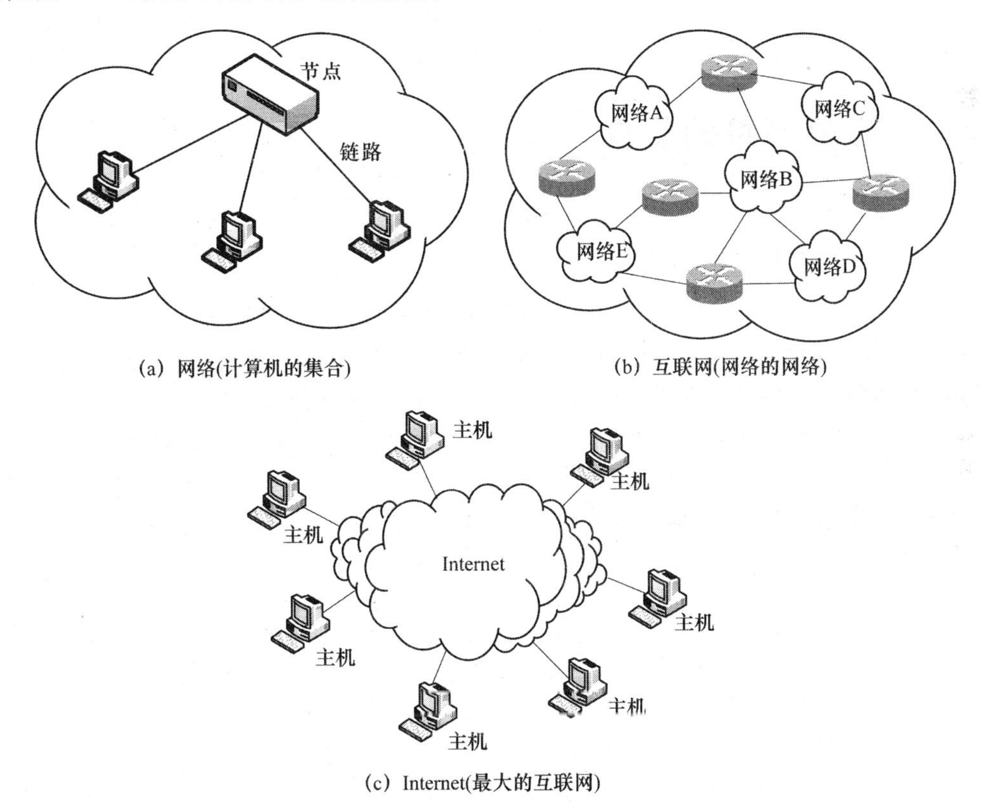

(a) 网络(计算机的集合)　　(b) 互联网(网络的网络)

(c) Internet(最大的互联网)

图 1-3 网络、互联网、Internet 的概念

因此,我们可以这样理解:网络是许多计算机互连的集合,Internet 是许多网络互连的集合。世界上最大的互联网就是 Internet,Internet 也是一种计算机网络。

1.1.3 计算机网络的功能

计算机网络向用户提供的最重要的功能有两个,即资源共享和数据通信。

资源共享是计算机网络最具吸引力的功能,用户可以共享网络中的各种硬件和软件资源，使网络中各地区的资源互通有无、分工协作，从而提高系统资源的利用率。利用计算机网络可以共享主机设备，如中型机、小型机、工作站等，以完成特殊的处理任务；可以共享一些较高级和昂贵的外部设备，如激光打印机、绘图仪、数字化仪、扫描仪等，以节约投资；更重要的是，利用计算机网络共享软件、数据等信息资源，从而避免了投资浪费，大大提高了资源的利用率。

数据通信是计算机网络的基本功能之一，用以实现计算机与终端或计算机与计算机之间传送各种信息。利用这一功能，用户之间的距离变得更近了，地理位置分散的生产单位或业务部门可通过计算机网络连接起来进行集中的控制和管理，如通过计算机网络实现铁路运输的实时管理与控制，提高铁路运输能力。

在日常社会活动中可以利用计算机网络加强相互间的通信，如通过网络上的文件服务器交换信息和报文、发送电子邮件、相互协同工作等。计算机网络改变了利用电话、信件和传真机通信的传统手段，也解除了利用软盘和磁带传递信息的不便，从而一方面提高了计算机系统的整体性能，另一方面大大方便了人们的工作和生活。现在人们的生活和工作都已经离不开计算机网络。

1.2 计算机网络的组成

1.2.1 计算机网络的组成

从计算机网络的功能看，计算机网络可以分成两个部分：负责数据处理的主机和终端、负责数据通信处理的路由器（早期为通信控制处理机，Communication Control Processor，CCP）与通信线路，如图 1-4 所示。从逻辑上看，我们通常称这两部分为资源子网和通信子网。资源子网由主机、终端、终端控制器、联网外设、各种网络软件与信息资源组成，负责全网数据处理业务，向用户提供各种网络资源与网络服务；通信子网由路由器、通信线路和其他的通信设备组成，负责网络数据传输、转发等通信处理任务。

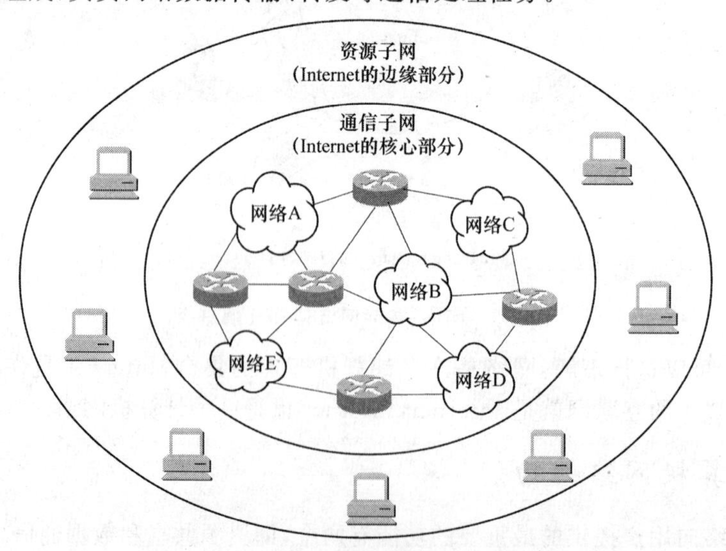

图 1-4 计算机网络的结构（Internet 的组成）

1.2.2 Internet 的组成

Internet 已成为世界上最大的计算机网络，它虽然结构复杂，并且在地理上覆盖了全球，但是从工作方式上看，可以划分为两个部分，如图 1-4 所示。

(1) 边缘部分：由所有连接在 Internet 上的主机组成。这部分是用户直接使用的，用来进行通信（传送数据、音频或视频）和资源共享。

(2) 核心部分：由大量网络和连接这些网络的路由器组成。这部分是为边缘部分提供服务的（提供连通性和交换）。

1. Internet 的边缘部分

在结构和功能上，Internet 的边缘部分类似于计算机网络的资源子网，由 Internet 上的所有主机组成。这些主机又称为端系统（End System），即 Internet 的末端之意。端系统可以是一台普通的个人计算机，也可以是一个单位（如学校、政府、企业或是 Internet 服务提供商）所拥有的一台非常昂贵的大型计算机。边缘部分的主机之间利用核心部分提供的服务互相通信并交换或共享信息。

在 Internet 上两个端系统之间的通信实质是端系统中的进程之间的通信，所谓进程是指运行着的程序。在这些概念明确后，我们来理解"主机 A 和主机 B 进行通信"，实际上是指运行在主机 A 上的某个程序和运行在主机 B 上的另一个程序进行通信。通常这种比较严密的说法，我们简称为"计算机之间的通信"。

在我们打电话的时候，电话机的振铃声使被叫用户知道现在有一个电话呼叫。计算机之间通信的进程一方是如何通知、唤醒另一方通信交流的呢？在 Internet 边缘的计算机中运行的进程之间的通信方式通常可划分为两大类：客户服务器（Client/Server，C/S）方式和对等（Peer-to-Peer，P2P）连接方式。

(1) 客户服务器方式

这种方式是 Internet 上最常用、也是最传统的方式。我们在网上访问网站、发送电子邮件都是使用这种方式。客户和服务器都是通信中所涉及的两个应用进程。客户服务器方式所描述的是进程之间服务和被服务的关系。在图 1-5 中，主机 A 运行客户程序而主机 B 运行服务器程序，这时主机 A 就是客户，主机 B 是服务器。客户 A 向服务器 B 发出请求服务，而服务器 B 向客户 A 提供服务，它们之间是服务的请求方和服务方的关系。

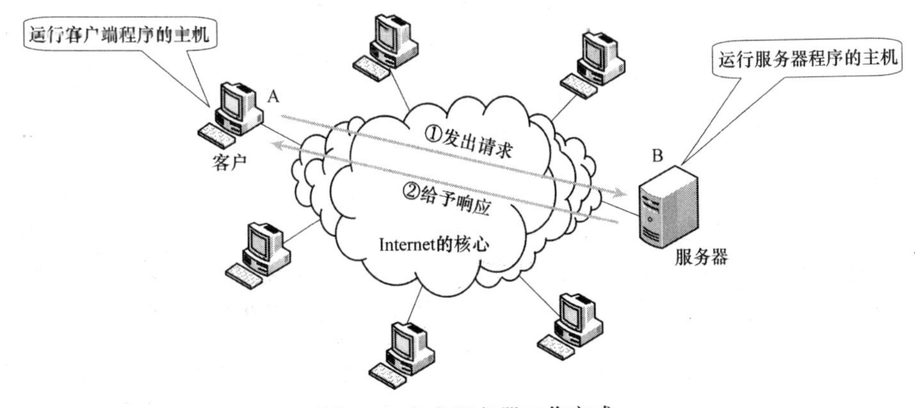

图 1-5　客户服务器工作方式

在客户服务器方式中,客户是指运行着客户程序的机器,是服务的请求方,服务器是运行着服务器程序的机器,是服务的提供方,它们都要使用网络核心部分所提供的服务。

在实际的应用中,客户程序和服务器程序通常具有以下一些主要特点。

①客户程序被用户调用并在用户计算机上运行,在打算通信时主动向远地服务器发起通信。因此,客户程序必须知道服务程序的地址。另外,客户程序的运行不需要特殊的硬件和很复杂的操作系统支持。

②服务器程序在共享计算机上运行,是专门用来提供某种服务的程序,可同时处理多个远地或本地客户的请求。当系统启动时自动调用并一直不断地运行着,被动地等待并接受来自多个客户的通信请求,一般需要强大的硬件和高级的操作系统支持,但不需要事先知道客户的地址。

(2) 对等连接方式

对等连接方式是指两个计算机在通信时并不区分是服务请求方还是服务提供方。只要两个主机都运行了对等连接软件(P2P 软件),它们就可以进行平等的对等连接通信,通过直接交换信息来共享计算机资源和服务。双方都可以下载对方已经存储在硬盘中的共享文档。我们在网上利用迅雷和电驴上传和下载文件就是用的这个模式。

实际上,对等连接方式从本质上看仍然是使用客户服务器方式,只是对等连接中的每一个主机既是客户又同时是服务器。在图 1-6 中,主机 A、B 和 C 都运行了 P2P 软件,因此这几个主机都可以进行对等通信。当 A 请求 B 的服务时,A 是客户,B 是服务器;当 C 请求 A 的服务时,A 是又成了服务的提供方,担任了服务器的角色。

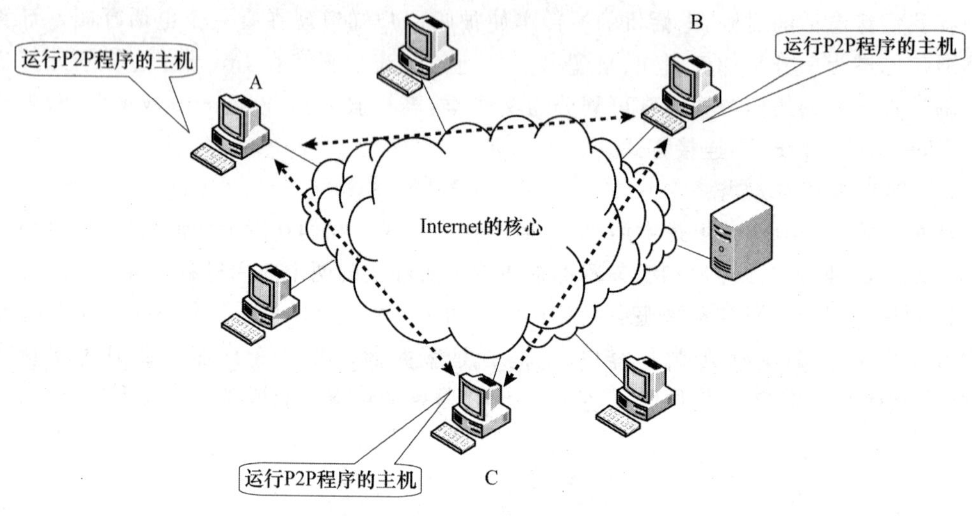

图 1-6 对等连接方式

2. Internet 的核心部分

在结构和功能上,Internet 的核心部分类似于计算机网络的通信子网,是 Internet 中最复杂的部分,负责向网络边缘中的大量主机提供连通性。Internet 边缘部分核心设备是路由器。路由器是实现分组交换的关键构件,负责将收到的分组进行转发,提供全网的连通性。这样来说,分组交换技术是 Internet 的核心技术,下面对其进行介绍。

(1) 分组交换的概念

分组交换的概念最初是由巴兰(Baran)于 1964 年在美国兰德(Rand)公司《论分布式通

信》的研究报告中提出来的。后在美国的分组交换网 ARPANET 中正式采用，其采用存储转发的技术。

分组交换技术中“交换”的概念源于电路交换技术。在电话出现后不久，人们便认识到，在所有用户之间架设直达的线路对通信线路的资源是极大的浪费，必须依靠电话交换机实现用户之间的互连，如图 1-7 所示。100 多年来，电话交换机经过多次更新，从人工接续、步进制、纵横制到现代的程序控制交换机（程控交换机），其本质始终未变，都是采用电路交换（Circuit Switching）技术。

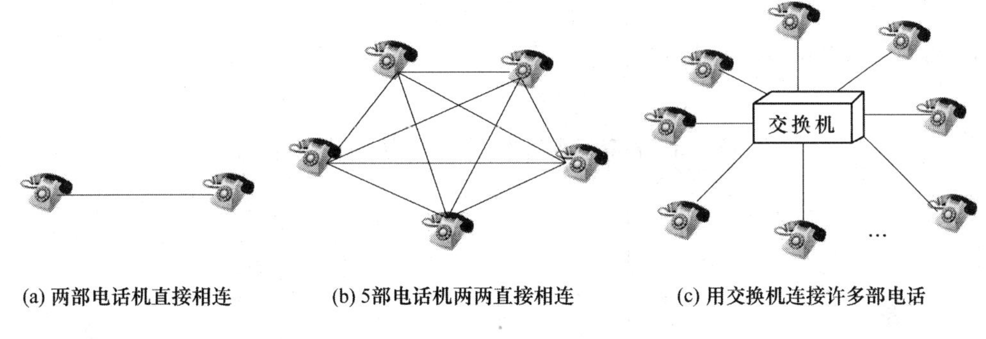

(a) 两部电话机直接相连　(b) 5部电话机两两直接相连　(c) 用交换机连接许多部电话

图 1-7　电话机的不同连接方式

电路交换技术的基本原理是在通话之前，通过用户的呼叫（即拨号），由通信网络各中间节点预先给用户分配传输信道（数据交换通路），如图 1-8 所示，用户 X_1 若呼叫 Y_2 成功，则从 X_1（主叫端）到 Y_2（被叫端）就建立了一条物理通路（交换资源仅为 X_1 到 Y_2 预留，其他用户不可用），此后双方才能互相通话。通话完毕挂机后通信系统即自动释放这条物理通路（此时，该通路所占用的交换资源被释放，其他用户可再利用）。电路交换的整个过程必须经过“建立连接（占用通信资源）→通话（一直占用通信资源）→释放连接（归还通信资源）”3 个步骤。经过这 3 个步骤进行通信，我们称电路交换提供了面向连接的服务。也就是说，电路交换技术的特点是：在数据交换前需建立起一条从发端到收端的物理通路；在数据交换的全部时间内用户始终占用端到端的固定传输信道；交换双方可实时进行数据交换而不会存在任何延迟。

然而，具有这种交换特点的电路交换技术在传输计算机之间的数据时，其线路的传输效率往往很低。这是因为计算机之间的数据交换往往具有突发性和间歇性特征，而对电路交换而言，用户支付的费用则是按用户占用线路的时间来收费的。另外，采用电路交换技术传递计算机数据，灵活性不够。因为在电路交换中，只要在通话双方建立的通路中任何一点出了故障，就必须重新拨号建立新的连接，这对十分紧急和重要的通信是很不利的。所以，电路交换技术不适合于计算机间的数据交换。在实际的网络通信中，一般不直接采用电路交换技术，而提出了分组交换技术传输计算机之间的数据。

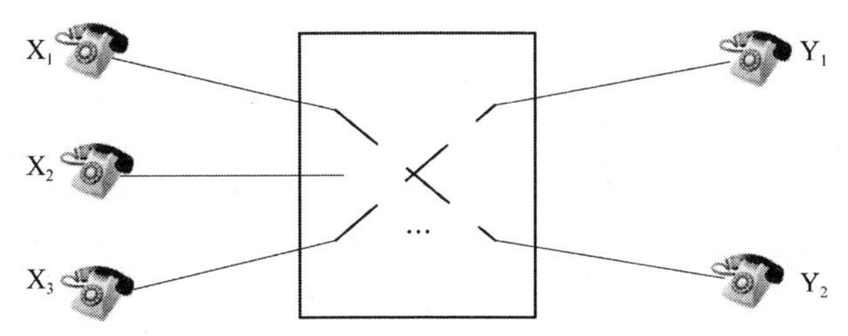

图 1-8　电话交换的基本原理

(2) 分组交换的工作原理

分组交换技术的实质就是存储转发技术。图 1-9 描述的是分组的概念。假设我们将欲发送的整块数据称为一个报文(Message),那么基于分组交换的原则,在发送报文之前,应先将较长的报文划分成一个个更小的等长或变长的数据段,如图 1-9 所示,每个数据段为 1 024 bit或 512 bit。在每个数据段前面加上一些必要的控制(如该数据段从哪里来到哪里去等)信息组成的首部(Header)后,就构成了一个分组(Packet)。分组又称为“包”(Packet),而分组的首部也常称为“包头”。分组是 Internet 上传送的数据单元。分组中的首部非常重要,正是由于首部包含了诸如目的地址(哪里去)和源地址(从哪里来)等重要控制信息,每个分组才能在 Internet 中独立地选择传输路径。

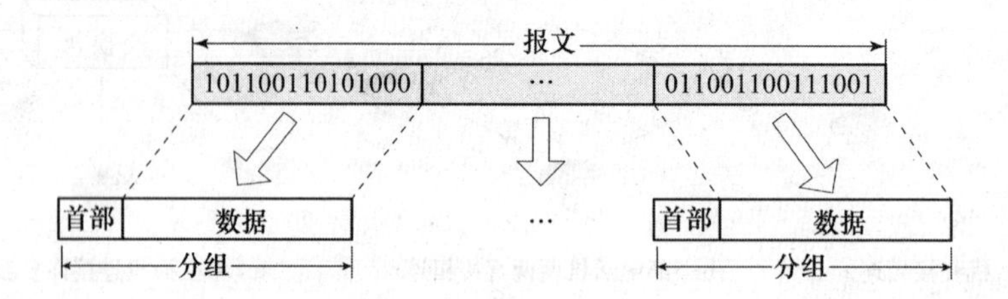

图 1-9 分组的概念

所谓分组交换就是采用存储转发的原则,以分组为单位,在分组交换网中从一个(中间)节点传送到另一个(中间)节点。网络的核心部分主要是由一些路由器互连许多网络组成的(如图 1-3(b)所示),在讨论路由器转发分组的过程时,这里我们把核心部分的网络用一条链路表示,如图 1-10 所示。

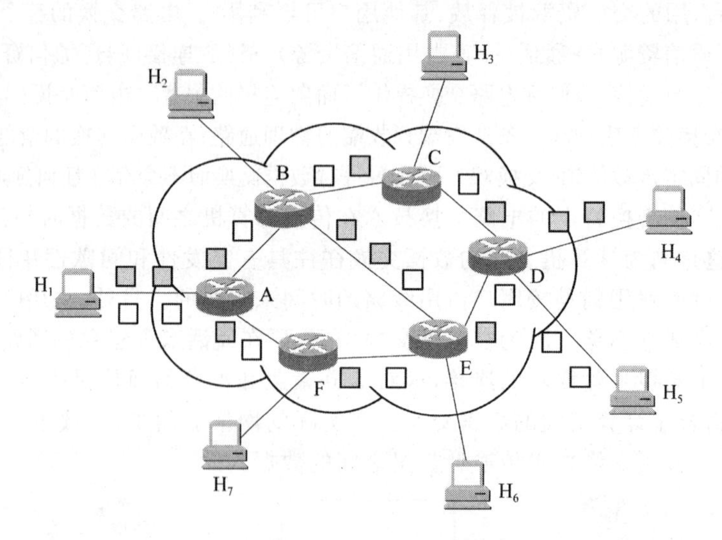

图 1-10 分组交换示意图

假设主机 H_1 要向主机 H_4 和 H_5 发送数据。H_1 先将分组逐个发往与它直接相连的路由器 A,路由器 A 收到分组,先把它们存储起来,然后根据分组所携带的控制信息选择适当的路径转发。在图 1-10 中,路由器 A 将收到的 H_1 发的分组根据当时的网络状态选择下一跳路由器转发。在转发过程中,无论是到达 H_4 还是 H_5 的分组,都没有预先确定转发路径,而是根据网络状态变化动态选择，如到达 H_4 的分组分别从路由器 A→路由器 B→路由器 C→路由器 D、路由器 A→路由器 B→路由器 E→路由器 D、路由器 A→路由器 F→路由器 E→路由器 D 3 条路径均可到达，到达 H_5 的分组也可通过这 3 条路径到达。这说明，在整个过程中，在路由器 AB、BC、CD、BE、AF、FE 和 ED 之间的链路并不被主机 H_1 发向主机 H_4 的分组所持续占有，只有当有分组传送时才占有；而在分组传送之间的空闲时间，主机 H_1 要向主机 H_5 发送的分组也可以占用路由器 AB、BC、CD、BE、AF、FE 和 ED 之间的链路。

分组交换技术的特点是：在传送数据之前不必先占用一条端到端的通信资源；分组在哪段链路上传送才占用这段链路的通信资源；分组到达一个路由器后，先暂时存储下了，查找转发表，然后从另一条合适的链路转发出去；分组在传输时就这样一段段地断续占用通信资源，而且还省去了建立和释放连接的开销，因而数据的传输效率更高。

从以上所述可知，采用存储转发的分组交换实质上是采用了在数据通信的过程中断续（或动态）分配传输带宽的策略。这对传送突发式的计算机数据非常合适，使得通信线路的利用率大大提高。

在整个分组交换过程中，分组在传送之前不必建立一条连接，这种不先建立连接而随时可发送数据的连接方式，称为无连接（Connectionless）方式。

1.3 计算机网络的分类

计算机网络有很多类别，一般可以从覆盖范围、使用者的角度进行划分。

1.3.1 不同覆盖范围的网络

（1）局域网

局域网（Local Area Network，LAN）是指十几千米的地理范围内将计算机、外设和通信设备互连在一起的网络系统。常见于一幢大楼、一个工厂或一个企业内。它规模小，硬件设备相对简单。因为距离比较近，所以传输速率一般比较高，误码率较低。局域网组建方便，采用的技术较为简单，是目前计算机网络发展中最活跃的分支。

（2）广域网

广域网（Wide Area Network，WAN）是与局域网相对而言的，它涉及的范围较大，通常可以达到几十千米、几百千米，甚至更远。广域网可以遍布于一个城市、国家，乃至全球。因为传输距离较远，所以传输速率比较低，误码率较高于局域网。在广域网中为了保证网络的可靠性，采用比较复杂的控制机制。ARPANET、CERNET（中国教育科研网）、CHINANET（中国电信网）等属于广域网的范畴。

（3）城域网

城域网（Metropolitan Area Network，MAN）的覆盖范围是介于局域网和广域网之间的，一般是一个城市，也可以为一个单位或几个单位所拥有，但也可以是一种公用设施，用来将多个局域网进行互连。目前，很多城域网采用的是以太网技术，因此有时也常并入局域网的范围进行讨论。

（4）接入网

接入网（Access Network，AN）又称为本地接入网或居民接入网，一般由 ISP 提供，是用户能够与 Internet 连接的“桥梁”。目前，常用的接入网技术有 xDXL 技术、光纤同轴混合网（HFC 网）和 FTTx 技术。

1.3.2 不同使用者的网络

（1）公用网

公用网是指国有或私有出资建造的大型网络。只要愿意按照规定缴纳一定的费用，所有的人都可以使用，也称为公众网。

（2）专用网

专用网是指某个部门为本单位的特殊业务工作的需要而建造的网络。这种网络只向本单位的人提供服务。例如，军队、铁路、金融等系统均有专用网。

1.4 计算机网络的性能

影响计算机网络性能的因素有很多，如传输的距离、使用的线路、传输技术、带宽等。而其中最主要的两个指标是带宽和时延。

1.4.1 计算机网络的性能指标

1. 带宽

我们知道，一个特定的信号往往是由许多不同的频率成分组成的。因此，一个信号的带宽（Bandwidth）是指该信号的各种不同频率成分所占据的频率范围，单位是赫（或千赫、兆赫等）。例如，在传统的通信线路上传送的电话信号的标准带宽是 3.1 kHz（语音信号的主要成分是频率范围从 300～3 400 Hz 的模拟信号）。

当通信线路用来传达数字信号时，数据率就应当成为数字信道最重要的指标。数据率（或比特率、数据率）是指数字信道传送数字信号的速率，单位是比特每秒，记作 bit/s。在计算机网络中，带宽用来表示网络的通信线路所能传送数据的能力。所以，人们愿意将“带宽”作为数字信道所能传送的“最高数据率”的同义语。因此，网络或链路的带宽单位就是“比特每秒”，或千比特每秒 kbit/s（10^3 bit/s）、兆比特每秒 Mbit/s（10^6 bit/s）、吉比特每秒 Gbit/s（10^9 bit/s）、太比特每秒 Tbit/s（10^{12} bit/s）。例如，我们平时所说的“10 M 带宽”，即指某数字信道的最高数据率为10 Mbit/s。

另外，我们要注意的一点是，在通信领域和计算机领域，对数量单位“千”、“兆”、“吉”等的英文缩写意义不同。在计算机界，$K=2^{10}$，$M=2^{20}$，$G=2^{30}$，$T=2^{40}$。例如，kbit/s 一般用于表示线路速度，表示每秒传送千比特；KB/s 表示千字节每秒，一般用于表示下载速度。

2. 时延

时延（Delay）是指数据（一个报文或分组）从一个网络（或链路）的一端传送到另一端所需要的时间，一般由发送时延、传播时延、处理时延 3 部分组成。

(1) 发送时延

发送时延(Transmission Delay)是主机或路由器发送数据时使数据块从节点进入传送媒体，也就是从数据块的第一个比特开始发送算起，到最后一个比特发送完毕所需要的时间。发送时延又称传输时延，它的计算公式是

$$发送时延=\frac{数据块长度(bit)}{信道带宽(bit/s)}$$

信道带宽就是数据在信道上的发送速率，它也常称为数据在信道上的传输速率。

由此可见，对于一定的网络，发送时延并非固定不变，而是与发送的数据块的大小成正比，与发送速率成反比。

(2) 传播时延

传播时延是电磁波在信道中传播一定的距离需要花费的时间。

传播时延的计算公式为

$$传播时延=\frac{信道长度(m)}{电磁波在信道上的传播速率(m/s)}$$

电磁波在不同的传输介质中传播速率不同：在自由空间的传播速率是光速，即 3.0×10^5 km/s；在铜线电缆中的传播速率约为 2.3×10^5 km/s；在光纤中的传播速率约为 2.0×10^5 km/s。例如，1 000 km 长的光纤线路产生的传播时延大约为 5 ms。

从以上讨论可以看出，信号传输速率和电磁波在信道上的传播速率是两个完全不同的概念，因此不能将发送时延和传播时延弄混。发送时延发生在机器内部的发送器(例如网卡)中，而传播时延则发生在机器外部的传输信道媒体上。下面用一个简单的比喻来说明。假定有 10 辆车的车队从公路收费站入口出发到相距 100 km 的目的地。若每一辆车过收费站要花费 6 s，而车速是 100 km/h。那么整个车队从收费站到目的地总共花费的时间：10 辆车经过收发站的时间为 60 s(相当于网络中的发送时延)，行车时间需要 60 min(相当于网络中的传播时延)，因此总共花费的时间是 61 min。

(3) 处理时延

处理时延是数据在交换节点为存储转发而进行一些必要的处理所花费的时间。在节点缓存队列中分组排队所经历的时延是处理时延中的重要组成部分。

这样，数据经历的总时延就是以上 3 种时延之和：

$$总时延=发送时延+传播时延+处理时延$$

图 1-11 描述了 3 种时延所产生的地方。

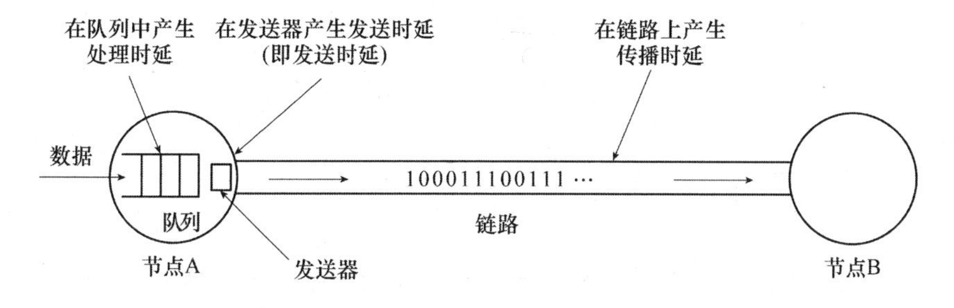

图 1-11　从节点 A 向节点 B 发送数据时 3 种时延产生的地方

一般来说，小时延的网络要优于大时延的网络。在某些情况下，一个低速率、小时延的

网络很可能要优于一个高速率、大时延的网络。

另外，在总时延中，一般发送时延与传播时延是我们主要考虑的，但是究竟是哪个时延占主导地位，必须具体情况具体分析。对于报文长度较大的情况，发送时延是主要矛盾；报文长度较小的情况，传播时延是主要矛盾。

3. 吞吐量

单位时间内通过某个网络(或接口)的数据量称为吞吐量。吞吐量的大小说明了单位时间内网络的通信量，其值受网络带宽的限制。例如，对于具有 8 个站的交换式以太网，其带宽为 10 Mbit/s，则该网络的吞吐量为 80 Mbit/s。有时，吞吐量也可以用每秒传送的字节数或帧数来表示。

1.4.2 计算机网络的非性能指标

除了性能指标外，还有一些非性能特征也对计算机网络的性能有很大的影响，主要介绍如下。

1. 费用

网络价格(包括设计和实现的费用)是构建网络必须要考虑的问题之一。因为网络的性能与其价格密切相关。一般来说，网络的速率越高，其价格也越高。在实际的工程中，总是选择性价比高的。

2. 质量

网络的质量取决于网络中所有构件的质量以及这些构件是怎样组成网络的。网络的质量影响到很多方面，如网络的可靠性、网络管理的简易性以及网络的一些性能。但网络的性能与网络的质量并不是一回事。例如，有些性能也还可以的网络运行一段时间后就出现了故障，变得无法再继续工作，说明其质量不好。高质量的网络往往价格也较高。

3. 标准化

网络硬件和软件的设计既可以按照通用的国际标准，也可以遵循特定的专用网络标准。最好采用国际标准设计，这样既可以得到更好的互操作性，更易于升级换代和维修，也更容易得到技术上的支持。

4. 可靠性

可靠性与网络质量和性能都有密切的关系。速率高的网络可靠性不一定会很差。但是速率高的网络要可靠地运行，则往往会更困难，同时所需的费用也会更高。

5. 可扩展性和可升级性

在构造网络时就应当考虑网络今后可能会需要规模扩大和性能、软件版本升级。网络的性能越高，其扩展费用往往也越高，难度也会相应增加。

6. 易于管理和维护

网络如果没有良好的管理和维护，就很难达到和保持所设计的性能。

1.5 我国互联网应用的发展

随着我国经济的高速发展，社会对互联网应用的需求日趋增长，互联网的广泛应用对我国信息产业发展产生了重大影响。

我国互联网发展状况数据由中国互联网络信息中心 CNNIC 组织调查、统计和发布。从 1998 年起每年的 1 月和 7 月发布两次，主要内容包括网民规模、结构特征、接入方式、互联网基础资源和网络应用等方面的情况。2012 年 7 月，中国互联网络信息中心(http://www.cnnic.org.cn/)发布了第 30 次《中国互联网网络发展状况统计报告》。

1.5.1 我国互联网网民数量增长情况

在我国公布的统计报告中，网民是指“过去半年使用过互联网的 6 周岁及以上中国公民”。以下几个方面的数据反映了我国网民总数、互联网普及率等基本情况。

1. 总体网民规模的增长

截至 2012 年 6 月底，中国网民数量达到 5.38 亿，互联网普及率为 39.9%。图 1-12 给出了 2008—2012 年我国网民数量的增长情况。2012 年上半年网民增量为 2 450 万。网民数量的不断增长是我国经济、文化、科技与教育快速发展的重要标志之一。

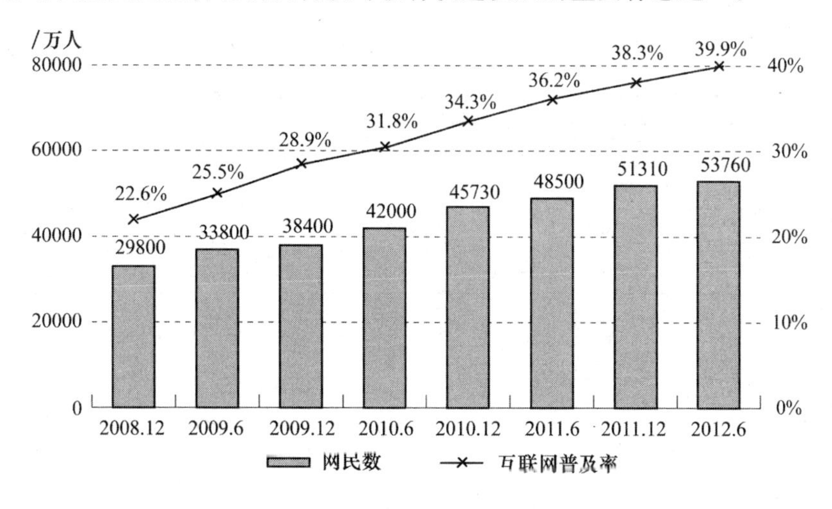

图 1-12 2008—2012 年我国网民数量的增长情况及普及率

2. 我国互联网普及率的增长

互联网普及率是互联网对一个国家或地区影响程度的重要标志。图 1-12 出了 2008—2012 年我国互联网普及率的增长情况。截至 2012 年 6 月底，我国互联网普及率达到了 39.9%，比 2011 年同期提升了 3.7 个百分点，超过了国际互联网平均普及率。尽管我国的网民规模和普及率持续发展，但是由于我国的人口基数大，在互联网普及率上与互联网应用发展较发达的美国、日本、韩国相比还是有一定差距的。

3. 我国农村网民数量的增长

农村网民是指过去半年主要居住在我国农村地区的网民。截至2012年6月底，农村网民规模为1.46亿，比2011年年底增加1 464万，占整体网民的比例为27.1%。这标志着我国农村互联网应用进入快速增长时期。

1.5.2 我国互联网网民接入方式的变化

手机超越台式计算机成为中国网民第一大上网终端。中国网民互联网接入的方式呈现出全新格局，在2012年上半年，通过手机接入互联网的网民数量达到3.88亿，台式计算机为3.80亿，手机成为我国网民的第一大上网终端。

移动互联网和手机终端的发展对中国互联网的普及具有重要意义，对于中国广阔的农村地区以及庞大的流动人口来说，使用手机接入互联网是更为廉价和简便的方式。在2012年刚开始上网的新网民中，农村网民比例达到51.8%，这一群体中使用手机上网的比例高达60.4%，使用台式计算机和笔记本电脑的比例只有45.7%和8.7%，而新网民中城镇人口使用手机上网的比例只有47.2%，这一结果显示出，相比于计算机，手机对农村网民的增长发挥了更加重要的作用。虽然中国农村地区的信息化基础设施建设、电子设备的普及已经有了长足的发展，但是通过计算机使用固网的成本依然较高，在这样的限制下，通过手机终端接入移动互联网是在农村地区普及互联网更加现实的方式。

1.5.3 我国互联网基础资源的使用情况

表1-1为2011年12月—2012年6月中国互联网基础资源对比情况。

表1-1 2011年12月—2012年6月中国互联网基础资源对比

	2011年12月	2012年6月	半年增长量	半年增长率
IPv4/个	330 439 936	330 468 352	28 416	0.0%
IPv6/(块/32)	9 398	12 499	3 101	33.0%
域名/个	7 748 459	8 731 083	982 624	12.7%
其中CN域名/个	3 528 511	3 984 188	455 677	12.9%
网站/个	2 295 562	2 503 553	207 991	9.1%
其中CN下网站/个	951 609	975 217	23 608	2.5%
国际出口带宽/(Mbit/s)	1 389 529	1 548 811	159 282	11.5%

1. 我国IP地址的增长

IP地址分为IPv4和IPv6两种，目前主流应用的是IPv4。截至2012年6月底，我国IPv4地址数量为3.30亿。由于全球IPv4地址数已于2011年2月分配完毕，因而自2011年开始我国IPv4地址数量基本没有变化，当前IP地址的增长已转向IPv6。截至2012年6月底，我国拥有的IPv6地址数量为12 499块/32，相比2011年年底增速达到33.0%，目前加快IPv6的应用和部署已经成为政府和业界的共识，中国IPv6地址数量也在2011年6月—2012年6月近一年内飞速增长，在全球的排名由2011年6月的第15位迅速提升至2012年6月底的第3位，仅次于巴西(65 728块/32)和美国(18 694块/32)。图1-13描述了我国IPv6地址资源的变化情况。

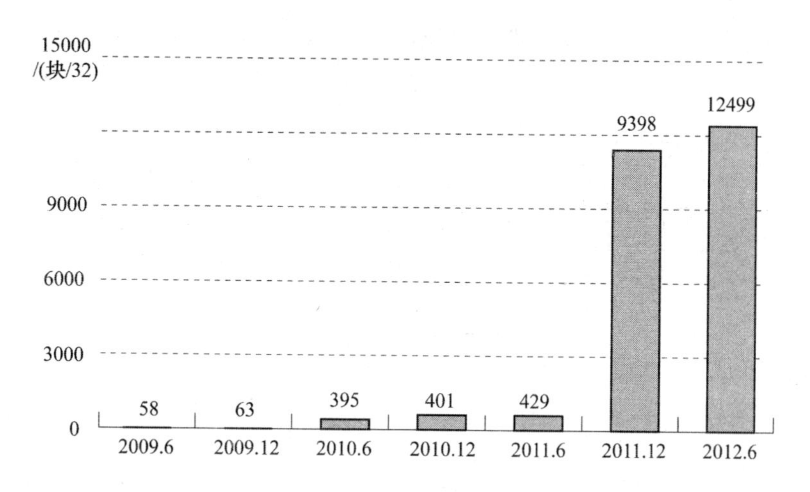

图 1-13　我国 IPv6 地址资源的变化情况

2. 我国域名数量的增长

截至 2012 年 6 月底，我国域名总数为 873 万个，较 2011 年年底增加 98 万个，半年增长率为 12.7%。其中.cn 域名数量为 398 万个，占我国域名数量的 45.6%，.cn 域名半年增长 46 万个，半年增长率为 12.9%。

3. 我国网站数量的增长

截至 2012 年 6 月底，中国网站数量为 250 万，半年增长 21 万个，增长率为 9.1%。其中.cn下的网站为 97 万，半年增长 2.3 万，增长率为 2.5%。

4. 我国国际出口带宽的增长

截至 2012 年 6 月底，国际出口带宽达到 1 548 811 Mbit/s，半年增长率为 11.5%。其中，主要骨干网络出口带宽如表 1-2 所示。

表 1-2　主要骨干网络国际出口带宽数

	国际出口带宽数/(Mbit/s)
中国电信	842 598
中国联通	477 867
中国移动	198 129
中国科技网	18 600
中国教育和科研计算机网	11 615
中国国际经济贸易互联网	2
合计	1 548 811

1.5.4　我国互联网应用情况分析

从第 30 次互联网统计报告中看，目前我国互联网应用分为信息获取、商务交易、交流沟通、网络娱乐 4 类，其中包括搜索引擎、网络新闻、网络购物、团购、网上支付、旅行预订、即时通信、博客/个人空间、微博、社交网站、网络游戏、网络文学、网络视频等应用类型。各种网络应用的使用情况如表1-3所示。其中,使用率是指使用该项应用的网民人数占网民总数的比例。

表1-3　2011年12月—2012年6月中国网民对各类网络应用的使用率

应用	2012年6月		2011年12月		半年增长率
	用户规模/万	网民使用率	用户规模/万	网民使用率	
即时通信	44 514.9	82.8%	41 509.8	80.9%	7.2%
搜索引擎	42 860.5	79.7%	40 740.1	79.4%	5.2%
网络音乐	41 060.0	76.4%	38 585.1	75.2%	6.4%
网络新闻	39 231.7	73.0%	36 686.7	71.5%	6.9%
博客/个人空间	35 331.3	65.7%	31 863.5	62.1%	10.9%
网络视频	34 999.5	65.1%	32 530.5	63.4%	7.6%
网络游戏	33 105.3	61.6%	32 427.9	63.2%	2.1%
微博	27 364.5	50.9%	24 988.0	48.7%	9.5%
电子邮件	25 842.8	48.1%	24 577.5	47.9%	5.1%
社交网站	25 051.0	46.6%	24 423.6	47.6%	2.6%
网络购物	20 989.2	39.0%	19 395.2	37.8%	8.2%
网络文学	19 457.4	36.2%	20 267.5	39.5%	−4.0%
网上银行	19 077.2	35.5%	16 624.4	32.4%	14.8%
网上支付	18 722.2	34.8%	16 675.8	32.5%	12.3%
论坛/BBS	15 586.0	29.0%	14 469.4	28.2%	7.7%
团购	6 181.4	11.5%	6 465.1	12.6%	−4.4%
旅行预订	4 257.5	7.9%	4 207.4	8.2%	1.2%
网络炒股	3 780.6	7.0%	4 002.2	7.8%	−5.5%

1. 信息获取类应用

(1) 搜索引擎

截至2012年6月底,搜索引擎用户规模达到4.29亿,较2011年年底增长2 121万人,半年增长率为5.2%;在网民中的渗透率为79.7%,使用比例与2011年6月、12月基本持平,依旧是仅次于即时通信的第二大网络应用。搜索引擎的网民使用率已进入稳定发展阶段,短期内大幅增长的可能性不大,但搜索引擎作为互联网的基础应用,是网民在互联网中获取所需信息的重要工具,其用户规模仍会随着网民总体规模的增长而进一步提升。

(2) 网络新闻

截至2012年6月底,网络新闻的用户规模达到3.92亿,较2011年年底增长了2 545万人,半年增长率为6.9%;网民对网络新闻的使用率为73.0%。

网络新闻是网民的基础应用之一,随着微博、社交网站等社交媒体的盛行,网民可以通过更多的渠道接触到新闻资讯,并在对新闻的分享和转发过程中提升新闻的覆盖量。另外,随着智能手机的普及,更多网民可以利用碎片化时间且不受场地限制阅读新闻,极大地促进了网民对网络新闻的阅读。

2. 商务交易类应用

（1）网络购物

截至2012年6月底，网络购物用户规模达到2.10亿，使用率提升至39.0%，较2011年年底用户增长8.2%。

网络零售市场呈现竞合并举的态势。2012年上半年，电商企业一方面继续价格战，通过低价策略维系用户黏性；另一方面展开了更多的合作，如平台商更加开放化，吸引更多电商和品牌商入驻，企业通过物流合作和资源共享共同应对物流瓶颈和高额成本。

随着整体网民增长乏力显现，从2011年开始，网络购物的用户增长也明显放缓，未来市场增长的动力急需从主要依靠用户规模增长单一推动向用户数量与消费深度双增长驱动转变，而移动化和社交化就成为带动网络零售市场向纵深发展的两列“快车”。2012年上半年，移动电子商务市场呈现高速发展，手机网购用户半年增长59.7%，成为增长最快的手机应用；购物分享类网站快速渗透，对电商网站的流量带动也更加明显。

（2）团购

截至2012年6月底，团购用户规模为6 181万，使用率为11.5%，与2011年年底相比用户减少284万，使用率下降1.1个百分点。

行业发展环境的变化使得团购网站整体发展从激进扩张过渡到保守过冬。一方面，市场营销投入力量大不如前，导致新增用户规模大幅度收缩；另一方面，随着团购商户资源达到饱和开发的状态，新商户加入团购乏力，从而导致对老用户的吸引力在逐步减弱。

新用户的增加逊于老用户的流失，使得团购用户从高速增长转向了规模回落。2012年上半年，团购市场整合进一步加深，部分独立团购网站采取抱团取暖的方式度过困难期。由于团购本地化商务的特性与移动互联网的深度融合，团购在手机端渗透较快，半年用户增长47.9%。

（3）网上支付

截至2012年6月底，我国使用网上支付的用户规模达到1.87亿，网民使用率提升至34.8%，与2011年年底相比，用户数增长超过2 000万，增长率为12.3%，网民使用率提高2.3个百分点。

近年来，我国网上支付用户规模持续稳步发展，主要得益于以下方面。

①网上支付服务提供商的不断创新和拓展。网上支付巨大的市场空间以及在产业链中的重要地位吸引着网上支付服务提供商不断进行创新和拓展。一方面，更加便捷、更加安全的新支付产品和服务不断涌现，推动更多用户、更加频繁地使用网上支付。另一方面，服务商不断扩展应用领域，在传统的网络购物、航空等领域之外，加大公用事业、教育、旅游、基金等行业的拓展力度。

②手机在线支付的快速发展。随着智能手机的逐渐普及应用，手机在线支付近年来日益得到重视，各主流网上支付服务提供商、银行及运营商都在加大对手机在线支付的投入。截至2012年6月底，虽然手机在线支付尚处于初期，但已经显示出了快速的发展势头，2012年上半年手机在线支付用户数增加了1 382万，增长率为45.2%，增速远远超过整体网上支付。

③规范和支持并举的政策保障。一方面，2012年初央行发布了《支付机构互联网支付业务管理办法(征求意见稿)》，对账户开立、信用卡充值等问题进行了明确的规范。另一方面，2012年6月28日央行发布了第四批第三方支付牌照，95家企业获得牌照，接近前三批

企业数总和，清晰地表明了政策上对于发展第三方支付行业的支持。规范和支持并举的政策保障了第三方支付市场的有序和持续发展。

(4) 旅行预订

截至 2012 年 6 月底，我国在线预订机票、酒店和旅行行程的用户规模为 4 258 万人，网民使用率为 7.9%，半年用户增长 1.2%。

近年来，旅行预订市场持续发展，但是用户依然较为高端，在线预订机票、酒店和旅行的用户增长相对迟缓。从 2011 年开始，主要的互联网大企业和电商企业纷纷进入旅行预订市场，使得旅行预订成为互联网公司交错竞争的领域，行业竞争变数加大。市场竞争加剧使得 2012 年上半年旅行预订市场也呈现出低价竞争的势头，服务企业密集推出优惠消费等措施，以促进预订量的增长。

3. 交流沟通

(1) 即时通信

截至 2012 年 6 月底，我国即时通信用户规模达 4.45 亿，比 2011 年年底增长 3 005 万，增长率为 7.2%。即时通信使用率为 82.8%，较 2011 年年底上涨了近两个百分点。

从整体来看，即时通信行业发展至今已历经多年，运营商凭借在市场中长期积累的经验，越来越了解用户的需求，运营商通过不断对产品功能进行更新，开创特色应用，增强了在网民中的渗透，并提高了用户黏性。而当用户对产品形成固定的使用习惯后，用户不易流失。

从手机端来看，手机即时通信的移动化、碎片化和随时在线的特点更好地迎合了用户的需求，使手机即时通信用户规模增长。在手机即时通信工具中，专为智能机设计的新型手机即时通信工具中视频和语音通话的引入必将为产品带来更大的竞争优势，并吸引越来越多的用户。

此外，新型手机即时通信逐渐从单纯的聊天工具发展成为一个开放平台，第三方开发者将应用接入平台中，在这个平台上，利用用户的社交关系，第三方应用可以得到快速传播。未来随着开放力度的加大，将会有越来越多的第三方应用整合至其中。

(2) 博客/个人空间

截至 2012 年 6 月底，我国博客和个人空间用户数量为 3.53 亿，较 2011 年年底增长 3 467 万，增长率为 10.9%。在网民使用率方面，博客和个人空间用户占网民比例为 65.7%，比 2011 年年底提升了 3.6 个百分点。

QQ 空间等产品不断强化社交功能，目前其形态更类似于 SNS，用户量维持上升态势，这一因素成为推动此类产品用户规模增长的主要动力。相比之下传统的博客网站用户则逐渐萎缩，博客是一种 Web 2.0 初期应用形式，内容上，博客文章专业性较强，对作者的知识水平、书面表达能力以及写作时间等资源都具有较高的要求；在形式上，博客更多是作者的自我表达，与读者的交互性较少。创作的高门槛和相对较弱的用户体验限制了博客的快速发展，当创作门槛较低、交互性更强的网络应用出现之后，博客也就失去了发展空间。

(3) 微博

截至 2012 年 6 月底，我国微博用户数达到 2.74 亿，较 2011 年年底增长 9.5%，网民使用率为 50.9%，比 2011 年年底增加 2.2 个百分点。

微博用户规模已进入平稳增长期。自 2011 年上半年爆发式增长以来，微博用户增长已逐渐回落。2011 年 6 月底用户数增速为 208.9%，网民使用率增加 26.4 个百分点；2012 年 6 月底用户数增速已低至 10%以下(9.5%)，网民使用率仅增加 2.2 个百分点。在网民使用率超过一半的前提下，用户增长的回落意味着微博已走过早期数量扩张阶段。

目前，赢利压力较大的微博运营商已全面启动商业化进程，其他运营商也逐渐为微博赢利创造条件。已推出的商业化手段包括广告、会员收费、游戏分成等，这些赢利方式的有效性将在市场中得到检验，新的赢利方式也将继续产生。

(4) 社交网站

2012 年上半年，中国社交网站用户数增长至 2.51 亿，网民使用率为 46.6%。相比 2011 年年底，社交网站人数增长率为 2.6%，网民使用率略有下降。

传统的实名制社交网站已经走过了高速成长期，即时通信产品功能进一步丰富，以及微博高速发展，都挤压了此类网站的发展空间，社交网站不再是中国网民线下社交关系在线上延伸不可或缺的渠道，因此很难出现新一轮的用户快速增长，未来社交网站需要从两个方向来寻求增长空间。一个方向是对现有产品的持续创新，以维持用户的使用黏性，近期网络社区类产品形态不断更新，其中一些产品在短时间内取得良好的成绩，比如图片分享类社交应用、基于兴趣的内容分享应用等，这些产品也很快被社交网站整合到自身平台中，然而这种在现有网站上不断叠加功能的做法能够发挥的作用依然有限。另一个方向则是进入移动互联网的蓝海，发布移动社交应用抢占用户，当前主要社交网站厂商都已重点转向该领域，移动类社交产品不断涌现，未来社交网站用户的增长将主要来源于移动用户。

4. 网络娱乐

(1) 网络游戏

中国网络游戏用户增长创新低，截至 2012 年 6 月底，中国网络游戏用户为 3.31 亿人，较 2011 年 12 月增长率创近几年新低，仅为 2.1%。

当前中国网络游戏用户难以出现明显增长。第一，网络游戏创新难度加大导致新用户开发困难，游戏类型间竞争加剧。虽然网络游戏的发展已超过 10 年的时间，但内容依然以棋牌类休闲游戏、大型多人在线角色扮演游戏(MMORPG)和大型休闲游戏(ACG)为主，用户使用兴趣降低，老用户在不同游戏类别间转换频率增加，但很难有效吸引新的用户。第二，虽然网页游戏的出现丰富了游戏承载形式，但也没有成为推动新用户增长的因素，其原因在于网页游戏的内容、玩法与传统客户端游戏基本相同，这导致网页游戏用户更多的来自客户端游戏用户，而非新增游戏用户。第三，手机网游仍处于补充地位，还没有形成核心竞争力。

传统游戏形式正失去对新游戏用户的吸引力，同时网页游戏和手机游戏的出现并未成为有利的刺激因素。显然，网络游戏需要更为有效的创新来刺激用户增长，特别是由游戏设备与终端带来的游戏形式创新，比如电视成为上网和游戏终端、社交性能的强化等。

(2) 网络文学

截至 2012 年 6 月底，我国网络文学用户数为 1.9 亿，较 2011 年年底减少 4.0%，网民使用率为 36.2%，比 2011 年年底减少 3.3 个百分点。

近年来，网络文学发展持续慢于整体互联网发展。自 2010 年下半年起，网民对网络文学的使用率不断下降，与 2010 年 6 月底(44.8%)相比，2012 年 6 月底使用率已减少了 8.6 个百分点，在 2012 年上半年，网络文学用户规模出现下降。导致这一现象的最根本、最长期的因素是网络文学作品质量整体较低。虽然网络文学以其类型多样、开放包容、自由多元等特点满足了不同阅读口味和爱好的需求，个别作品还被改编成网络游戏、影视剧等，但整体上，网络文学作品质量是较低的。创作者的低门槛，创作速度的快节奏，使得网络文学作品质量难以保证，题材雷同、情节拖沓、文字累赘、个别作品品位较低等问题较为突出，难以长期满足用户的阅读需要。

(3) 网络视频

截至 2012 年 6 月底，中国网络视频用户规模增至 3.50 亿，半年内用户增量接近 2 500 万人，在网民中的使用率由 2011 年年底的 63.4%提升至 65.1%。

视频网站内容的丰富、网络环境的优化推动用户快速增长。尤其在内容建设上，一方面视频网站强化台网联动，与电视台同步推广、播出电视剧和综艺节目，尝试在策划和制作过程中就开始与电视台联合，互换资源，扩展影响力；另一方面，由于内容管理相对宽松，网络上播放的海外影视、综艺内容，以及自制节目的取材能够突破电视媒体的诸多限制，从而让自身获得相对于电视的独特优势。

通过这些举措，电影、电视剧等长视频内容推动视频网站用户规模和收看时长同时上涨。中国互联网数据平台的相关数据显示，网络视频是用户人均单日访问时间最长的应用，在 2012 年第二季度达 35 min 28 s，比第一季度上升了近 10 min，这也是中国网民互联网使用时长增加的原因之一。

内容是视频网站的核心竞争力，前几年网站不惜成本抢占用户，造成版权价格飞涨，让行业无法承受。2012 年这一情况出现转机，几家大的视频网站或合并或联合采购版权，有效压低了价格，影视剧网络版权在 2012 上半年大幅缩水。这显示出行业进入到相对理性的竞争阶段，利于其长远发展。然而，风险因素同时存在，主管部门要求视频网站加强对网络剧和微电影的审片力度，显示出政府部门正在强化对视频网站内容的管理，政策的收紧将弱化视频网站的优势，为行业发展带来变数。

1.6 计算机网络的发展趋势

1. 下一代 Web 研究

下一代的 Web 研究涉及 4 个重要方向：语义互联网、Web 服务、Web 数据管理和网格。语义互联网是对当前 Web 的一种扩展，其目标是通过使用本体和标准化语言，如 XML、RDF(Resource Description Framework)和 DAML(DARPA Agent Markup Language)，使 Web 资源的内容能被机器理解，为用户提供智能索引、基于语义内容检索和知识管理等服务。Web 服务的目标是基于现有的 Web 标准，如 XML、SOAP(Simple Object Access Protocol)、WSDL(Web Services Description Language)和 UDDI(Universal Description, Discovery and Integration)，为用户提供开发配置、交互和管理全球分布的电子资源的开放平台。Web 数据管理是建立在广义数据库理解的基础上，在 Web 环境下，实现对信息方便而准确的查询与发布，以及对复杂信息的有效组织与集成。从技术上讲，Web 数据管理融合了 WWW 技术、数据库技术、信息检索技术、移动计算技术、多媒体技术以及数据挖掘技术，是一门综合性很强的新兴研究领域。网格计算初期主要集中在高性能科学计算领域，提升计算能力，并不关心资源的语义，故不能有效地管理知识，但目前网格已从计算网络发展成为面向服务的网格，语义就成为提供有效服务的主要依据。

2. 网络计算

网络已经渗透到我们工作和生活中的每个角落，Internet 将遍布世界的大型和小型网络连接在一起，使它日益成为企事业单位和个人日常活动不可缺少的工具。Internet 上汇集了大量的数据资源、软件资源和计算资源，各种数字化设备和控制系统共同构成了生产、传播和使用知识的重要载体。信息处理也已步入网络计算(Network Computing)的时代。

目前，网络计算还处于发展阶段。网络计算有 4 种典型的形式：企业计算、网格计算(Grid Computing)、对等计算(Peer-to-Peer Computing，P2P)和普适计算(Ubiquitous Computing)。其中 P2P 与分布式已成为当今计算机网络发展的两大主流，通过分布式，将分布在世界各地的计算机联系起来；通过 P2P 又使通过分布式联系起来的计算机可以方便地相互访问，这样就充分利用了所有的计算资源。并且网络计算的主要实现技术也已从底层的套接字(Socket)、远程过程调用(Remote Procedure Call，RPC)，发展到如今的中间件(Middleware)技术。

3. 业务综合化

所谓业务综合化，是指计算机网络不仅可以提供数据通信和数据处理业务，而且还可提供声音、图形、图像等通信和处理业务。业务综合化要求网络支持所有的不同类型和不同速率的业务，如话音、传真等窄带业务，广播电视、高清晰度电视等分配型宽带业务，可视电话、交互式电视、视频会议等交互型宽带业务，高速数据传输等突发型宽带业务等。为了满足这些要求，计算机网络需要有很高的速度和很宽的频带。例如，一幅 640 像素×480 像素中分辨率的彩色图像的数据量为 7.37 Mbit/帧。即便每秒传输一帧这样的图像，网络传输率也要大于 7.37 Mbit/s 方可，假如要求实现图像的动态实时传输，网络传输速率还应增加 10 倍。业务综合化带来多媒体网络。一般认为凡能实现多媒体通信和多媒体资源共享的计算机网络，都可称为多媒体计算机网。它可以是局域网、城域网或广域网。多媒体通信是指在一次通信过程中所交换的信息媒体不止一种，而是多种信息媒体的综合体。所以，多媒体通信技术是指对多媒体信息进行表示、存储、检索和传输的技术。它可以使计算机的交互性、通信的分布性、电视的真实性融为一体。

4. 移动通信

便携式智能终端(Personal Communication System，PCS)可以使用无线技术，在任何地方以各种速率与网络保持联络。用户利用 PCS 进行个人通信，可在任何地方接收到发给自己的呼叫。PCS 系统可以支持语音、数据和报文等各种业务。PCS 网络和无线技术将大大改进人们的移动通信水平，成为未来信息高速公路的重要组成部分。

随着增加频谱、采用数字调制、改进编码技术、建立微小区和宏小区等措施，在未来 10 年里，无线系统的容量将增加 1 000 倍以上，而且系统的容量通过动态信道分配技术将得到进一步的增长。利用自适应无线技术，将由电子信息组成的无线电波信号发送到接收方，并将其他的干扰波束清除，从而可降低干扰，提高系统的容量和质量。

第一代无线业务分为两类：一类是蜂窝/PCS 广域网，提供语音业务，工作在窄带，服务区被分为宏小区；另一类是无线局域网，工作于更宽的带宽，提供本地的数据业务。新一代的无线业务将包括新的移动通信系统和宽带信道速率(64 kbit/s～2 Mbit/s)在微小区之间进行的固定无线接入业务。

5. 网络安全与管理

当前网络与信息的安全受到严重的威胁，一方面是由于Internet的开放性和安全性不足，另一方面是由于众多的攻击手段的出现，诸如病毒、陷门、隐通道、拒绝服务、侦听、欺骗、口令攻击、路由攻击、中继攻击、会话窃取攻击等。以破坏系统为目标的系统犯罪，以窃取、篡改信息、传播非法信息为目标的信息犯罪，对国家的政治、军事、经济、文化都会造成严重的损害。为了保证网络系统的安全，需要完整的安全保障体系和完善的网络管理机制，使其具有保护功能、检测手段、攻击的反应以及事故恢复功能。

计算机网络从20世纪60年代末、70年代初的实验性网络研究，经过70年代中后期的集中式、闭关网络应用，到80年代中后期的局部开放应用，一直发展到90年代的开放式大规模推广，其速度发展之快，影响之大，是任何学科不能与之相匹敌的。计算机网络的应用从科研、教育到工业，如今已渗透到社会的各个领域，它对于其他学科的发展具有使能和支撑作用。目前，关于下一代计算机网络(Next Generation Network，NGN)的研究已全面展开，计算机网络正面临着新一轮的理论研究和技术开发的热潮，计算机网络继续朝着开放、集成、高性能和智能化方向的发展将是不可逆转的大趋势。

习题1

一、选择题

1. 在计算机网络发展过程中，对计算机网络的形成与发展影响最大的是(　　)。

A. DATAPAC　　B. OCTOPUS　　C. ARPANET　　D. Newhall

2. (　　)用于将有限范围(如一个实验室、一栋大楼、一个校园)中的各种计算机、终端与外部设备互连起来。

A. 广域网　　B. 接入网　　C. 城域网　　D. 局域网

3. 将计算机网络划分成局域网、广域网和城域网的依据是(　　)。

A. 网络使用者　　B. 网络技术　　C. 网络的覆盖范围　　D. 网络软件

4. 目前，传统局域网的带宽可以达到10 M，表示(　　)。

A. 信号传输速率可达10 MB/s　　B. 信号传输速率可达10 Mbit/s

C. 信号传输速率至少为10 Mbit/s　　D. 信号传播速率可达10 Mbit/s

5. 关于C/S方式描述不正确的是(　　)。

A. 客户是服务的请求方，服务器是服务的提供方

B. 客户和服务器实质是指计算机进程

C. 不区分是服务请求方还是服务提供方

D. 客户程序必须知道服务器程序的地址，服务器程序不需要知道客户程序的地址

6. (　　)的作用范围通常为几十到几千千米，因而有时也称为远程网。

A. 广域网　　B. 城域网　　C. 局域网　　D. 接入网

7. (　　)表示在单位时间内从网络中的某一点到另一点所能通过的“最高数据率”。

A. 时延　　B. 带宽　　C. RTT　　D. 传播时延

8. 关于 P2P 工作模式，描述正确的是（　　）。

A. 常用的电子邮件服务就是基于这个模式工作的

B. 是 Internet 核心部分的主要工作方式

C. 客户服务器模式指两个主机在通信时一定有一方是服务请求方，一方是服务提供方

D. 对等连接模式指两个主机在通信时并不区分是服务请求方还是服务提供方

9. IEEE 802.3u 的标准速率为 100 Mbit/s，那么发送 1 个比特需要用（　　）。

A. 10^{-8} s　　B. 10^{-6} s　　C. 10^{-7} s　　D. 10^{-5} s

二、填空题

1. 从计算机网络的功能看，计算机网络可以分成__________、__________两个部分。

2. 网络协议是通信双方必须遵守的事先约定好的规则，一个网络协议由__________、__________和__________3 部分组成。

3. 关于计算机网络的性能指标，__________是指数据从网络的一端传送到另一端所需的时间。

4. Internet 的核心部分采用__________技术传输数据。

5. Internet 边缘部分端系统中运行的程序之间的通信方式可以分为__________和__________两大类。

三、简答题

1. 计算机网络的发展可以分为哪几个阶段？每个阶段有什么特点？

2. 从资源共享的观点出发，计算机网络有哪些特征？

3. 计算机网络的主要功能是什么？

4. Internet 由哪两大部分组成？它们的工作方式各有什么特点？

5. 在某网络中，传输 1 bit 二进制信号的时间为 0.01 ms，则该通信信道的带宽是多少？

6. 简述计算机网络未来的发展趋势。

第2章 数据通信技术

计算机网络是通信技术和计算机技术相结合的产物，数据通信是计算机网络的基础，没有数据通信技术的发展，就没有计算机网络今天的发展和进步。数据通信是以信息处理技术和计算机技术为基础的通信方式，它为计算机网络的应用和发展提供了技术支持和可靠的通信环境，是人们获取、传递和交换信息的重要手段。

本章首先简单介绍数据通信的基本概念和原理，然后介绍各种传输介质、多路复用技术、数据交换技术、数据通信方式、数据编码技术和差错控制技术等。

本章主要讨论以下问题：

○什么叫作信息、数据、信号和信道？

○数据通信系统的模式以及数据通信技术指标有哪些？

○数据传输介质有哪些以及各自的特点？

○信道复用技术有哪些以及各自的特点？

○数据交换技术有哪些以及各自的特点？

○数据通信的方式有哪些以及各自的特点？

○数据编码技术有哪些以及各自的特点？

○差错控制技术有哪些以及各自的特点？

○差错控制编码的方法有哪些？

2.1 数据通信的基本概念

2.1.1 信息、数据、信号和信道

在计算机网络中，通信的目的是交换信息。

1. 信息

信息是对客观事物属性和特性的描述，可以是对事物的形态、大小、结构、性能等全部或部分特性的描述，也可以是对事物与外部联系的描述。信息是字母、数字、符号的集合，其载体可以是数字、文字、语音、视频和图像等。

2. 数据

数据是指数字化的信息。在数据通信过程中，被传输的二进制代码（或者说数字化的信

息)称为数据。数据是信息的表现形式或载体。

数据分为数字数据和模拟数据。数字数据的值是离散的,如电话号码、邮政编码等;模拟数据的值是连续变换的量,如身高、体重、温度、气压等。

数据与信息的区别在于,数据是信息的载体或表现形式,而信息则是数据的内在含义或解释。

3. 信号

数据通信中,信号是数据在传输过程中电磁波的表示形式,因此数据只有转换为信号才能传输。信号是运输数据的工具,是数据的载体,是数据的表现形式,信号使数据能以适当的形式在介质上传输。从广义上讲,信号包含光信号、声信号和电信号,人们通过对光、声、电信号的接收,才知道对方要表达的消息。

信号从形式上分为模拟信号和数字信号。模拟信号指的是在时间上连续不间断,数值幅度大小也是连续不断变化的信号,如传统的音频信号、视频信号等。数字信号指的是在时间轴上离散,幅度不连续的信号,可以用二进制 1 或 0 表示,如计算机、数字电话、数字电视等输出的都是数字信号。图 2-1 给出了模拟信号和数字信号的图示。

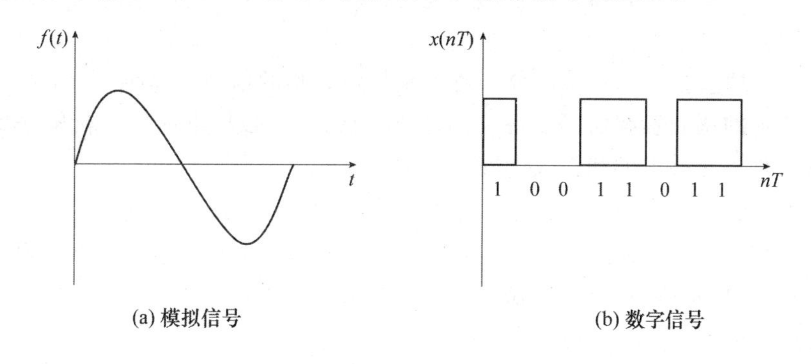

(a) 模拟信号　(b) 数字信号

图 2-1　模拟信号和数字信号

4. 信道

信道是信息从发送端传输到接收端的一个通路,它一般由传输介质(线路)和相应的传输设备组成。在数据通信系统中,信道为信号的传输提供了通路。

2.1.2　数据通信系统

1. 数据通信系统模型

数据通信的目的是在两个用户之间交换信息。数据通信系统是指以计算机为中心,用通信线路连接分布在各地的数据终端设备而完成数据通信的系统。下面以公用电话网(PSTN)数据通信为例,给出数据通信系统的一般模型,如图 2-2 所示。

从图中可以看出,数据通信系统一般由 3 部分组成:源系统、传输系统和目的系统。在一次通信中,产生和发送信息的一方叫信源方,接收信息的一方叫信宿方,传输信息的通道叫信道。

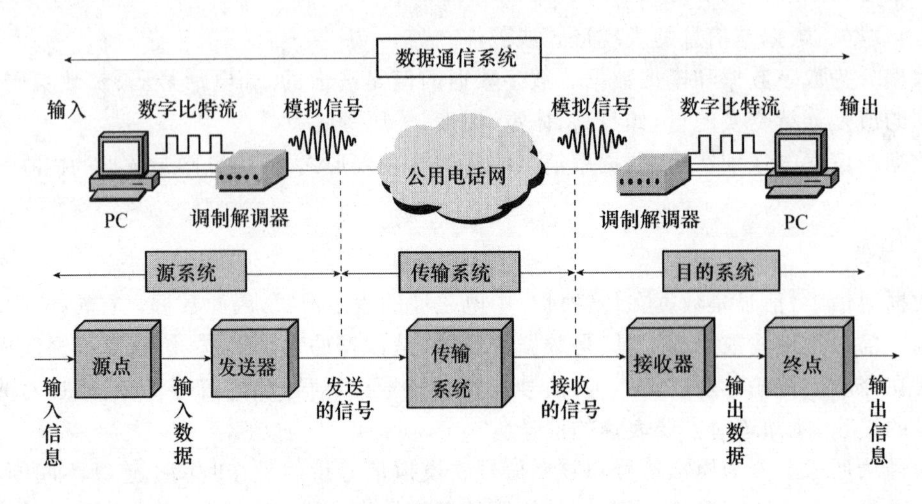

图 2-2 数据通信系统的一般模型

源系统一般包括源点和发送器。源点是指产生数据的信源计算机，也叫发送方；发送器是指和源点相连的调制解调器等设备，它的主要功能是将计算机产生的数字数据转换为电话网上能传输的模拟信号。

目的系统一般包括终点和接收器。终点是接收数据的信宿计算机，也叫接收方；接收器是指和终点相连的调制解调器等设备，它的主要功能是将公用电话网上传输来的模拟信号转化为信宿计算机能够识别和接收的数字数据。

传输系统也包括两个部分：传输信道和噪声源。传输信道一般表示向某一方向传输的介质。一条物理信道上可以有多条逻辑信道（采用多路复用技术）。噪声源包括影响通信系统的所有噪声，如信道噪声、发送和接收设备产生的噪声等。

2. 数据通信的主要技术指标

数据通信的主要技术指标包括数据传输速率、信号传输速率、信道容量、误码率、信道带宽、信道延迟等参数。

(1) 数据传输速率

数据传输速率也称为比特速率，是指单位时间内通过信道传输的二进制位数（比特数），单位是位/秒，记为 bit/s。对于二进制数据，数据的传输速率为

$$S=1/T \tag{2-1}$$

式中，参数 T 为发送 1 位（1 比特）所需要的时间。例如，如果在信道上发送 1 位 0 或 1 信号所需要的时间为 0.104 ms，那么信道的数据传输速率为 9 600 bit/s。在实际应用中，常用的数据传输速率单位有 kbit/s、Mbit/s、Gbit/s。其中：

$$1\ \text{kbit/s}=10^3\ \text{bit/s}$$

$$1\ \text{Mbit/s}=10^6\ \text{bit/s}$$

$$1\ \text{Gbit/s}=10^9\ \text{bit/s}$$

(2) 信号传输速率

码元是携带信息的数字单位，是指在数字信道中传送数字信号的一个波形符号，常常用时间间隔相同的符号来表示一位二进制数字。

信号传输速率也称为码元速率或波特速率，是指单位时间内通过信道传输的码元个数，

单位是波特，记为 Baud，以 B 表示。

信号传输速率和数据传输速率在数值上的关系表达式是：

$$数据传输速率=信号传输速率\times \mathrm{lb}N \tag{2-2}$$

式中，参数 N 为一个码元携带的离散化电平个数，若 N 为 2，则表示码元有两种离散化电平，用来传输二进制数据；若 N 为 4，则表示码元有 4 种离散化电平，用来传输四进制数据。

（3）信道容量

信道容量表示一个信道传输数据的能力，通常用单位时间内可传输的最大比特数来表示，单位是位/秒，或记为 bit/s。信道容量一般是指信道的最大数据传输速率，即信道的极限容量，而数据传输速率则是指实际的数据传输速率，一般都小于信道极限容量。信道容量的大小由信道的频带 F 和可使用的时间 T 以及能通过的信号功率与干扰功率之比决定。

（4）误码率

在传输数据的过程中，由于受各种因素的影响，总会出现一些差错，通常把信号传输过程中的错误率称为误码率，它是衡量差错的指标。在二进制数据的传输过程中，误码率＝接收的错误的二进制比特数/传输的总的二进制比特数。在计算机网络中，一般要求误码率低于 10^{-6}，如果达不到这个性能指标，则需要采取适当的差错控制方法进行检错和纠错。

（5）信道带宽

信道带宽在不同环境中有不同的定义。在通信系统中，带宽是指在给定的范围内可用于传输的最高频率与最低频率的差值。例如，短波通信使用的频率范围为 3～30 MHz，则它的带宽为 28 MHz。在网络系统中，信道带宽是指计算机通信通道的容量，以 Mbit/s 为单位，例如，以太网的带宽为 10 Mbit/s。

（6）信道延迟

信道延迟是指信号从发送方发出经过信道到达接收方所需要的时间。它由发送方和接收方之间的距离以及信号在信道中的传播速率决定。

3. 奈奎斯特和香农公式

信道带宽总是有限的。由于任何实际的信道都不是理想的，在传输信号时会产生各种失真以及带来多种干扰。码元传输的速率越高，或信号传输的距离越远，在信道的输出端波形的失真就越严重。

1924 年，奈奎斯特（Nyquist）推导出在理想低通信道下的最高传输速率，也就是著名的奈氏第一准则。他给出了在假定的理想条件下，为了避免码间串扰，码元传输速率的上限值，即

$$\begin{aligned} C &= 2\,W\ \mathrm{Baud} \\ &= 2\,W \mathrm{lb} L\ \mathrm{bit/s} \end{aligned} \tag{2-3}$$

式中，W 为信道的带宽（以 Hz 为单位）；L 为码元信号电平的个数，若 $L=2$，则码元速率在数值上和比特速率相等。

但是，自然条件下噪声是不可避免的，噪声存在于所有的电子设备和通信信道中。噪声是随机产生的，噪声的影响是也相对的。1948 年，具有“信息论之父”之称的香农（Shannon）用信息论的理论推导出了在有限带宽、有随机热噪声的信道的极限、无差错的信息最高传输速率。根据香农定理，信道的极限信息传输速率 C 可表达为

$$C=W\mathrm{lb}\,(1+S/N)\ \mathrm{bit/s} \tag{2-4}$$

式中,W 为信道带宽(以 Hz 为单位);S 为信道内所传信号的平均功率;N 为信道内部的随机热噪声功率;S/N 为信噪比,本身没有单位,但通常换算成 $10\lg(S/N)$来表示,单位是分贝(dB)。

【例 2-1】计算带宽为 3 kHz、信噪比为 20 dB 的信道的最大数据传输速率。

解:由于 $20=10\lg(S/N)$,则 $S/N=10^2=100$

$$C_{\max}=3\,000\times \mathrm{lb}(1+S/N)=3\,000\times \mathrm{lb}(1+100)\approx 19\,975\ \mathrm{bit/s}$$

香农公式表明,信道的带宽或信道中的信噪比越大,信息的极限传输速率就越高。只要信息传输速率低于信道的极限信息传输速率,就一定可以找到某种办法来实现无差错的传输,但实际信道上能够达到的信息传输速率要比香农的极限传输速率低很多。

2.2 数据传输介质

传输介质也称为传输媒体或传输媒介。在通信过程中,计算机及网络设备之间需要传输介质来进行信息与数据的连接与传递,也可以说,传输介质是数据传输系统中发送方和接收方之间的物理通路。一般来说,传输介质可分为两大类:导向传输媒体(也叫有线介质)和非导向传输媒体(也叫无线介质)。在导向传输媒体中,电磁波被导向沿着固体媒体(铜线或光纤)传播,而非导向传输媒体就是指自由空间,在非导向传输媒体中电磁波的传输通常称为无线传输。常见的有线介质如双绞线、同轴电缆和光纤。常用的无线介质如无线电波、微波、红外线等。

2.2.1 导向传输媒体

1. 双绞线

双绞线是由两条相互绝缘的导线按照一定的规格互相缠绕(一般以顺时针缠绕)在一起而制成的一种通用配线,属于信息通信网络传输介质。双绞线过去主要是用来传输模拟信号的,但现在同样适用于数字信号的传输。双绞线采用了一对互相绝缘的金属导线互相绞合的方式来抵御一部分外界电磁波干扰,更主要的是降低自身信号的对外干扰。把两根绝缘的铜导线按一定密度互相绞在一起,可以降低信号干扰的程度,每一根导线在传输中辐射的电波会被另一根线上发出的电波抵消,“双绞线”的名字也是由此而来。

双绞线一般由两根 22~26 号绝缘铜导线相互缠绕而成,实际使用时,双绞线是由多对双绞线一起包在一个绝缘电缆套管里的,典型的双绞线有 4 对的,也有更多对双绞线放在一个电缆套管里的。与其他传输介质相比,双绞线在传输距离、信道宽度和数据传输速度等方面均受到一定限制,但价格较为低廉。

双绞线可以分为非屏蔽双绞线(Unshielded Twisted Pair,UTP)和屏蔽双绞线(Shielded Twisted Pair,STP),如图 2-3 所示。屏蔽双绞线就是在双绞线的外面再加上一层用金属编织成的屏蔽层,以提高双绞线的抗电磁干扰能力,它的价格当然要比非屏蔽双绞线贵一些,安装时也困难一些。非屏蔽双绞线外面只有一层绝缘胶皮,因而重量轻、易弯曲、易安装、组网灵活,非常适用于结构化布线,所以一般在无特殊要求的计算机网络布线中,常使用非屏蔽双绞线。

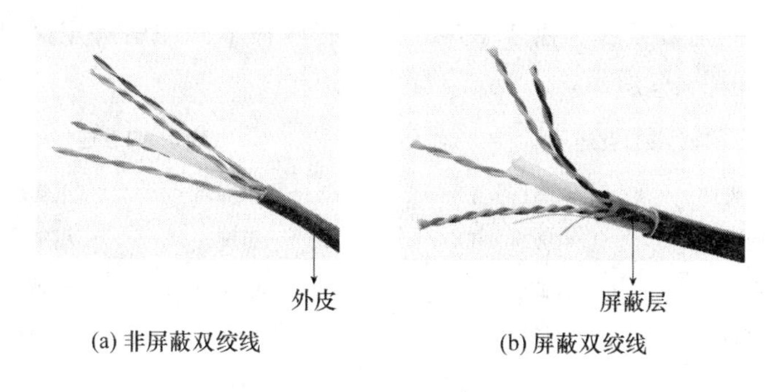

(a) 非屏蔽双绞线 (b) 屏蔽双绞线

图 2-3 双绞线

双绞线按电气性能分类，主要可以划分为三类、四类、五类、超五类、六类、七类双绞线等类型，数字越大，也就代表着级别越高、技术越先进、带宽也越宽，当然价格也越贵。目前三类、四类线在市场上几乎没有了，在一般局域网中常见的是五类、超五类或者六类非屏蔽双绞线。各类型号双绞线的带宽和应用描述如表 2-1 所示。

表 2-1 非屏蔽双绞线的种类

双绞线类别	带宽/传输频率	典型应用
三类双绞线	16 MHz	低速网络、模拟电话，目前已从市场上消失
四类双绞线	20 MHz	短距离的 10 BASE-T 以太网和令牌网，目前甚少见到
五类双绞线	100 MHz	主要用于 10 BASE-T 和 100BASE-T 以太网
超五类双绞线(5E)	100 MHz	100BASE-T 快速以太网、某些 1 000 BASE-T 吉比特以太网
六类双绞线	250 MHz	1 000 BASE-T 吉比特以太网、ATM 网络
七类双绞线	600 MHz	用于 10 吉比特以太网

双绞线通常用来连接两个 RJ-45 接口（又称为水晶头，如图 2-4 所示）。RJ-45 接口通常用于数据传输，最常见的应用为网卡、集线器、交换机和路由器上的以太网接口。

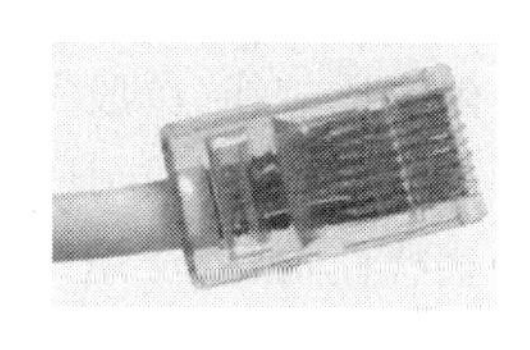

图 2-4 RJ-45 接口

RJ-45 插头的头部有 8 个金属片，这 8 个金属片用来将双绞线与 RJ-45 接口连接在一起，金属片的上方用于与 RJ-45 插头中的 8 根金属丝接触，金属片的下方比较尖锐，用于分别插入双绞线的 8 根线中，从而能够与双绞线紧密地结合在一起。要把两个 RJ-45 的接口连通起来，就要根据接口的引脚定义，将两端的接收信号与发信号对应连接起来，也就是一端的发信号高电平一定要连接到另一端的接收信号高电平，一端的发信号低电平要连接到另一端的接收信号低电平。为了方便进行连接，通常双绞线用 4 种不同的颜色进行区分（橙、绿、蓝、棕），每种颜色又分为纯色和与白色的间隔色两种，每种颜色对应的这两根线互相绞合在一起成为一对双绞线。由于RJ-45接口有两种不同的引脚定义,因此需要有两种不同的连接方式,如图2-5所示。

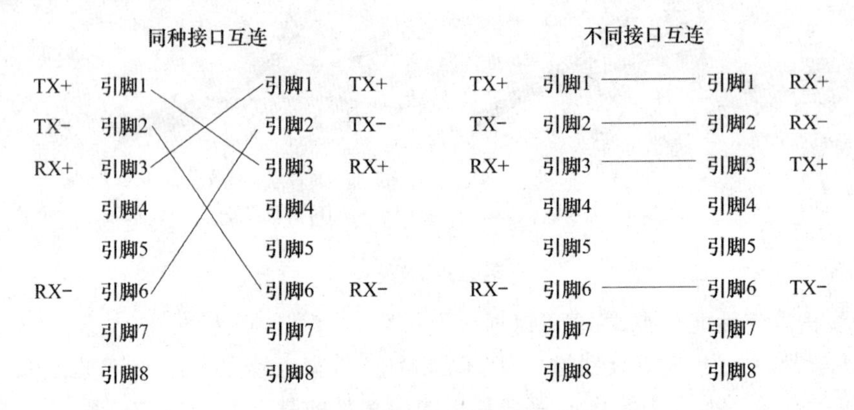

图2-5 RJ-45接口间的连接方式

因此,针对这两种不同的连接方式,RJ-45插头上8根线的线序也有两种:TIA/EIA 568 A和TIA/EIA 568 B(TIA/EIA 568是ANSI于1996年制定的布线标准,该标准指出网络布线有关的基础设施,包括线缆、连接设备等的内容。字母"A"表示IBM的布线标准,而AT&T公司用字母"B"表示)。RJ-45插头上的线序通常用线的颜色顺序来表示。

TIA/EIA 568 B标准中线两端的插头线序一样,又称为正线或者直通线,从左至右的线序为:橙白—1,橙—2,绿白—3,蓝—4,蓝白—5,绿—6,棕白—7,棕—8。

TIA/EIA 568 A标准中线两端的插头线序不一致,称为反线或者交叉线,也叫对连线,一端为正线的线序(TIA/EIA 568 B标准),另一端从左至右为:绿白—1,绿—2,橙白—3,蓝—4,蓝白—5,橙—6,棕白—7,棕—8。

正线通常用于连接不同引脚定义的RJ-45接口,如连接交换机的RJ-45接口和PC网卡上的RJ-45接口,而同种引脚定义的RJ-45接口之间必须用反线来连接,比如两台PC通过网卡上的RJ-45接口对连时。

2. 同轴电缆

同轴电缆由内导体铜质芯线(单股实心线或多股绞合线)、绝缘层、网状编织的外屏蔽层(也可以是单股的)以及保护塑料外层所组成(如图2-6所示)。由于外屏蔽层的作用,同轴电缆具有很好的抗干扰特性,被广泛用于传输较高速率的数据。

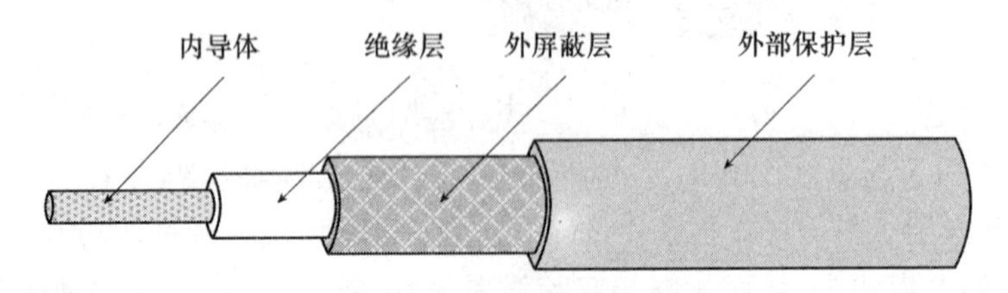

图2-6 同轴电缆示意图

在局域网发展的初期曾广泛地使用同轴电缆作为传输媒体,但随着技术的进步,在局域网领域基本上都是采用双绞线作为传输媒体。在网络中,同轴电缆适合传输速率为10 Mbit/s的数字信号,但具有比双绞线更高的带宽。同轴电缆的带宽取决于电缆长度,

1 km的电缆可以达到 1～2 GB/s 的数据传输速率。还可以使用更长的电缆，但是传输速率要降低或要使用中间放大器。目前，同轴电缆大量被光纤取代，但仍广泛应用于有线电视网络和某些局域网。

按直径的不同，同轴电缆可以分为粗同轴电缆和细同轴电缆两种，如图 2-7 所示。粗同轴电缆适用于比较大型的局部网络，传输距离长，可靠性高，由于安装时不需要切断电缆，因此可以根据需要灵活调整计算机的入网位置，但粗同轴电缆网络必须安装电缆收发器，安装难度大，所以总体造价高。相反，细同轴电缆安装则比较简单，造价低，但由于安装过程要切断电缆，两头须装上基本网络连接头（BNC），然后接在 T 形连接器两端，所以当接头多时容易产生不良的隐患，这是早期以太网最常见的故障之一。无论是粗同轴电缆还是细同轴电缆均为总线拓扑结构，即一根电缆上接多部机器，这种拓扑适用于机器密集的环境，但是当一触点发生故障时，故障会串联影响到整根电缆上的所有机器。故障的诊断和修复都很麻烦。同轴电缆的优点是可以在相对长的无中继器的线路上支持高带宽通信，而其缺点是体积大，不能承受缠结、压力和严重的弯曲，这些都会损坏电缆结构，阻止信号的传输，并且成本高，因此以太网中的同轴电缆已经基本被非屏蔽双绞线所取代。

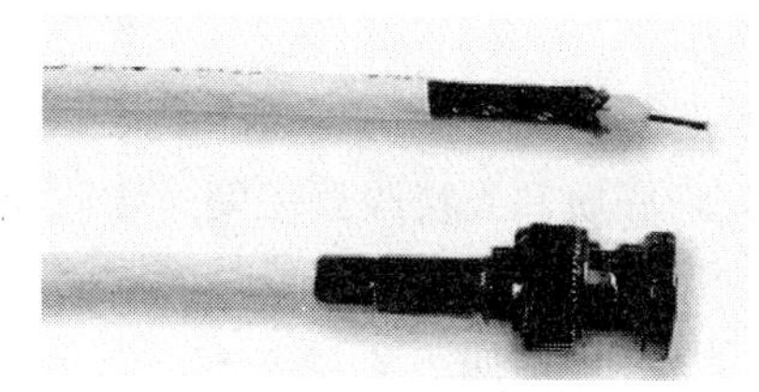
(a) 10base-2细同轴电缆

(b) 10base-5粗同轴电缆

图 2-7　两种同轴电缆

根据传输频带的不同，同轴电缆可分为基带同轴电缆和宽带同轴电缆两种类型。基带同轴电缆阻抗值为 50 Ω，电缆中传输的是基带数字信号。典型的传输速率在 1 km 范围内时可达 10 Mbit/s。宽带同轴电缆的阻抗值为 75 Ω，电缆中传输的一般是经频分复用后的频带模拟信号，它是有线电视系统（CATV）中使用的传输电缆。宽带同轴电缆具有较高的传输带宽，可使用的频带高达 300～450 MHz，支持较高速率的数据传输。由于宽带系统使用模拟信号，因此在传输数字信号时，需要在接口处安放一个电子设备进行数字和模拟信号的转换。

3. 光纤

光纤是光导纤维的简称，是新一代的传输介质，与铜质介质相比，光纤有一些明显的优势。因为光纤不会向外界辐射电子信号，所以使用光纤介质的网络无论是在安全性、可靠性，还是在网络性能方面都有了很大的提高。通常把多条光纤扎成束，再加上外壳，构成光电线缆，简称光缆，如图 2-8 所示。

光纤由纤芯、封套以及外套组成，图 2-9 所示为单根光纤的结构。中心一般是玻璃纤芯，纤芯外包围着一层折射率比纤芯低的玻璃封套，又叫包层，最外层是一层薄的塑料外壳。塑料外壳可以吸收光线、防止串音、保护玻璃封套。透明玻璃制成的纤芯和玻璃封套可使光线沿着纤芯传播，纤芯的折射率高于玻璃封套的折射率，可以保证光线在纤芯与玻璃封套的接触面上进行全反射，并沿光纤向前传播，如图 2-10 所示。

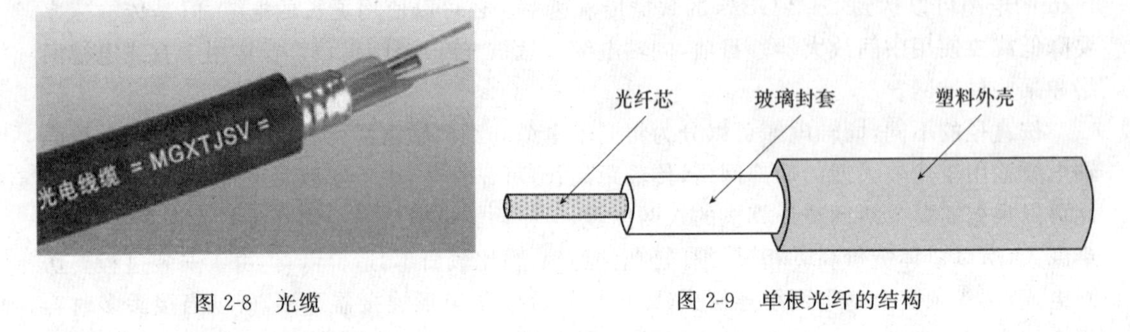

图 2-8　光缆　　　　图 2-9　单根光纤的结构

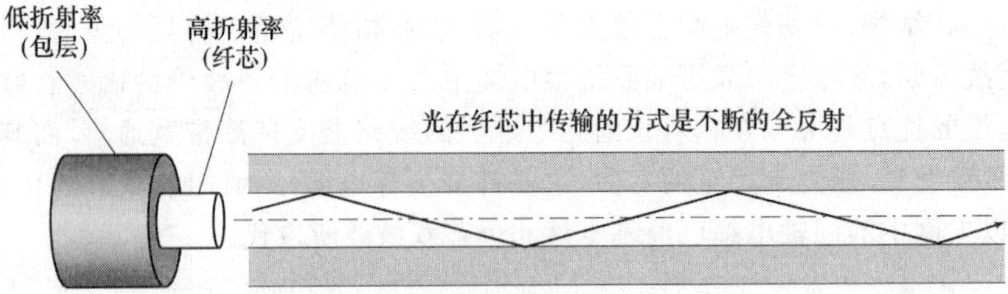

低折射率
(包层)
高折射率
(纤芯)
光在纤芯中传输的方式是不断的全反射

图 2-10　光在纤芯中传播的示意图

光纤系统主要由 3 部分组成:光发送器、光纤介质和光接收器。发送端的光发送器利用电信号对光源进行光强控制,从而将电信号转换为光信号;光信号经过光纤介质传输到接收端;光接收器通过光电二极管再把光信号还原为电信号,如图 2-11 所示。

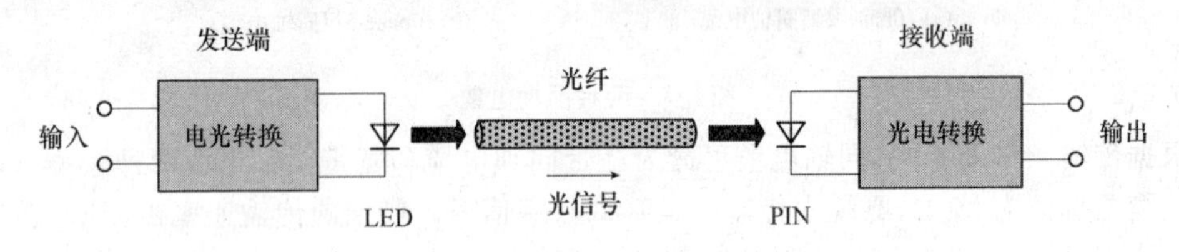

图 2-11　光电转换示意图

根据纤芯中光束的多少,光纤可以分为单模光纤和多模光纤。

对于单模光纤,纤芯直径减小到光波波长,光在光纤中的传播没有反射,沿直线传播;用激光作为光源,传输距离非常远,数据传输速率很高,价格昂贵。

对于多模光纤,纤芯直径较粗,光在光纤中可能有许多种沿不同途径同时传播的模式;传播距离短,数据传输速率较低,价格便宜;用发光二极管作为光源。

单模光纤和多模光纤的传输原理如图 2-12 所示。

与双绞线和同轴电缆比较,光纤通信具有很多优点:传输信号的频带宽,通信容量大;信号衰减小,传输距离长;抗干扰能力强,应用范围广;极高的数据传输速率和极低的误码率;原材料资源丰富;抗雷电和电磁干扰性能好,抗化学腐蚀能力强,适用于某些特殊环境下的布线;体积小,重量轻,这在现有电缆管道已拥塞不堪的情况下特别有利。当前光纤已经成为远程传输的主要介质,并逐步应用到了高速局部网络的传输中。

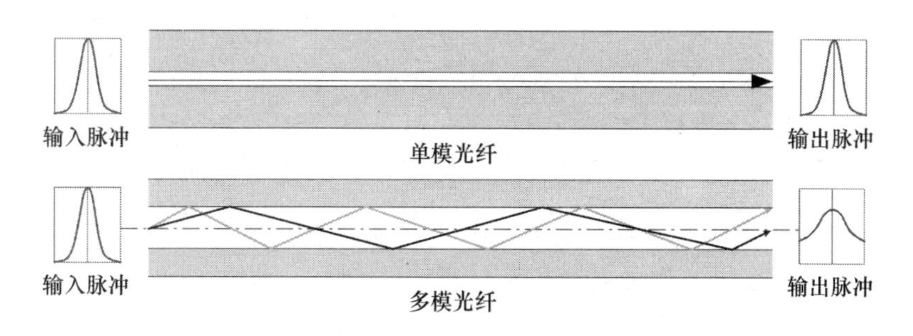

图 2-12　单模光纤和多模光纤的传输原理

2.2.2　非导向传输媒体

前面提到的 3 种介质都属于有线传输介质，但有线传输并不是在任何时候都能实现的。例如，通信线路要通过一些高山、岛屿或临时办公场所，这些地方布线联网很难施工。即使是在城市中，开挖马路敷设线缆也不是一件容易的事。但当今社会正处于信息时代，人们无论何时何地都需要及时了解信息，这就不可避免地要用到无线传输。

无线传输介质是指利用各种波长的电磁波充当传输媒体的传输介质。无线传输所使用的频段很广，目前多采用无线电波、微波、红外线和激光等。

1. 无线电波

无线电波是指在自由空间(包括空气和真空)传播的射频频段的电磁波。无线电波(频率范围 10～16 kHz)是一种能量的传播形式，电场和磁场在空间中是相互垂直的，并都垂直于传播方向，在真空中传播速度等于光速。无线电波技术的原理在于，导体中电流强弱的改变会产生无线电波。利用这一现象，通过调制可将信息加载于无线电波之上。当无线电波通过空间传播到达收信端，无线电波引起的电磁场变化又会在导体中产生电流。通过解调将信息从电流变化中提取出来，就达到了信息传递的目的。无线电波有以下两种传播方式。

(1) 直线传播(即沿地面向四周传播)

在 VLF、LF、MF 波段，无线电波沿着地面传播，在较低频率上可以在 1 000 km 以外检测到它，在较高频率上距离要近一些，也称为地波传播，过程如图 2-13 所示。

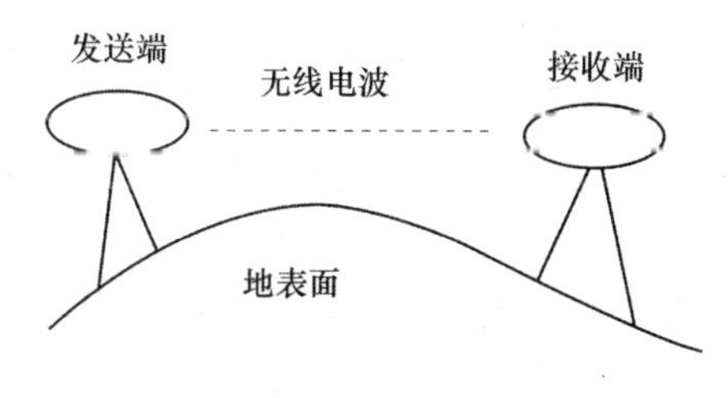

图 2-13　地波传播

(2) 靠大气层中电离层的反射传播

在 HF、VHF 波段，地表电波被地球吸收，但是到达电离层(离地球 100～500 km 高度的带电离子层)后它被反射回地球，在某些情况下，电波可能反射多次，也称为天波传播，过程如图 2-14 所示。

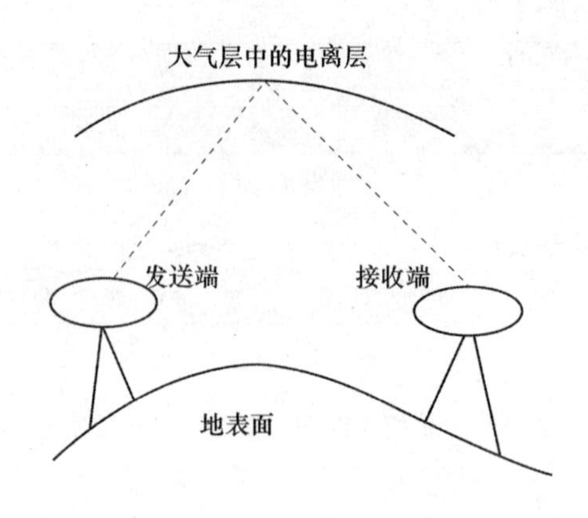

图 2-14 天波传播

2. 微波

微波通信在数据通信中占有重要的地位。微波的频率范围为 3 000 MHz～300 GHz(波长 1～10 m),但主要是使用 2～40 GHz 的主频范围。微波在空间主要是直线传播。由于微波会穿透电离层而进入宇宙空间,因此它不像短波那样可以经电离层反射传播到地面上很远的地方。传统的微波通信主要有两种方式,即地面微波接力通信和卫星通信。

由于微波在空间是直线传播,而地球表面是个曲面,因此其传播距离受到限制,一般只有 50 km 左右。但若采用 100 m 高的天线塔,则传播距离可增大到 100 km。为实现远距离通信,必须在一条无线电通信信道的两个终端之间建立若干个中继站。中继站把前面一站送来的信号经过放大后再发送到下一站,故称为“接力”。大多数长途电话业务使用 4～6 GHz的频段范围。微波接力通信可传输电话、电报、图像、数据等信息。其主要特点如下。

(1) 微波波段频率很高,其频段范围也很宽,因此其通信信道的容量很大。

(2) 因为工业干扰和电磁干扰的主要频谱成分比微波频率低得多,对于微波通信的危害比对短波和米波通信小得多,因此微波传输质量较高。

(3) 与相同容量和长度的电缆载波通信比较,微波接力通信建设投资少,见效快,易于跨越山区、江河。

当然,微波接力通信也存在如下的一些缺点。

(1) 相邻站之间必须直视(常称为视距(Line Of Sight,LOS)),不能有障碍物。有时一个无线电发出的信号也会分成几条略有差别的路径到达接收天线,因而造成失真。

(2) 微波的传播有时也会受到恶劣气候的影响。

(3) 与电缆通信系统比较,微波通信的隐蔽性和保密性较差。

(4) 对大量中继站的使用和维护要耗费较多的人力和物力。

常用的卫星通信方法是在地球站之间利用位于约 36 000 km 高空的人造同步地球卫星作为中继站的一种微波接力通信。对地静止通信卫星就是在太空的无人值守的微波通信中继站。可见卫星通信的主要优缺点应当大体上和地面微波通信差不多。

卫星通信的最大特点是通信距离远,且通信费用与通信距离无关。同步地球卫星发射出的电磁波能辐射到地球上通信覆盖区的跨度为一万八千多千米,面积约占地球的 1/3。只要在地球赤道上空的同步轨道上等距离放置 3 颗相隔 120°的卫星,就能基本上实现全球的通信。

和微波接力通信相似，卫星通信的频带很宽，通信容量很大，信号所受的干扰也较小，通信比较稳定。

3. 红外线

目前广泛使用的家电遥控器几乎都是采用红外线传输技术。红外线通信是利用950 nm近红外波段的红外线作为传递信息的媒体。发送端将基带二进制信号调制为一系列的脉冲串信号，通过红外发射管发射红外信号。接收端将接收到的光脉冲转换成电信号，再经过放大、滤波等处理后送给解调电路进行解调，还原为二进制数字信号后输出。常用的有通过脉冲宽度来实现信号调制的脉宽调制和通过脉冲串之间的时间间隔来实现信号调制的脉时调制两种方法。

红外线通信有两个最突出的优点：不易被人发现和截获，保密性强；几乎不会受到电气、人为干扰，抗干扰性强。此外，红外线通信设备体积小，重量轻，结构简单，价格低廉。但是红外线必须在直视距离内通信，且传播受天气的影响。由于红外线的穿透能力较差，易受障碍物的阻隔，一般作为近距离传输介质。

4. 激光

激光束也可以用于在空气中传输数据。激光的工作频率为 $10^{14} \sim 10^{15}$ Hz，和微波相似，至少需要两个激光站，每个站点都拥有发送信息和接收信息的能力。激光设备通常安装在固定的位置上，一般安装在高山的铁塔上，并且天线相互对应。由于激光束能够在很长的距离上聚焦，激光的传输距离很远，能传输几十千米；激光方向性很强，不易受电磁波干扰。外界气候条件对激光通信的影响较大，如在空气污染、雨雾天气以及能见度较差的情况下可能导致通信中断。激光技术与红外线技术类似，因为它也需要无障碍直线传播，任何阻挡激光束的人或物都会阻碍正常的传输。激光束不能穿过建筑物和山脉，但可以穿透云层。

2.3 信道复用技术

信道复用是指两个或多个用户共享公用信道的一种机制。通过信道复用技术，多个终端能共享一条高速信道，在一条传输介质上传输多个信号，提高了线路的利用率，降低了网络的成本，从而达到节省信道资源的目的，如图 2-15 所示。信道复用有频分多路复用、时分多路复用、波分多路复用几种。

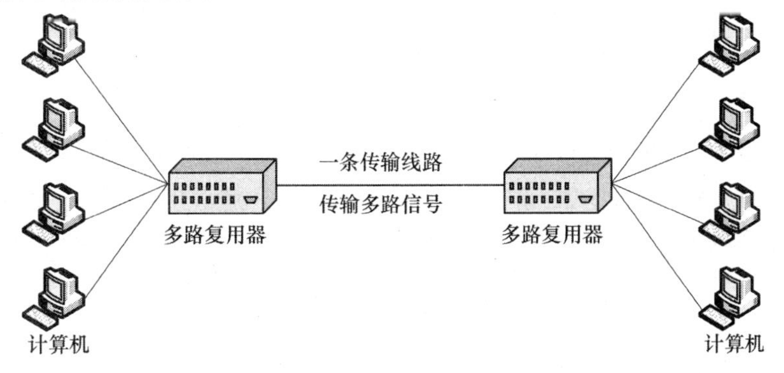

图 2-15 信道多路复用

2.3.1 频分多路复用

频分多路复用(Frequency Division Multiplexing,FDM)是一种将多路基带信号调制到不同频率载波上再进行叠加形成一个复合信号的多路复用技术。在物理信道的可用带宽超过单个原始信号所需带宽的情况下,可将该物理信道的总带宽分割成若干个与传输单个信号带宽相同(或略宽)的子信道,每个子信道传输一种信号,这就是频分多路复用,如图 2-16 所示。

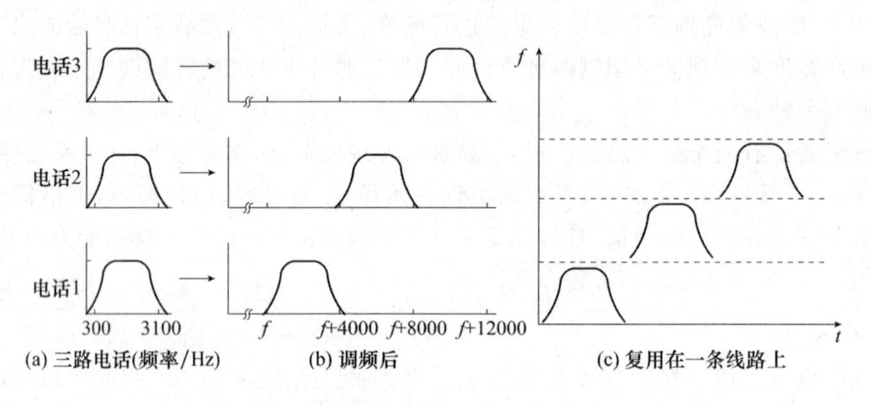

图 2-16 频分多路复用

2.3.2 时分多路复用

时分多路复用(Time Division Multiplexing,TDM)即把一个传输通道进行时间分割以传送若干话路的信息。把 N 个话路设备接到一条公共的通道上,按一定的次序轮流给各个设备分配一段使用通道的时间。当轮到某个设备时,这个设备与通道接通,执行操作,与此同时,其他设备与通道的联系均被切断。待指定的使用时间间隔一到,则通过时分多路转换开关把通道连接到下一个要连接的设备上去。如果传输介质可达到的数据传输速率超过要传输的数字信号总的数据传输速率时,可以采用时分多路复用技术。几个低速设备产生的信号输入一个多路复用器,保存在相应的缓冲器中(通常缓冲器为一个字符大小),按照一定的周期顺序扫描每一个缓冲器,可以将这些信号顺序传输在高速线路上。在接收端,由相应设备分离这些数据,恢复成原来的信号。采用时分多路复用时,输入到多路复用器的信号一般是数字信号。时分多路复用又分为同步时分和异步时分。

1. 同步时分

同步时分指发送端的多台计算机通过一条线路向接收端发送数据时进行分时处理,它们以固定的时隙进行分配,比如:第一个周期,4 个终端分别占用一个时隙发送 A、B、C、D,则 ABCD 就是一个帧,如图 2-17 所示。

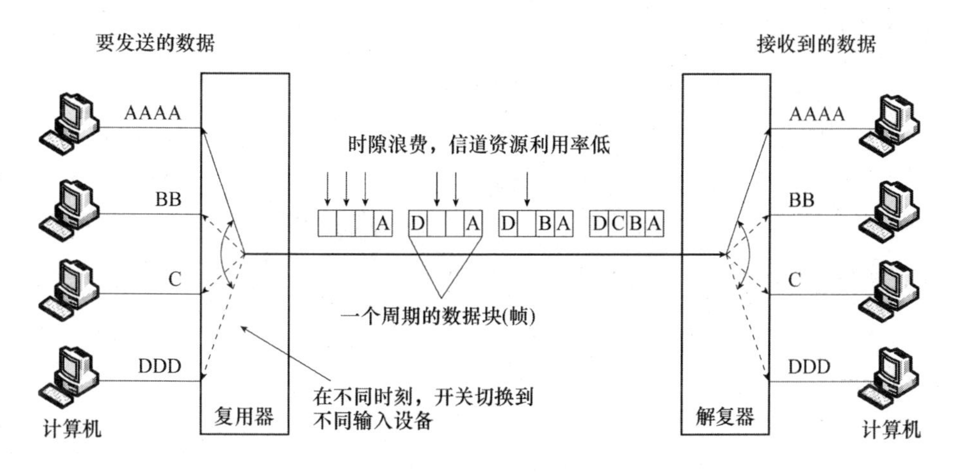

图 2-17　同步时分多路复用

2. 异步时分

而异步时分与同步时分有所不同，异步时分复用技术又被称为统计时分复用技术，它能动态地按需分配时隙，以避免每个时隙段中出现空闲时隙。异步时分在分配时隙时不是固定的，而是只给想发送数据的发送端分配其时隙段，当用户暂停发送数据时，则不给它分配时隙，如图 2-18 所示。

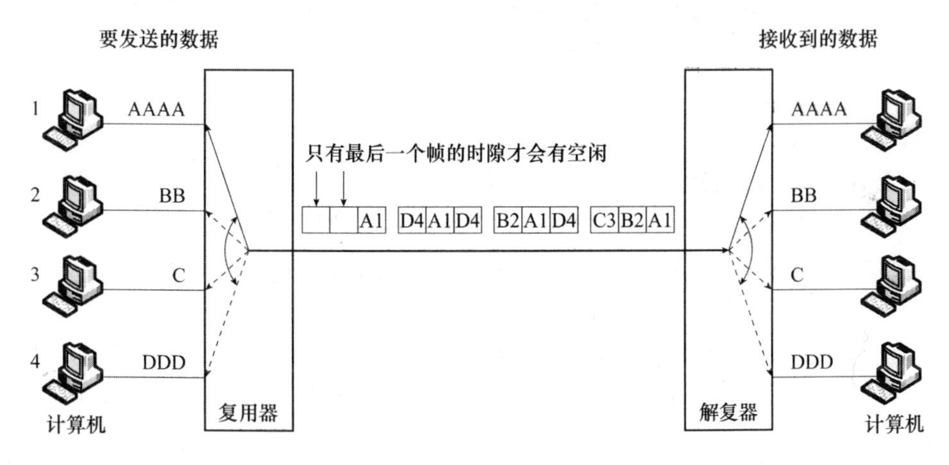

图 2-18　异步时分多路复用

2.3.3　波分多路复用

波分多路复用(Wavelength Division Multiplexing，WDM)是指在一根光纤上使用不同的波长同时传送多路光波信号的一种技术。波分多路复用和频分多路复用基本上都基于相同的原理，所不同的是波分多路复用应用于光纤信道上的光波传输过程，如图 2-19 所示，图中所示的两束光波的频率不同，它们通过光栅(或棱镜)后使用一条共享光纤传输，在到达目的节点后经过光栅重新分成两束光波。因此，波分多路复用并不是新概念，只要每个信道有各自的频率范围并且互不重叠，就能够以多路复用的方式通过共享光纤进行远距离传输。波分多路复用与电信号的频分多路复用的不同点是：利用衍射光栅来实现多路不同频率光波信号的合成与分解。

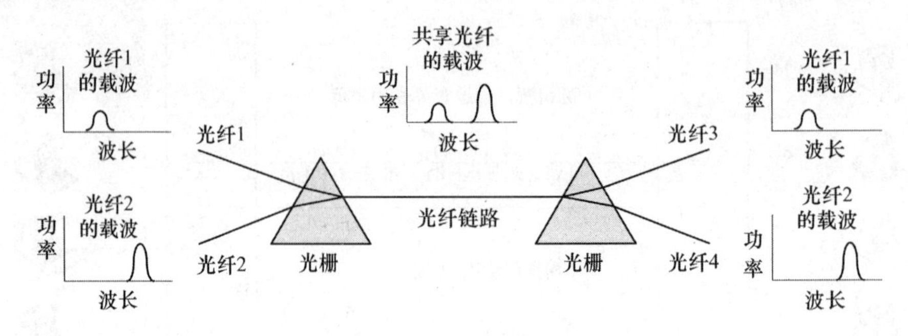

图 2-19 波分多路复用

2.4 数据交换技术

在计算机网络中，发送方到接收方之间的数据传输通常需要经过若干个中间节点的转接，这些中间节点并不关心传输的数据内容，而只是提供一个交换设备，把数据从一个节点转发到另一个节点，最终到达接收方。数据交换技术主要是指网络中间节点所提供的数据交换功能。常用的数据交换技术有线路交换、报文交换和分组交换 3 种。

2.4.1 线路交换

线路交换(Circuit Switching)也叫电路交换，最初用在公用电话系统中。电路交换就是由交换机负责在两部通信站点(如两部电话机)之间建立一条专用的物理线路分配给双方传输数据使用。图 2-20 为线路交换示意图。用户线是电话用户到所连接的市话交换机的连接线路，是用户专用的线路，而交换机之间拥有大量话路的中继线则是许多用户共享的，正在通话的用户只占用了其中一个话路。例如图中的电话用户 A 要和 B 之间进行通信，首先必须建立一条由 A 到 B 的物理连接，也就是 A 和 B 接通了，然后在这条物理连接上通话，即交换数据。一旦双方挂断电话，即表示数据交换完毕，A 和 B 用户之间建立的物理连接也将释放。

电路交换方式中，一次数据传输过程可以分为以下 3 个阶段。

1. 电路建立阶段

在通信双方开始传输数据之前，必须建立一条端到端的物理线路。首先，由发送数据的一方发出连接请求，沿途经过的中间节点负责建立电路连接，并向下一个节点转发连接请求，直到连接请求到达接收方。接收方如果同意建立连接，则沿原路返回一个应答，请求通信的发送方接收到应答后就建立了一个连接。

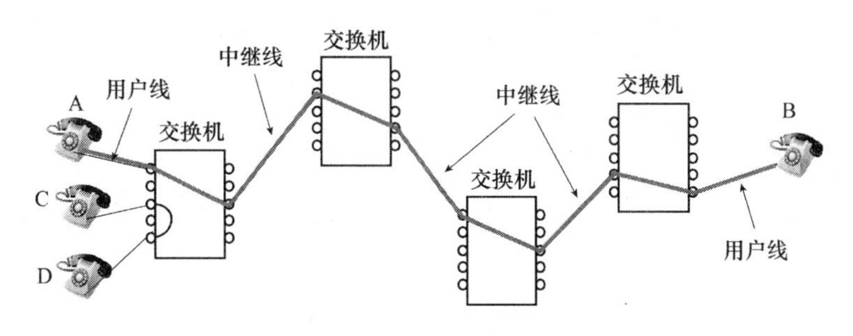

图 2-20　线路交换

建立连接的过程实际上就是电路资源的分配过程，就是在收发双发之间分配了一定的带宽资源，所以这个连接也称为物理连接。

2. 数据传输阶段

成功建立了电路连接后，双方就可以开始传输数据。该线路是被双方独占的，数据传输过程中不需要进行路径选择，数据在每个中间节点上没有停留，直接向前传递，因此电路交换的传输延迟最短，一般没有阻塞问题，除非有意外的线路或节点故障使电路中断。而且电路交换是全双工的，数据可以在已经建立好的物理线路上进行双向传输。

需要注意的是，一旦建立好电路连接后，即使双方没有数据传输，该线路也被双方占用，不能再被其他站点使用。这是因为电路交换系统属于资源与分配系统，一旦分配好了资源，不管有没有数据在传输，都不能再被其他站点使用。这也正是电路交换的一个缺点，会造成带宽资源的浪费。

3. 电路拆除阶段

数据传输结束后，应该尽快拆除连接以释放占用的带宽资源。通信的任何一方都可以发出拆除连接的请求信号，拆除信号沿途经过各个中间节点，一直到达通信的另一方。释放电路连接后，带宽资源就可以分配给其他需要的站点。

电路交换的优点是：专用信道，数据传输迅速、可靠、不会丢失、有序。缺点是：当建立了连接而双方之间暂时没有数据传输时，造成带宽资源浪费。因此，电路交换适用于数据传输量大、可靠性要求较高的情况。

2.4.2　报文交换

报文交换(Message Switching)属于存储转发方式，和电路交换原理完全不同。报文交换中，收发双方之间不需要预先建立连接。如果发送方有数据要发送，它首先把数据封装为一个报文，报文长度不限，一般是把一次要发送的所有数据封装为一个报文，然后把封装好的报文发送出去即可。报文是数据传输的基本单位，它由报头和正文部分组成。报头中包含目的端地址、源地址以及其他附加信息；正文是要传输的数据。网络中的每个节点收到报文后，检查整个报文无误后，先暂时把它存储起来，然后利用路由信息查找下一个节点的地址，等到线路空闲时再把报文传送给下一个节点。这种方式称为“存储转发”方式。假设要把报文从 H_S 站送到 H_D 站，H_S 站将 H_D 站的地址附加到要发送的报文上，然后把它发送到 N_1 节点，节点 N_1 收到报文后将它存储在缓冲区里，然后选择一条路径(如发往节点 N_2)，并将它插入到 $N_1 \rightarrow N_2$ 这条输出线路的队列中，等到这条线路空闲时就将它发往节点 N_2，依此类推直至到达接收端 H_D，其过程如图 2-21 所示。报文交换的典型例子就电子邮件系统。

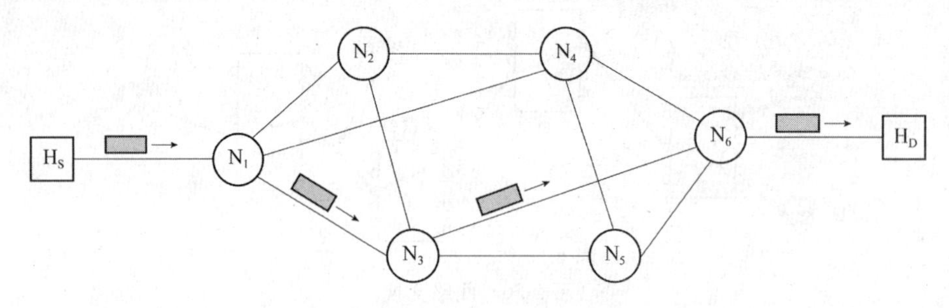

图 2-21　报文交换原理图

由此可见，报文交换的优点是：采用存储转发方式，不独占线路，多个用户的数据可以通过存储和排队共享一条电路；没有建立连接和拆除连接的过程，提高了线路利用率；接收方和发送方不需要同步工作，即使接收方正忙时，中间节点也可以将报文暂时存储起来，等接收方空闲时再转发给它；可以提供传输速率和数据格式的转换，使得不同传输速率和数据格式的端点之间能够相互通信。

报文交换的缺点是：由于要先存储后转发，增加了数据传输的时延，如果报文很长，可能还需要放入到磁盘暂存，从而导致更大的时延。而且报文长短不确定，数据传输时延波动范围大，因此报文交换不适合实时通信或交互式通信。报文交换主要用于电报系统以及早期的广域网中。

2.4.3　分组交换

分组交换(Packed Switching)也称为包交换，同样也属于存储-转发方式，是现代计算机网络的技术基础。分组交换网的出现标志着现代电信时代的开始。分组交换技术在报文交换的基础上进行了一些改进。在发送端，把要发送的数据划分为长度固定的数据段，每一个数据段前面加上头部信息组成一个完整的“分组”，每个分组独立进行寻找路径和传输，利用存储-转发方式，将各个分组传输到目的地。分组头部包含目的地址、源地址以及其他附加信息。当一次数据传输的所有分组都到达接收方时，接收方再将所有分组重组为原来的数据。分组交换技术的出现克服了报文交换中传输时延大的问题。由于分组具有统一的格式、长度较短并且长度限定在一定范围内，便于在中间节点设备(如路由器)上存储并处理，分组在中间交换设备的主存储器中停留很短的时间，一旦确定了新的路由，就很快转发到下一个节点或用户终端，因此能够满足大多数通信用户对数据传输实时性的要求。

1. 分组交换过程

分组交换网络示意图如图 2-22 所示。图中节点 A，B，…，E 及连接这些节点的链路 AB，AC，…构成了一个分组交换网的通信子网。主机 H_1，H_2，…，H_6 构成了分组交换网的资源子网。当主机 H_1 向主机 H_6 发送数据时，首先要将数据划分为一个个等长的分组，然后将这些分组一个接一个地发往与 H_1 相连的 A 节点的缓冲区中，分组按路径算法确定的下一个目的节点被发送出去，当分组被传送至和主机 H_6 相连的 E 节点后，最后被 H_6 接收。主机 H_1 向主机 H_6 发送的数据必须经过通信子网中的节点 A 和节点 E，数据经节点 A 进入通信子网，数据经节点 E 退出通信子网，而数据在通信子网中的传输路径是不确定的，其路径是由系统本身所具有的路径选择算法决定的。

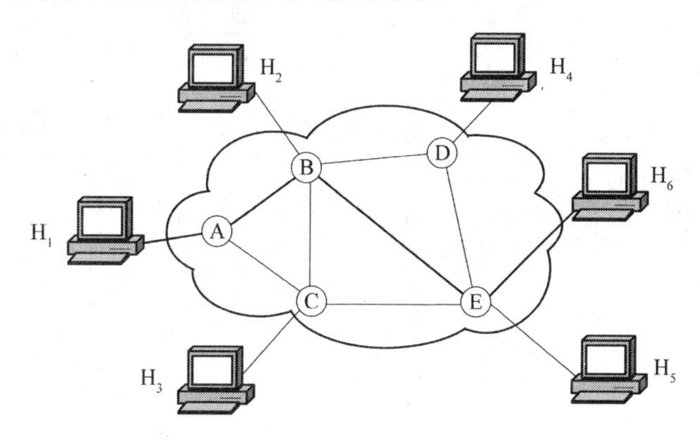

图 2-22　分组交换网络示意图

2. 分组交换的特点

与电路交换和报文交换相比,分组交换具有以下 3 个特点。

(1) 分组具有统一的格式、长度较短并且长度限定在一定范围内。

(2) 分组是暂时保存在节点的内存中,而不是被保存在节点的外存中,交换速率高。

(3) 分组交换采用的是动态分配信道的策略,能充分利用链路的带宽。节点和链路的使用为共享方式,极大地提高了通信线路的利用率。

分组交换的缺点是各分组在中间节点存储转发时需要排队,会造成一定的时延;分组必须携带源地址、目的地址等头部信息,增加了开销;分组交换网的管理和控制比较复杂等。为了保证通信子网传输的可靠性,分组交换过程通过协议等采取了一些专门的措施,以保障分组交换具有高效、灵活、迅速、可靠的性能。

3. 分组交换的两种工作方式

分组交换技术在实际应用中的工作方式可分为数据报(Data Gram)和虚电路方式(Virtual Circuit)两种。

(1) 数据报方式

在数据报方式中,分组传送之前不需要预先在源主机与目的主机之间建立"线路连接"。源主机所发送的每一个分组都携带一个完整的包含地址等信息的头部,每个分组都可以独立地选择 条传输路径。因为每个分组在通信了网中可能是通过不同的传输路径到达日的主机,因此各个分组不能保证按顺序到达目的节点,有些还可能会丢失,必须在头部信息中加入分组的序号信息。数据报方式的工作原理如图 2-23 所示。图中主机 H_1 发出的报文分为两个分组 P_1 和 P_2。分组 P_1 到达目的地主机 H_6 的路径为 H_1—A—B—E—H_6,分组 P_2 到达目的地主机 H_6 的路径为 H_1—A—C—E—H_6。主机 H_6 接收到两个分组后,再将二者组装成报文提交上层协议处理。

从以上分析中可以看出,数据报工作方式具有以下特点。

① 同一报文的不同分组可以由不同的传输路径通过通信子网。

② 同一报文的不同分组到达目的节点时可能出现乱序、重复与丢失现象。

③ 每一分组在传输过程中都必须带有目的地址、源地址和分组序号。

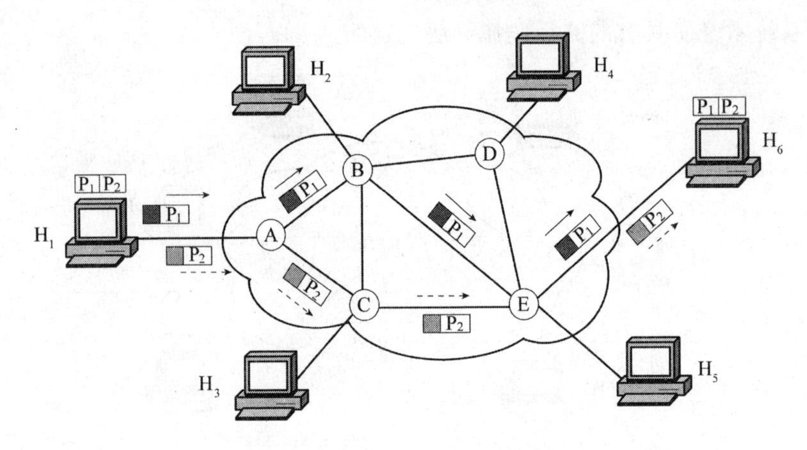

图 2-23 数据报方式的工作原理

④ 分组传输延迟较大,实时性较差,适用于突发性数据通信,不适用于长报文、会话式的数据通信。

(2) 虚电路方式

在研究数据报交换方式的优缺点的基础上,人们进一步提出了虚电路交换方式。虚电路方式试图将数据报方式与线路方式结合起来,发挥两种方法的优点,达到最佳的数据交换效果。虚电路方式在分组发送之前,需要在发送方和接收方建立一条逻辑连接的虚电路。虚电路交换方式的工作过程如图 2-24 所示。虚电路方式整个通信过程分为以下 3 个阶段。

① 虚电路建立阶段。

② 数据传输阶段。

③ 虚电路拆除阶段。

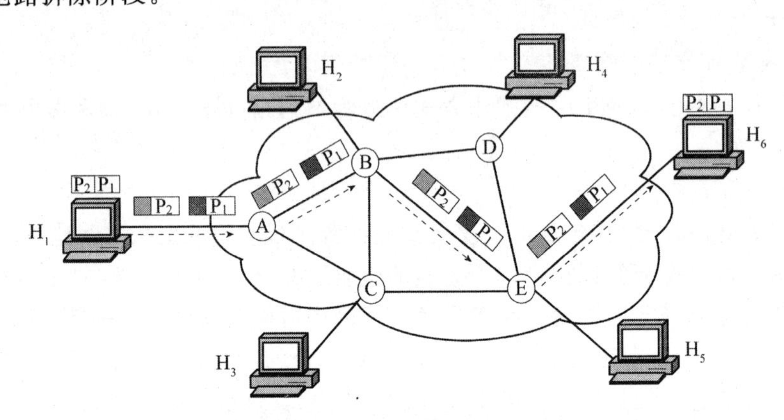

图 2-24 虚电路方式的工作原理

在虚电路建立阶段,节点 A 启动路由选择算法,选择下一个节点(例如节点 B),向节点 B 发送"呼叫请求分组";同样,节点 B 也要启动路由选择算法选择下一个节点。依此类推,"呼叫请求分组"经过 A→B→E,送到目的节点 E。目的节点 E 向源节点 A 发送"呼叫接收分组",至此虚电路建立。在数据传输阶段,虚电路方式利用已建立的虚电路,逐站以存储转发方式顺序传送分组。在传输结束后,进入虚电路拆除阶段,将按照 E-B-A 的顺序依次拆除虚电路。

由上述分析可以看出，虚电路方式具有以下几个特点。

① 在每次分组发送之前，必须在发送方与接收方之间建立一条逻辑连接。这是因为不需要真正去建立一条物理链路，连接发送方与接收方的物理链路已经存在。

② 一次通信的所有分组都通过这条虚电路顺序传送，因此报文分组不必带目的地址、源地址等辅助信息。分组到达目的节点时不会出现丢失、重复与乱序的现象。

③ 分组通过虚电路上的每个节点时，节点只需进行差错检测，而不必进行路径选择。

④ 通信子网中每一个节点可以和任何节点建立多条虚电路连接。

(3) 虚电路方式与线路交换方式的不同之处

虚电路方式与线路交换方式的不同之处在于：虚电路是在传输分组时建立起的逻辑连接，不是电路交换中的独占物理链路，因此称为“虚电路”。每个节点到其他节点间可能有无数条虚电路存在，一个节点可以同时与多个节点之间具有虚电路。由于虚电路方式具有分组交换与线路交换两种方式的优点，因此在计算机网络中得到了广泛的应用。X.25 分组交换网和 ATM 均支持虚电路交换方式。表 2-2 归纳了虚电路服务与数据报服务的主要区别。

表 2-2　虚电路服务与数据报服务的对比

比对的方面	虚电路服务	数据报服务
通信之前是否需要建立连接	需要	不需要
分组首部携带的地址信息	仅在连接建立阶段使用，每个分组使用短的虚电路号	每个分组都有终点的完整地址
分组的转发	属于同一条虚电路的分组均按照同一路径进行转发	每个分组独立选择路径进行转发
当节点出故障时	所有通过故障节点的虚电路均不能工作	出故障的节点可能会丢失分组，一些路由可能会发生变化
分组的顺序	能够保证分组按发送顺序到达目的地	不一定按发送顺序到达目的地
可靠性保证	可靠信息由通信子网来保证	可靠信息由用户主机来保证
端到端的差错处理和流量控制	可以由通信子网负责，也可以由用户主机负责	由用户主机负责

2.4.4　交换技术比较

首先从大的分类上进行比较，那就是“存储交换”与“电路交换”的比较。

1. “存储交换”方式与“电路交换”方式的主要区别

在存储交换方式中，发送的数据与目的地址、源地址和控制信息按照一定格式组成一个数据单元(报文或报文分组)进入通信子网。通信子网中的节点是通信控制处理机，它负责完成数据单元的接收、差错校验、存储、路选和转发功能，在电路交换方式中以上功能均不具备。存储转发相对于电路交换方式具有以下优点。

①由于通信子网中的通信控制处理机可以存储分组，多个分组可以共享通信信道，线路利用率高。

②通信子网中通信控制处理机具有路选功能，可以动态选择报文分组通过通信子网的最佳路径，可以平滑通信量，提高系统效率。

③分组在通过通信子网中的每个通信控制处理机时，均要进行差错检查与纠错处理，因

此可以减少传输错误，提高系统可靠性。

④通过通信控制处理机可以对不同通信速率的线路进行转换，也可以对不同的数据代码格式进行变换。

2. 电路交换与分组交换的比较

(1)从分配通信资源(主要是线路)方式上看

电路交换方式静态地事先分配线路，造成线路资源的浪费，并导致接续时的困难；而分组交换方式可动态地(按序)分配线路，提高了线路的利用率，由于使用内存来暂存分组，可能出现因为内存资源耗尽而中间节点不得不丢弃接到的分组的现象。

(2)从用户的灵活性方面看

电路交换的信息传输是全透明的，用户可以自行定义传输信息的内容、速率、体积和格式等，可以同时传输语音、数据和图像等；分组交换的信息传输则是半透明的，用户必须按照分组设备的要求使用基本的参数。

(3)从收费方面看

电路交换网络的收费仅限于通信的距离和使用的时间；分组交换网络的收费则考虑传输的字节(或者分组)数和连接的时间。

以上 3 种数据交换技术总结如下。

电路交换：在数据传送之前需建立一条物理通路，在线路被释放之前，该通路将一直被一对用户完全占有。

报文交换：报文从发送方传送到接收方采用存储转发的方式。

分组交换：此方式与报文交换类似，但报文被分成组传送，并规定了分组的最大长度，到达目的地后需重新将分组组装成报文。

它们之间的交换原理综合比较如图 2-25 所示。

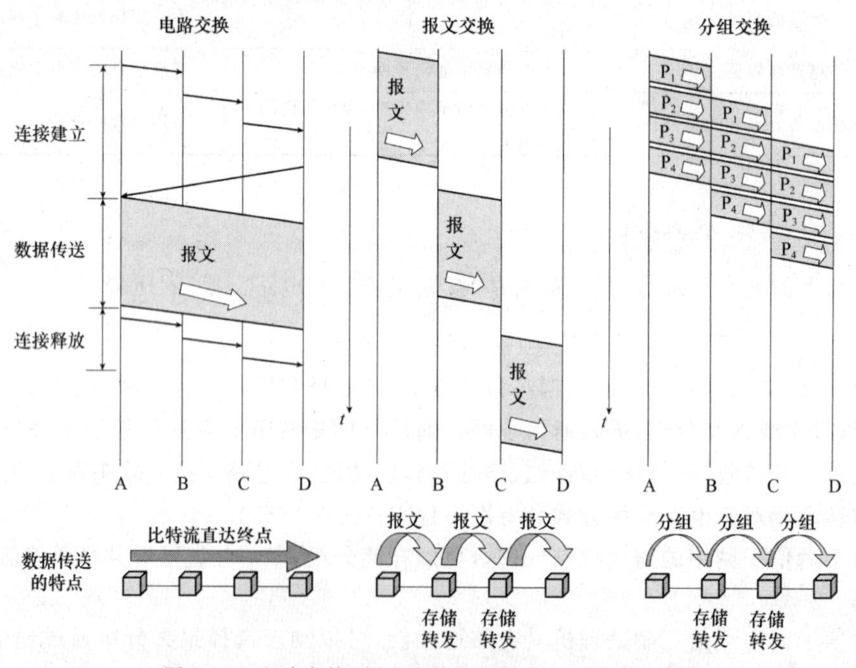

图 2-25　电路交换、报文交换和分组交换原理的比较

2.5　数据通信方式

在计算机网络的通信中有两种通信方式，即并行通信和串行通行。并行通信一般用于计算机内部各部件之间或近距离设备传输数据；串行通信常用于计算机之间的通信。

2.5.1　串行通信和并行通信

数据在信道上传输时，按照使用信道的多少可以分为串行通信与并行通信两种基本方式。

1. 串行通信

串行通信方式中，把要传输的数据编成数据流，在一条串行信道上进行传输，一次只传输一个二进制位，接收方再将这一串二进制比特流转化为数据，从而实现串行通信。串行通信中，必须保证发送方和接收方之间的同步，才能正确传输并接收数据。串行通信中由于一个比特一个比特传输，数据传输的速度较并行传输慢，但是只占用一条信道，通信成本较低，而且信号串扰较小，可用于长距离传输。串行通信方式如图 2-26 所示。

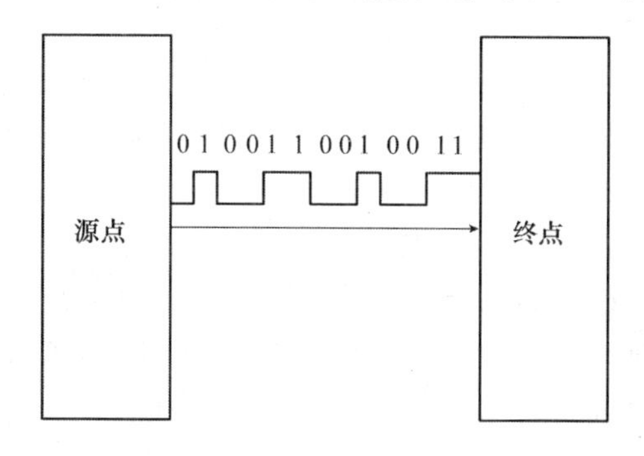

图 2-26　串行通信方式

2. 并行通信

并行通信方式中，把要传输的数据以组为单位分为多组（一般以字节为单位），每组信息的多位数据在多个并行信道上同时传输，如果需要还可以附加一位校验位。接收设备可同时接收到这些数据，不需要做任何变换就可直接使用。和串行通信相比，并行通信的特点如下。

①一位（比特）时间内可传输多个比特（一般以一个字节为单位进行并行传输），传输速度快。

②每位数据传输要求一个单独的信道，通信成本高。

③由于信道之间的电容感应，远距离传输时，可靠性较低。因此，并行通信一般适用于近距离传输。并行通信方式如图 2-27 所示。

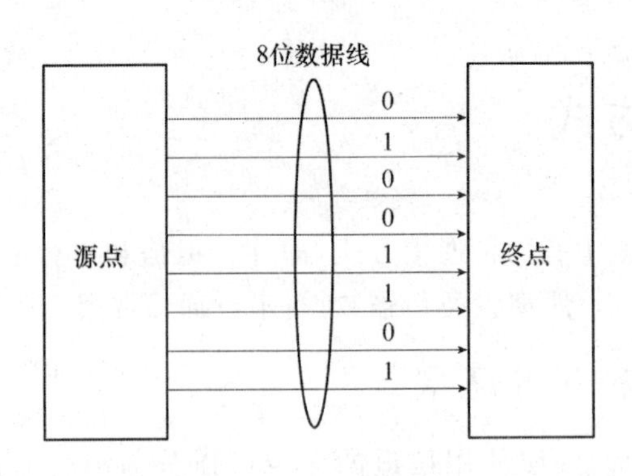

图 2-27 并行通信方式

2.5.2 数据传输的同步技术

在网络通信过程中，通信双方要交换数据，需要高度地协同工作。为了正确地解释信号，接收方必须确切地知道信号应当何时接收和处理，因此定时是至关重要的。在计算机网络中，定时过程称为位同步。通信双方必须在通信协议中定义通信的同步方式，并且按照规定的同步方式进行数据传输。按通信的同步方式来分，数据传输可以分为同步通信和异步通信。

1. 同步通信

所谓“同步”，是指数据块与数据块之间的时间间隔是固定的，必须严格地规定它们的时间关系。同步通信一般以数据块为传输单位。每个数据块的头部和尾部都要附加一个特殊的同步字符或比特同步序列，标记一个数据块的开始和结束，一般还需要附加一个校验序列(如 16 位或 32 位的 CRC 校验码)对数据进行差错控制。同步传输的数据格式如图 2-28 所示。同步通信的优点是每个数据块进行一次同步，开销小、效率高，适合大量数据的传输。缺点是如果传输中出现错误，将影响整个数据块的正确接收。

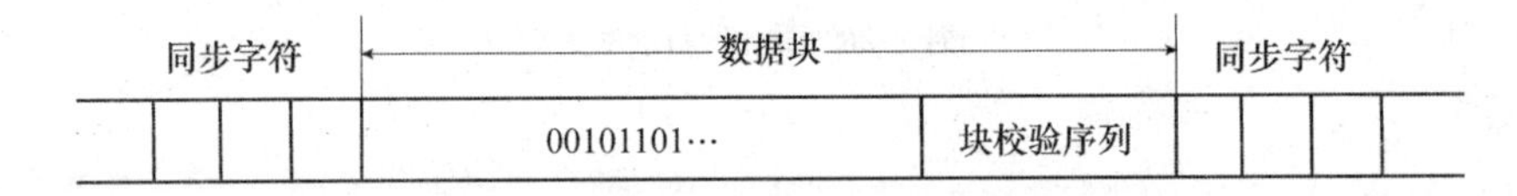

图 2-28 同步方式的数据块结构

根据同步通信规程，同步传输又分为面向字符的同步通信和面向位流的同步通信。

(1) 面向字符的同步通信

面向字符的同步通信方式要求发送方和接收方以一个字符为通信的基本单位，通信的双方将需要发送的字符连续发送，并在这个字符块的头部用一个或多个同步字符 SYN 标记字符块数据的开始，在尾部用一个唯一的字符 ETX 来标记字符块数据的结束。在接收方检测出了约定个数的同步字符后，后续的就是被传输的字符，直到接收方收到字符块结束标记 ETX 时字符传输结束。如果传输的字符块数据中也包含有相同的同步字符时，则需要采用位插入技术进行区分。

(2) 面向位流的同步通信

面向位流的同步通信方式中，数据块被作为位流处理，而不是字符流。每个数据块的头部和尾部用一个特殊的比特序列(例如01111110)来标记数据块的开始和结束。如果传输的数据块中恰巧出现了和开始结束标记相同的二进制位流,则采用位插入方法来区分。通常采用的位插入方法如下:发送端发送数据时,每5个连续的1后面插入一个0;接收方接收数据时如果检测到连续的5个1的序列,则还要检查其后的一位是0还是1,如果是0则先删除该0并且作为传输的正常数据,如果是1则说明是数据块的结束标记,转入结束处理。

2. 异步通信

所谓"异步"就是指字符和字符(一个字符结束到下一个字符开始)之间的时间间隔是可变的,并不需要严格限制它们之间的关系。异步通信以字符为传输单位,在发送每一个字符时,在字符前附加一位起始位标记字符传输的开始,在字符后附加一位停止位标记字符传输的结束,从而实现收发双方数据传输的同步。异步通信模式如图2-29所示。

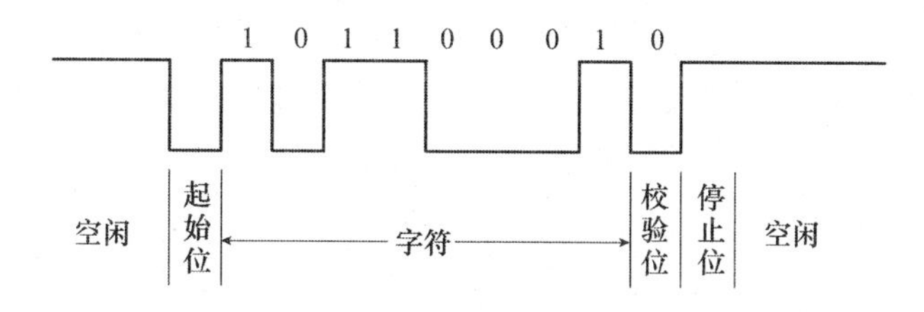

图2-29 异步传输模式

异步通信时,起始位对应于二进制值0,以低电平表示,占用1位宽度;停止位对应于二进制值1,以高电平表示,占用1~2位宽度,一个字符占用5~8位,具体取决于数据所采用的字符集。例如,电报字符码为5位,ASCII码字符为7位,汉字码为8位。此外,还要附加1位奇偶校验位对字符进行简单的差错控制。发送方在发送数据之前,一直输出高电平,起始位信号的下跳沿就是接收方的同步参考信号。接收方利用这个变化,启动定时机构,按发送的速率顺序接收字符;发送字符结束时,发送端又使传输线处于高电平状态,等待发送下一个字符。可见异步传输方式中,收发双方虽然有各自的时钟,但是它们的频率必须保持一致,并且每个字符传输时都要同步一次,从而保证数据传输的正确。异步通信的优点是实现方法简单,收发双方不需要严格的同步;缺点是每个字符都要加入"起始位"和"停止位"等位,增加了开销,效率也较低,不适合高速数据传输。

在数据传输的同步技术中,一般串行通信广泛采用的同步方式有同步通信和异步通信两种,而并行通信则一般都是同步通信。

2.5.3 数据通信的方式

通信线路可由一个或多个信道组成,根据信道在某一时间信息传输的方向,可以分为单工、半双工和全双工3种通信方式。

1. 单工通信

所谓单工通信是指传送的信息始终是一个方向的通信,对于单工通信,发送端把信息发往接收端,根据信息流向即可决定一端是发送端,而另一端就是接收端,如图 2-30 所示。比如,听广播和看电视就是单工通信的例子,信息只能从广播电台和电视台发射并传输到各家庭接收,而不能从用户传输到电台或电视台。例如,还有计算机主机与输出设备(打印机或显示器)等。

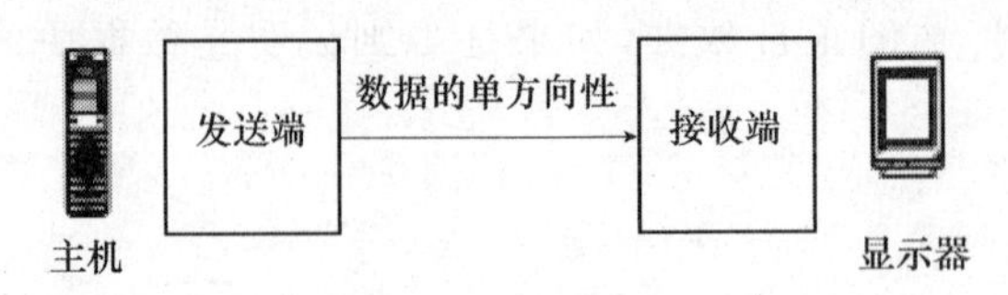

图 2-30 单工通信

2. 半双工通信

所谓半双工通信是指信息流可以在两个方向传输,但同一时刻只限于一个方向传输,如图 2-31 所示。对于半双工通信,通信的双方都具备发送和接收装置,即每一端可以是发送端也可以是接收端,信息流是轮流使用发送和接收装置的。比如,对讲机的通信就是半双工通信。

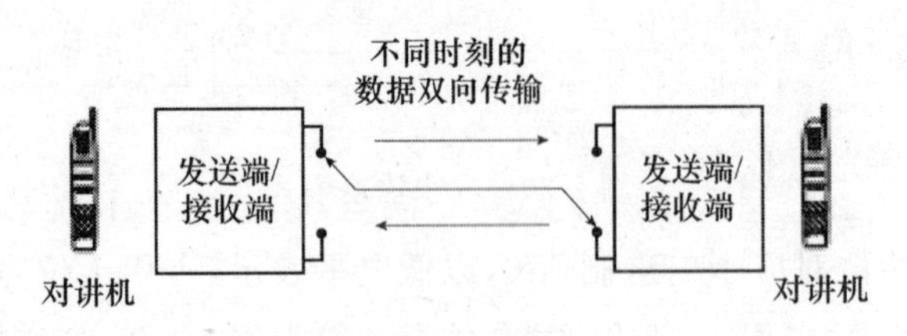

图 2-31 半双工通信

3. 全双工通信

所谓全双工通信是指同时可以作双向的通信,即通信的一方在发送信息的同时也能接收信息,如图 2-32 所示。全双工通信一般采用多条线路或频分法来实现,也可采用时分复用或回波抵消等技术。这种全双工通信方式适合计算机与计算机之间的通信。比如,两个人正在面对面的交谈。

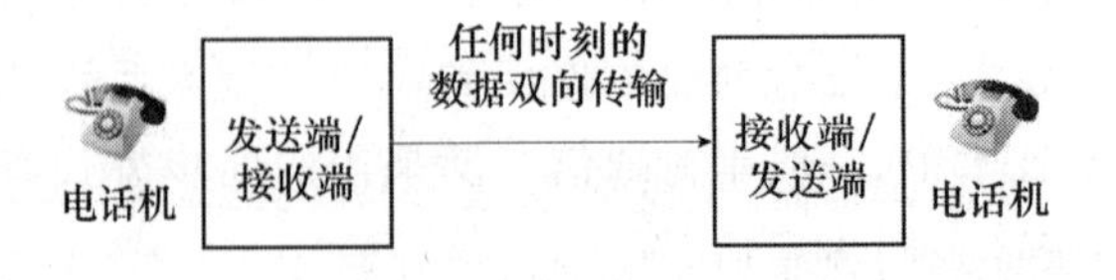

图 2-32 全双工通信

2.5.4 信号的传输方式

电信号也叫信号,信号每秒变化的次数叫频率,单位赫兹(Hz)。信号的频率有高有低,就像声音有高有低一样,低频到高频的范围叫频带,不同的信号有不同的频带。

1. 基带传输

在数据通信中，由计算机或终端等数字设备直接发出的二进制数字信号形式称为方波，即“1”或“0”，分别用高（或低）电平或低（或高）电平表示。人们把方波固有的频带称为基带，方波电信号称为基带信号。

在信道中直接传输这种基带信号就称为基带传输。在基带传输中，整个信道只传输一种信号，通信信道利用率低。一般来说，要将信源的数据经过变换变为直接传输的数字基带信号，这项工作由编码器完成。在发送端，由编码器实现编码；在接收端由译码器进行解码，恢复发送端原发送的数据。基带传输是一种最简单、最基本的传输方式。基带信号是典型的矩形电脉冲信号，其频谱包括直流、低频和高频等多种成分。由于在近距离范围内，基带信号的功率衰减不大，从而信道容量不会发生变化，因此在局域网中通常使用基带传输技术。

2. 频带传输

远距离通信信道多为模拟信道，例如，传统的电话（电话信道）只适用于传输音频范围（300～3 400 Hz）的模拟信号，不适用于直接传输频带很宽、但能量集中在低频段的数字基带信号。频带传输就是先将基带信号变换（调制）成便于在模拟信道中传输的、具有较高频率范围的模拟信号（称为频带信号），再将这种频带信号在模拟信道中传输。计算机网络的远距离通信通常采用的是频带传输。基带信号与频带信号的转换是由调制解调技术完成的。

3. 宽带传输

通过借助频带传输，可以将链路容量分解成两个或更多的信道，每个信道可以携带不同的信号，这就是宽带传输。宽带传输中的所有信道都可以同时发送信号，如 CATV、ISDN 等。

2.6　数据编码技术

2.6.1　数字信号模拟化时的编码方法

计算机实现数字通信常常要借助模拟信道进行传输，我们将这种数字信号变换成模拟信号的过程称为调制。调制的方法主要有 3 种：调幅（AM）、调频（FM）、调相（PM），如图 2-33所示。

调幅即载波的振幅随基带数字信号而变化。例如，0 对应于无载波输出，而 1 对应于有载波输出。调频即载波的频率随基带数字信号而变化。例如，0 对应于频率 f_1，而 1 对应于频率 f_2，且 $f_1=2f_2$。调相即载波的初始相位随基带数字信号而变化，例如 0 对应于相位 0，而 1 对应于相位 180。调相一般分为绝对调相和相对调相两种。

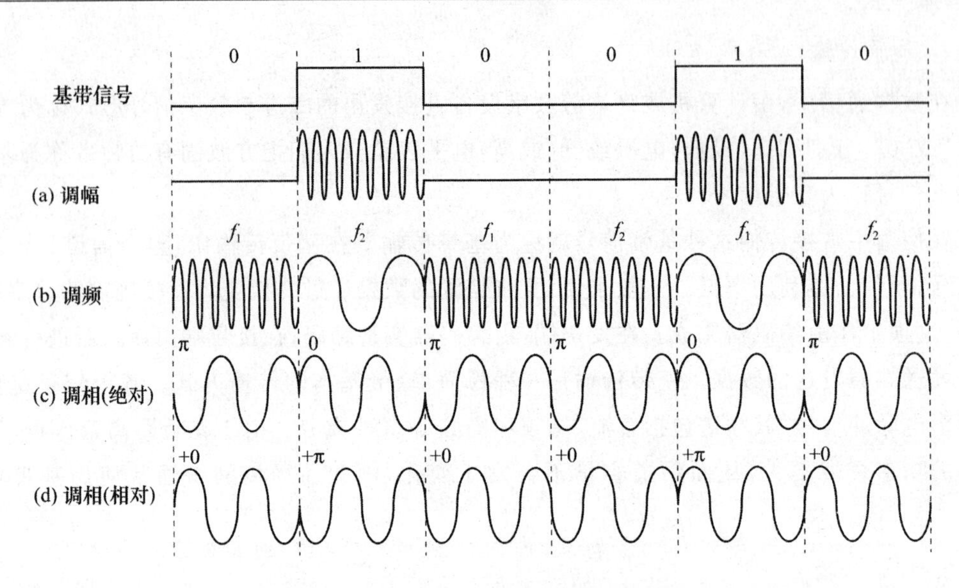

图 2-33 对基带数字信号的几种调制方法

2.6.2 模拟信号数字化时的编码方法

模拟信号的数字化过程主要包括 3 个步骤:采样、量化和编码。采样是指用每隔一定时间的信号样值序列来代替原来在时间上连续的信号,也就是在时间上将模拟信号离散化,如图 2-34 所示。量化是用有限个幅度值近似原来连续变化的幅度值,把模拟信号的连续幅度变为有限数量的有一定间隔的离散值。编码则是按照一定规律,把量化后的值用二进制数字表示,然后转换成二进制或多进制的数字信号流。这样得到的数字信号可以通过光纤、无线电波、微波等数字线路传输。量化和编码过程如图 2-35 所示。上述数字化的过程也被称为脉冲编码调制(PCM)。

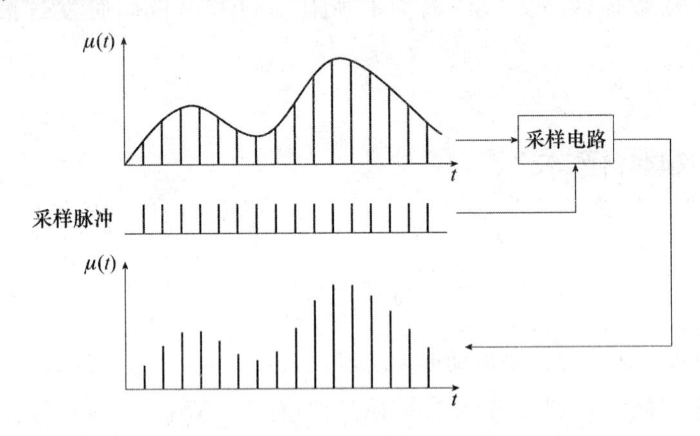

图 2-34 模拟信号的采样过程示意图

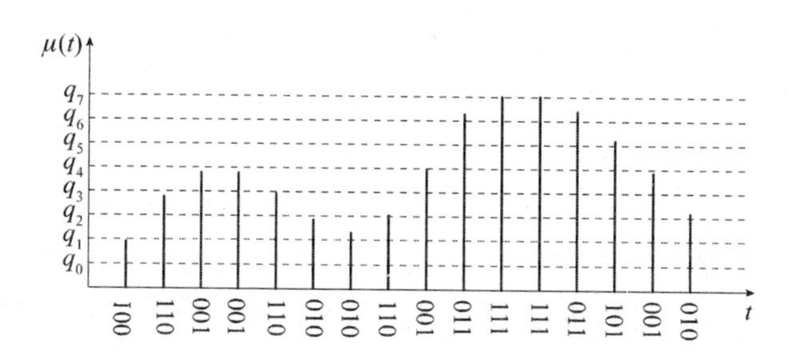

图 2-35　模拟信号的量化和编码示意图

模拟电话信号转变为数字信号的过程大致如下。首先对电话信号进行采样。根据采样定理，只要采样频率不低于电话信号最高频率的 2 倍，就可以从采样脉冲信号无失真地恢复出原来的电话信号。标准电话信号的最高频率为 3.4 kHz，为方便起见，采样频率就定为 8 kHz，相当于采样周期 $T=125\ \mu s$。连续的电话信号经采样后成为每秒 8 000 个离散脉冲信号，其振幅对应于采样时刻电话信号的数值。经模/数转换后，每个脉冲信号编码为 8 位二进制码元，即 64 kbit/s。请注意，这个速率是最早定制出的语音编码的标准速率。但随着语音编码技术的不断发展，人们发现可以用更低的数据率来传送基本上是同样质量的语音信号。但是使用 64 kbit/s 标准的电话交换机已经遍及全世界，现在很难再改用较低速率的编码了。

2.6.3　数字数据编码

基带传输在基本不改变数字数据信号频带(即波形)的情况下直接传输数字信号，可以达到很高的数据传输速率与系统效率。在基带传输数字数据信号的编码方式主要有以下几种。

1. 不归零制(Non-Return to Zero，NRZ) 码

不归零制码即用两种不同的电平分别表示二进制数据“0”和“1”，低电平表示“0”，高电平表示“1”。其缺点是：难以分辨一位的结束和另一位的开始；发送方和接收方必须有时钟同步；若信号中“0”或“1”连续出现，信号直流分量将累加，容易产生传播错误。因此，一般的数据传输系统都不采用这种编码方式。

2. 逢“1”变化的 NRZ 码(DNRZ)

DNRZ 码是一种 NRZ 码的改进形式，它是用信号的相位变化来表示二进制数据的，即在每位开始时，逢“1”电平跳变，逢“0”电平不跳变。DNRZ 码不仅保持了全宽码的优点，同时提高了信号的抗干扰性和易同步性。

近年来，越来越多的高速网络系统采用了 DNRZ 码，它成为主流的信号编码技术。其原因是在高速网络中要求尽量降低信号的传输带宽，以利于提高传输的可靠性和降低对传输介质带宽的要求。而 DNRZ 编码中的码元速率与编码时钟速率相一致，具有很高的编码效率，符合高速网络对信号编码的要求。同时，为了解决数据流中连续出现 0 或 1 时所带来的信号编码问题，通常采用两级编码方案，第一级是预编码器，对数据流进行预编码，使编码后的数据流不会出现连续 0 或连续 1，常用的预编码方法有 4B5B、5B6B 等；第二级是 DNRZ 编码，实现物理信号的传输。这种两级编码方案的编码效率可达到 80%以上。例如，在 4B5B 编码中，每 4 位数据用 5 位编码来表示，即 4 位数据就会增加 1 位的编码开销，编码效

率仍为 80%。

3. 曼彻斯特(Manchester)码，也称相位编码

曼彻斯特码即每一位中间都有一个跳变，每位的周期 T 分为前 $T/2$ 与后 $T/2$ 两部分，通过前 $T/2$ 传输该位的反码，通过后 $T/2$ 传送该位的原码。从低跳到高表示二进制数据“1”，从高跳到低二进制数据“0”。因此，这种编码也是一种相位码。由于电平跳变都发生在每一个码元的中间，接收端可以方便地利用它作为位同步时钟，因此这种编码也称为自同步码。

4. 差分曼彻斯特(Differential Manchester) 码

差分曼彻斯特码是曼彻斯特码的一种改进形式，相同点是每一位中间都有一个跳变，其区别在于：每个码元的中间跳变只作为同步时钟信号，而二进制数据“0”和“1”的取值是用信号位的起始处有无跳变来表示，若有跳变则为“0”，若无跳变则为“1”。这种编码的特点是位中间跳变表示时钟，位前跳变表示数据。由于每一位均用不同电平的两个半位来表示，因而始终能保持直流的平衡。

因为两种曼彻斯特编码的每一位用两个码元来表示，因而信号速率为数据速率的两倍，编码有效率较低，主要用于中速网络，如早期的 10 Mbit/s 以太网(Ethernet)和最高速率为 16 Mbit/s 的令牌环网(Token-Ring)。高速网络并不采用曼彻斯特编码技术，其原因是它的效率，即对于 10 Mbit/s 的数据速率，则编码后的信号速率为 20 Mbit/s，编码的有效率为 50%。对于 100 Mbit/s 的高速网络来说，则需要高达 200 Mbit/s 的信号速率，这无论对传输介质的带宽的要求，还是对传输可靠性的控制都过高，将会增加信号传输技术的复杂性和实现成本，难以推广应用。因此，高速网络主要采用两级的 DNRZ 编码方案，而中速网络采用曼彻斯特编码方案，尽管它增加了传输所需的带宽，但在实现起来比较简单。

两种曼彻斯特编码均利用位中间的电平跳变产生收发双方的同步信号，即每跳变一次表示有一个比特数据，因此曼彻斯特编码信号无须借助外部时钟同步信号。其优点是时钟、数据分离，便于提取。

例如二进制数据(01001011)的各种编码如图 2-36 所示。

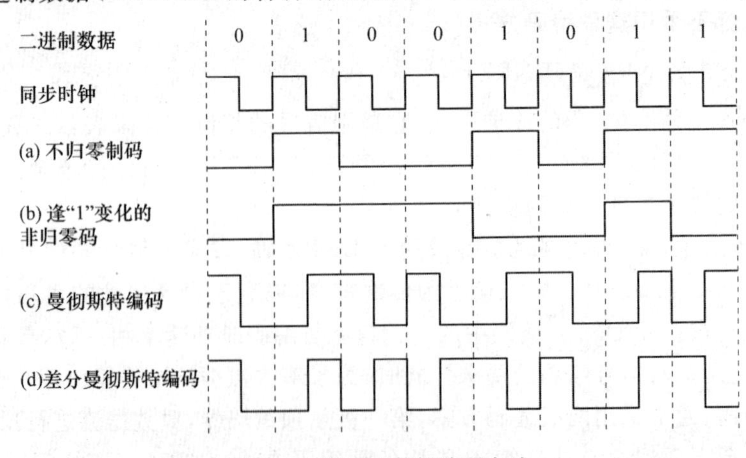

图 2-36 常用的数据编码方法

2.7　差错控制技术

2.7.1　差错产生的原因

所谓差错，就是在通信接收端收到的数据与发送端实际发出的数据不一致的现象。这种差错是由通信信道的噪声产生的，一般而言，通信信道的噪声分为热噪声和冲击噪声两种。

热噪声是由传输介质导体的电子热运动产生的，它的特点是：时刻存在，幅度较小且强度与频率无关，但频谱很宽，是一类随机噪声。由热噪声引起的差错称为随机差错。

与热噪声相比，冲击噪声幅度较大，是引起传输差错的主要原因。冲击噪声的持续时间要比数据传输中的每比特发送时间长（如外界磁场的变换、电源开关的跳变等），因而冲击噪声会引起相邻多个数据位出错。冲击噪声引起的传输差错称为突发差错，它的特点是：差错呈突发状，影响一批连续的数据位。计算机网络中的差错主要是突发差错。

2.7.2　差错控制方法

差错控制是指在数据通信过程中能发现或纠正差错，将差错限制在尽可能小的允许范围内。常用的差错控制方法有反馈检测、自动请求重发（ARQ）和前向纠错（FEC）。

1. 反馈检测

反馈检测方法又称回送校验法，双方在进行数据传输时，接收方将接收到的数据重新发回发送方，由发送方检查是否与原始数据完全相符。如不相符，则发送方发送一个控制信息通知接收方删去出错的数据，并重新发送该数据；如相符，则发送下一个数据。其原理如图 2-37 所示。反馈检测的特点是：原理简单，实现容易，可靠性强，但开销大，信道利用率低。

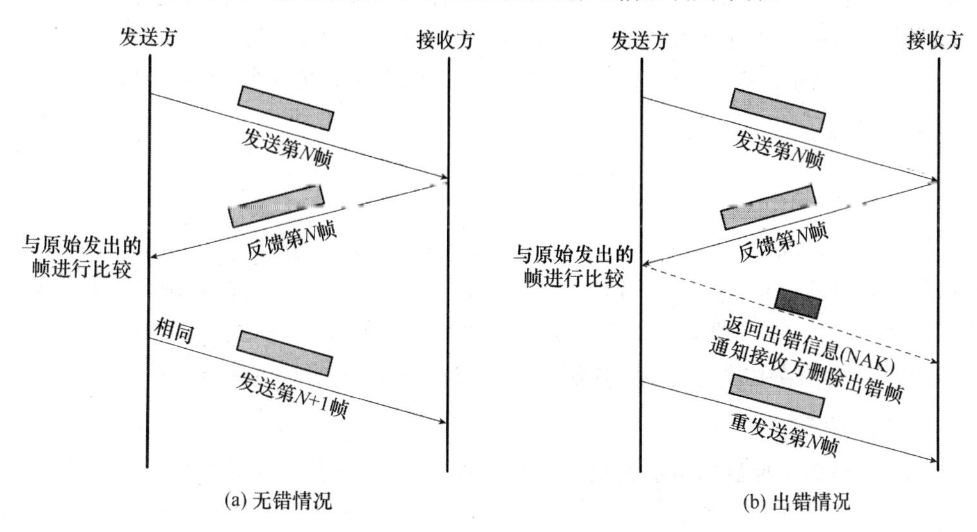

图 2-37　反馈检测的原理

2. 自动请求重发

自动请求重发是计算机网络中较常采用的差错控制方法。自动请求重发的原理是：发送方将要发送的数据附加上一定的冗余检错码一并发送，接收方则根据检错码对数据进行差错检测，如发现差错，则接收方返回请求重发的信息，发送方在收到请求重发的信息后，重新传送数据；如没有发现差错，则发送下一个数据，如图 2-38 所示。为保证通信正常进行，还需引入计时器(防止整个数据帧或反馈信息丢失)和帧编号(以防止接收方多次收到同一帧并递交给网络层)。自动请求重发的特点是：使用检错码(常用的有奇偶校验码和 CRC 码等)，必须是双向信道，发送方需设置缓冲器。

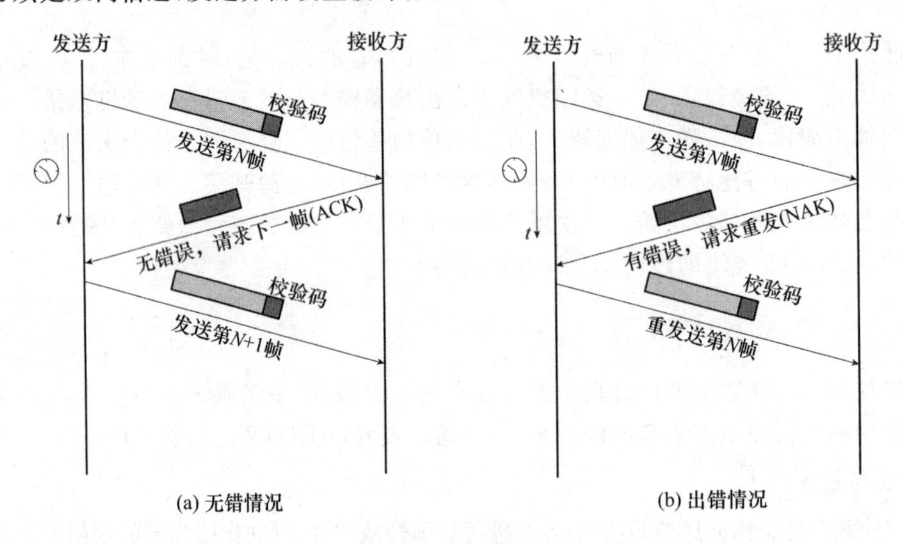

图 2-38 自动请求重发的原理

3. 前向纠错

前向纠错的原理是：发送方将要发送的数据附加上一定的冗余纠错码一并发送，接收方则根据纠错码对数据进行差错检测，如发现差错，由接收方进行纠正。前向纠错的特点是：使用纠错码(纠错码编码效率低且设备复杂)，单向信道，发送方无须设置缓冲器。

2.7.3 差错控制编码

差错控制编码的原理是：发送方对准备传输的数据进行抗干扰编码，即按某种算法附加上一定的冗余位，构成一个码字后再发送。接收方收到数据后进行校验，即检查信息位和附加的冗余位之间的关系，以检查传输过程中是否有差错发生。差错控制编码分检错码和纠错码两种，检错码是能自动发现差错的编码，纠错码是不仅能发现差错而且能自动纠正差错的编码。计算机网络中常用的差错控制编码是奇偶校验码、循环冗余码。

1. 奇偶校验码

奇偶校验码是一种最简单的检错码。其原理是：通过增加冗余位来使得码字中“1”的个数保持为奇数(奇校验)或偶数(偶校验)。

在实际使用时，奇偶校验可分为以下 3 种方式。

（1）垂直奇偶校验

原理：将要发送的整个数据分为定长 p 位的 q 段，每段的后面按"1"的个数为奇数或偶数的规律加上一位奇偶位，即

$$
\text{发送}\uparrow\quad
\begin{array}{cccc}
I_{11} & I_{12} & \cdots & I_{1q} \\
I_{21} & I_{22} & \cdots & I_{2q} \\
\vdots & \vdots & & \vdots \\
I_{p1} & I_{p2} & \cdots & I_{pq} \\
r_1 & r_2 & \cdots & r_q
\end{array}
$$

编码效率：$R=p/(p+1)$。

检错能力：能检出每列中的所有奇数个错，但检不出偶数个错，对突发错，漏检率约为 50%。

（2）水平奇偶校验

原理：将要发送的整个数据分为定长 p 位的 q 段，对各个数据段的相应位横向进行编码，产生一个奇偶校验冗余位，即

$$
\text{发送}\uparrow\quad
\begin{array}{ccccc}
I_{11} & I_{12} & \cdots & I_{1q} & r_1 \\
I_{21} & I_{22} & \cdots & I_{2q} & r_2 \\
\vdots & \vdots & & \vdots & \\
I_{p1} & I_{p2} & \cdots & I_{pq} & r_q
\end{array}
$$

编码效率：$R=q/(q+1)$。

检错能力：能检出每行中的所有奇数个错，但检不出偶数个错。对突发长度小于等于 p 的突发错都能检出。

（3）水平垂直奇偶校验

原理：能同时进行水平和垂直奇偶校验，即

$$
\text{发送}\uparrow\quad
\begin{array}{ccccc}
I_{11} & I_{12} & \cdots & I_{1q} & r_{1,q+1} \\
I_{21} & I_{22} & \cdots & I_{2q} & r_{2,q+1} \\
\vdots & \vdots & & \vdots & \\
I_{p1} & I_{p2} & \cdots & I_{pq} & r_{q,q+1} \\
I_{p+1,1} & I_{p+1,2} & \cdots & I_{p+1,q} & r_{p+1,q+1}
\end{array}
$$

编码效率：$R=pq/[(p+1)(q+1)]$。

检错能力：能检出所有 3 位或 3 位以下的错误，能检出所有奇数个错和很大一部分偶数个错，并对突发长度小于等于 $p+1$ 的突发错都能检出。

2. 循环冗余码

循环冗余码又称 CRC，简称循环码。循环冗余码检错能力强，且容易实现，是目前最广

泛的检错码编码方法之一。在计算机网络和磁盘数据存储中,CRC 被广泛采用。

CRC 是一种检错码,其编码过程涉及二进制多项式和模 2 运算知识。如比特串 $B_7B_6B_5B_4B_3B_2B_1B_0$ 的二进制多项式形式是 $B_7x^7+B_6x^6+B_5x^5+B_4x^4+B_3x^3+B_2x^2+B_1x^1+B_0x^0$,若比特串取值为 10101110,则该比特串可被表示成二进制多项式 $x^7+x^5+x^3+x^2+1$。二进制多项式的加减法运算以 2 为模,即加减时不进、错位,如同逻辑异或运算,乘除法可看成是多次加减法运算。

采用 CRC 校验时,发送方和接收方事先约定一个生成多项式 $G(x)$,并且 $G(x)$ 的最高项和最低项的系数必须为 1。$G(x)$ 有多种标准,目前广泛使用的主要有以下 4 种:

$\mathrm{CRC12}=x^{12}+x^{11}+x^3+x^2+1$

$\mathrm{CRC16}=x^{16}+x^{15}+x^2+1$(IBM 公司)

$\mathrm{CRC16}=x^{16}+x^{12}+x^5+1$(CCITT)

$\mathrm{CRC32}=x^{32}+x^{26}+x^{23}+x^{22}+x^{16}+x^{11}+x^{10}+x^8+x^7+x^5+x^4+x^2+x+1$(以太网)

一般情况下,r 位生成多项式产生的 CRC 可检测出所有的双错、奇数位错和突发长度小于等于 r 的突发错以及 $(1-2^{-(r-1)})$ 的突发长度为 $r+1$ 的突发错和 $(1-2^{-r})$ 的突发长度大于 $r+1$ 的突发错。例如,对上述 $r=16$ 的情况,就能检测出所有突发长度小于等于 16 的突发错以及 99.997%的突发长度为 17 的突发错和 99.998%的突发长度大于 17 的突发错。所以 CRC 的检错能力还是很强的。这里,突发错误是指几乎是连续发生的一串错,突发长度就是指从出错的第一位到出错的最后一位的长度(但是中间并不一定每一位都错)。

CRC 由两部分组成,如图 2-39 所示。

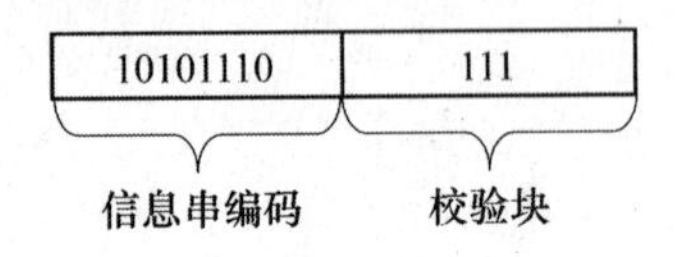

图 2-39 CRC 的组成

发送端的 CRC 校验块编码步骤如下。

(1)将要发送的二进制数据(k 位比特序列)对应一个 $(k-1)$ 阶多项式 $f(x)$;再选取一个收发双方预先约定的 r 阶生成码多项式 $G(x)$,即 $G(x)$ 的最高次幂为 r。

(2)在原数据比特串尾添加 r 个 0,即 $x^rf(x)$。

(3)进行模 2 除法 $x^rf(x)/G(x)$,得到商 $Q(x)$,并求得余数 $R(x)$。$R(x)$ 即为校验块。

(4)用 $R(x)$ 替代 $x^rf(x)$ 最后的 r 个 0(即 $x^rf(x)-R(x)$),得到待传送的 CRC 多项式(数据位加校验位)$T(x)$。

此时得到的 CRC 码字的总长(传送位)为 $n=k+r$ 位,对应一个 $(n-1)$ 阶多项式 $T(x)$。CRC 生成过程体现的编码原理和生成、校验步骤分别如图 2-40 和图 2-41 所示。

接收端的检验步骤如下。

(1) 接收端收到 CRC 多项式 $T'(x)$。

(2) 校验:进行 $T'(x)/G(x)$,求得余数。

(3) 若余数为 0,则正确(即 $T'(x)/G(x)=f(x)$);若余数不为 0,则出错。

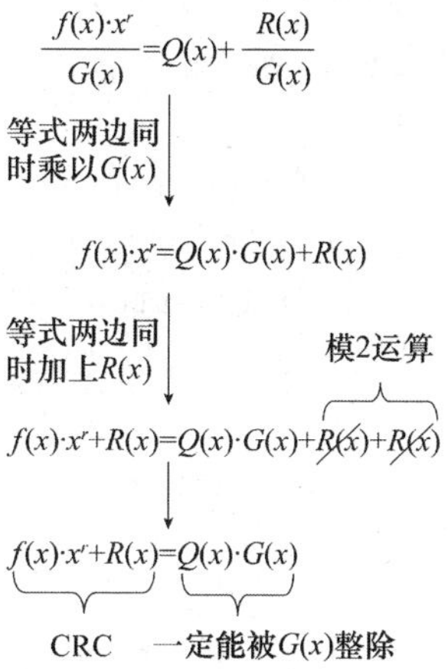

$\frac{f(x)\cdot x^r}{G(x)}=Q(x)+\frac{R(x)}{G(x)}$
等式两边同时乘以G(x)
$f(x)\cdot x^r=Q(x)\cdot G(x)+R(x)$
等式两边同时加上R(x)
模2运算
$f(x)\cdot x^r+R(x)=Q(x)\cdot G(x)+R(x)+R(x)$
$f(x)\cdot x^r+R(x)=Q(x)\cdot G(x)$
CRC
一定能被G(x)整除

图 2-40　CRC 原理

发送方
接收方
发送数据f(x)
发送数据f'(x)
生成多项式G(x)
生成多项式G(x)
$\frac{f(x)\cdot x^r}{G(x)}=Q(x)+\frac{R(x)}{G(x)}$
$\frac{f'(x)\cdot x^r}{G(x)}=Q(x)+\frac{R'(x)}{G(x)}$
实际发送：$f(x)\cdot x^r+R(x)$
R'(x)=0
接收正确
R'(x)≠0
接收出错
数据字段
校验字段
$f(x)\cdot x^r$
R(x)
发送

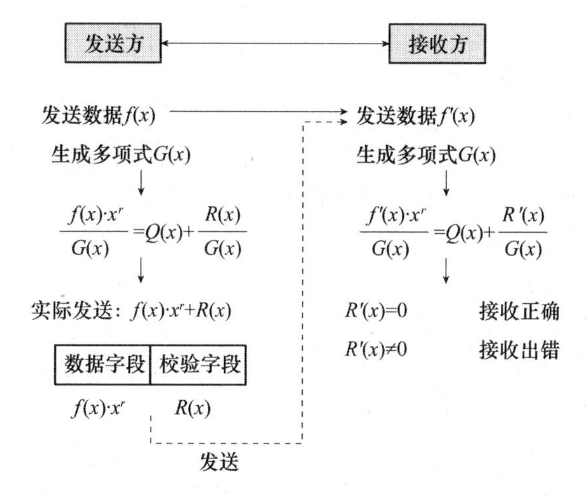

图 2-41　CRC 的生成和校验步骤

【例 2-2】采用 CRC 进行差错校验，生成多项式为 $G(x)=x^4+x^3+1$，信息码为 110011，计算出 CRC 校验码。

解：因为生成多项式 $G(x)=x^4+x^3+1$，其比特序列为 11001，所以 $r=4$，发送数据的比特序列为 110011，则 $x^r f(x)=1100110000$，用 $x^r f(x)$ 与 $G(x)$ 做模 2 除法，如图 2-42 所示，求得 $R(x)=1001$，所以其校验码为 1001。

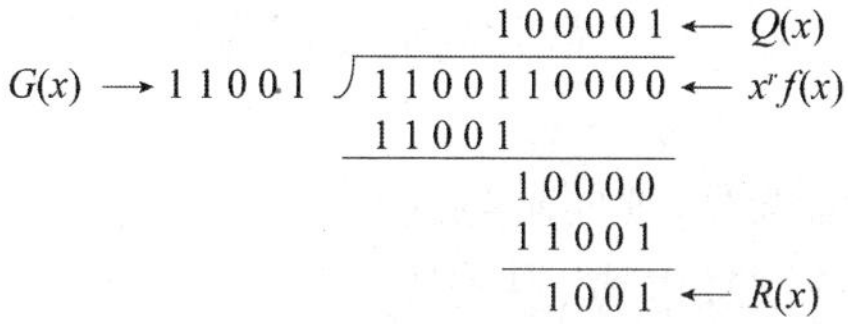

100001 ← Q(x)
G(x) → 11001
1100110000 ← $x^r f(x)$
11001
10000
11001
1001 ← R(x)

图 2-42　CRC 校验码计算

【例 2-3】设生成多项式为：$G(x)=x^4+x^3+1$，接收方接收到的校验码字为 1100111001，请问收到的信息有错吗？为什么？

解:$G(x)$为 11001,用收到的校验码字 1100111001 与 $G(x)$做模 2 除法,如图 2-43所示,得余数 $R(x)=0$,因此收到的信息没有错误。

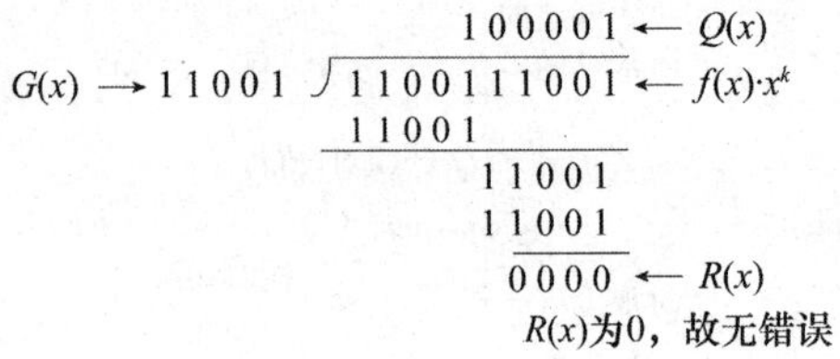

```
                      100001 ← Q(x)
G(x) → 11001 ⟌ 1100111001 ← f(x)·x^k
                11001
                -----------
                     11001
                     11001
                     -----
                      0000 ← R(x)
                R(x)为0,故无错误
```

图 2-43 CRC 校验

习题 2

一、选择题

1. 线路交换最适用的场合为(   )。

A. 实时和交互式通信　　B. 传输信息量较小

C. 存储转发方式　　D. 传输信息量较大

2. 报文的内容不按顺序到达目的节点的是(   )方式。

A. 电路交换　　B. 报文交换　　C. 虚电路交换　　D. 数据报交换

3. 电话交换系统采用的是(   )交换技术。

A. 报文交换　　B. 分组交换　　C. 线路交换　　D. 信号交换

4. 在常用的传输介质中,带宽最宽、传输衰减最小、抗干扰能力最强的是(   )。

A. 双绞线　　B. 同轴电缆　　C. 光纤　　D. 微波

5. PCM 是最典型的对模拟数据进行数字信号编码的方法,其编码过程为(   )。

A. 采样→编码→量化　　B. 量化→采样→编码

C. 编码→采样→量化　　D. 采样→量化→编码

6. (   )不需要建立连接。

A. 报文分组交换　　B. 虚电路

C. 线路交换　　D. 所有交换方式

7. 如果比特率为 10 Mbit/s,发送 1 000 位需要多长时间?(   )。

A. 1 μs　　B. 10 μs　　C. 100 μs　　D. 1 000 μs

8. 下列传输介质的传输损耗按从低到高的顺序为(   )。

A. 双绞线、细同轴电缆、粗同轴电缆、光纤

B. 光纤、双绞线、粗同轴电缆、细同轴电缆

C. 光纤、粗同轴电缆、细同轴电缆、双绞线

D. 光纤、细同轴电缆、粗同轴电缆、双绞线

9. (   )方式需在两站之间建立一条专用物理通路。

A. 报文交换　　B. 线路交换

C. 数据报分组交换　　D. 虚电路分组交换

10. 关于曼彻斯特编码，下面叙述中错误的是(　　)。

A. 曼彻斯特编码是一种双相码

B. 采用曼彻斯特编码，波特率是数据速率的 2 倍

C. 曼彻斯特编码可以自同步

D. 曼彻斯特编码效率高

11. 设信道带宽为 3 400 Hz，调制为 4 种不同的码元，根据奈奎斯特定理，理想信道的数据传输速率为(　　)。

A. 3.4 kbit/s　　B. 6.8 kbit/s　　C. 13.6 kbit/s　　D. 34 kbit/s

12. 采用 CRC 进行差错校验，生成多项式为 $G(x)=x^4+x+1$，信息码字为 10110，则计算出的 CRC 校验码是(　　)。

A. 0000　　B. 0100　　C. 0010　　D. 1111

二、填空题

1. 奈奎斯特准则与香农定理从定量的角度描述了__________与速率的关系。

2. 按照光信号在光纤中的传播方式，可将光纤分为单模光纤和__________。

3. 误码率是衡量数据传输系统正常工作状态下传输__________的参数。

三、简答题

1. 请举一个例子说明信息、数据与信号之间的关系。

2. 通过比较说明双绞线、同轴电缆与光缆 3 种常用传输介质的特点。

3. 控制字符 SYN 的 ASCII 码编码为 0010110，请画出 SYN 的 FSK、NRZ、曼彻斯特编码与差分曼彻斯特编码 4 种编码方法的信号波形。

4. 多路复用技术主要有几种类型？它们各有什么特点？

5. 某个数据通信系统采用 CRC 检验方式，并且生成多项式 $G(x)$ 的二进制比特序列为 11001，目的节点接收到的二进制比特序列为 110111001(含 CRC 检验码)，请判断传输过程中是否出现了差错？为什么？

6. 试从多个方面比较虚电路和数据报这两种服务的优缺点。

第3章 计算机网络体系结构

计算机网络是一个非常复杂的系统，它综合了当代计算机技术和通信技术，又涉及其他应用领域的知识和技术。由不同厂家的软硬件系统、不同的通信网络以及各种外部辅助设备连接构成网络系统，高速可靠地进行信息共享是计算机网络面临的主要难题。为了解决这个问题，人们必须为网络系统定义一个使不同的计算机、不同的通信系统和不同的应用能够互相连接（互连）和互相操作（互操作）的开放式网络体系结构。互连意味着不同的计算机能够通过通信子网互相连接起来进行数据通信。互操作意味着不同的用户能够在联网的计算机上，用相同的命令或相同的操作使用其他计算机中的资源与信息，如同使用本地计算机系统中的资源与信息一样。计算机网络的体系结构就是为不同的计算机之间互连和互操作提供相应规范和标准。

本章主要讨论以下问题：

○ 网络层次结构有什么好处？

○ 网络协议和网络服务的概念是什么？

○ ISO/OSI 参考模型分为多少层以及各层的功能是什么？

○ TCP/IP 参考模型分为多少层以及各层的功能是什么？

○ ISO/OSI 参考模型与 TCP/IP 参考模型的区别有哪些？

3.1 网络体系结构概述

为了能够使不同地理分布且功能相对独立的计算机之间组成网络实现资源共享，计算机网络系统需要涉及和解决许多复杂的问题，包括信号传输、差错控制、寻址、数据交换和提供用户接口等一系列问题。计算机网络体系结构是为了简化这些问题的研究、设计、实现而抽象出来的一种结构模型。对于复杂的网络系统通常采用层次化结构模型。在层次化模型中，往往将系统所要实现的复杂功能划分为若干个相对简单的细小功能，每一种功能以相对独立的方式去实现，从而达到了分而治之、各个击破的目的。

计算机网络体系结构是从体系结构的角度来研究和设计计算机网络体系，其核心是网络系统的逻辑结构和功能分配定义，即描述实现不同计算机系统之间互连和通信的方法以及结构，是各层协议的集合。通常采用结构化设计方法，将计算机网络系统划分成若干功能模块，形成层次分明的网络体系结构。

3.1.1　网络体系结构

计算机网络体系结构的概念和内容比较抽象，为了更好地理解，我们以邮寄信件的过程为例来说明。寄信是我们大家都做过的事情。假定北京的甲要与上海的乙通信，让我们看看这件事是如何完成的。首先，甲乙双方有一个共同的约定，就是二人都能看懂中文。于是，甲用中文在信纸上写下自己想说的话；然后，甲把信纸封装在信封里，信封上按中国的邮政规定顺序写上收信人的邮政编码、地址、姓名及发信人的地址、姓名和邮政编码，将这封信投入邮筒。甲的任务至此就完成了。这封信是如何传递到乙手里的呢？一般用户不考虑这个问题，而把它交给邮政系统去处理。邮递员把这封信从信筒里取回邮局，邮局工作人员根据信封上的邮政编码把它分捡到送往上海的邮车里，邮车把这些信件送往火车站(如果是航空就送往飞机场)，火车把邮件带往上海。在上海火车站，上海邮局的车将信件拉回邮局，再根据邮政编码将信件分发到各个分局，分局的邮递员根据信封上的地址将信件送到乙的手里。乙的任务就是打开信，读取内容。大家看，整个寄信过程最起码分成了 4 层。最高层是用户层，甲、乙双方按照中文的语法和格式写信、读信。第二层是邮递人员层，双方的邮递人员负责从信筒中取出信件送往邮局，从邮局将信件送往用户手里。邮递人员不关心信件的内容，但需要知道收信人地址。地址是用户传递给邮递人员的，可以称为这两层之间的信息。第三层是分捡人员层，从众多的信件中根据发往地址分门别类，他们不关心这些邮件从何处来，但必须依靠邮递人员传递。第四层是传输层，由运输工具将信件从一地送往另一地。整个过程可以由图 3-1 表示。

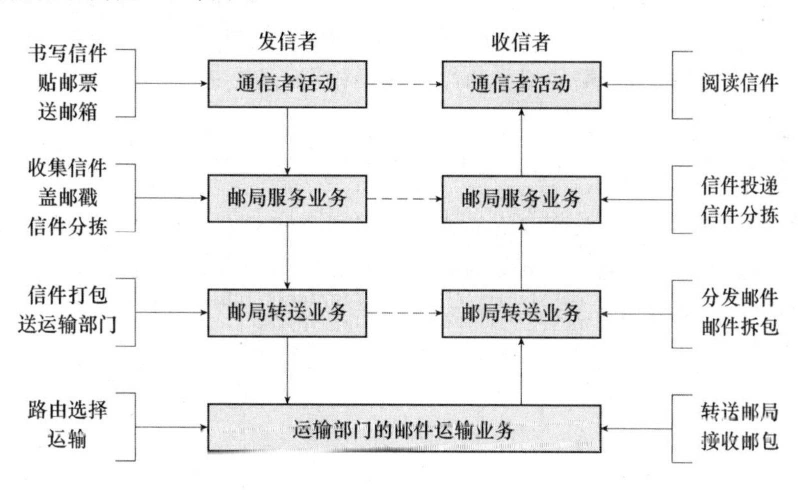

图 3-1　邮政系统

信件的实际传递是沿着图中实线从发信人手里到达收信人手里的。但从用户的角度看，就好像是直接从发信者手里到了收信者手里(沿图中虚线)。别的层次的相应人员也有这种感觉。这是因为各层都遵循各层的规定，层与层之间通过信封上的信息进行了必要的沟通。

这样分层带来的好处是，每一层实现相对独立的功能，因而可以将一个难以处理的复杂问题分解为若干较为容易处理的小问题。这种方法在我们的日常生活和工作中随处可见，只不过我们在生活中不叫分层而叫分工合作罢了。现实生活中的分工合作是一件事由多人共同完成，而计算机网络的分层则是每层由计算机中的一些部件(硬部件或软件程序)分别承担。

这种分层带来的好处如下。

(1) 各层之间是独立的。某一层并不需要知道它的下层是如何实现的,而只需要知道下层能够提供什么样的服务就可以了。

(2) 灵活性好。当某一层遵守的规定更改时,只要上下接口(向上提供的服务和向下层要求的服务)不变,则这层之上或之下的各层都不会受到影响。因此分层结构下,每层都可以根据技术的发展不断改进,而用户却浑然不知。

(3) 易于实现和维护。这种分层结构使得一个庞大系统的实现变得很容易,因为整个系统已经被分解为若干易于处理的小问题了。

由本例可以看出来,各种约定都是为了达到将信件从源点送到目的点而设计的。可以将这些约定分为同等机构的约定(如用户间约定、邮局间约定)和不同机构间的约定(如用户与邮局间的约定)。虽然两个用户、两个邮局分处两地,但它们分别对应于同等机构(属于相同层次),同属于一个子系统;而同处于一地的不同机构(属于不同层次)则不在一个子系统,它们之间的关系是服务与被服务的关系。很显然这两种约定是不同的,前者是同等层次的约定,后者是不同层次的约定。还有处于同一地的不同层次之间(垂直)的关系是直接的,处于两地的同等层次之间(水平)的关系是间接的。

在计算机网络环境中,两个端点之间的通信过程类似于信件的投递过程。网络的体系结构是计算机网络的分层、各层协议、功能和层间接口的集合。不同的计算机网络具有不同的体系结构,其层次数量、各层的名称、内容和功能以及各相邻层之间的接口都不一样。然而,在任何网络中,每一层是为了向它的邻接上层提供一定的服务而设置的,而且每一层都对上层屏蔽如何实现的具体细节。这样,网络体系结构就能做到与具体的物理实现无关,哪怕连接到网络中的主机和终端的型号和性能各不相同,只要它们共同遵守相同的协议就可以实现互连和互操作。

3.1.2 网络层次结构及相关概念

层次结构就是把一个复杂的网络系统设计问题分解成多个层次分明的局部问题,并规定每一层次所必须实现的功能。将分层的思想或方法运用于计算机网络中,就产生了计算机网络的层次模型,如图 3-2 所示。

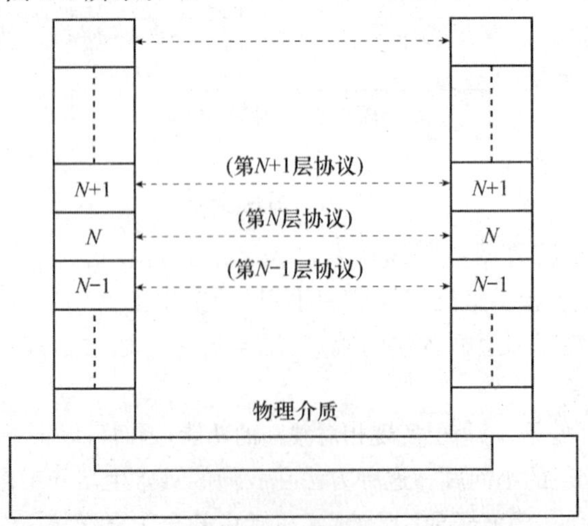

图 3-2 网络层次结构

该模型将计算机网络中的每台机器抽象成若干层，每层实现一种相对独立的功能。层次结构提供了按层次来观察网络的方法，描述了任意两个节点间的信息传输。系统的顶层执行用户要求所做的工作，直接与用户接触，可以是用户编写的程序或发出的命令。除顶层外，各层都支持其上一层进行工作，这就是所说的服务。系统的底层直接与物理介质接触，通过物理介质使不同的系统进行通信。

同一系统体系结构中的各相邻层间的关系是：下层为上层提供服务，上层利用下层提供的服务完成自己的功能，同时再向更上一层提供服务。因此，上层可看成是下层的用户，下层是上层服务的提供者。

同一系统相邻层之间都有一个接口，接口定义了下层向其相邻的上一层提供的服务及原语操作，并使下一层服务实现对上一层是透明的。

每一层中，用于实现该层功能的活动元素称为实体，包括该层上实际存在的所有硬件和软件，如终端、电子邮件系统、应用程序等。不同系统的相同层次称为对等层，如系统 A 的第 N 层和系统 B 的第 N 层是对等层。不同系统的对等层上的两个正在通信的实体称为对等实体。

采用层次结构的优点如下。

(1) 功能简单，明确。整个复杂的系统被分解为若干个小范围的部分，使得每一部分的功能比较单一。

(2) 独立性强。各层具有相对独立的功能，各层彼此不需要知道各自的实现细节，而只要了解下层能提供什么服务、上层要求提供什么服务就可以了。

(3) 设计灵活。当某层发生变更时，只要接口关系保持不变，就不会对上下层产生影响，而仅仅是本层内部的变化。

(4) 易于实现和维护。分层结构使得实现一个大的复杂的网络系统变得容易和简单。

(5) 易于标准化。每一层的功能和所提供的服务均已有明确的说明。

3.1.3　网络协议

为了交换信息，通信双方必须遵守一定的规则。例如，人与人之间使用电话交换信息时，首先要拨打对方的号码，接电话的人在听到电话铃声后拿起听话筒，当双方相互确认后，再以相互能够理解的语言来表达信息的内容。如果双方不遵守公共的约定或规则，就不能顺利地进行信息交换。

通俗地说，网络协议就是网络之间沟通、交流的桥梁，只有相同网络协议的计算机才能进行信息的沟通与交流。这就好比人与人之间交流所使用的各种语言一样，只有使用相同语言才能正常、顺利地进行交流。从专业角度定义，网络协议是计算机在网络中实现通信时必须遵守的约定，也就是通信协议，主要是对信息传输的速率、传输代码、代码结构、传输控制步骤、出错控制等作出规定并制定出标准。

网络协议主要由语义、语法和时序三大要素构成。语义是协调通信完成某些动作或操作而规定的控制和应答信息，如规定通信双方要发出的控制信息、执行的动作和返回的应答等；语法规定通信双方彼此应该如何操作，确定协议元素的格式，如数据和控制信息的格式或结构、编码及信号电平等；时序（也称定时、同步）是对事件实现顺序的详细说明，指出事件的顺序和速率匹配等。

3.1.4 网络服务

在网络层次结构模型中，每一层为相邻的上一层所提供的功能称为服务。N 层使用 $N-1$层所提供的服务，向 $N+1$ 层提供功能更强大的服务。N 层使用 $N-1$ 层所提供的服务时并不需要知道 $N-1$ 层所提供的服务是如何实现的，而只需要知道下一层可以为自己提供什么样的服务，以及通过什么形式提供。

1. 服务类型

在计算机网络层次结构中，层与层之间具有服务与被服务的单向依赖关系，下层向上层提供服务，而上层调用下层服务。因此可称任意相邻两层的下层为服务提供者，上层为服务用户者。下层为上层提供的服务可分为两类：面向连接的服务和无连接的服务。

(1) 面向连接的服务

所谓“连接”是指在同等同层的两个同等实体间所确定的逻辑通路。利用建立的连接进行数据传输的方式就是面向连接的服务。在计算机开始通信之前，两台计算机必须通过通信网络建立连接，然后开始传输数据，待数据传输结束后，再释放这个连接。因此面向连接的服务可以分为 3 个部分：建立连接、传输数据和释放连接。面向连接服务的思想来源于电话传输系统，例如要与某个人通话，先拿起电话，拨号码，通话，然后挂断。连接本质上像一个管道：发送者在管道一端放入物体，接收者在另一端按同样的次序取出物体。面向连接的服务比较适合数据量大、实时性要求高的数据传输应用场合。

(2) 无连接的服务

无连接的服务过程类似于邮政系统的信件通信。无论何时，计算机都可以向网络发送想要发送的数据，但传送的每个数据分组中必须包括目的地址。通信前，无须在两个同等层实体之间事先建立连接，通信链路资源完全在数据发送过程中进行动态分配。由于无连接的服务不需要接收方的回答和确认，因此可能出现数据丢失、重复或次序错误等。

2. 服务原语

在网络体系结构中“服务”、“功能”、“协议”是完全不同的概念。“服务”是某层对上一层的支持，属于外观的表现；“功能”是本层次的内部活动，是为了实现对外服务而从事的活动；而协议相当于一种工具，层次“内部”的功能和“对外”的服务都是在本层“协议”的支持下完成的。

层间的服务在形式上是由一种原语（操作）来描述的，如库函数或系统调用等。在同一系统中，$N+1$ 层实体向 N 层实体请求服务时，服务用户者和服务提供者之间要进行信息交互，交互的信息即为服务原语。这些原语通知服务提供者采取某些行动或报告某个对等实体的活动，供服务用户者和其他实体访问服务。服务的原语可分为以下 4 类。

(1) 请求，用以使服务用户者能从服务提供者那里请求一定的服务，如建立连接、发送数据、释放连接、报告状态等。

(2) 指示，用以使服务提供者能向服务用户者提示某种状态，如连接指示、输入数据、释放连接指示等。

(3) 响应，用以使服务用户者能响应先前的指示原语，如接受连接、释放连接等。

(4) 确认，用以使服务提供者告知服务用户者关于它的请求的回复。

3.2　OSI参考模型

在20世纪70年代，计算机网络发展很快，种类繁多。1974年IBM公司率先发表了系统网络体系结构SNA，后来又相继出现了10多种网络体系结构，如数字网络体系结构DNA、分布式计算机网络体系结构DCA、先进的网络体系结构ANSA等。而这些网络体系结构所构成的网络之间无法相互连接和操作。为了更大范围内共享网络资源和相互通信，人们迫切需要一个共同可以参照的标准，使得不同厂商的软硬件资源和设备能够互连和互操作。为此，国际标准化组织(International Standards Organization，ISO)于1977年成立信息技术委员会TC97专门进行网络体系结构标准化的工作。在综合了已有的计算机网络体系结构的基础上，经过多次探讨研究，最后公布了网络体系结构的七层参考模型(Reference Model，RM)，即著名的开放式系统互连(Open System Interconnection，OSI)参考模型。在提出OSI参考模型后，TC97又分别为它的各层制定了协议标准，从而使OSI网络体系结构更为完善。

3.2.1　OSI参考模型的结构

OSI参考模型将计算机网络分为七个层次，自下而上分别是物理层、数据链路层、网络层、传输层、会话层、表示层和应用层，如图3-3所示。

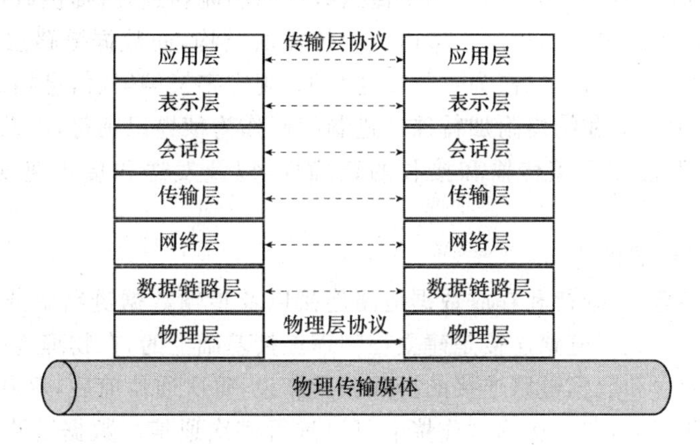

图3-3　OSI体系结构

下面简要介绍各层的功能。

1. *物理层*

物理层建立在物理通信介质的基础上，作为系统和通信介质的接口，用来实现数据链路实体间透明的比特流传输。只有该层为真实物理通信，其他各层为虚拟通信。物理层实际上是设备之间的物理接口，物理层传输协议主要用于控制传输媒体。

(1) 物理层的特性

物理层提供与通信介质的连接，提供为建立、维护和释放物理链路所需的机械、电气、功能和规程的特性，提供在物理链路上传输非结构的位流以及故障检测指示。物理层向上层提供位信息的正确传送。

其中机械特性主要规定接口连接器的尺寸、位置、连线的根数等。电气特性主要规定每种信号的电平、信号的脉冲宽度、允许的数据传输速率和最大传输距离。功能特性规定接口电路引脚的功能和作用。规程特性规定了接口电路信号发出的时序、应答关系和操作过程,例如,怎样建立和拆除物理层连接,是全双工还是半双工等。

(2) 物理层的功能

为了实现数据链路实体之间比特流的透明传输,物理层应具有下述功能。

① 物理连接的建立与拆除

当数据链路层请求在两个数据链路实体之间建立物理连接时,物理层能够立即为它们建立相应的物理连接。若两个数据链路实体之间要经过若干中继数据链路实体时,物理层还能够对这些中继数据链路实体进行互连,以建立起一条有效的物理连接。当物理连接不再需要时,由物理层立即拆除。

② 物理服务数据单元的传输

物理层既可以采取同步传输方式,也可以采取异步传输方式来传输物理服务数据单元。

③ 物理层的管理

对物理层收发进行管理,如功能的激活(何时发送和接收、异常情况处理等)、差错控制(传输中出现的奇偶错和格式错)等。

2. 数据链路层

数据链路层为网络层相邻实体间提供传送数据的功能和过程;提供数据流链路控制;检测和校正物理链路的差错。物理层不考虑位流传输的结构,而数据链路层的主要职责是控制相邻系统之间的物理链路,以帧为单位传送数据,规定字符编码、信息格式,约定接收和发送过程,在一帧数据开头和结尾附加特殊二进制编码作为帧界识别符,以及发送端处理接收端送回的确认帧,保证数据帧传输和接收的正确性,以及发送和接收速度的匹配,流量控制等。

(1) 数据链路层的目的

其目的是提供建立、维持和释放数据链路连接以及传输数据链路服务数据单元所需的功能和过程的手段。数据链路连接是建立在物理连接基础上的,在物理连接建立以后,进行数据链路连接的建立和数据链路连接的拆除。具体说,每次通信前后,双方相互联系以确认一次通信的开始和结束,在一次物理连接上可以进行多次通信。数据链路层检测和校正在物理层出现的错误。

(2) 数据链路层的功能和服务

数据链路层的主要功能是为网络层提供连接服务,并在数据链路连接上传送数据链路协议数据单元(L-PDU),一般将数据链路协议数据单元称为帧。数据链路层服务可分为以下 3 种。

① 无应答、无连接的服务

发送前不必建立数据链路连接,接收方也不作应答,出错和数据丢失时也不作处理。这种服务质量低,适用于线路误码率很低以及传送实时性要求高的(如语音类的)信息等。

② 应答、无连接的服务

当发送主机的数据链路层要发送数据时,直接发送数据帧。目标主机接收数据链路的数据帧，并经校验结果正确后，向源主机数据链路层返回应答帧；否则返回否定帧，发送端可以重发原数据帧。这种方式发送的第一个数据帧除传送数据外，也起数据链路连接的作用。这种服务适用于一个节点的物理链路多或通信量小的情况，其实现和控制都较为简单。

③ 面向连接的服务

该服务一次数据传送分为 3 个阶段：数据链路建立、数据帧传送和数据链路拆除。数据链路建立阶段要求双方的数据链路层作好传送的准备；数据传送阶段是将网络层递交的数据传送到对方；数据链路拆除阶段是当数据传送结束时，拆除数据链路连接。这种服务的质量好，是 ISO/OSI 参考模型推荐的主要服务方式。

(3) 数据链路数据单元

数据链路层与网络层交换数据格式为服务数据单元。数据链路服务数据单元，配上数据链路协议控制信息，形成数据链路协议数据单元。

数据链路层能够从物理连接上传输的比特流中，识别出数据链路服务数据单元的开始和结束，以及识别出其中的每个字段，实现正确的接收和控制；能按发送的顺序传输到相邻节点。

(4) 数据链路层协议

数据链路层协议可分为面向字符的通信规程和面向比特的通信规程。

① 面向字符的通信规程是利用控制字符控制报文的传输。报文由报头和正文两部分组成。报头用于传输控制，包括报文名称、源地址、目标地址、发送日期以及标识报文开始和结束的控制字符。正文则为报文的具体内容。目标节点对收到的源节点发来的报文进行检查，若正确，则向源节点发送确认的字符信息；否则发送接收错误的字符信息。

② 面向比特的通信规程是以帧为传送信息的单位，帧分为控制帧和信息帧。在信息帧的数据字段（即正文）中，数据为比特流。比特流用帧标志来划分帧边界，帧标志也可用作同步字符。

3. 网络层

广域网络一般都划分为通信子网和资源子网，物理层、数据链路层和网络层组成通信子网，网络层是通信子网的最高层，完成对通信子网的运行控制。网络层和传输层的界面既是层间的接口，又是通信子网和用户主机组成的资源子网的界限，网络层利用本层和数据链路层、物理层两层的功能向传输层提供服务。

数据链路层的任务是在相邻两个节点间实现透明的无差错的帧级信息的传送，而网络层则要在通信子网内把报文分组从源节点传送到目标节点。在网络层的支持下，两个终端系统的传输实体之间要进行通信，只需把要交换的数据交给它们的网络层便可实现。至于网络层如何利用数据链路层的资源来提供网络连接，对传输层是透明的。

网络层控制分组传送操作，即路由选择、拥塞控制、网络互连等功能，根据传输层的要求来选择服务质量，向传输层报告未恢复的差错。网络层传输的信息以报文分组为单位，它将来自传输层的报文转换成报文分组，并经路径选择算法确定路径送往目的地。网络层协议用于实现这种传送中涉及的中继节点路由选择、子网内的信息流量控制以及差错处理等。

(1) 网络层的功能

网络层的主要功能是支持网络层的连接。网络层的具体功能如下。

① 建立和拆除网络连接

在数据链路层提供的数据链路连接的基础上，建立传输实体间或者若干个通信子网的网络连接。

② 路径选择、中继和多路复用

网际的路径和中继不同于网内的路径和中继，网络层可以在传输实体的两个网络地址之间选择一条适当的路径，或者在互连的子网之间选择一条适当的路径和中继。并提供网络连接多路复用的数据链路连接，以提高数据链路连接的利用率。

③ 分组、组块和流量控制

数据分组是指将较长的数据单元分割为一些相对较小的数据单元；数据组块是指将一些相对较小的数据单元组成块后一起传输。网络服务数据单元的有序传输以及对网络连接上传输的网络服务数据单元进行有效的流量控制，从而发生信息"堵塞"现象。

④ 差错的检测与恢复

利用数据链路层的差错报告以及其他的差错检测能力来检测经网络连接所传输的数据单元，检测是否出现异常情况，并可以从出错状态中解脱出来。

(2) 数据报和虚电路

网络层中提供两种类型的网络服务，即无连接的服务和面向连接的服务。它们又被称为数据报服务和虚电路服务。

① 数据报服务

在数据报方式，网络层从传输层接受报文，拆分为报文分组，并且独立地传送，因此数据报格式中包含有源和目标节点的完整网络地址、服务要求和标识符。发送时，由于数据报每经过一个中继节点时，都要根据当时的情况按照一定的算法为其选择一条最佳的传输路径，因此数据报服务不能保证这些数据报按序到达目标节点，需要在接收节点根据标识符重新排序。

数据报方式对故障的适应性强，若某条链路发生故障，则数据报服务可以绕过这些故障路径而选择其他路径，把数据报传送至目标节点。数据报方式易于平衡网络流量，因为中继节点可为数据报选择一条流量较少的路由，从而避开流量较高的路由。数据报传输不需建立连接，目标节点在收到数据报后，也不需发送确认，因而是一种开销较小的通信方式。但是发方不能确切地知道对方是否准备好接收、是否正在忙碌，故数据报服务的可靠性不是很高。而且数据报发送每次都附加源和目标主机的全网名称，降低了信道利用率。

② 虚电路服务

在虚电路传输方式下，在源主机与目标主机通信之前，必须为分组传输建立一条逻辑通道，称为虚电路。为此，源节点先发送请求分组 Call-Request，Call-Request 包含了源和目标主机的完整网络地址。Call-Request 途经每一个通信网络节点时，都要记下为该分组分配的虚电路号，并且路由器为它选择一条最佳传输路由发往下一个通信网络节点。当请求分组到达目标主机后，若它同意与源主机通信，沿着该虚电路的相反方向发送请求分组 Call-Request 给源节点，当在网络层为双方建立起一条虚电路后，每个分组中不必再填上源和目标主机的全网地址，而只需标上虚电路号，即可以沿着固定的路由传输数据。当通信结束时，将该虚电路拆除。

虚电路服务能保证主机所发出的报文分组按序到达。由于在通信前双方已进行过联系，每发送完一定数量的分组后，对方也都给予了确认，故可靠性较高。

(3) 路由选择

网络层的主要功能是将分组从源节点经过选定的路由送到目标节点,分组途经多个通信网络节点造成多次转发,存在路由选择问题。路由选择或称路径控制,是指网络中的节点根据通信网络的情况(可用的数据链路、各条链路中的信息流量),按照一定的策略(传输时间最短、传输路径最短等)选择一条可用的传输路由,把信息发往目标节点。

网络路由选择算法是网络层软件的一部分,负责确定所收到的分组应传送的路由。当网络内部采用无连接的数据报方式时,每传送一个分组都要选择一次路由。当网络层采用虚电路方式时,在建立呼叫连接时,选择一次路径,后继的数据分组就沿着建立的虚电路路径传送,路径选择的频度较低。

路由选择算法可分为静态算法和动态算法。静态路由算法是指总是按照某种固定的规则来选择路由,如扩散法、固定路由选择法、随机路由选择法和流量控制选择法。动态路由算法是指根据拓扑结构以及通信量的变化来改变路由,如孤立路由选择法、集中路由选择法、分布路由选择法、层次路由选择法等。

4. 传输层

从传输层向上的会话层、表示层、应用层都属于端到端的主机协议层。传输层是网络体系结构中最核心的一层,传输层将实际使用的通信子网与高层应用分开。从该层开始,各层通信全部是在源与目标主机上的各进程间进行的,通信双方可能经过多个中间节点。传输层为源主机和目标主机之间提供性能可靠、价格合理的数据传输。具体实现上是在网络层的基础上再增添一层软件,使之能屏蔽掉各类通信子网的差异,向用户提供一个通用接口,使用户进程通过该接口方便地使用网络资源并进行通信。

(1) 传输层的功能

传输层独立于所使用的物理网络,提供传输服务的建立、维护和连接拆除的功能,选择网络层提供的最适合的服务。传输层接收会话层的数据,分成较小的信息单位,再送到网络层,实现两传输层间数据的无差错透明传送。

传输层可以使源与目标主机之间以点对点的方式简单地连接起来。真正实现端到端间可靠通信。传输层服务是通过服务原语提供给传输层用户(可以是应用进程或者会话层协议),传输层用户使用传输层服务是通过传输服务访问点(TSAP)实现的。当一个传输层用户希望与远端用户建立连接时,通常定义 TSAP。提供服务的进程在本机 TSAP 等待传输连接请求,当某一节点机的应用程序请求该服务时,向提供服务的节点机的 TSAP 发出传输连接请求,并表明自己的端口和网络地址。如果提供服务的进程同意,就向请求服务的节点机发确认连接,并对请求该服务的应用程序传递消息,应用程序收到消息后,释放传输连接。

传输层提供面向连接和无连接两种类型的服务。这两种类型的服务和网络层的服务非常相似。传输层提供这两种类型服务的原因是因为用户不能对通信子网加以控制,无法通过使用通信处理机来改善服务质量。传输层提供比网络层更可靠的端到端间数据传输、更完善的查错纠错功能。传输层之上的会话层、表示层、应用层都不包含任何数据传送的功能。

(2) 传输层协议类型

传输层协议和网络层提供的服务有关。网络层提供的服务越完善,传输层协议就越简单;网络层提供的服务越简单,传输层协议就越复杂。传输层服务可分成5类。

① 0类:提供最简单形式的传送连接,提供数据流控制。

② 1类:提供最小开销的基本传输连接,提供误差恢复。

③ 2类:提供多路复用,允许几个传输连接多路复用一条链路。

④ 3类:具有0类和1类的功能,提供重新同步和重建传输连接的功能。

⑤ 4类:用于不可靠传输层连接,提供误差检测和恢复。

基本协议机制包括建立连接、数据传送和拆除连接。传输连接涉及4种不同类型的标识。

①用户标识:即服务访问点(SAP)允许实体多路数据传输到多个用户。

②网络地址:标识传输层实体所在的站。

③协议标识:当有多个不同类型的传输协议的实体时,对网络服务标识出不同类型的协议。

④连接标识:标识传送实体,允许传输连接多路复用。

5. *会话层*

会话是指两个用户进程之间的一次完整通信。会话层提供不同系统间两个进程建立、维护和结束会话连接的功能;提供交叉会话的管理功能,有一路交叉、两路交叉和两路同时会话的3种数据流方向控制模式。会话层是用户连接到网络的接口。

(1) 会话层的主要功能

会话层的目的是提供一个面向应用的连接服务。建立连接时,将会话地址映射为传输地址。会话连接和传输连接有3种对应关系:一个会话连接对应一个传输连接;多个会话连接建立在一个传输连接上;一个会话连接对应多个传输连接。

数据传送时,可以进行会话的常规数据、加速数据、特权数据和能力数据的传送。会话释放时,允许正常情况下的有序释放、异常情况下由用户发起的异常释放和服务提供者发起的异常释放。

(2) 会话活动

会话服务用户之间的交互对话可以划分为不同的逻辑单元,每个逻辑单元称为活动。每个活动完全独立于它前后的其他活动,且每个逻辑单元的所有通信不允许分隔开。

会话活动由会话令牌来控制,保证会话有序进行。会话令牌分为4种:数据令牌、释放令牌、次同步令牌和主同步令牌。令牌是互斥使用会话服务的手段。

会话用户进程间的数据通信一般采用交互式的半双工通信方式。由会话层给会话服务用户提供数据令牌来控制常规数据的传送,有数据令牌的会话服务用户才可发送数据,另一方只能接收数据。当数据发完之后,就将数据令牌转让给对方,对方也可请求令牌。

(3) 会话同步

在会话服务用户组织的一个活动中,有时要传送大量的信息,如将一个文件连续发送给对方,为了提高数据发送的效率,会话服务提供者允许会话用户在传送的数据中设置同步点。一个主同步点表示前一个对话单元的结束及下一个对话单元的开始。在一个对话单元内部或者说两个主同步点之间可以设置次同步点,用于会话单元数据的结构化。当会话用户持有数据令牌、次同步令牌和主同步令牌时就可在发送数据流中用相应的服务原语设置次同步点和主同步点。

一旦出现高层软件错误或不符合协议的事件则发生会话中断，这时会话实体可以从中断处返回到一个已知的同步点继续传送，而不必从文件的开头恢复会话。会话层定义了重传功能，重传是指在已正确应答对方后，在后期处理中发现出错而请求的重传，又称为再同步。为了使发送端用户能够重传，必须保存数据缓冲区中已发送的信息数据，将重新同步的范围限制在一个对话单元之内，一般返回到前一个次同步点，最多返回到最近一个主同步点。

6. 表示层

表示层的目的是处理信息传送中数据表示的问题。由于不同厂家的计算机产品常使用不同的信息表示标准，例如在字符编码、数值表示、字符等方面存在着差异。如果不解决信息表示上的差异，通信的用户之间就不能互相识别。因此，表示层要完成信息表示格式转换，转换可以在发送前，也可以在接收后，也可以要求双方都转换为某标准的数据表示格式。所以表示层的主要功能是完成被传输数据表示的解释工作，包括数据转换、数据加密和数据压缩等。表示层协议的主要功能有：为用户提供执行会话层服务原语的手段；提供描述负载数据结构的方法；管理当前所需的数据结构集和完成数据的内部与外部格式之间的转换。例如，确定所使用的字符集、数据编码以及数据在屏幕和打印机上显示的方法等。表示层提供了标准应用接口所需要的表示形式。

7. 应用层

应用层作为用户访问网络的接口层，给应用进程提供了访问OSI环境的手段。应用进程借助于应用实体、实用协议和表示服务来交换信息，应用层的作用是在实现应用进程相互通信的同时，完成一系列业务处理所需的服务功能。当然这些服务功能与所处理的业务有关。

应用进程使用OSI定义和通信功能，这些通信功能是通过OSI参考模型各层实体来实现的。应用实体是应用进程利用OSI通信功能的唯一窗口。它按照应用实体间约定的通信协议（应用协议），传送应用进程的要求，并按照应用实体的要求在系统间传送应用协议控制信息，有些功能可由表示层和表示层以下各层实现。

应用实体由一个用户元素和一组应用服务元素组成。用户元素是应用进程在应用实体内部为完成其通信目的需要使用的那些应用服务元素的处理单元。实际上，用户元素向应用进程提供多种形式的应用服务调用，而每个用户元素实现一种特定的应用服务使用方式。用户元素屏蔽应用的多样性和应用服务使用方式的多样性，简化了应用服务的实现。应用进程完全独立于OSI环境，它通过用户元素使用OSI服务。

应用服务元素可分为两类：公共应用服务元素和特定应用服务元素。公共应用服务元素是用户元素和特定应用服务元素公共使用的部分，提供通用的最基本的服务，它使不同系统的进程相互联系并有效通信。它包括联系控制元素、可靠传输服务元素、远程操作服务元素等；特定应用服务元素提供满足特定应用的服务，包括虚拟终端、文件传输和管理、远程数据库访问、作业传送等。对于应用进程和公共应用服务元素来说，用户元素具有发送和接收能力。对特定服务元素来说，用户元素是请求的发送者，也是响应的最终接收者。

3.2.2 OSI参考模型中数据的流动

在OSI参考模型中，对等层之间经常需要交换信息单元，对等层协议之间需要交换的信息单元叫作协议数据单元(Protocol Data Unit,PDU)。节点对等层之间的通信并不是直接通信(例如两个节点的传输层之间进行通信),它们需要借助于下层提供的服务来完成,所以通常说对等层之间的通信是虚通信,如图 3-4 所示。

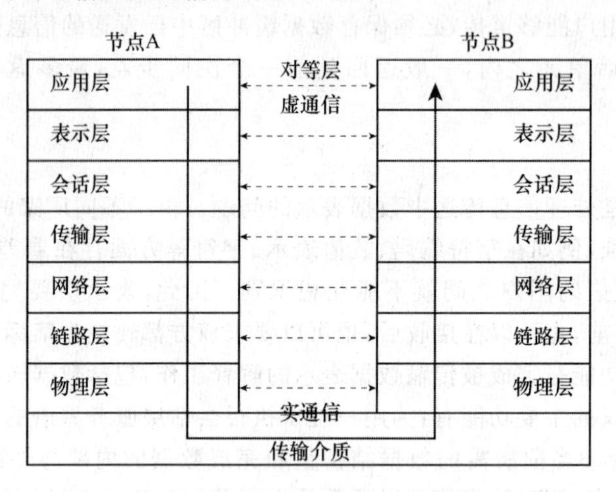

图 3-4 OSI 直接通信与虚通信

事实上,在某一层需要使用下一层提供的服务传送自己的 PDU 时,其当前层的下一层总是将上一层的 PDU 变为自己 PDU 的一部分,然后利用更下一层提供的服务将信息传递出去。例如,在图 3-4 中,节点 A 的传输层需要将某一信息 T-PDU 传送到节点 B 的传输层,这时,传输层就需要使用网络层提供的服务。首先将 T-PDU 交给节点 A 的网络层,节点 A 的网络层在收到 T-PDU 之后,将 T-PDU 变为自己 PDU(N-PDU)的一部分,然后再利用其下层链路层提供的服务将数据发送出去。依此类推,最终将这些信息变为能够在传输介质上传输的数据,并通过传输介质将信息传送到节点 B。

在网络中,对等层可以相互理解和认识对方信息的具体意义(如节点 B 的传输层在收到节点 A 的 T-PDU 时,可以理解该 T-PDU 的信息并知道如何处理该信息)。如果不是对等层,双方的信息就不可能也没有必要相互理解。例如,节点 B 的网络层在收到节点 A 的 N-PDU 时,不可能也没有必要理解 N-PDU 包含的 T-PDU 代表什么意思。它仅需要将 N-PDU 中包含的 T-PDU 的通过层间接口提交给上面的传输层。

为了实现对等层通信,当数据需要通过网络从一个节点传送到另一个节点前,必须在数据的头部(和尾部)加入特定的协议头(协议尾)。这种增加数据头部(和尾部)的过程叫作数据打包或数据封装。同样,在数据到达接收节点的对等层后,接收方将识别、提取和处理发送方对等层增加的数据头部(和尾部)。接收方这种将增加数据头部(和尾部)去除的过程叫作数据拆包或数据解封。

在传输过程中,所经每一层都要对数据进行封装或解封,每一层封装或解封的 PDU 都不一样。图 3-5 所示表示 OSI 模型每层传输的数据格式。

在 OSI 参考模型中,系统 A 的用户向系统 B 的用户传送数据时,系统 A 的应用进程传输给系统 B 应用进程的数据是经过发送端的各层从上到下传递到物理信道,然后再传输到接收端的最底层(物理层),经过从下到上的各层传递,最后到达系统 B 的应用进程,其过程如图 3-6 所示。

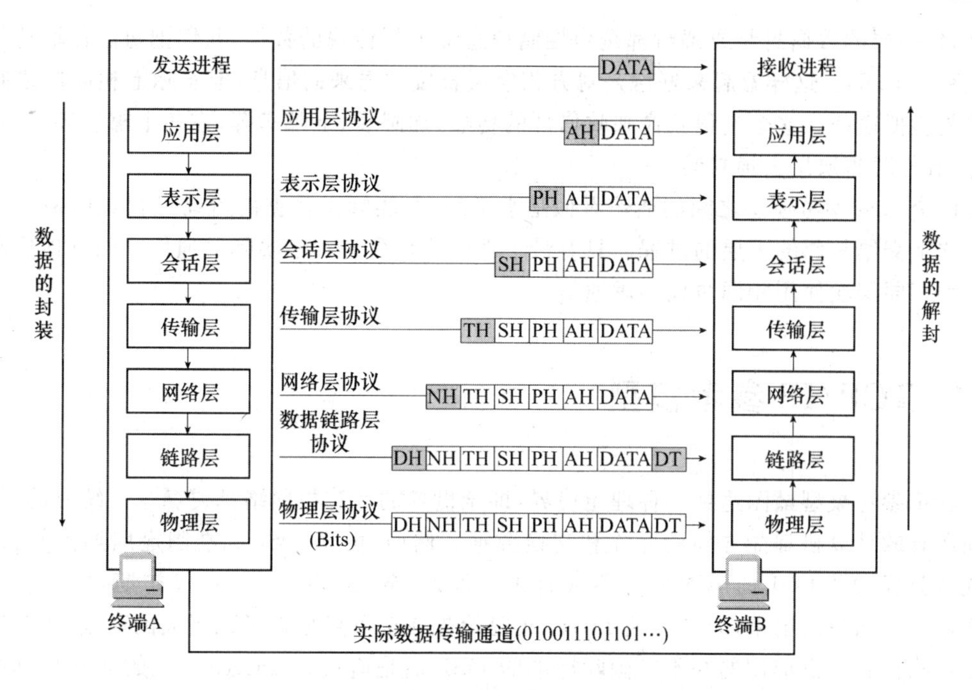

图 3-5　OSI 中数据的封装和解封过程

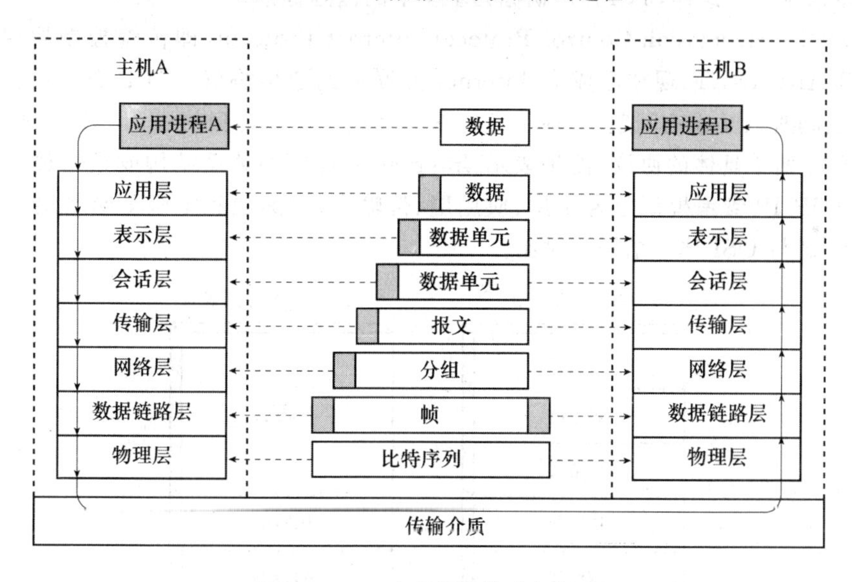

图 3-6　OSI 中数据的传递与流动

在数据传输的过程中，随着数据块在各层中的依次传递，其长度有变化。系统 A 发送到系统 B 的数据先进入应用层，加上该层的有关控制信息报文头 AH，然后作为整个数据块传送到表示层，在表示层再加上控制信息 PH 传递到会话层，这样，在以下的每层都加上控制信息 SH、TH、NH、DH 传递到物理层。其中，在数据链路层还要在整个数据帧的尾部加上差错控制信息 DT，这样整个数据帧在物理层就作为比特流通过物理信道传送到接收端，我们把这种传输方式叫作封装。在接收端按照上述的相反过程，每层都要去掉发送端的相应层加上的控制信息，这个过程叫作数据解封。数据在封装或解封的过程中都传输不同的数据，每一层的数据封装或解封都是由控制信息加上要传输的数据，我们把每层传输的数据格式称为 PDU。这样看起来好像是对方相应层直接发送来的信息，但实际上相应层之间的通信是虚拟通信。这个过程就像邮政信件的传递、加邮袋、上邮车等，在各个邮递环节加封、传递，收件时再层层去掉封装。

两个 OSI 参考模型之间的通信看似是水平的，但实际上数据的流动过程是由最高层垂直地向下交给相邻的下层的过程。只有最下面的物理层进行了实际的通信。而其他层次只是一种相同层次使用相同协议的虚通信。

3.3 TCP/IP 参考模型

OSI 参考模型试图达到一种理想境界，即全世界的计算机网络都遵循这一统一的标准，因而所有的计算机都能方便地互连和交换数据。然而，由于 OSI 标准制定周期太长、协议实现过分复杂及 OSI 的层次划分不太合理等原因，到 20 世纪 90 年代初期，虽然整套的 OSI 标准都已制定出来，但当时的 Internet 已抢先在全世界覆盖了相当大的范围，因此网络体系结构得到广泛应用的并不是国际标准的 OSI，而是应用在 Internet 上的非国际标准的 TCP/IP 体系结构。这样，TCP/IP 就称为事实上的国际标准。

TCP/IP(Transmission Control Protocol/Internet Protocol)即传输控制协议/网际协议，它源于 ARPANET，现在已成为 Internet 互联网的通信协议。TCP/IP 成功地解决了不同网络之间难以互连的问题，实现了异构网的互连。我们提到的 TCP/IP 并不一定是指 TCP 和 IP 这两个具体的协议，而是表示 Internet 所使用的体系结构或是指整个 TCP/IP 协议族。TCP/IP 参考模型分为 4 层：应用层、传输层、网际层和主机至网络层。图 3-7 给出了 TCP/IP 与 OSI 体系结构的对比。

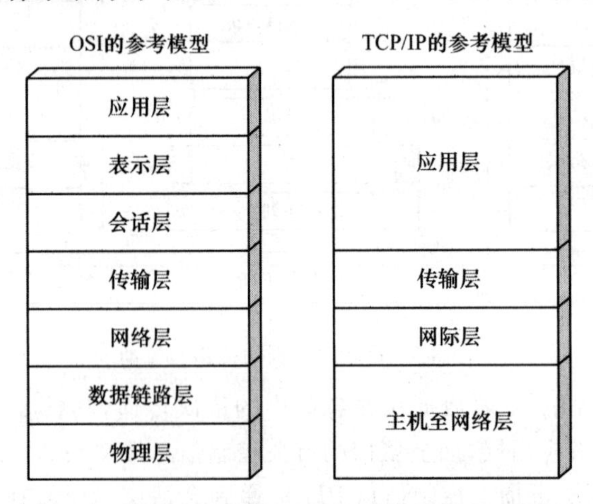

图 3-7　TCP/IP 分层结构与 OSI 参考模型的对照

1. 主机至网络层

主机至网络层(网络接口层)是 TCP/IP 模型的最底层，它对应 OSI 的物理层和数据链路层。TCP/IP 并没有定义具体的该层协议。它负责网际层与硬件设备间的联系，指出主机必须使用某种协议与网络相连。

2. 网际层

它是整个体系结构的关键部分，其功能是使主机可以将分组发往任何网络并使分组独立地传向目的主机（可能经由不同的网络）。这些分组到达的顺序和发送的顺序可能不同，因此如果要求按顺序发送和接收时，高层必须对分组排序。

网际层定义的正式分组格式和协议是 IP。网际层的功能就是把 IP 分组发送到应该去的地方。分组路由和避免拥塞是网际层主要解决的问题，所以 TCP/IP 的网际层和 OSI 的网络层在功能上非常相似。

3. 传输层

传输层解决的是计算机程序到程序之间的通信问题，即通常所说的“端到端”的通信。它的功能是使源端和目的端主机上的对等实体可以进行会话，和 OSI 的传输层一样，传输层定义了两个端到端的协议。第一个是传输控制协议 TCP，它是一个面向连接的协议，允许从一台机器发出的字节流无差错地发往互联网上的其他机器。它把输入的字节流分成报文段并传给网际层。在接收端，TCP 接收进程把收到的报文再组装成字节流传送给应用层。TCP 同时要完成流量控制功能，以避免快速发送方向低速接收方发送过多报文而使接收方无法处理。第二个协议是用户数据报协议（User Datagram Protocol，UDP），它是一个不可靠的、无连接协议。一些只包含简单查询和应答的应用适合使用 UDP 数据报服务，因为数据报服务不用建立和结束虚拟通道，因而不会有额外的建立和终止虚拟通道的花销。UDP 是一种简单的协议机制，通信开销小，效率高，比较适用于快速递交比准确递交更重要的应用程序，如传输语音或影像。

TCP 是一个可靠的协议，因为它有差错检查和握手确认来保证数据完整地到达目的地。UDP 则不能保证数据报的接收顺序同发送顺序相同，甚至不能保证它们是否全部到达。

4. 应用层

应用层提供一组常用的应用程序给用户，应用程序和传输层协议相配合，完成发送或接收数据。每个应用程序都有自己的数据格式，它可以是一系列报文或字节流，但不管采用哪种格式，都要将数据传送给传输层以便交换。应用层包含所有的高层协议，如文件传输协议 FTP、电子邮件协议 SMTP、超文本传输协议 HTTP 等。

3.4　OSI 参考模型和 TCP/IP 参考模型的比较

1. 对 OSI 参考模型的评价

OSI 参考模型与 TCP/IP 参考模型的共同点是：它们都采用了层次结构的概念，在传输层中定义了相似的功能。但是，它们在层次划分与使用的协议上有很大区别。无论是 OSI 参考模型还是 TCP/IP 参考模型都不是完美的，对两者的评论与批评都很多。在 20 世纪 80 年代，几乎所有专家都认为 OSI 参考模型与协议将风靡世界，但事实却与人们预想的相反。

造成OSI参考模型不能流行的原因之一是模型与协议自身缺陷。大多数人认为OSI参考模型的层次数量与内容可能是最佳选择，其实并不是这样。会话层在大多数应用中很少使用，表示层几乎是空的。在数据链路层与网络层有很多子层插入，每个子层都有不同的功能。OSI参考模型将"服务"与"协议"的定义相结合，使得参考模型变得格外复杂，实现起来很困难。同时，寻址、流量与差错控制在每层重复出现，必然会降低系统效率。数据安全性、加密与网络管理等方面的问题也在OSI参考模型设计初期被忽略。

有人批评OSI参考模型的设计更多的是被通信的思想所支配，选择了很多不适合于计算机与软件的工作方式。很多"原语"在软件的高级语言中容易实现，但是严格按照层次模型编程的软件效率很低。尽管OSI参考模型与协议存在着一些问题，至今仍然有不少组织对它感兴趣，尤其是欧洲的通信管理部门。

2. 对TCP/IP参考模型的评价

TCP/IP参考模型与协议定义也有自身缺陷，主要表现在以下几个方面。

(1) TCP/IP参考模型在服务、接口与协议的区别上不很清楚。一个好的软件工程应将功能与实现方法区分开。TCP/IP参考模型恰恰没有做到这点，这就使TCP/IP参考模型对新技术的指导作用不够。另外，TCP/IP参考模型不适合于其他非TCP/IP协议族。

(2) TCP/IP参考模型的主机-网络层本身并不是实际的一层，它定义了网络层与数据链路层的接口。物理层与数据链路层的划分是必要的和合理的，一个好的参考模型应该将它们区分开，而TCP/IP参考模型却没有做到这点。

但是，从TCP/IP在20世纪70年代诞生以来，它已经经历了30多年的实践检验，并成功赢得了大量用户和投资。TCP/IP的成功促进了Internet的发展，Internet的发展又进一步扩大了TCP/IP的影响。TCP/IP首先在学术界争取了一大批用户，同时也越来越受到计算机产业的青睐。Microsoft、Intel、IBM等大公司纷纷宣布支持TCP/IP，局域网操作系统Windows NT、NetWare、LAN Manager、UNIX等争相将TCP/IP纳入自己的体系结构，Oracle的数据库软件也支持TCP/IP。

相比之下，OSI参考模型与协议显得有些势单力薄。人们普遍希望网络标准化，但OSI迟迟没有成熟的产品推出，妨碍了第三方厂家开发相应的硬件和软件，从而影响了OSI参考模型的市场占有率与今后的发展。

3. OSI参考模型和TCP/IP参考模型的比较

这两个模型要做的工作是一样的，所以在本质上方法相同。例如，都采用了分层结构，在有的层定义了相同或者相近的功能。但由于是各自互相独立地提出，因此在层次的划分和使用上又有很大的区别。

OSI模型包括了7层，而TCP/IP模型只有4层。虽然它们具有功能相当的网络层、传输层和应用层，但其他层并不相同。

TCP/IP模型中没有专门的表示层和会话层，它将与这两层相关的表达、编码和会话控制等功能包含到了应用层中去完成。另外，TCP/IP模型还将OSI的数据链路层和物理层包括到了一个网络接口层中。

OSI参考模型在网络层支持无连接和面向连接的两种服务，而TCP/IP模型在传输层仅支持面向连接的服务。

TCP/IP 由于划分的层次较少，因而显得更简单，并且作为从 Internet 上发展起来的协议，已经成为网络互连的事实标准。与其相比，OSI 的 7 层模型仅作为理论的参考模型被广泛使用。

4. 一种建议的层次参考模型

OSI 和 TCP/IP 参考模型与协议都有其成功与不足的方面。ISO 本来计划通过推动 OSI 参考模型与协议的研究来促进网络的标准化，但事实上其目标没有达到。TCP/IP 利用正确的策略和抓住有利的时机，伴随着 Internet 的发展而成为目前公认的工业标准。在网络标准化的进程中，由于要照顾各个方面的因素，OSI 参考模型变得大而全并且效率很低。尽管这样，它的很多研究成果、方法与概念对今后的网络发展还是有很大的指导意义。TCP/IP 的应用相当广泛，但是它的参考模型的研究却是很薄弱。

为了保证计算机网络的科学性和系统性，Andrew S. Tanenbaum 提出了一种包括 5 层的参考模型的建议，该层次模型如图 3-8 所示。与 OSI 参考模型相比，少了表示层和会话层；与 TCP/IP 模型相比，用数据链路层与物理层取代了主机至网络层。

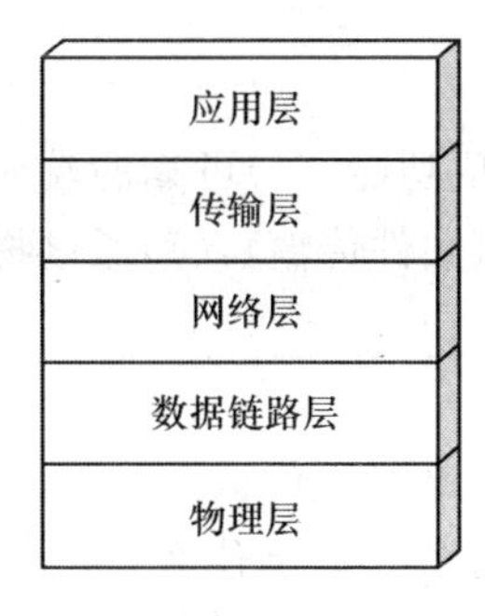

图 3-8　5 层次参考模型

习题 3

一、选择题

1. 在 OSI 参考模型中，一个层 N 与它的上层(第 $N+1$ 层)的关系是(　　)。

A. 第 N 层为第 $N+1$ 层提供服务

B. 第 $N+1$ 层把从第 N 层接收到的信息添加一个报头

C. 第 N 层使用第 $N+1$ 层提供的服务

D. 第 N 层与第 $N+1$ 层相互没有影响

2. 应用层是 OSI/RM 的第七层，是(　　)界面，它为应用进程访问 OSI 环境提供手段。

A. 应用进程与应用进程　　B. 计算机与网络

C. 计算机网络与最终用户　　D. 网络与网络

3. OSI 参考模型分为(　　)层。

A. 4　　B. 5　　C. 6　　D. 7

4. TCP/IP 体系共有 4 个层次，它们是网络层、传输层、应用层和(　　)。

A. 网络接口层　　B. 数据链路层　　C. 物理层　　D. 表示层

5. 下述(　　)按照从低到高顺序描述了 OSI 参考模型的各层。

A. 物理，数据链路，网络，传输，系统，表示，应用

B. 物理，数据链路，网络，传输，表示，会话，应用

C. 物理，数据链路，网络，传输，会话，表示，应用

D. 表示，数据链路，网络，传输，系统，物理，应用

6. 传输线上保持比特流信号同步，应属于下列 OSI 的哪一层处理？(　　)。

A. 物理层　　B. 数据链路层　　C. 传输层　　D. 网络层

二、填空题

1. 网络的协议主要由________、________和________三大要素构成。

2. 在 OSI 参考模型中数据链路层处理的数据称为________。

3. 服务可分为________、________两类。

4. TCP/IP 参考模型分为________、________、________、________4 层。

5. 在 OSI 参考模型中下列各项功能，(1)可靠的端到端数据传输，(2)选择网络，(3)定义数据帧，(4)用户服务(如 E-mail、文件传输)，(5)通过物理媒体传输位流，分别对应 7 层中________、________、________、________、________。

三、简答题

1. OSI 参考模型与 TCP/IP 参考模型的区别是什么？

2. OSI 参考模型中数据链路层的功能是什么？

3. 请描述一下通信的两台主机通过 OSI 参考模型进行数据传输的过程？

4. TCP/IP 为什么能广泛应用于网络互连，成为事实上的工业标准？

第4章 局域网

局域网是计算机网络的重要组成部分，发展非常迅速，在信息管理与服务领域得到广泛的应用。本章在介绍局域网的特点和关键技术后，重点从最常用的局域网——以太网入手，系统地讨论共享媒体局域网、交换式局域网、虚拟局域网、高速局域网、无线局域网的工作原理及常用局域网的组网技术。

本章主要讨论以下问题：

○ 局域网应解决的关键技术是什么？

○ 局域网的常见结构有何特点？

○ IEEE 802 是什么？基本内容有哪些？

○ 如何解决传统以太网的共享传输线路的问题？

○ 交换式局域网如何能有效地提高局域网用户的传输速率？

○ 为什么需要虚拟局域网技术？

○ 无线局域网技术有哪些？

○ 为什么要使用结构化布线系统？其内容有哪些？

4.1 局域网概述

4.1.1 局域网的特点

局域网是指将小范围内有限的通信设备互连在一起的通信网。连接局域网的数据通信设备，广义地看，有集线器、交换机、计算机、终端与各种外部设备，而狭义地看，仅包括集线器、交换机等网络设备。随着光纤技术的引入和高速局域网技术的发展，局域网技术特征与性能参数发生了很大的变化。从局域网应用的角度看，它的特点主要表现在以下方面。

(1) 局域网覆盖有限的地理范围，它适用于公司、机关、工厂、校园等有限范围内的计算机、终端与各类信息处理设备的联网需求。

(2) 局域网提供高传输速率(10 Mbit/s～1 Gbit/s)、低误码率的高质量的数据传输环境。

(3) 局域网一般属于一个单位，易于建立、维护与扩展。

4.1.2 局域网的关键技术

决定局域网特性的主要技术要素有3个：连接各种设备的拓扑结构、数据传输媒体及媒体访问控制方法。

1. 拓扑结构

局域网通常按网络拓扑进行分类。从目前的发展来看，局域网的常见拓扑结构有星形、环形、总线型等几种。图 4-1 给出了 3 种基本的拓扑结构形式。

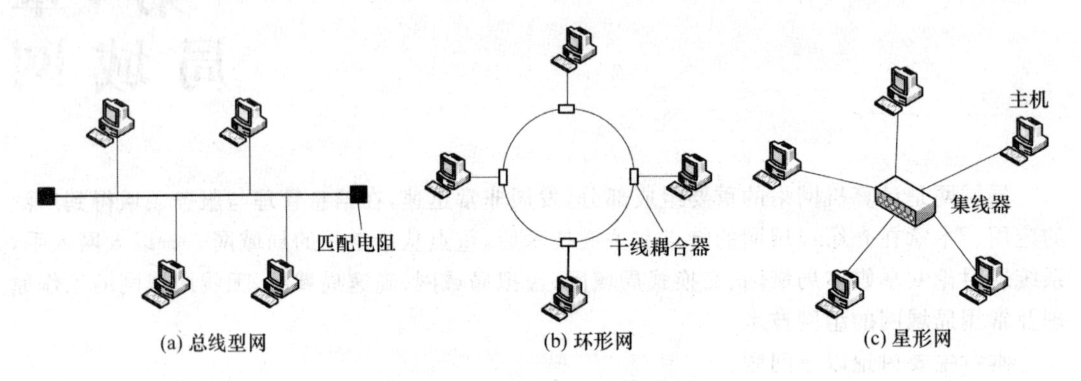

图 4-1 局域网常见的拓扑结构

(1) 总线型拓扑结构

图 4-1(a)是总线型结构局域网，用一根传输媒体作为总线，其他各站直接连接在总线上。总线型局域网中各站采用广播方式进行通信，曾是局域网中采用最多的一种拓扑形式，其优点是可靠性高、扩充方便，其典型的代表就是以太网。

(2) 环形拓扑结构

图 4-1(b)是环形网络，曾被广泛使用过，具有结构对称性好、传输速率较高等特点，最典型的就是令牌环形网(Token Ring)和光纤分布式数据接口(Fiber Distributed Data Interface，FDDI)。

(3) 星形拓扑结构

图 4-1(c)是星形结构局域网。星形结构中分布式星形结构在局域网中应用较多，特别是集线器和交换机在局域网中的大量使用，使得星形以太网和多级星形结构的以太网获得了非常广泛的应用。

2. 传输媒体

局域网可使用多种传输媒体。双绞线最便宜，原来只用于低速(1～2 Mbit/s)基带局域网，现在 10 Mbit/s 甚至 10 Gbit/s 的局域网也可使用双绞线。50 Ω 细同轴电缆可支持到 10 Mbit/s；50 Ω 粗同轴电缆可支持到 50 Mbit/s。光纤具有很好的抗电磁干扰特性和很宽的频带，过去主要用在环形网中，其数据率可达 100 Mbit/s 或几十吉比特每秒。现在点到点线路使用光纤已变得普遍。无线电由于具有支持灵活构建局域网的特性，日益受到人们的重视。

3. 媒体访问控制方法

媒体访问控制方法是指控制多个节点利用公共传输媒体发送和接收数据的方法，即指网络中的多个节点如何共享通信媒体，这是所有“共享媒体”类型局域网都必须解决的问题。

媒体访问控制方法需要解决以下 3 个问题：应该由哪个节点发送数据？在发送时会不会出现冲突？在出现冲突时如何解决？

目前，局域网采用的媒体访问控制方法有采用 CSMA/CD(带有冲突检测的载波侦听多路访问)媒体访问控制方法的总线型局域网、采用 Token Bus(令牌总线)媒体访问控制方法的令牌总线型局域网、采用 Token Ring(令牌环)媒体访问控制方法的环形局域网。

4.1.3 局域网的体系结构

1980 年，IEEE 成立局域网标准委员会(简称 IEEE 802 委员会)，专门从事局域网标准化工作，并制定了 IEEE 802 标准。IEEE 802 标准的研究重点是解决在局部范围内的计算联网问题，因此研究者只需面对 OSI 参考模型中的数据链路层与物理层，网络层及以上不属于局域网协议研究的范围。这就是最终的 IEEE 802 标准只制定对应 OSI 参考模型的数据链路层与物理层协议的原因。

IEEE 802 委员会刚成立时，局域网领域已经有 3 类典型技术：以太网、令牌总线网与令牌环网。同时，市场上还有很多种不同厂商的局域网产品，它们的数据链路层与物理层协议都各不相同。面对这样一个复杂的局面，要想为多种局域网技术和产品制定一个公用的模型，IEEE 802 标准设计者提出将数据链路层划分为两个子层：逻辑链路控制(Logical Link Control，LLC)子层与介质访问控制(Media Access Control，MAC)子层。

图 4-2 给出了 IEEE 802 与 OSI 参考模型的对应关系。不同局域网在 MAC 子层和物理层可采用不同的协议，但是在 LLC 子层必须采用相同的协议。这与网络层 IP 的设计思路相似。不管局域网的介质访问控制方法与帧结构以及采用的物理传输介质有什么不同，LLC 子层统一将它们封装到固定格式的 LLC 帧中。LLC 子层与低层具体采用的传输介质、介质访问控制方法无关，网络层可以不考虑局域网采用哪种传输介质、介质访问控制方法和拓扑结构。这种方法在解决异构的局域网互连问题上是有效的。

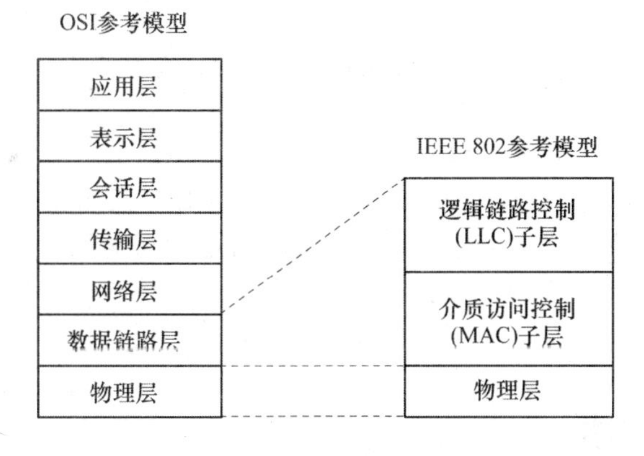

图 4-2 IEEE 802 与 OSI 参考模型的对应关系

经过多年激烈的市场竞争，局域网从开始的“混战”局面转化到以太网、令牌总线网与令牌环网“三足鼎立”的竞争局面。到了 20 世纪 90 年代后，激烈竞争的局域网市场逐渐明朗，最终以太网突破重围，形成“一枝独秀”的格局。从目前局域网的实际应用情况来看，几乎所有办公自动化中大量应用的局域网(如企业网、办公网、校园网)都采用以太网，以太网在局域网市场中已经占据了垄断地位，并且几乎成了局域网的代名词。而在 Internet 中经常使用的局域网只剩下了 DIX Ethernet V2 的以太网，因此局域网中是否使用 LLC 子层已不重要，很多硬件和软件厂商已不使用 LLC 协议，而是直接将数据封装在以太网的 MAC 帧结构中。网络层的IP直接将分组封装到以太帧中,整个协议处理的过程也变得更加简洁,因此已经很少去讨论LLC协议。目前,很多教材与文献已不再讨论LLC协议,软件编写也不需要考虑LLC协议的实现问题。

4.1.4 IEEE 802标准系列

IEEE 802委员会为制定局域网标准而成立了一系列组织,如制定某类协议的工作组(WG)或技术行动组(TAG),它们研究和制定的标准统称为IEEE 802标准。随着局域网技术的发展,很多IEEE 802工作组已经停止工作。目前,最活跃的工作组是IEEE 802.3、IEEE 802.10、IEEE 802.11等。IEEE 802委员会公布了很多标准,这些标准可以分为以下3类。

- IEEE 802.1标准:定义局域网体系结构与网络互连。
- IEEE 802.2标准:定义逻辑链路控制子层的功能与服务。
- IEEE 802.3～IEEE 802.16标准:定义不同介质访问控制技术的相关标准。

第三类标准曾经多达14个。随着局域网技术的快速发展,目前应用最多与正在发展的主要有4个,其中3个是无线局域网标准,而其他标准目前已很少使用。在早期常用的标准中,IEEE 802.4标准定义令牌总线网的介质访问控制子层与物理层标准;IEEE 802.5标准定义令牌环网的介质访问控制子层与物理层标准。图4-3给出了简化的IEEE 802协议结构。

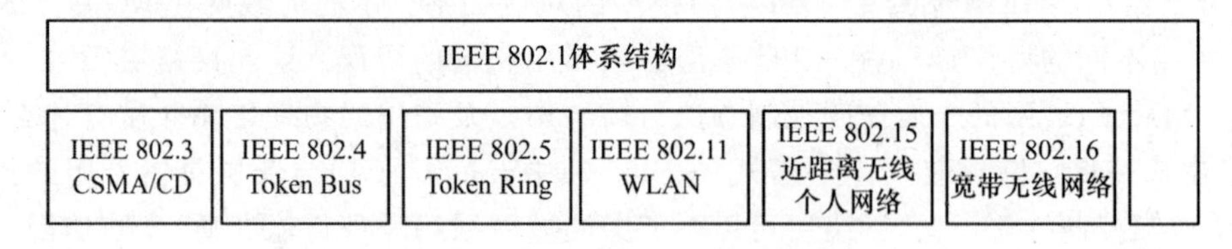

图4-3 简化的IEEE 802协议结构

主要的IEEE 802标准有6个。

- IEEE 802.3标准:定义Ethernet的CSMA/CD总线介质访问控制子层与物理层标准。
- IEEE 802.4标准:定义令牌总线网的介质访问控制子层与物理层标准。
- IEEE 802.5标准:定义令牌环网的介质访问控制子层与物理层标准。
- IEEE 802.11标准:定义无线局域网的访问控制子层与物理层标准。
- IEEE 802.15标准:定义近距离个人无线网络访问控制子层与物理层标准。
- IEEE 802.16标准:定义宽带无线网络访问控制子层与物理层标准。

4.2 以太网概述

4.2.1 以太网的工作原理

在局域网的研究中,以太网技术并不是最早的,但它是最成功的。由于以太网的数据率已经发展到每秒百兆比特、吉比特甚至10 Gbit,因此通常就用"传统以太网"来表示最早流行的10 Mbit/s速率的以太网。下面就从传统以太网开始介绍工作原理。

1. 以太网的两个标准

美国施乐(Xerox)公司的Palo Alto研究中心(简称为PARC)于1975年研制成功以太

网。那时，以太网是一种基带总线局域网，当时的数据率为2.94 Mbit/s。由于以太网用无源电缆作为总线来传送数据帧，所以以曾经在历史上表示传播电磁波的物质以太(Ether)来命名。1976年7月，Metcalfe和Boggs发表他们的以太网里程碑论文。1980年9月，DEC公司、英特尔(Intel)公司和施乐公司联合提出了10 Mbit/s以太网规约的第一个版本DIX V1 (DIX是这3个公司名称的缩写)。1982年又修改为第2版规约(实际上也就是最后的版本)，即DIX Ethernet V2，成为世界上第一个局域网产品的规约。

在此基础上，IEEE 802委员会的802.3工作组于1983年制定了第一个IEEE的以太网标准IEEE 802.3，数据率为10 Mbit/s。802.3局域网对以太网标准中的帧格式作了很小的一点改动，但允许基于这两种标准的硬件实现可以在同一个局域网上互操作。以太网的两个标准DIX Ethernet V2与IEEE的802.3标准只有很小的差别，因此很多人也常把802.3局域网简称为"以太网"。虽然严格说，"以太网"应当是指符合DIX Ethernet V2标准的局域网，但是本书并没有严格区分它们。

2. 以太网网卡

一台计算机是通过网络接口卡(Network Interface Card，NIC)连接到局域网上的。网络接口卡又称为网卡，是将计算机或者其他设备连接到局域网的硬件设备。对于联网的计算机来说，网卡被插入主机的I/O通道，并作为主机的一个外部设备来工作。从这一点看，网卡与其他的I/O设备卡(如显卡、声卡)没有本质的区别。

网卡是针对具体的局域网类型设计的，目前使用最广泛的网卡是Ethernet网卡。网卡与局域网之间的通信是通过电缆或双绞线以串行传输方式进行的，而网卡与计算机之间的通信是通过计算机主板上的I/O总线以并行传输方式进行的。网卡的主机接口端插入计算机的I/O总线通道，主机与网卡通过控制总线来传输控制命令与响应，通过数据总线来发送与接收数据。因此，网卡的一个重要功能就是进行数据串行和并行传输的转换。由于网络上的数据率与计算机总线上的数据率并不相同，因此在网卡中必须装有对数据进行缓存的存储芯片。图4-4给出了Ethernet网卡的结构。Ethernet网卡由3部分组成：收发电路、存储器(包括RAM和ROM)与介质访问控制电路。

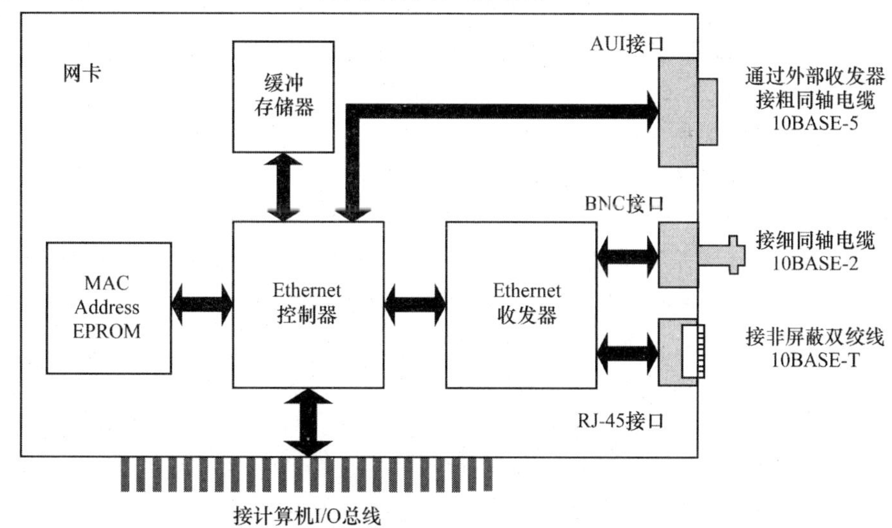

图4-4　Ethernet网卡的结构

对于主机来说，网卡是它的一个外设。网卡插入主板后，还必须把管理该网卡的设备驱动程序安装在计算机的操作系统中。这个驱动程序以后就会告诉网卡，应当从存储器的什么位置把多长的数据块发送到以太网，或者应在存储器的什么位置把以太网传送过来的数据块存储下来。另外，网卡还要能够实现以太网协议。

由于较新的计算机主板已经嵌入了网卡，不需要使用单独的网卡了，因此这时网卡也称为网络适配器。

3. CSMA/CD 介质访问控制方法

传统以太网具有总线型的网络特点。总线的特点是：当一台计算机发送数据时，总线上的所有计算机都能检测到这个数据。这种通信方式就是广播通信。我们知道，总线上只要有一台计算机在发送数据，总线的传输资源就会被占用。因此，在同一时间只能允许一台计算机发送信息，否则各计算机之间就会互相干扰，结果大家都无法正常发送数据。以太网中一个重要的问题就是如何协调总线上各计算机的工作。

以太网采用的协调方法是使用一种特殊的协议 CSMA/CD。它是载波监听多点接入/碰撞检测(Carrier Sense Multiple Access with Collision Detection)的缩写。

MA(Multiple Access)，"多点接入"就是说明这是总线型网络，许多计算机以多点接入的方式连接在一根总线上。协议的实质是"载波监听"和"碰撞检测"。

CS(Carrier Sense)，"载波监听"就是"发送前先监听"，即每一个站在发送数据之前先要检测一下总线上是否有其他站在发送数据，如果有，则暂时不要发送数据，等待信道变为空闲时再发送。实际上，"载波监听"就是用电子技术检测总线上有没有其他计算机发送的数据信号。

CD(Collision Detection)，"碰撞检测"就是"边发送边监听"，即适配器边发送数据边检测信道上信号电压的变化情况，以便判断自己在发送数据时其他站是否也在发送数据。当几个站同时在总线上发送数据时，总线上的信号电压变化幅度将会增大(互相叠加)。当适配器检测到的信号电压变化幅度超过一定的门限值时，就认为总线上至少有两个站同时在发送数据，表明产生了碰撞。所谓"碰撞"就是发生了冲突，因此"碰撞检测"也称为"冲突检测"。这时，总线上传输信号产生了严重的失真，无法从中恢复出有用的信息。因此，每一个正在发送数据的站一旦发现总线上出现了碰撞，适配器就要立即停止发送，免得继续浪费网络资源，然后等待一段随机时间后再次发送。

既然每一个站在发送数据之前已经监听到信道为"空闲"，那么为什么还会出现数据在总线上的碰撞呢？这是因为电磁波在总线上总是以有限的速率传播的。因此当某个站监听到总线是空闲时，总线并非一定是空闲的。图 4-5 所示的例子可以说明这种情况。设图中局域网两端的站 A 和 B 相距 1 km，用同轴电缆相连。电磁波在 1 km 电缆的传播时延约为 5 μs。因此，A 向 B 发出的数据在约 5 μs 后才能传送到 B。换言之，B 若在 A 发送的数据到达 B 之前发送自己的帧(因为这时 B 的载波监听检测不到 A 所发送的信息)，则必然要在某个时间和 A 发送的帧发生碰撞。碰撞的结果是两个帧都变得无用。在局域网分析中，常把总线上的单程端到端传播时延记为 τ。发送数据的站希望尽早知道是否发生碰撞，那么，A 发送数据后，最迟要经过多长时间才能知道自己发送的数据和其他站发送的数据有没有发生碰撞呢？从图 4-5 不难看出，这个时间最多是两倍的总线端到端的传播时延 2τ，或总线的端到端往返传播时延。由于局域网上任意两个站之间的传播时延有长有短，因此局域网必须按最坏情况设计，即取总线两端的两个站之间的传播时延（这两个站之间的最大）为端到端传播时延。

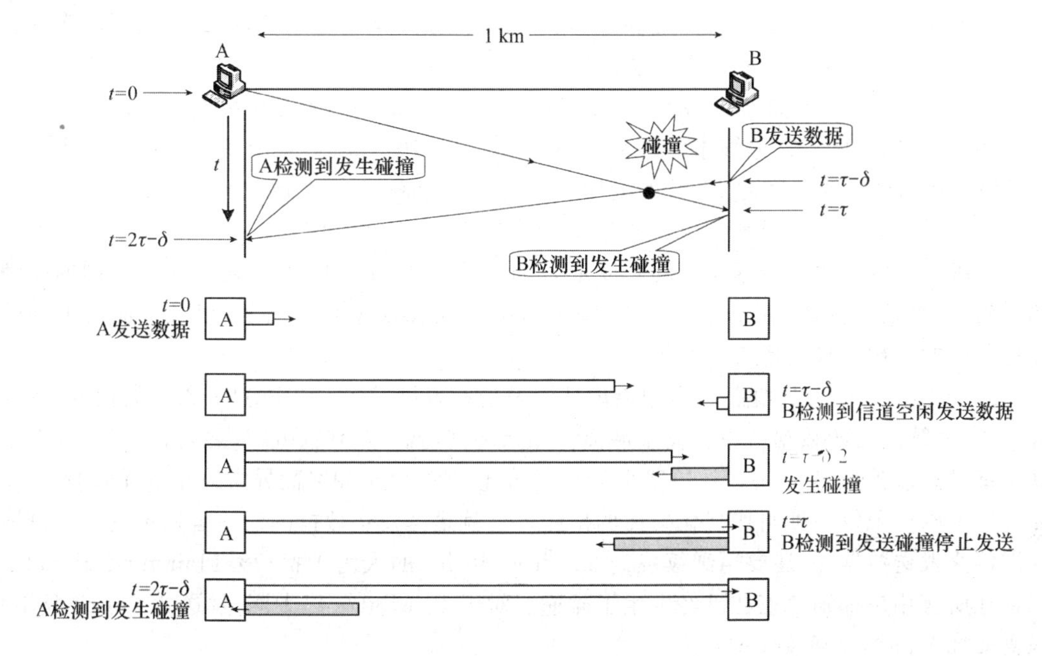

图 4-5 传播时延对载波监听的影响

显然，在使用 CSMA/CD 协议时，一个站不可能同时进行发送和接收。因此使用 CSMA/CD 协议的以太网不可能进行全双工通信，只能进行双向交替通信（半双工通信）。

下面是图 4-5 中的一些重要的时刻。

在 $t=0$ 时，A 发送数据。B 检测到信道为空闲。

在 $t=\tau-\delta$（这里 $\tau>\delta>0$），A 发送的数据还没有到达 B 时，由于 B 检测到信道是空闲，因此 B 发送数据。

经过时间 $\delta/2$ 后，即在 $t=\tau-\delta/2$ 时，A 发送的数据和 B 发送的数据发生了碰撞。但这时 A 和 B 都不知道发生了碰撞。

在 $t=\tau$ 时，B 检测到发生了碰撞，于是停止发送数据。

在 $t=2\tau-\delta$ 时，A 也检测到发生了碰撞，因而也停止发送数据。

A 和 B 发送数据均失败，都要推迟一段时间再重新发送。

由此可见，每一个站在自己发送数据之后的一小段时间内，存在着遭遇碰撞的可能性。这一小段时间是不确定的，它取决于另一个发送数据的站到本站的距离。因此，以太网不能保证某一时间之内一定能够把自己的数据帧成功地发送出去（因为存在产生碰撞的可能）。以太网的这一特点称为发送的不确定性。如果希望在以太网上发生碰撞的机会很小，必须使整个以太网的平均通信量远小于以太网的最高数据率。

从图 4-5 可以看出，最先发送数据帧的 A 站在发送数据帧后至多经过时间 2τ 就可知道所发送的数据帧是否遭受了碰撞。这就是 $\delta\to0$ 的情况。因此以太网的端到端往返时间 2τ 称为争用期（Contention Period）。它是一个很重要的参数。争用期又称为碰撞窗口（Collision Window）。这是因为一个站在发送完数据后，只有通过争用期的“考验”，即经过争用期这段时间还没有检测到碰撞，才能肯定这次发送不会发生碰撞。

争用期可以采用以太网上任一节点均能检测出冲突发生所需的时间或以太网端到端的最大往返时延表示。为了方便描述和理解，常用信息量来衡量争用期，即在争用期内连续发送的比特数。争用期的一种计算方法可以表示为

$$争用期=2\times\{信道长度(km)\times信号传播时延(s/km)\}\times数据传播速率(bit/s)$$

例如，已知电磁波在电缆中的传播速率约为 2.3×10^5 km/s，对于一个数据传输速率为 10 Mbit/s、同轴电缆长度为 1 km 的局域网，可计算出同轴电缆信道中的争用期为

$$2\times(1\ \text{km}\times5\ \mu\text{s/km})\times10^7\ \text{bit/s}=100\ \text{bit}$$

传统以太网争用期的基本时间长度定为 51.2 μs，这个时间不仅是考虑了以太网的端到端时延，而且还包括其他许多因素，如可能存在的转发器所增加的时延，以及下面要讲到的强化碰撞的干扰信号的持续时间等。

对于 10 Mbit/s 以太网，在争用期内任一发送站点可发送 512 bit(64 B)。若前 64 B 没有冲突，后续发送的数据就不会发生冲突。如果冲突，就一定在前 64 B 之内。因此，以太网规定最短有效帧长为 64 B。凡长度小于 64 B 的帧都是由于冲突而异常终止的无效帧。

以太网还采取一种叫作强化碰撞的措施。这就是当发送数据的站一旦发现发生了碰撞立即停止发送数据外，还要再继续发送 32 bit 或 48 bit 的人为干扰信号(Jamming Signal)，以便让所有用户都知道现在已经发生了碰撞。对于 10 Mbit/s 以太网，发送 32 bit 或 48 bit 只需要 3.3 μs 或 4.8 μs。

CSMA/CD 协议工作的主要特征可以简要概括为 4 点：先听后发，边听边发，冲突停止，随机延时后重发。

4. 硬件地址

传统的以太网采用广播的方式进行通信，但并不是总要在局域网上进行一对多的广播通信。为了在总线上实现一对一的通信，可以使每一台计算机的网卡拥有一个与其他网卡不同的地址，存储在网卡的 ROM 中。在发送数据帧时，在帧的首部写明接收站的地址。现在的电子技术可以很容易做到：仅当数据帧中的目的地址与网卡 ROM 中存放的硬件地址一致时，该网卡才能接收这个数据帧。对于不是发送给自己的数据帧网卡就丢弃。这样，就能在具有广播特性的总线上实现一对一的通信。

存储在网卡 ROM 中的地址就是我们常说的局域网中的硬件地址，又称物理地址或 MAC 地址，用来标识接入局域网中的设备(如计算机等网络设备)。IEEE 802 标准为局域网规定了一种 48 bit 的全球地址(一般都简称为“地址”)，该地址是指局域网上的每一台计算机中固化在网络适配器的 ROM 中的地址。所以，如果连接在局域网上的一台计算机的适配器坏了而我们更换了一个新的适配器，那么这台计算机的局域网的“地址”也就改变了，虽然这台计算机的地理位置一点也没有变化，所接入的局域网也没有任何改变；同样，如果我们把位于武汉的某局域网上的一台笔记本电脑携带到北京，并连接在北京的某局域网上，虽然这台计算机的地理位置改变了，但只要计算机中的适配器不变，那么该计算机在北京的局域网中的“地址”仍然和它在武汉的局域网中的“地址”一样。

由此可见，局域网上的某个主机的“地址”根本不能告诉我们这台主机位于什么地方。因此，严格地讲，局域网的“地址”应当是每一个站的“名字”或标识符。不过计算机的名字通常都是比较适合人记忆的不太长的字符串，而这种 48 bit 二进制的“地址”却不像一般计算

机的名字。现在人们还是习惯于把这种 48 bit 的“名字”称为“地址”。本书也采用这种习惯用法,尽管这种说法并不太严格。

请注意,如果连接在局域网上的主机或路由器安装有多个适配器,那么这样的主机或路由器就有多个“地址”。更准确地说,这种 48 bit“地址”应当是某个物理接口的标识符。

在制定局域网的地址标准时,首先遇到的问题就是应当用多少位来表示一个网络的地址字段。为了减少不必要的开销,地址字段的长度应当尽可能短些。起初人们觉得用两个字节(共 16 bit)表示地址就够了,因为这一共可表示 6 万多个地址。但是,由于局域网的迅速发展,而处在不同地点的局域网之间又经常需要交换信息,这就希望在各地的局域网中的站具有互不相同的物理地址。为了使用户在买到适配器并把计算机连到局域网后马上就能工作,而不需要等待网络管理员给他先分配一个地址,IEEE 802 标准规定 MAC 地址字段可采用 6 B(48 bit)或 2 B(16 bit)这两种中的一种。6 B 地址字段对局部范围内使用的局域网的确是太长了,但是由于 6 B 的地址字段可使全世界所有的局域网适配器都具有不相同的地址,因此现在的局域网适配器实际上使用的都是 6 B MAC 地址。

现在 IEEE 的注册管理机构(Registration Authority,RA)是局域网全球地址的法定管理机构,它负责分配地址字段的 6 个字节中的前 3 个字节(即高位 24 bit)。世界上凡要生产局域网适配器的厂家都必须向 IEEE 购买由这 3 个字节构成的这个号(即地址块),这个号的正式名称是组织唯一标识符 (Organization Unique Identifier,OUI),通常也叫作公司标识符。例如,3Com 公司生产的适配器 MAC 地址的前 3 个字节是 02-60-8C。地址字段中的后 3 个字节(即低位 24 bit)则由厂家自行指派,称为扩展标识符(Extended Identifier),只要保证生产出的适配器没有重复地址即可。可见用一个地址块可以生成 2^{24} 个不同的地址。用这种方式得到的 48 bit 地址称为 MAC-48。它的通用名称是 EUI-48,这里 EUI 表示扩展的唯一标识符(Extended Unique Identifier)。但应注意,24 bit 的 OUI 不能够单独使用标识一个公司,因为一个公司可能有几个 OUI,也可能有几个小公司合起来购买一个 OUI。在生产适配器时,这种 6 B 的 MAC 地址已被固化在适配器的 ROM 中。因此,MAC 地址也叫作硬件地址(Hardware Address)或物理地址。可见“MAC 地址”实际上就是适配器地址或适配器标识符 EUI-48。当这块适配器插入(或嵌入)到某台计算机后,适配器上的标识符 EUI-48 就成为这台计算机的 MAC 地址了。

当路由器通过适配器连接到局域网时,适配器上的硬件地址就用来标志路由器的某个接口。路由器如果同时连接到两个网络上,那么它就需要两个适配器和两个硬件地址。

我们知道适配器有过滤功能。适配器从网络上每收到一个 MAC 帧就先用硬件检查 MAC 帧中的目的地址。如果是发往本站的帧则收下,然后再进行其他的处理。否则就将此帧丢弃,不再进行其他的处理。这样做就不浪费主机的处理器和内存资源。这里“发往本站的帧”包括以下 3 种帧。

(1) 单播(Unicast)帧(一对一),即收到的帧的 MAC 地址与本站的硬件地址相同。

(2) 广播(Broadcast)帧(一对全体),即发送给局域网上所有站点的帧(全 1 地址)。

(3) 多播(Multicast)帧(一对多),即发送给本局域网上一部分站点的帧。

所有的适配器都至少应当能够识别前两种帧,即能够识别单播和广播地址。有的适配器可用编程方法识别多播地址。当操作系统启动时,它就把适配器初始化,使适配器能够识别某些多播地址。显然,只有目的地址才能使用广播地址和多播地址。

以太网适配器还可设置为一种特殊的工作方式，即混杂方式(Promiscuous Mode)。工作在混杂方式的适配器只要“听到”有帧在以太网上传输就都悄悄地接收下来，而不管这些帧是发往哪个站。请注意，这样做实际上是“窃听”其他站点的通信而并不中断其他站点的通信。网络上的黑客(Hacker 或 Cracker)常利用这种方法非法获取网上用户的口令。因此，以太网上的用户不愿意网络上有工作在混杂方式的适配器。

但混杂方式有时却非常有用。例如，网络维护和管理人员需要用这种方式来监视和分析以太网上的流量，以便找出提高网络性能的具体措施。有一种很有用的网络工具叫作嗅探器(Sniffer)就使用了设置为混杂方式的网络适配器。此外，这种嗅探器还可帮助学习网络的人员更好地理解各种网络协议的工作原理。因此，混杂方式就像一把双刃剑，是利是弊要看怎样使用它。

5. 以太网帧的基本结构

帧(Frame)是以太网中数据传输的基本单位，通常又称为以太网 MAC 帧。发送节点在发送数据的前后各添加特殊的字符构成帧，这些特殊的字符就是帧头与帧尾。常用的以太网 MAC 帧有两个标准，一个是 IEEE 802.3 标准，另一个是 Ethernet V2 规范。这里只介绍使用的最多的 Ethernet V2 的 MAC 帧，如图 4-6 所示。帧的基本长度单位是字节(Byte)，简写为 B。

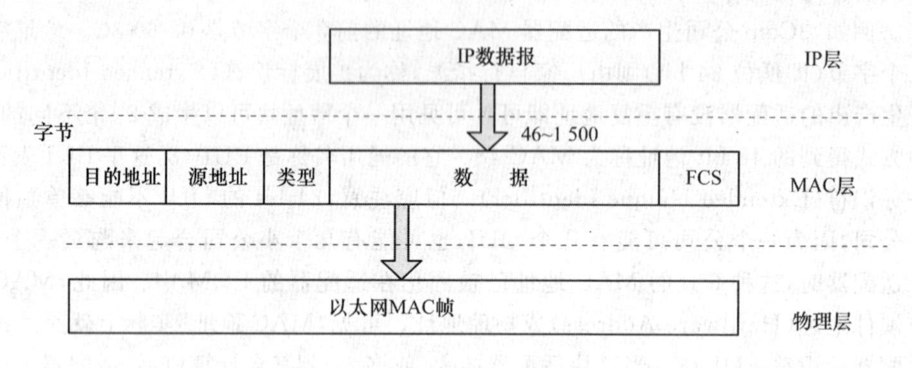

图 4-6 以太网 V2 的 MAC 帧格式

Ethernet V2 的 MAC 帧结构比较简单，严格地说，由 5 个字段组成。

(1) 目的地址与源地址

前两个字段是目的地址与源地址，分别表示帧的接收节点与发送节点的硬件地址。在以太网中使用的是网络设备接口的 MAC 地址。MAC 地址在出厂时就固化在网卡的 EPROM 中，并且可以保证该地址在全球范围内是唯一的，实现数据从一个网络设备传送到另一个网络设备。

(2) 类型字段

第三个字段是 2 B 的类型字段，用来标志上一层使用的是什么协议，以便把收到的 MAC 帧的数据交给上一层的这个协议。例如，当类型字段的值是 0x0800 时，就表示上层使用的是 IP 数据报；若类型字段的值为 0x0806，表示 ARP 协议；0x8035 表示 RARP 协议。

(3) 数据字段

第四个字段是数据字段，保存发送给目的节点的实际数据。由于帧数据字段的最小长度为 46 B，如果一个帧的数据长度少于 46 B，则应将数据字段填充至 46 B。填充字符可以是任意字符，在实际应用中经常用 0 来填充。但是，填充部分不会计入长度字段的值中。另外，帧数据字段的最大长度为 1 500 B。

(4) 帧校验字段

第五个字段是 4 B 的帧检验序列 FCS，用来判断帧在传输中是否出错。帧的校验范围包括目的地址、源地址、长度、数据等字段。帧开始定界符不需要进行帧校验。Ethernet 帧校验采用 32 bit 的 CRC 校验，即 CRC-32 校验算法。当传输媒体的误码率为1×10^{-8}时，MAC 子层可使未检测到的差错小于1×10^{-14}。

4.2.2　传统以太网的连接方法

传统以太网可以使用铜缆(粗缆或细缆)、铜线(双绞线)或光缆作为传输媒体。对应于这 4 种传输介质的以太网物理层标准有 10BASE-5(粗缆)、10BASE-2(细缆)、10BASE-T(双绞线)和 10BASE-F(光缆)。这里“BASE”表示电缆上的信号是基带信号，采用曼彻斯特编码。BASE 前面的数字“10”表示数据率为 10 Mbit/s，而后面的数字 5 或 2 表示每一段电缆的最大长度为 500 m 或 200 m(实际上是 185 m)。“T”代表双绞线，而“F”代表光纤。目前使用得最广泛的是双绞线传输媒体。图 4-7 给出了用铜缆或铜线连接到以太网的示意图。

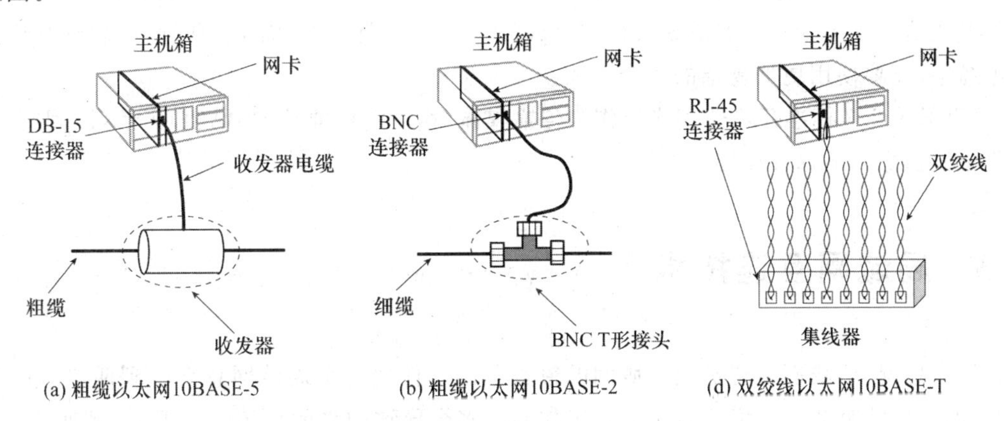

图 4-7　不同传输媒体连接到以太网的方法

图 4-7(a)是 10BASE-5 以太网的连接方法。这种以太网称为粗缆以太网，电缆直径为 10 mm，特性阻抗为 50 Ω。粗缆以太网是最早使用的以太网，其网卡通过 DB-15 型连接器(15 针)与收发器电缆(Transceiver Cable)相连，收发器电缆的正式名称是 AUI 电缆。AUI 是连接单元接口(Attachment Unit Interface)的缩写。收发器电缆的另一端连接到收发器(Transceiver)。收发器电缆的长度不能超过 50 m。粗缆以太网的网卡包括了处理通信所用到的数字电路，如地址确认和差错检测。网卡还使用总线与主机交换数据，并使用中断机制来通知 CPU 其操作已经结束。这种网卡不包括模拟硬件，也不处理模拟信号。

图 4-7(b)是 10BASE-2 以太网的连接方法。这种以太网为细缆以太网，电缆直径为

5 mm,特性阻抗为 50 Ω,是为了克服 10BASE-5 粗缆以太网布线很贵且安装不便的主要缺点提出的。10BASE-2 细缆以太网细缆直接用标准 BNC T 形接头连接到网卡上的 BNC 连接器的插口。需要注意的是,细缆在装上 BNC 接头时必须先切断。这样,要顺利使用就必须保证细缆接头接触良好,然而在实际使用过程中当细缆总线上的某个电缆接头处发生短路或开路故障时,整个网络就无法工作,而确定故障点相当麻烦,尤其是总线上的站点数很多时,使得网络的可靠性很差。另外,考虑到细缆维护、管理方便性和价格,提出了双绞线以太网。

图 4-7(c)是 10BASE-T 双绞线以太网的连接方法。这种以太网采用星形结构,总是由集线器(简称 Hub)互连。集线器是在星形的中心增加了一个可靠性非常高的设备。每个站需要用两对双绞线(做在一根电缆内,常称为网线)分别进行发送和接收。双绞线的两端使用 RJ-45 插头。由于集线器使用了大规模集成电路芯片,因此集线器的可靠性就大大提高了。实践证明,这比使用具有大量机械接头的无源电缆要可靠得多。由于使用双绞线电缆的以太网价格便宜、使用方便,因此粗缆和细缆以太网现在都已成为历史,并已从市场上消失了。

但 10BASE-T 以太网的通信距离稍短,每个站到集线器的距离不超过 100 m。这种性价比很高的 10BASE-T 双绞线以太网的出现是局域网发展史上一个非常重要的里程碑,它为以太网在局域网中的统治地位奠定了牢固的基础。

使双绞线能够传送高速数据的主要措施是把双绞线的绞合度做得非常精确。这样不仅可使特性阻抗均匀以减少失真,而且大大减少了电磁波辐射和无线电频率的干扰。目前,常用的网线是用 5 类或超 5 类双绞线按照 T568A 和 T568 标准制作的。有时,在多对双绞线的电缆中,还要使用更加复杂的绞合方法。

IEEE 802.3 标准还可使用光纤作为传输媒体,相应的标准是 10BASE-F 系列。它主要用作集线器之间的远程连接。

4.3 局域网互连技术

许多情况下,我们希望扩展局域网的覆盖范围。任何一个局域网总会受到两个方面的限制,即工作站个数和网络覆盖距离。工作站较多会导致网络的总体性能下降,例如 802.3 标准的局域网就是如此。如果一个单位已拥有许多个局域网,常需要将这些局域网互连起来,以实现局域网之间的通信。本节将讨论局域网的扩展方法。

4.3.1 共享式介质局域网互连(在物理层互连以太网)

总线型局域网是典型的共享介质的局域网。共享式局域网的扩展一般在物理层实现,图 4-8 给出了共享介质局域网的物理层互连结构。在物理层扩展局域网的经典方法是借助转发器和以太网的集线器 Hub。

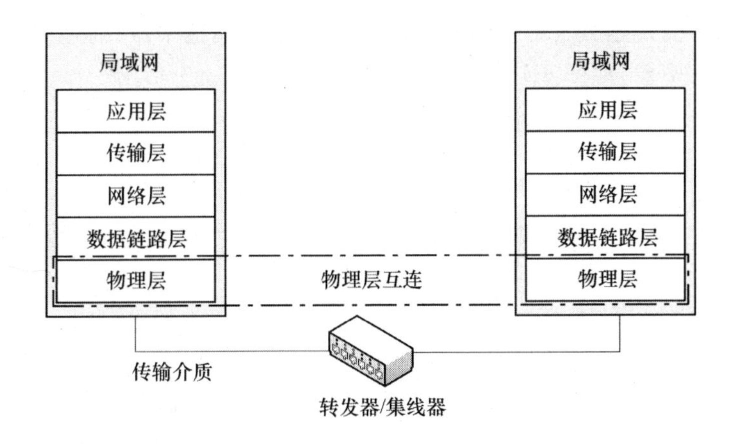

图 4-8 在物理层互连以太网的结构

1. 转发器

转发器(Repeater,RP)也叫作中继器,转发器工作于 OSI 的物理层,是最简单的网络互连设备。由于存在损耗,在线路上传输的信号功率会逐渐衰减,衰减到一定程度时将造成信号失真,因此会导致接收错误。转发器就是为解决这一问题而设计的,负责在两个节点的物理层上按位传递信息,完成信号的复制、调整和放大,对衰减的信号进行放大,保持与原数据相同,以此来延长网络的长度。图 4-9 给出了基于转发器实现局域网扩展的一般模式。

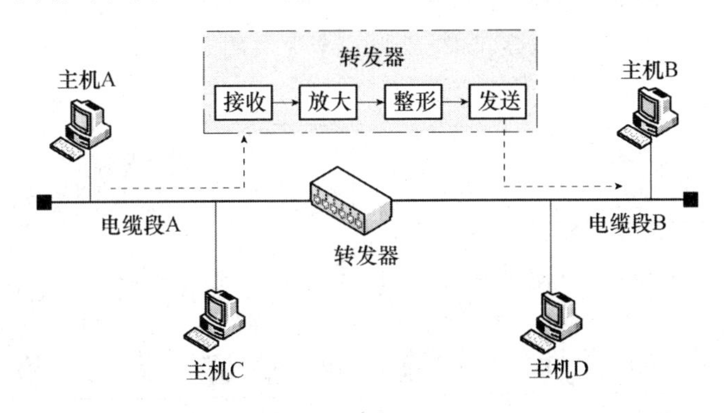

图 4-9 基于转发器实现局域网扩展的一般模式

2. 集线器

(1)互连工作原理

集线器工作于 OSI 参考模型的“物理层”,是对网络进行集中管理的最小单元,本质上它的工作原理与转发器几乎完全相同。集线器英文称为“Hub”,有许多接口,如 8～16 个,每个接口通过 RJ-45 插头(与电话机使用的接头 RJ-11 相似)用两对双绞线与一个工作站上的网卡相连(这种插座最多可连接 4 对双绞线,实际上只用 2 对,即发送和接收各使用一对)。因此,一个集线器很像一个多接口的转发器。“Hub”是“中心”的意思,集线器的主要功能是对接收到的信号进行再生整形放大,以扩大网络的传输距离。

从表面上看,使用集线器的局域网在物理上是一个星形网,但由于集线器是使用电子器件来模拟实际电缆的工作机制,因此使用集线器的以太网在逻辑上仍是一个总线网。也就是说当它要向某节点发送数据时，不是直接把数据发送到目的节点，而是把数据包发送到与集线器相连的所有节点，如图 4-10 所示。

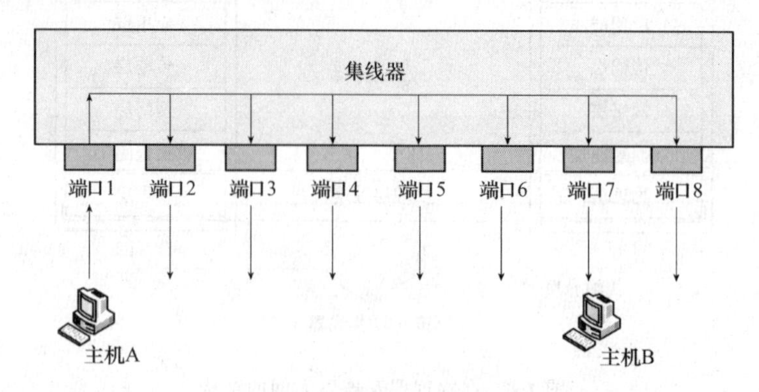

图 4-10　集线器的工作原理

集线器的局域网各工作站仍然共享逻辑上的总线，各站必须竞争对传输媒体的控制，并且在同一时刻只允许一个站发送数据，使用的还是 CSMA/CD 协议(更具体些，是各站中的网卡执行 CSMA/CD 协议)，因而一般又将这类以太网称为星形总线网。图 4-11 给出了基于 Hub 实现局域网扩展的一般模式。

在图 4-11 中，如果使用多个集线器，就可以连接成覆盖更大范围的多级星形结构的局域网。例如，一个单位的 3 个部门各有一个 10BASE-T 局域网(如图 4-11(a)所示)，可通过一个主干集线器把 3 个局域网连接起来，成为一个更大的局域网(如图 4-11(b)所示)。

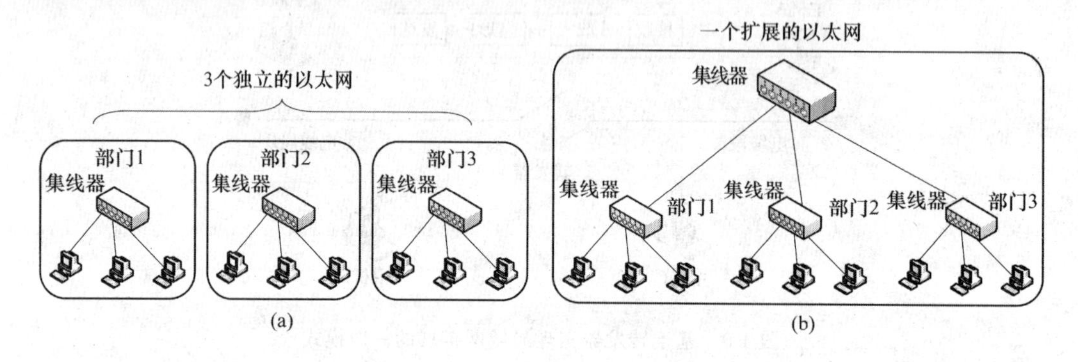

图 4-11　基于 Hub 实现局域网扩展的一般模式

这样做有两个好处。第一，使这个单位不同部门的以太网上的计算机能够进行跨部门的通信。第二，扩大了以太网覆盖的地理范围。例如，在一个部门的 10BASE-T 以太网中，主机和集线器的最大距离是 100 m，因而两个主机之间的最大距离是 200 m。但在通过集线器相连接后，不同部门的主机之间的距离就可扩展了，因为集线器之间的距离可以是 100 m(使用双绞线)甚至更远(如使用光纤)。

但这种多级结构的集线器以太网也带来了一些缺点。

① 如图 4-11(a)所示的例子，在 3 个部门的局域网互连起来之前，每个部门的 10BASE-T 局域网是一个独立的碰撞域(Collision Domain，又称为冲突域)，即在任一时刻，在每一个碰撞域中只能有一个站在发送数据。每一个部门局域网的最大吞吐量是 10 Mbit/s，因此 3 个部门总的最大吞吐量共有 30 Mbit/s。在 3 个部门的局域网通过集线器互连起来后就把

3个碰撞域变成一个碰撞域(范围扩大到3个部门),如图4-11(b)所示,而这时的最大吞吐量仍然是一个部门的吞吐量10 Mbit/s。这就是说,当某个部门的两个站在通信时所传送的数据会通过所有的集线器进行转发,使得其他部门的内部在这时都不能通信(一发送数据就会碰撞)。

②如果不同的部门使用不同的局域网技术(如数据率不同),那么就不可能用集线器将它们互连起来。若在图4-11中,一个部门使用10 Mbit/s的适配器,而另外两个部门使用10/100 Mbit/s的适配器,那么用集线器连接起来后,大家都只能工作在10 Mbit/s的速率。集线器基本上是个多接口(即多端口)的转发器,它并不能把帧进行缓存。

(2) 互连结构

常用的集线器一般有独立型集线器和堆叠式集线器,大多数都是以双绞线为连接介质的,其端口类型为RJ-45。独立型集线器是带有许多端口的单个盒子式的产品。节点通过非屏蔽双绞线与独立型集线器连接,构成物理上的星形拓扑,如图4-12所示。独立集线器结构适宜工作组规模的局域网,典型的集线器一般支持8～24个RJ-45的端口与一个BNC、AUI或光纤端口。如果需要联网的节点数超过一个独立集线器的端口数,这时通常可以采用多集线器的级联式结构或堆叠式结构。

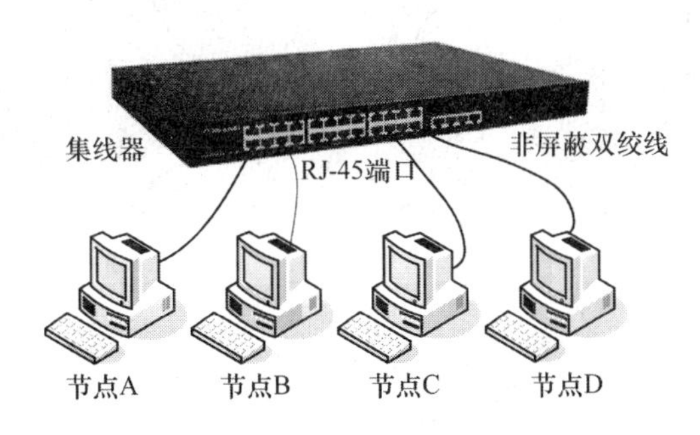

图4-12　独立集线器组网结构示意图

① 级联式结构

独立集线器上除了有连接工作站的RJ-45端口外,往往还有一个上连端口——Up Link,如图4-13所示,用于集线器连接到网络主干(Backbone)上,以实现级联,扩大局域网的覆盖范围。在实际的组网应用中,常将普通端口与上连端口相结合进行级联。一般情况,近距离使用普通端口实现集线器的级联,远距离使用上连端口实现集线器的级联。图4-14给出了多集线器使用级联的组网结构示意图。

图4-13　Up Link示意图

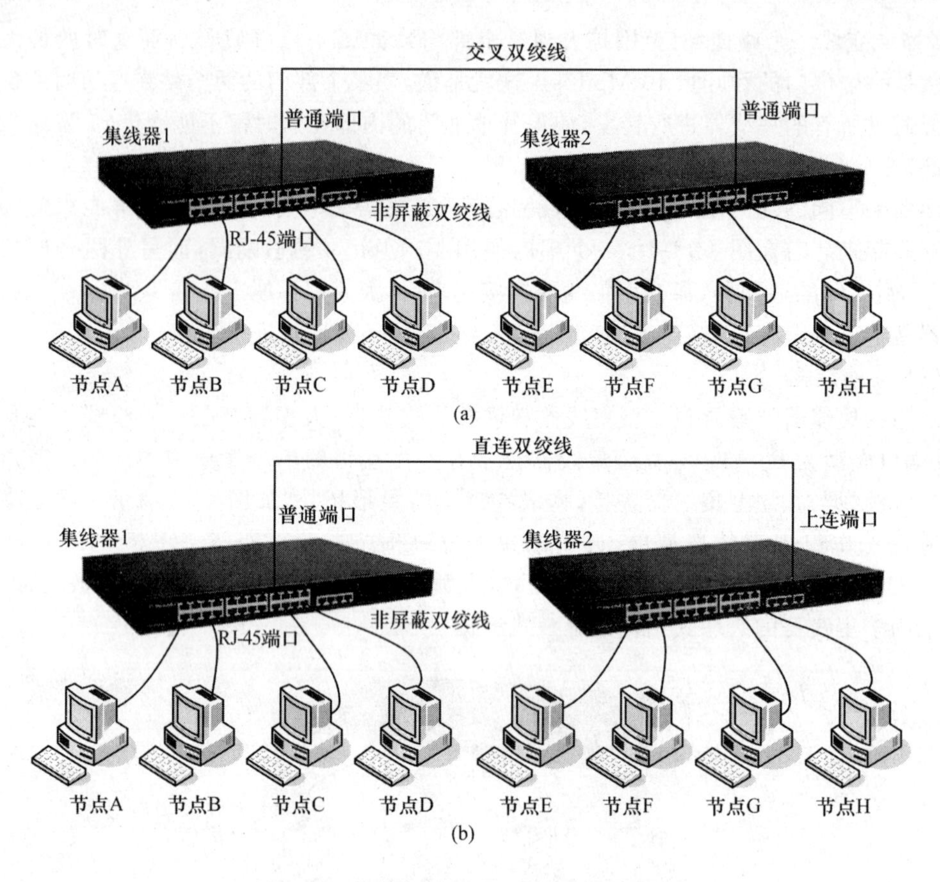

图 4-14 多集线器级联的组网结构示意图

② 堆叠式结构

堆叠式集线器可以将多个集线器“堆叠”使用，当它们连接在一起时，其作用就像一个模块化集线器一样，堆叠在一起，集线器可以当作一个单元设备来进行管理。一般情况下，当有多个 Hub 堆叠时，其中存在一个可管理 Hub，利用可管理 Hub 可对此可堆叠式 Hub 中的其他“独立型 Hub”进行管理。可堆叠式 Hub 可非常方便地实现对网络的扩充，是新建网络时最为理想的选择。图 4-15 给出了堆叠式集线器的组网结构示意图。

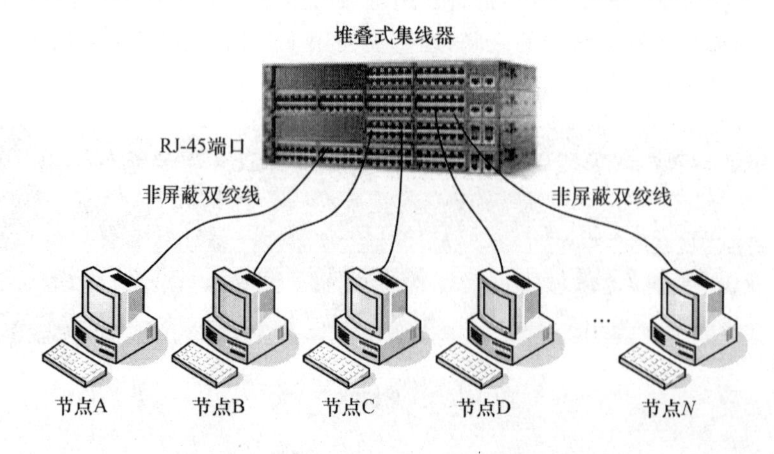

图 4-15 堆叠式集线器的组网结构示意图

集线器有带宽之分，按照集线器所支持的带宽不同，我们通常可分为 10 Mbit/s、100 Mbit/s、10/100 Mbit/s 3 种。按照集线器是否可被网络管理分，有不可通过网络进行管理的“非网管型集线器”和可通过网络进行管理的“网管型集线器”两种。非网管型集线器也称为傻瓜集线器，是指既无须进行配置，也不能进行网络管理和监测的集线器。该类集线器属于低端产品，通常只被用于小型网络，这类产品比较常见，就是集线器只要插上电，连上网线就可以正常工作。这类集线器虽然安装使用方便，但功能较弱，不能满足特定的网络需求。网管型集线器也称为智能集线器，可通过简单网络管理协议(Simple Network Management Protocol，SNMP)对集线器进行简单管理，这种管理大多是通过增加网管模块来实现的。实现网管的最大用途是用于网络分段，从而缩小广播域，减少冲突，提高数据传输效率。另外，通过网络管理可以在远程监测集线器的工作状态，并根据需要对网络传输进行必要的控制。需要指出的是，尽管同是对 SNMP 提供支持，但不同厂商的模块是不能混用的，甚至同一厂商的不同产品的模块也不同。

可网管集线器在外观上都有一个共同的特点，即在集线器前面板或后面板都提供一个 Console 端口。虽然 Console 端口的接口类型因不同品牌或型号的集线器可能不同，有的为 DB-9 串行口，如图 4-16(a)所示，有的为 RJ-45 端口，如图 4-16(b)所示。但共同的一点就是在该端口都标注有“Console”字样，我们只需要找到标有这个字样的端口即是。

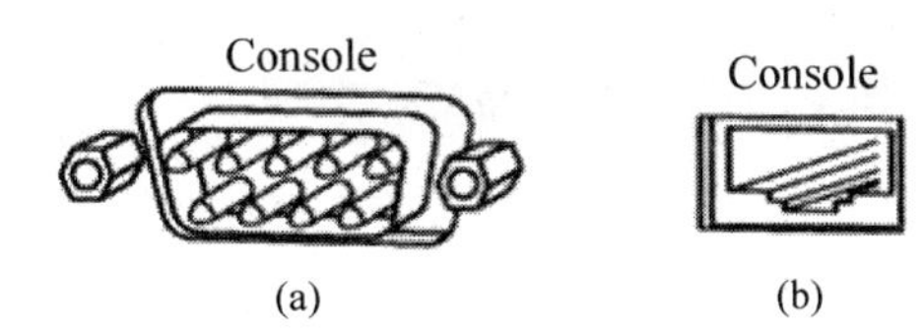

图 4-16 Console 端口示意图

集线器属于纯硬件网络底层设备，基本上不具有类似于交换机的“智能记忆”能力和“学习”能力。它也不具备交换机所具有的 MAC 地址表，所以它发送数据时都是没有针对性的，而是采用广播方式发送。正因如此，尽管集线器技术也在不断改进，但实质上就是加入了一些交换机技术，发展到了今天的具有堆叠技术的堆叠式集线器，有的集线器还具有智能交换机功能。可以说集线器产品已在技术上向交换机技术进行了过渡，具备了一定的智能性和数据交换能力。但随着交换机价格的不断下降，仅有的价格优势已不再明显，集线器的市场越来越小，处于被淘汰的边缘。

4.3.2 交换式局域网互连(在数据链路层互连以太网)

多媒体技术广泛使用后，大量多媒体数据需要在网络上传输，从而要求局域网有更高的数据率。总线局域网的工作站共享网络带宽，因而数据传输速率往往成为整个系统的瓶颈。

交换式局域网可以增加网络带宽，明显地提高局域网的性能和服务质量。交换式局域网从根本上改变了“共享介质”的工作方式，通过交换机支持多个节点之间的并发连接，实现多节点之间的数据并发。对于交换式局域网的扩展，一般在数据链路层实现，图 4-17 给出了交换式局域网的数据链路层互连结构。

1. 网桥

在数据链路层扩展局域网的经典方法是借助网桥。网桥工作在数据链路层，将两个局域网连起来，如图 4-18 所示。网桥根据 MAC 地址（物理地址）来转发帧，具有过滤帧的功能。当网桥收到一个帧时，并不是像集线器那样，向所有的端口转发此帧，而是先根据所收到帧的目的 MAC 地址查找网桥中的转发表，然后根据查找的信息确定如何转发。图 4-18 给出了网桥的工作原理。

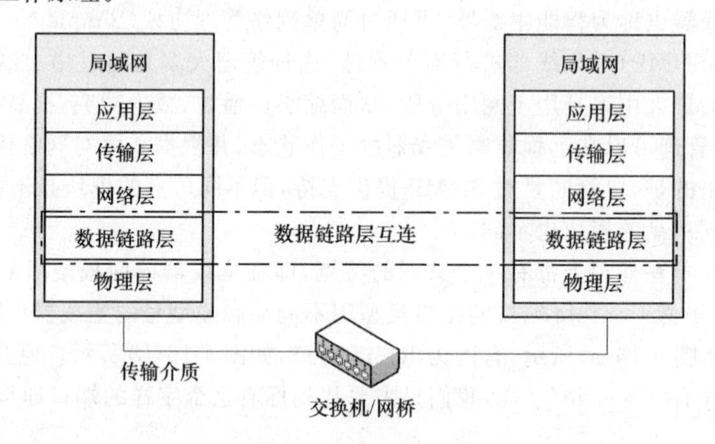

图 4-17　在数据链路层互连以太网的结构

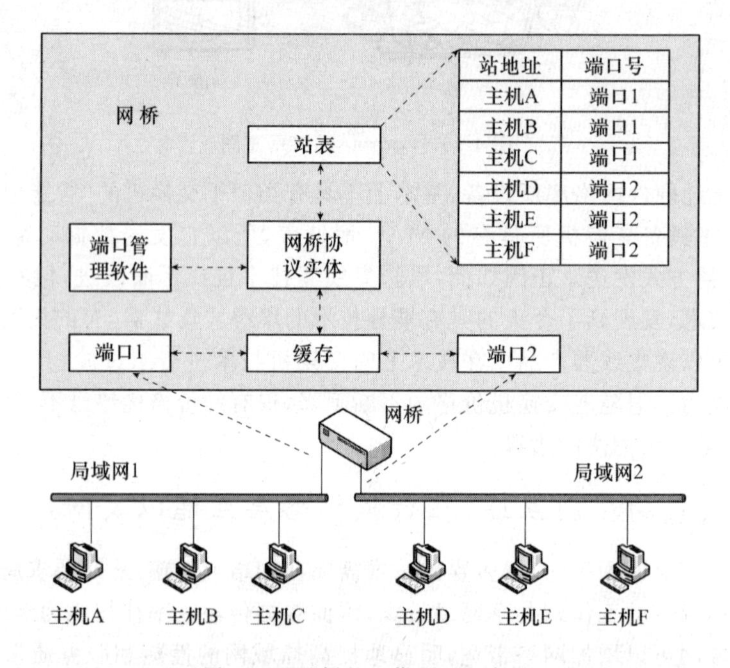

图 4-18　网桥的工作原理示意图

图 4-18 给出了一个网桥的内部结构。最简单的网桥有两个端口，复杂些的网桥可以有更多端口。网桥最常用的用法是用于两个局域网的互连，如图 4-18 所示，两个局域网分别通过网桥的两个端口连接起来后，就成为一个覆盖范围更大的局域网，而原来的每个局域网就可以称为一个网段（Segment）。网桥实现多个局域网之间的数据交换，在数据链路层完

成数据帧的接收、转发和地址的过滤功能。网桥依靠转发表来转发帧,转发表也叫作路由表或站表。在图中局域网1中的节点A向节点C发送数据,网桥可以接收到这个数据帧,由于节点A与节点C属于同一局域网,网桥进行地址过滤后认为不需要转发,这时网桥就会将该帧丢弃;如果节点A向局域网2中的节点D发送数据,网桥接收到该帧并进行地址过滤,由于节点A与节点D不属于同一局域网,网桥根据站表的记录确定应通过相应的端口2转发该帧到达局域网2,这时节点D将能接收到这个数据帧。从用户的角度来看,用户并不知道网桥的存在,局域网1与局域网2就像是一个网络。

网桥是通过内部的端口管理软件和网桥协议实体来实现上述操作的。

为了更好地对网桥进行理解,在这里我们要强调一下网桥和集线器(或转发器)的区别:转发器只是将网络的覆盖距离简单地延长,而且距离有限,具体实现在物理层;网桥不仅具有将局域网的覆盖距离延长的作用,而且理论上可做到无限延长,具体实现在MAC层。转发器仅具有简单的信号整形和放大的功能;网桥则属于一种智能互连设备,它主要提供信号的存储/转发、数据过滤、路由选择等能力。转发器仅是一种硬件设备,而网桥既包括硬件又包括软件。转发器只能互连同类局域网,而网桥可支持不同类型的局域网互连。

网桥可以分隔两个网络之间的广播通信量,有利于改善互连网络的性能与安全性。网桥是数据链路层实现网络互连的设备,可以带来以下好处。

①过滤通信量,增大吞吐量。网桥使局域网的一个网段上各工作站之间的通信量仅限于本网段范围内,而不会经过网桥流到其他的网段去。这种过滤作用可减轻局域网上的负荷,降低在互连局域网上所有用户所经受的平均时延。

②既可以扩大局域网的覆盖范围,也增加了整个局域网上工作站的数目。

③可互连不同物理层、不同MAC子层和不同速率的局域网。

④提高了网络的性能和可靠性。网络出现故障时,一般只影响个别网段。

网桥最重要的维护工作是构建与维护站表。站表记录着不同节点的物理地址与网桥转发端口的关系。如果没有站表,网桥无法确定帧是否需要转发以及如何进行转发。按照帧转发的策略,网桥可分为透明网桥和源路由网桥。

(1) 透明网桥

透明网桥(Transparent Bridge)的标准是IEEE 802.1d。透明网桥主要有以下几个特点:透明网桥由每个网桥自己来进行路由选择,局域网上的各节点不负责路由选择,网桥对于互连局域网的各节点是“透明”的;透明网桥用于MAC层协议相同的网段之间的互连,如连接两个以太网或两个令牌环网;透明网桥的最大优点是容易安装,它是一种即插即用设备。目前,使用最多的网桥是透明网桥。

透明网桥的站表要记录3个信息:MAC地址、端口与时间。透明网桥的站表在刚连接到局域网时是空的,它接收到帧时会记录该帧的源MAC地址与进入网桥的端口号,然后将该帧向所有其他端口转发。网桥在转发过程中逐渐建立起站表。图4-19描述了网桥的自学习和转发过程。网桥是按存储转发方式工作的,一定是先把整个帧收下来(但集线器或转发器是逐比特转发)再进行处理,而不管其目的地址是什么。此外,网桥丢弃CRC检验有差错的帧以及帧长过短和过长的无效帧,然后按照以下步骤进行处理。

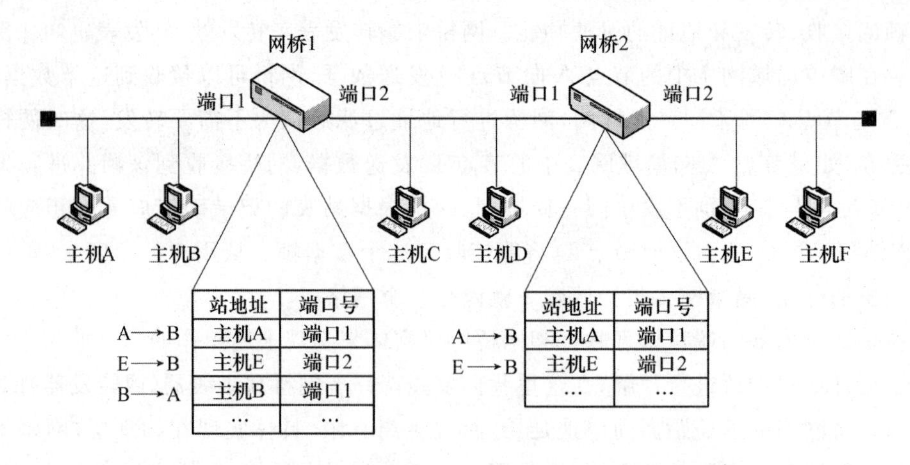

图 4-19 网桥的自学习和转发过程

①A 向 B 发送帧。连接在同一个局域网上的站点 B 和网桥 1 都能收到 A 发送的帧。网桥 1 先按源地址 A 查找转发表。网桥 1 的转发表中没有 A 的地址，于是把地址 A 和收到此帧的端口 1 写入转发表中。这就表示，以后若收到要发给 A 的帧，就应当从这个端口 1 转发出去。接着再按目的地址 B 查找转发表。转发表中没有 B 的地址，于是就通过除收到此帧端口 1 以外的所有端口(现在就是端口 2)转发该帧。网桥 2 从其端口 1 收到这个转发过来的帧。

网桥 2 按同样方式处理收到的帧。网桥 2 的转发表中没有 A 的地址，因此在转发表中写入地址 A 和端口 1。网桥 2 的转发表中没有 B 的地址，因此网桥 2 通过除接收此帧的端口 1 以外的所有端口(现在就是端口 2)转发这个帧。

请注意，现在两个转发表中已经各有了一个项目了。读者可能会问，B 本来就可以直接收到 A 发送的帧，为什么还要让网桥 1 和 2 盲目地转发这个帧呢？答案是：这两个网桥当时并不知道网络拓扑，因此要通过自学习过程(不得不使用这种方式进行盲目转发)才能逐步弄清所连接的网络拓扑，建立起自己的转发表。

②E 向 B 发送帧。网桥 2 从其端口 2 收到这个帧。网桥 2 的转发表中没有 E，因此在转发表写入地址 E 和端口 2。网桥 2 的转发表中没有 B，因此要通过网桥 2 的端口 1 把帧转发出去。网桥 1 的端口 2 收到这个帧，在网桥 1 的转发表中没有 E，因此就把地址 E 和端口 1 写入转发表。在网桥 1 的转发表中也没有目的地址 B，因此就把这个帧转发到除接收到此帧的端口 2 以外的所有端口(这里是端口 1)。这样主机 B 就可以收到这个帧了。

③B 向 A 发送帧。网桥 1 从其端口 1 收到这个帧。网桥 1 的转发表中没有 B，因此在转发表写入地址 B 和端口 1。再查找目的地址 A。现在网桥 1 的转发表中可以查到 A，其转发端口是 1，和这个帧进入网桥 1 的端口一样。于是网桥 1 知道，不用自己转发这个帧，A 也能收到 B 发送的帧。于是网桥 1 把这个帧丢弃，不再继续转发了。这次网桥 1 的转发表增加了一个项目，网桥 2 的站表没有变化。

显然，如果网络上的每个站都发送过帧，那么每一个站的地址最终都会记录在两个网桥的站表上。

实际上，在网桥的转发表中写入的信息除了地址和端口外，还有帧进入该网桥的时间(图 4-19 中的站表都省略了这一项)。为什么要登记进入网桥的时间呢？这是因为局域网的拓扑经常会发生变化，站点也可能会更换网卡（这样就改变了站点的地址）。另外，局域网上的工作站并非总是接通电源的。为了使路由表能反映整个网络的最新拓扑，就需要记录每个帧到达网桥的时间，以在站表中保留网络拓扑的最新状态信息。网桥的端口管理软件周期性地扫描站表，只要是在一定时间（例如几分钟）以前登记的都要删除，这样就使站表能反映当前的网络拓扑状态。

在很多实际的网络应用中，很难保证通过网桥互连的网络不出现环状结构。图4-20给出了网桥互连的环状结构示意图。环状结构可能使网桥反复转发同一个帧，从而增加了网络中不必要的负荷，进而降低系统性能。为了防止出现这种现象，透明网桥使用了生成树（Spanning Tree）算法，通过网桥之间的一系列协商构造出生成树。根据生成树算法制定的协议称为生成树协议。生成树协议可以从网络拓扑中清除数据链路层的环路。

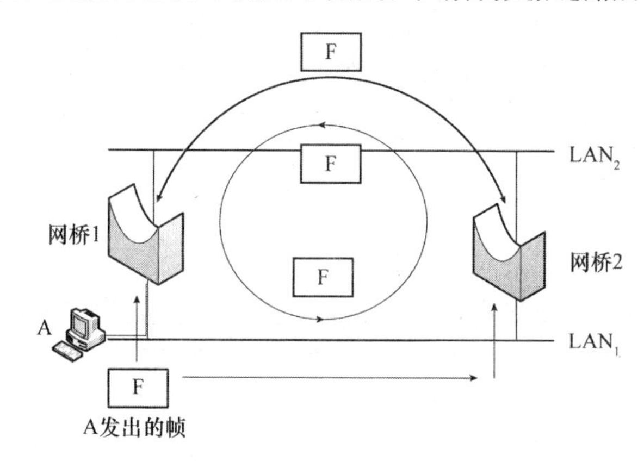

图4-20 网桥互连的环状结构

（2）源路由网桥

透明网桥的最大优点是容易安装，一接上就能工作。但是网桥的工作负担较重。因此，IEEE 802.5委员会还制定了另一个网桥标准，即源路由网桥的标准。源路由网桥（Source Routing Bridge）由发送帧的源节点负责路由选择。源路由网桥假定每个节点在发送帧时，都已知道到目的节点的路由，因此在发送帧时将详细的路由信息放在帧首部。问题的关键是：源节点如何知道应该选择的路由。为了发现适的合路由，源节点以广播方式向目的节点发送一个用于探测的发现帧。发现帧在通过网桥互连的局域网中沿所有可能的路由传输，并在传输过程中记录所经过的路由。当这些发现帧到达目的节点后，将会沿着各自的路由返回源节点。源节点从所有可能的路由中选择一个最佳路由，一般选择经过中间网桥的跳数最少的路由。此后，所有从源节点向该目的节点发送的帧首部都必须携带源节点确定的路由信息。

网桥也存在一些不足之处。

①帧转发速率低。由于网桥对接收到的帧要先存储和查找站表（路由表），然后才转发，显然增加了时延。另外，具有不同MAC子层的网段桥接在一起时，网桥在转发一个帧之前，必须修改帧的某些字段的内容，以适合另一个MAC子层的要求，这也需要耗费时间。

②广播风暴。在讨论网桥的工作原理时，已经知道网桥工作在数据链路层。网桥根据数据帧的源地址与目的地址决定是否转发该帧。由于网桥要确定传输到目的节点的帧通过

哪个端口转发,因此网桥中要保存一个"端口-站地址表"。但是,网桥中的存储器空间有限。随着网络规模的扩大与用户节点数的增加,"端口-站地址表"中没有的节点信息将不断出现。当带有这种目的地址的数据帧出现时,网桥无法决定应该从哪个端口转发。这时,它唯一的办法就是在所有端口进行广播,只要这个节点在互连的局域网中,广播的数据帧总会到达目的节点。这种方法非常简单,但是却带来很大的问题,那就是1个帧经过一轮又一轮的广播后,变成2个、4个、8个、16个……这种盲目广播会使帧的数量按指数规律增长,造成网络中无用的通信量剧增,形成"广播风暴",情况严重时会造成系统无法正常工作。

评价网桥性能的参数主要有两个:帧过滤速率与帧转发速率。帧过滤速率是指每秒能通过多个端口接收并完成帧地址过滤的最大帧数。帧转发速率是指每秒能通过多个端口实际转发的最大帧数。由于网桥的帧过滤功能主要由软件完成,因此作为网桥的计算机的CPU速度对地址过滤和转发速率有着重要的影响。尽管可以从计算机体系结构与软件设计上提高网桥的性能,但是如果不从网桥工作原理的角度与硬件实现帧交换,帧转发速率低的现状只能是有所缓解,而得不到比较好的解决。因此,在多个局域网通过网桥互连的结构中,网桥会成为系统性能的瓶颈。

2. 交换机

总线局域网的工作站共享网络带宽,因而数据传输速率往往成为整个系统的瓶颈。于是,为了提高局域网的性能,交换式集线器(Switch Hub)问世了。交换式集线器又称为交换机或第二层交换机,表明这种交换机工作在OSI的数据链路层,是交换式局域网的核心设备。

一般来说,以太网交换机由交换机端口、交换控制模块、存储模块和交换模块组成。其中,交换端口模块完成帧信号的接收与发送功能;交换控制模块实现各个端口之间数据帧交换的控制功能;交换模块根据交换控制模块作出的转发决定建立起交换机相关端口之间的临时帧传输路径;存储模块分别为各个端口设置独立的缓冲区。

以太网交换机的工作原理与网桥类似,工作在数据链路层,都是存储转发设备,也是根据所接收的帧的源MAC构造转发表,目的MAC地址查找转发表,进行转发操作。但是,交换机的转发时延要比网桥小得多;并且网桥的端口数很少,一般只有2～4个,而局域网交换机通常都有十几个端口。所以,从实质上讲,交换机就是一个多端口网桥。

从技术上讲,局域网交换机实质上就是一个多接口的网桥,和工作在物理层的转发器和集线器有很大的差别。图4-21给出了3种局域网的主要区别。从图4-21中可以看到,交换机的所有端口平时都不连通。当工作站需要通信时,以太网交换机能同时连通许多对的端口,使每一对相互通信的工作站都能像独占通信媒体那样,进行无冲突地数据传输,当两个站通信完成后就断开连接。

局域网交换机和透明网桥一样,也是一种即插即用设备,其内部的帧路由表(站表)也是通过自学习算法自动地逐渐建立起来的,学习方法和网桥是一样的。局域网交换机的每个端口都直接与一个单个主机或另一个集线器相连(注意:普通网桥的端口往往是连接到局域网的一个网段)。图4-22给出了局域网交换机工作原理示意图。图中的交换机共有6个端口,其中端口1、3、5、6分别连接了主机A、集线器(连接主机B和主机E)、主机C与主机D。交换机的"端口号/MAC地址映射表"可以根据端口号与主机MAC地址建立对应关系。如果主机A与主机D同时要发送数据,它们分别在数据帧的目的地址(DA)字段中填上该帧的目的地址。

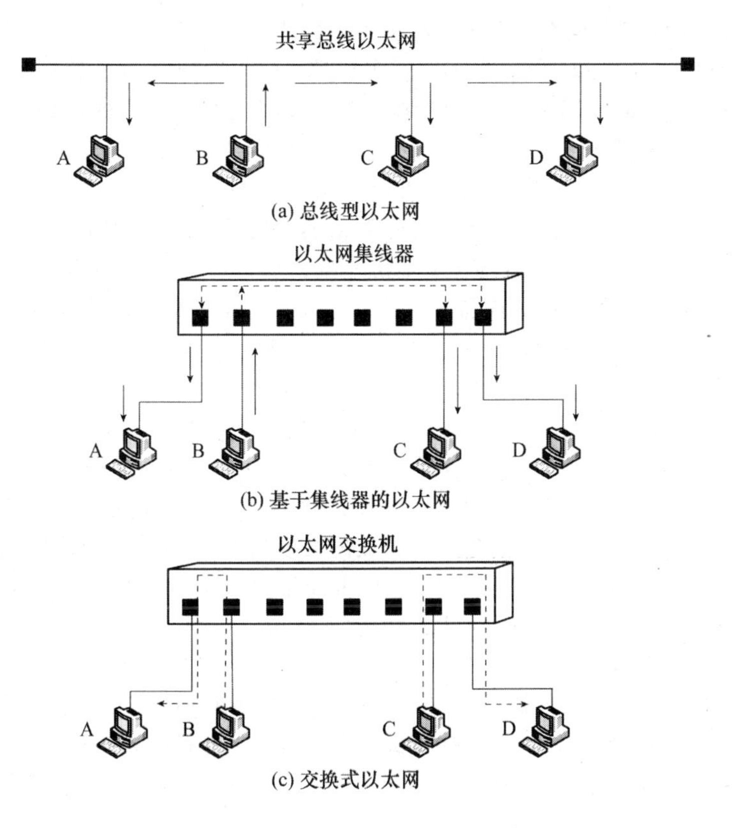

图 4-21　3 种局域网的主要区别

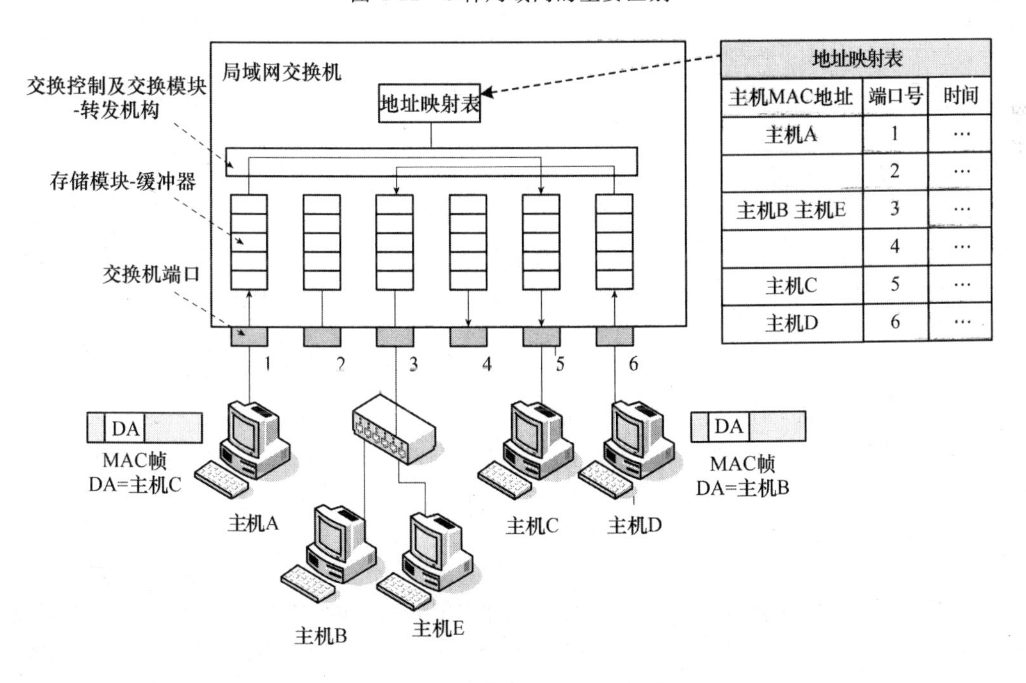

图 4-22　局域网交换机的工作原理

例如，主机A要向主机C发送帧，则该帧的目的地址DA=主机C；主机D要向主机B发送，则该帧的目的地址DA=主机B。当主机A、主机D同时通过交换机传送数据帧时，交换机根据“端口号/MAC地址映射表”的对应关系找出对应帧目的地址的输出端口号，它就可以为主机A到主机C建立端口1到端口5的连接，同时为主机D到主机B建立端口6到端口3的连接。这种端口之间的连接可以根据需要同时建立，也就是说可以在多个端口之间建立多个并发连接，实现多个主机之间数据的并发传输。所以说，交换机一般都工作在全双工方式。每个端口可以单独与一个主机连接，也可以与一个以太网集线器连接。

图4-22中，交换机的端口3连接了一个集线器，主机B与主机E连接在集线器上而属于同一个网段，这时端口3就是一个共享端口。如果主机B要向主机E发送数据帧，根据“端口号/MAC地址映射表”，交换机发现主机B与主机E同在一个端口，则交换机在接收到该数据帧时，它不转发而是丢弃该帧。这样，局域网交换机可以隔离本地信息，从而避免网络不需要的数据流，这也是局域网交换机与集线器的最大不同之处。

对于普通10 Mbit/s的共享式以太网，若共有N个用户，则每个用户占有的平均带宽只有总带宽(10 Mbit/s)的$1/N$。在使用局域网交换机时，虽然在每个端口到主机的带宽还是10 Mbit/s，但由于一个用户在通信时是独占而不是和其他网络用户共享传输媒体的带宽，因此对于拥有N对接口的交换机的总容量为$N \times 10$ Mbit/s。这正是交换机的最大优点。

另外，从共享总线局域网或10 BASE-T局域网转到交换式局域网时，所有接入设备的软件和硬件、适配器等都不需要作任何改动。也就是说，所有接入的设备继续使用CSMA/CD协议。此外，只要增加集线器的容量，整个系统的容量是很容易扩充的。

局域网交换机由于使用了专用的交换结构芯片，其交换速率较高。局域网交换机一般都具有多种速率的端口，例如，可以具有10 Mbit/s、100 Mbit/s和1 Gbit/s的端口的各种组合，这就大大方便了各种不同情况的用户。

局域网交换机是依据“端口号/MAC地址映射表”来实现帧的转发。交换机的帧转发方式可以分为4类。

(1) 直接交换方式

在直接交换(Cut Through)方式中，交换机只要接收并检测到目的地址，立即将该帧转发出去，而不管这一帧数据是否出错。帧出错检测任务由节点主机完成。这种交换方式的优点是交换延迟时间短，其缺点是缺乏差错检测能力，不支持不同速率端口之间的帧转发。

(2) 存储转发交换方式

在存储转发(Store and Forward)交换方式中，交换机需要接收完整的帧并进行差错检测。如果接收帧正确，则根据目的地址确定输出端口号，然后再转发出去。这种交换方式的优点是具有帧差错检测能力，并能支持不同速率端口之间的帧转发，其缺点是交换延迟时间将会增加。

(3) 改进的直接交换方式

改进的直接交换方式将二者结合起来，它在接收到帧的前64 B后，判断数据帧的帧头字段是否正确，如果正确则转发出去。对于短的Ethernet帧，其交换延迟时间与直接变换方式比较接近；对于长的Ethernet帧，由于它只对帧的地址字段与控制字段进行差错检测，因此交换延迟时间将会减少。

(4) 混合交换方式

由于前3种交换方式都有各自的优点，混合交换方式综合各种交换方式的优点，设计了一种自适应交换机(Adaptive Switching，AS)。自适应交换机采取各种转发方式共存的原则，根据实际网络环境来决定转发方式。例如，当网络畅通时采用直接交换方式，以获得最短的转发等待时间；当网络存在阻塞时，采用存储转发交换方式，减缓转发速度，缓解网络压力。自适应交换机的各个端口具备对速率的自适应能力，可以支持 10 Mbit/s、100 Mbit/s 与 1 Gbit/s 速率之间的转换。

虽然许多以太网交换机对收到的帧采用存储转发方式进行转发，但也有一些交换机采用直接的交换方式。现在有的厂商已生产出能支持多种交换方式的局域网交换机。局域网交换机的发展与建筑物结构化布线系统的普及应用密切相关。在结构化布线系统中，广泛地使用了局域网交换机。

综上所述，交换机主要有以下技术特点。

①低交换传输延迟。交换机的主要特点是低交换传输延迟。从传输延迟时间的数量级来看，如果交换机的传输延迟为几十微秒，则网桥的传输延迟为几百微秒，而路由器的传输延迟为几千微秒。

②支持不同的传输速率和工作模式。交换机的端口可以设计成支持不同传输速率，如支持 10 Mbit/s 的端口、支持 100 Mbit/s 的端口、支持 1 Gbit/s 的端口与 10 Gbit/s 的端口。同时，端口可以设计成支持两种工作模式，即半双工与全双工模式。对 10 Mbit/s 的端口，半双工端口带宽为 10 Mbit/s，而全双工端口带宽为 20 Mbit/s；对于 100 Mbit/s 的端口，半双工端口带宽为 100 Mbit/s，而全双工端口带宽为 200 Mbit/s。

如果需要联网的站点数超过一个交换机的端口数，这时通常可以采用多交换机的级联结构或堆叠式结构，连接方法与集线器的级联和堆叠类似。

图 4-23 举出了一个简单的例子。图中的局域网交换机有 3 个 10 Mbit/s 接口分别和学校 3 个院系的 10BASE-T 局域网相连，还有 3 个 100 Mbit/s 的端口分别和文件传输协议(FTP)服务器、万维网(WWW)服务器以及一个连接 Internet 的路由器相连。

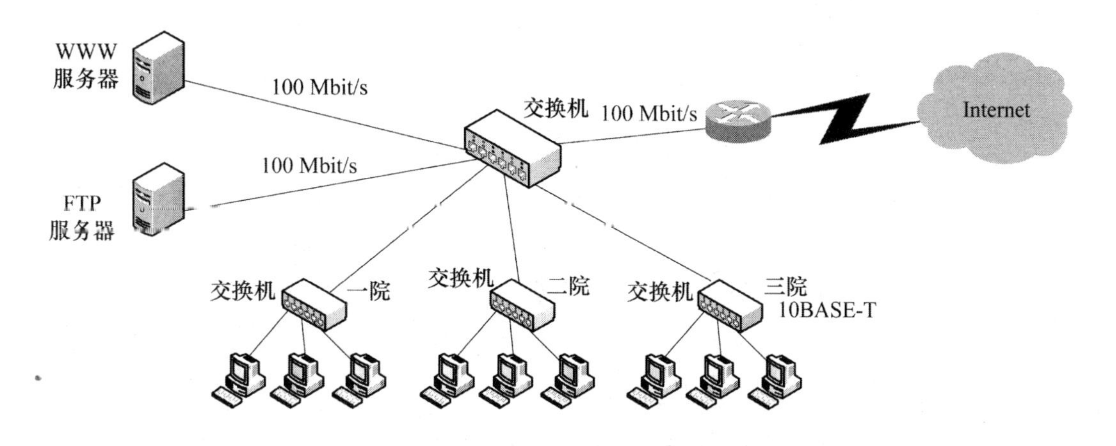

图 4-23　用局域网交换机扩展局域网

4.4 虚拟局域网

近年来，随着交换式局域网技术的飞速发展，交换式局域网逐渐取代传统的共享介质局域网。交换式局域网是虚拟局域网的技术基础。

4.4.1 虚拟局域网的概念

通常将网络中具有基本相同工作性质的用户群称为一个工作组，或叫工作域。在传统的局域网中，一般一个独立的局域网，也称为一个物理网段，为一个工作组服务，每个网段可以是一个逻辑工作组(或子网)。多个逻辑工作组之间通过网桥或路由器互连来交换数据。如果一个逻辑工作组的节点要转移到另一个逻辑工作组，就需要将节点从一个网段撤出，并连接到另一个网段，甚至需要重新进行布线。因此，逻辑工作组的组成受节点在物理位置的限制。

虚拟局域网(Virtual LAN，VLAN)则是具有某些共同需求，由一些局域网网段构成的与物理位置无关的逻辑工作组。虚拟局域网建立在局域网交换机上，它以软件方式实现逻辑工作组的划分与管理，逻辑工作组的节点组成不受物理位置的限制。同一逻辑工作组的成员不一定要连接在同一个物理网段上，它们可以连接在同一个局域网交换机上，也可以连接在不同的局域网交换机上，只要这些交换机是互连的就可以。当节点从一个逻辑工作组转移到另一个逻辑工作组时，只需要简单地通过软件设定，而不需要改变它在网络中的物理位置。

需要强调的是，虚拟局域网并不是一种新型的局域网，而是局域网向用户提供的一种新的服务。虚拟局域网是用户与局域网资源的一种逻辑组合，而交换式局域网技术是实现虚拟局域网的基础。如果将网络中的节点按工作性质与需要划分成若干个逻辑工作组，则每个逻辑工作组就是一个虚拟网络。图4-24给出了使用4个交换机的网络拓扑。设有10个工作站分配在3个楼层中，构成了3个局域网，即 $LAN_1(A_1, A_2, B_1, C_1)$、$LAN_2(A_3, B_2, C_2)$、$LAN_3(A_4, B_3, C_3)$。

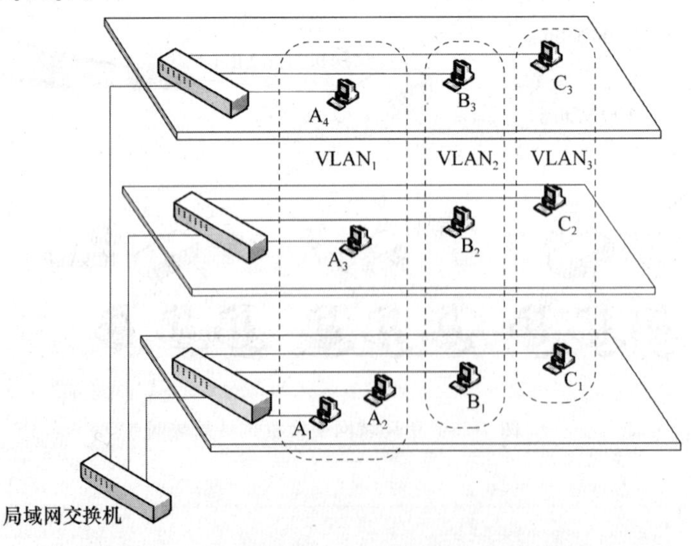

图4-24 3个虚拟局域网 $VLAN_1$、$VLAN_2$、$VLAN_3$ 的构成

这10个用户划分为3个工作组，也就是说划分为3个虚拟局域网VLAN，即$VLAN_1$(A_1,A_2,A_3,A_4)、$VLAN_2$(B_1,B_2,B_3)、$VLAN_3$(C_1,C_2,C_3)。

从图4-24可以看出，每一个VLAN的工作站可处在不同的局域网中，也可以不在同一楼层中。

4.4.2 虚拟局域网的实现方式

交换式局域网是虚拟局域网的技术基础。利用局域网交换机可以很方便地实现虚拟局域网。交换技术本身就涉及网络的多个层次，因此虚拟网络也可以在网络的不同层次实现。不同虚拟局域网组网方法的区别主要表现在对局域网成员的定义方法上，通常有以下4种定义方法。

(1) 基于交换机端口号的虚拟局域网

基于交换机端口号的虚拟局域网是最为常见的一种划分虚拟局域网的方法，根据交换机端口来定义虚拟局域网成员。虚拟局域网将交换机端口划分为不同的虚拟子网，各个虚拟子网相对独立。图4-25给出了用交换机端口号定义虚拟局域网成员的示意图。其中，图4-25(a)给出了单局域网交换机结构。交换机端口1、2、7和8组成$VLAN_1$，端口3、4、5和6组成了$VLAN_2$。图4-25(b)给出了跨局域网交换机结构。交换机1的1、2端口和交换机2的4、5、6、7端口组成$VLAN_1$；交换机1的3、4、5、6、7和8端口和交换机2的1、2、3和8端口组成$VLAN_2$。

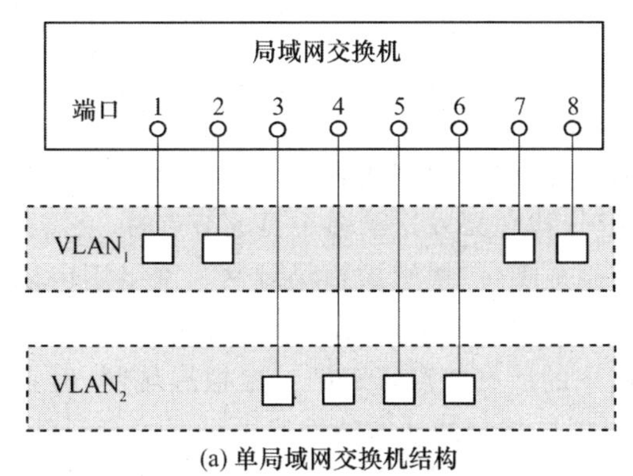

(a) 单局域网交换机结构

(b) 跨局域网交换机结构

图4-25　基于交换机端口号定义虚拟局域网成员示意图

用交换机端口划分虚拟局域网成员是最通用的方法，但是，这种方法定义虚拟局域网时，交换机端口只能属于一个虚拟局域网。例如，交换机 1 的 1 端口属于 $VLAN_1$后，就不能再属于 $VLAN_2$。另外，这种方法定义虚拟局域网还有一个缺点是：当用户从一个端口移动到另一个端口时，网络管理者必须对虚拟局域网成员进行重新配置。

(2) 基于 MAC 地址的虚拟局域网

用 MAC 地址来定义虚拟局域网成员是另一种方法。这种方法由于 MAC 地址是与硬件相关的地址，所以用节点的 MAC 地址定义的虚拟局域网允许用户节点可以自由移动到网络的其他物理网段。由于节点的 MAC 地址不变，该节点将自动保持原来的虚拟局域网成员的地位。从这个角度来看，这种虚拟局域网也可以看作是基于用户的虚拟局域网。

用 MAC 地址定义的虚拟局域网要求所有用户在初始阶段必须配置到至少一个虚拟局域网中，初始配置需要通过人工完成，随后就可以自动跟踪用户。但是，在大规模网络的初始化时，将上千个用户配置到虚拟局域网显然很麻烦。

(3) 基于 IP 地址的虚拟局域网

一种定义虚拟局域网的方法是使用节点的网络层地址，例如用 IP 地址来定义虚拟局域网。这种方法具有自身的优点：首先，允许按照协议类型来组成虚拟局域网，这有利于组成基于服务或应用的虚拟局域网；其次，用户可以随意移动而无须重新配置网络地址，这对于 TCP/IP 用户是特别有利的。

与用 MAC 地址或用端口号定义虚拟局域网的方法相比，用网络层地址定义虚拟局域网方法的缺点是性能较差。检查网络层地址比检查 MAC 地址要花费更多时间，因此用网络层地址定义虚拟局域网的速度会比较慢。

(4) 基于 IP 广播组的虚拟局域网

这种虚拟局域网的建立是动态的，它代表了一组 IP 地址。虚拟局域网中称为代理的设备对成员进行管理。当 IP 广播包要发送给多个目的节点时，就需要动态建立虚拟局域网代理，该代理和多个 IP 节点组成 IP 广播组虚拟局域网。网络用广播信息通知各 IP 节点，说明网络中存在 IP 广播组，响应信息的节点可以加入 IP 广播组，成为虚拟局域网成员并与其他成员通信。虚拟局域网中的所有节点属于同一虚拟局域网，但它们只是特定时间内特定 IP 广播组的成员。这种虚拟局域网的动态特性提供很好的灵活性，它可以根据服务来灵活地组建，而且它可以跨越路由器与广域网互连。

4.4.3 虚拟局域网的应用特点

在图 4-24 中，利用局域网交换机可以很方便地将这 10 个工作站划分为 3 个虚拟局域网：$VLAN_1$、$VLAN_2$ 和 $VLAN_3$。在虚拟局域网上的每一个站都可以听到同一个虚拟局域网上的其他成员所发出的广播。例如，工作站 $B_1 \sim B_3$ 同属于虚拟局域网 $VLAN_2$。当 B_1 向工作组内成员发送数据时，工作站 B_2 和 B_3 将会收到广播的信息，虽然它们没有和 B_1 连在同一个局域网交换机上。相反，B_1 向工作组内成员发送数据时，工作站 A_1、A_2 和 C_1 都不会收到 B_1 发出的广播信息，虽然它们都与 B_1 连接在同一个以太网交换机上。局域网交换机不向虚拟局域网以外的工作站传送 B_1 的广播信息。这样，虚拟局域网限制了接收广播信息的工作站数，使得网络不会因传播过多的广播信息（即所谓的“广播风暴”）而引起性能恶化。

每一个 VLAN 的帧都有一个明确的标识符，指明发送这个帧的工作站是属于哪个 VLAN 的。1988 年 IEEE 批准了 802.3ac 标准，这个标准定义了以太网的帧格式的扩展，以便支持虚拟局域网。虚拟局域网协议允许在以太网的帧格式中插入一个 4 B 的标识符(如图 4-26 所示)，称为 VLAN 标记(Tag)，用来指明发送该帧的工作站属于哪一个虚拟局域网。如果还使用原来的以太网帧格式，那么就无法划分虚拟局域网。

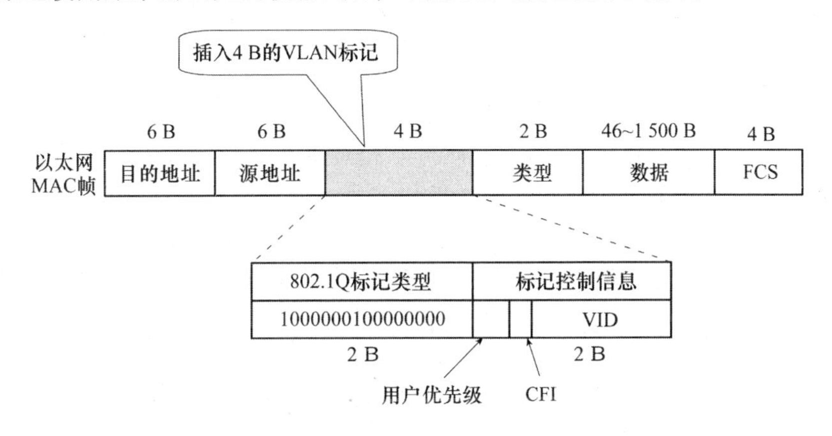

图 4-26　在以太网的帧格式中插入 VLAN 标记

VLAN 标记字段的长度是 4 B，插入在以太网 MAC 帧的源地址字段和类型字段之间，VLAN 标记的前两个字节总是设置为 0x8100(即二进制的 1000000100000000)，称为 IEEE 802.1Q 标记类型。当数据链路层检测到 MAC 帧的源地址字段后面的两个字节的值是 0x8100 时，就知道现在插入了 4 B 的 VLAN 标记。于是就接着检查后面两个字节的内容。在后面的两个字节中，前 3 bit 是用户优先级字段，接着的 1 bit 是规范格式指示符(Canonical Format Indicator，CFI)，最后的 12 bit 是该虚拟局域网 VLAN 标识符 VID (VLAN ID)，它唯一地标志了这个以太网帧是属于哪一个 VLAN。

由于用于 VLAN 的以太网帧的首部增加了 4 个字节，因此以太网的最大长度从原来的 1 518 B(1 500 B 的数据加上 18 B 的首部)变为 1 522 B。

虚拟局域网得到了广泛的应用，优点主要表现在以下 3 个方面。

①方便网络用户管理。在实际局域网的使用过程中，由于企业与部门的变化而调整用户组是经常的事。如果调整用户组涉及节点位置的变化，并且需要重新进行布线，这是令网络管理人员最头痛的事情。虚拟局域网可以使用软件根据需要动态建立用户组，这样可以极大地方便网络管理，并且有效减少网络管理开销。

②提供更好的安全性。网络中的不同类型用户对不同的数据与信息资源有不同的使用要求和权限。企业中的财务、人事、计划、采购等部门有不同的需求与权限，例如财务部门的数据不允许被其他部门的人员看到。虚拟局域网可以将不同部门用户划分到不同的逻辑用户组，同组用户的数据就可以只在虚拟局域网内部传输。因此，设置虚拟局域网是一种简单、经济和安全的方法。

③改善网络服务质量。传统局域网的广播风暴对网络性能与服务质量影响很大。基于交换机技术的虚拟局域网可以隔离不同的用户组，将同类用户的通信量控制在虚拟局域网内，这样减小了潜在的广播风暴的危害，更有利于改善网络服务质量。

虚拟局域网是用户和网络资源的逻辑组合，因此可按照需要将有关设备和资源非常方便地重新组合，使用户从不同的服务器或数据库中存取所需的资源。

4.5 高速局域网

4.5.1 高速局域网的发展

当20世纪80年代初以太网刚出现的时候，相对于其他联网技术，人们认为10 Mbit/s以太网所提供的带宽已经足以满足任何应用的需要。事实也确实是这样，最初的以太网所提供的10 Mbit/s带宽直到20世纪90年代早期对于几乎所有的桌面连接都是足够的。尽管如此，很多专家已经认识到由大量的桌面连接汇集而成的主干网连接应该需要更大的带宽。早在1982年，IEEE 802委员会内部就提出了100 Mbit/s互连标准的建议，但并没有被大多数成员所接受。

整个20世纪80年代，网络的快速膨胀极大地推动了分布式应用的普及，而这种普及反过来又迅速吞噬了原来曾被认为足以满足任何应用的网络带宽，人们迫切需要更高的带宽来支持网络上各种新的应用。对高速局域网的需求最先作出反应的是美国国家标准局(ANSI)。它于20世纪80年代末率先推出了100 Mbit/s的光纤分布式数据接口(FDDI)标准。遗憾的是，FDDI标准与以太网并不兼容。FDDI作为一种高速骨干网技术曾经在网络主干连接方面得到了广泛的应用，但其昂贵的成本使其很难向桌面应用扩展。1994年，HP公司和AT&T公司开发的100 VG-AnyLAN被IEEE 802委员会接纳为IEEE 802.12标准。紧接着IEEE 802委员会又于1995年公布了100 Mbit/s以太网标准IEEE 802.3u。在这3种高速局域网技术中，100 Mbit/s以太网(又称为快速以太网，Fast Ethernet，FE)以它所具有的价格低廉和与传统以太网相兼容的优势迅速占领了整个局域网市场，甚至最后还占领了原来由FDDI所把持的高速主干网市场。

以太网在从10 Mbit/s向100 Mbit/s发展的过程中，兼容性起到了决定性的作用。为了与传统以太网兼容，快速以太网允许设备既可以工作在10 Mbit/s，也可以工作在100 Mbit/s，并定义了一种自动协商的自适应机制，使设备在启动时能够选择合适的运行速度。这种能力使得整个发展过程呈现为一种渐变的，而不是突变的过程，从而极大地保护了用户的投资。因为人们已在以太网上投入了成百上千亿元的资金，没有一个人愿意把这巨大的投资在一个早上全部抛弃。发展的最终结果是快速以太网代替了传统以太网，成为局域网市场的主流，并使得各种快速以太网设备(网卡、集线器、交换机、路由器等)得到了大规模的应用。

与10 Mbit/s向100 Mbit/s发展一样，快速以太网的普及也必然会增加对网络流量和带宽的进一步需求，尤其是在多个100 Mbit/s网络汇聚的主干网中。另外，桌面计算机和工作站性能的不断提高和网络视频之类需要实时传输高质量彩色图像内容的新型应用也对带宽提出了更高的要求，这些因素最终导致了20世纪90年代末期IEEE 802.3z千兆位以太网(吉比特以太网，Gigabit Ethernet，GE)的诞生。千兆位以太网的传输速率可达最初10 Mbit/s以太网的100倍。但这一过程仍没有结束，2002年，IEEE又正式通过了万兆位以太网(10 吉比特以太网)标准 IEEE 802.3ae,它使以太网的速度达到了 10 Gbit/s。图 4-27给出了高速局域网的发展历程。

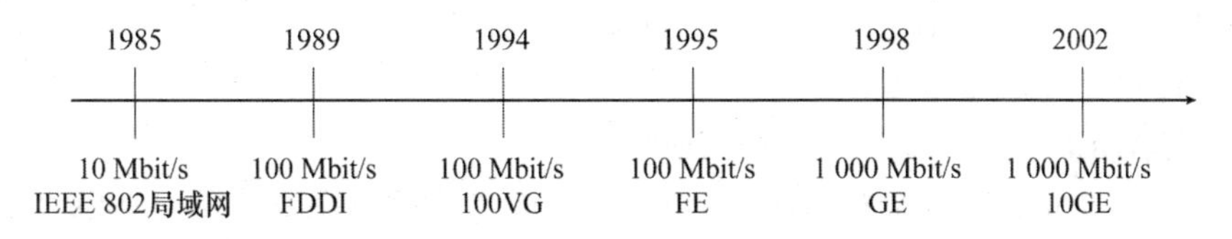

图 4-27　高速局域网的发展历程

4.5.2　快速以太网

100BASE-T 是在双绞线上传送 100 Mbit/s 基带信号的星形拓扑以太网,仍使用 IEEE 802.3 的 CSMA/CD 协议,它又称为快速以太网,用户只要更换一个适配器,再配上一个 100 Mbit/s 的集线器,就可很方便地由 10BASE-T 以太网直接升级到 100 Mbit/s,而不必改变网络的拓扑结构。所有在 10BASE-T 上的应用软件和网络软件都可保持不变。100BASE-T 的适配器有很强的自适应性,能够自动识别 10 Mbit/s 和100 Mbit/s。

1995 年 IEEE 已把 100BASE-T 的快速以太网定为正式标准,其代号为 IEEE 802.3u,是对现行的 IEEE 802.3 标准的补充。快速以太网的标准得到了所有的主流网络厂商的支持。

100BASE-T 可使用交换式集线器提供很好的服务质量,可在全双工方式下工作而无冲突发生。因此,CSMA/CD 协议对全双工方式工作的快速以太网是不起作用的(但以半双工方式工作时则一定要使用 CSMA/CD 协议)。这种快速局域网使用的 MAC 帧格式仍然是 IEEE 802.3 标准规定的帧格式,因此也就称为快速以太网。

然而 IEEE 802.3u 的标准未包括对同轴电缆的支持,这意味着想从细缆以太网升级到快速以太网的用户必须重新布线。因此,现在 10/100 Mbit/s 以太网都是使用无屏蔽双绞线布线。

100BASE-T 标准可以支持多种类型的传输介质。目前,100BASE-T 主要有 3 种传输介质标准。

(1) 100BASE-TX:使用两对 UTP 5 类线或屏蔽双绞线 STP,其中一对用于发送,另一对用于接收。

(2) 100BASE-FX:使用两根光纤,其中一根用于发送,另一根用于接收。在标准中把上述的 100BASE-TX 和 100BASE-FX 合在一起称为 100BASE-X。

(3) 100BASE-T4:使用 4 对 UTP 3 类线或 5 类线,这是为已使用 UTP 3 类线的大量用户而设计的。它使用 3 对线同时传送数据(每一对线以 100/3 Mbit/s 的速率传送数据),用 1 对线作为碰撞检测的接收信道。

4.5.3　吉比特以太网

尽管快速以太网具有可靠性高、容易扩展、成本低等优点,并且成为高速局域网方案中的首选技术,但是在数据仓库、电视会议、三维图像等应用中,人们不得不寻求有更高带宽的局域网。千兆位以太网就是在这种背景下产生的。

1996 年夏季吉比特以太网(又称为千兆位以太网)的产品已经问市。IEEE 在 1997 年通过了吉比特以太网的标准 802.3z,它在 1998 年成为正式标准。

吉比特以太网的标准 IEEE 802.3z 有以下几个特点。

(1) 允许在 1 Gbit/s 下全双工和半双工两种方式工作。

(2) 使用 IEEE 802.3 协议规定的帧格式。

(3) 在半双工方式下使用 CSMA/CD 协议(全双工方式不需要使用 CSMA/CD 协议)。

(4) 与 10BASE-T 和 100BASE-T 技术后向兼容。

吉比特以太网可用作现有网络的主干网,也可在高带宽(高速率)的应用场合中(如医疗图像或 CAD 的图形等)用来连接工作站和服务器。

吉比特以太网的物理层使用两种成熟的技术:一种来自现有的以太网,另一种则是 ANSI 制定的光纤通道(Fiber Channel,FC)。采用成熟技术就能大大缩短吉比特以太网标准的开发时间。

1000BASE-T 标准可以支持多种类型的传输介质。目前,1000BASE-T 主要有 4 种传输介质标准。

(1) 1000BASE-T:使用 4 对 5 类非屏蔽双绞线。双绞线最大长度为 100 m,使用了 RJ-45 接口。数据传输采用了 PAM5x5 编码方法。

(2) 1000BASE-CX:使用特殊的屏蔽双绞线。半双工模式的双绞线最大长度为 25 m,全双工模式的双绞线最大长度为 50 m。数据传输采用了 8 B/10 B 编码方法。

(3) 1000BASE-LX:使用光纤作为传输介质。在采用 1 310 nm 波长激光器与62.5 μm 或 50 μm 多模光纤时,半双工工作模式的光纤最大长度为 316 m;全双工工作模式的光纤最大长度为 550 m。在使用 10 μm 单模光纤时,半双工模式的光纤最大长度为 316 m;全双工模式的光纤最大长度为 5 000 m。数据传输采用了 8 B/10 B 编码方法。

(4) 1000BASE-SX:使用光纤作为传输介质。在采用 850 nm 短波长激光器与62.5 μm 多模光纤时,半双工和全双工模式的光纤最大长度均为 275 m。在使用 50 μm 多模光纤时,半双工和全双工模式的光纤最大长度均为 550 m。数据传输采用了 8 B/10 B 编码方法。

人们设想了一种用以太网组建企业网的解决方案:桌面系统采用传输速率为 10 Mbit/s 的以太网,部门级系统采用传输速率为 100 Mbit/s 的快速以太网,企业级系统采用传输速率为 1 000 Mbit/s 的以太网。由于普通以太网、快速以太网与千兆位以太网有很多相似点,并且很多企业已经大量使用以太网,因此从以太网升级到快速以太网或千兆位以太网时,不需要对网络技术人员重新进行培训。

新部署或升级为千兆位以太网可分为 5 种情况:交换机到交换机连接、交换机到服务器连接、以太网主干网、FDDI 主干网和高性能桌面系统。下面介绍千兆位以太网在交换机到交换机连接、交换机到服务器连接和主干网络连接这 3 种情况。

① 交换机到交换机的连接将快速以太网交换机之间 100 Mbit/s 链路直接用 1 000 Mbit/s链路代替,以提高网络的整体性能。

② 交换机到服务器的连接只要用千兆位以太网交换机替换快速以太网交换机,并在服务器上加装千兆位以太网卡,即可实现服务器与交换机之间的 1 000 Mbit/s 连接。

③ 以太网的主干网千兆位以太网交换机能同时支持多台 100/1 000 Mbit/s 交换机、路由器、集线器和服务器等设备。同时,以千兆位以太网交换机为核心的主干网络能支撑更多

的网段，每个网段有更多的节点及更高的带宽。

图 4-28 给出了千兆位以太网的典型应用例子。

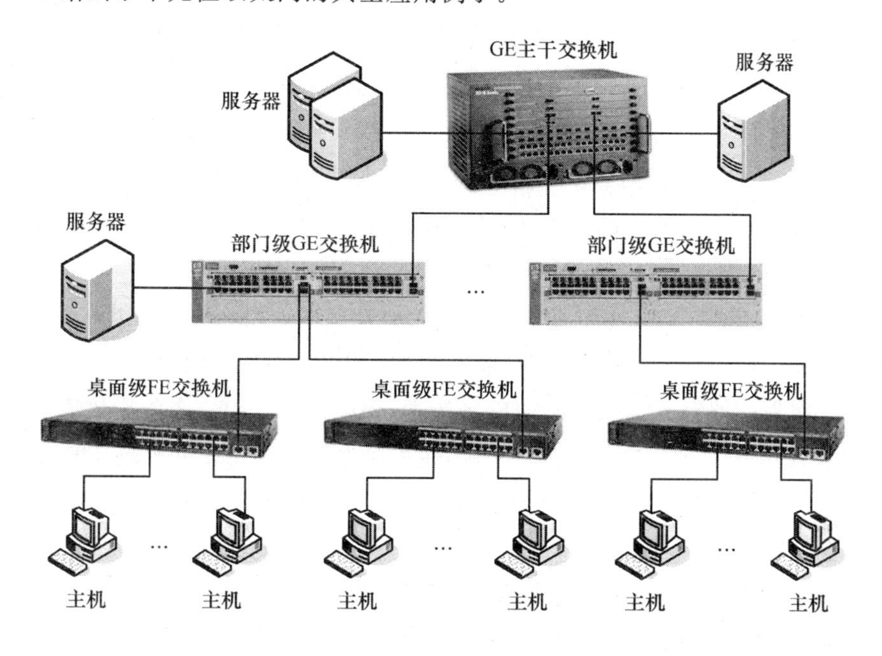

图 4-28 千兆位以太网的典型应用

4.5.4 10 吉比特以太网

在吉比特以太网标准 IEEE 802.3z 通过后不久，在 1999 年 3 月，IEEE 成立了高速研究组(High Speed Study Group，HSSG)，其任务是致力于 10 吉比特以太网(10 GE)的研究。10 GE 的标准由 IEEE 802.3ae 委员会制定，10 GE 的正式标准已在 2002 年 6 月完成。10 GE 也就是万兆以太网。

10 GE 并非将吉比特以太网的速率简单地提高到 10 倍。这里有许多技术上的问题要解决。下面是 10 GE 的主要特点。10 GE 的帧格式与 10 Mbit/s、100 Mbit/s 和 1 Gbit/s 以太网的帧格式完全相同。10 GE 还保留 802.3 标准规定的以太网最小和最大帧长。这就使用户在将其已有的以太网进行升级时，仍能和较低速率的以太网很方便地通信。

由于数据率很高，10 GE 不再使用铜线而只使用光纤作为传输媒体。它使用长距离(超过 40 km)的光收发器与单模光纤接口，以便能够工作在广域网和可使用较便宜的多模光纤，但传输距离为 65～300 m。

10 GE 只工作在全双工方式，因此不存在争用问题，也不使用 CSMA/CD 协议，这就使得 10 GE 的传输距离不再受进行碰撞检测的限制而大大提高了。

吉比特以太网的物理层可以使用已有的光纤通道的技术，而 10 GE 的物理层则是新开发的。10 GE 有两种不同的物理层。

(1) 局域网物理层 LAN PHY。局域网物理层的数据率是 10 Gbit/s，因此 10 GE 交换机可以支持正好10个吉比特以太网接口。

(2) 可选的广域网物理层WAN PHY。广域网物理层具有另一种数据率,这是为了和"10 Gbit/s"的SONET/SDH(即OC-192/STM-64)相连接。

需要注意的是,10 GE并没有SONET/SDH的同步接口,而只有异步的以太网接口。因此,10GE在和SONET/SDH连接时,出于经济上的考虑,它只是具有SONET/SDH的某些特性,如OC-192的链路速率、SONET/SDH的组帧格式等,但WAN PHY与SONET/SDH并不是全部都兼容的。例如,10 GE没有TDM的支持,没有使用分层的精确时钟,也没有完整的网络管理功能。

由于10 GE的出现,以太网的工作范围已经从局域网(校园网、企业网)扩大到城域网和广域网,从而实现了端到端的以太网传输。这种工作方式的好处如下。

(1) 以太网是一种经过实践证明的成熟技术,无论是Internet服务提供者ISP还是端用户都很愿意使用以太网。当然对ISP来说,使用以太网还需要在更大的范围进行试验。

(2) 以太网的互操作性也很好,不同厂商生产的以太网都能可靠地进行互操作。

(3) 在局域网中使用以太网时,其价格大约只有SONET的1/5和ATM的1/10。以太网还能够适应多种传输媒体,如铜缆、双绞线以及各种光缆。这就使具有不同传输媒体的用户在进行通信时不必重新布线。

(4) 端到端的以太网连接使帧的格式全都是以太网的格式,而不需要再进行帧的格式转换,这就简化了操作和管理。但是,以太网和现有的其他网络,如帧中继或ATM网络,仍然需要有相应的接口才能进行互连。

回顾历史,我们看到10 Mbit/s以太网最终淘汰了速率比它快60%的16 Mbit/s的令牌环,100 Mbit/s的快速以太网也使得曾经是最快的局域网、城域网的FDDI变成历史。吉比特以太网和10 GE的问世使以太网的市场占有率进一步得到提高,使得ATM在城域网和广域网中的地位受到更加严峻的挑战。10 GE是IEEE 802.3标准在速率和距离方面的自然演进。以太网从10 Mbit/s到10 Gbit/s的演进证明了以太网是:可扩展的(从10 Mbit/s到10 Gbit/s)、灵活的(多种媒体、全/半双工、共享/交换),易于安装,稳健性好。

4.5.5 光纤分布式数据接口

1. FDDI的工作原理

光纤分布式数据接口FDDI是一种以光纤作为传输介质的高速主干网,它可以用来互连单个计算机与局域网。图4-29给出了FDDI作为主干网互连多个局域网的结构。

FDDI标准采用了IEEE 802的体系结构和LLC协议,研究了FDDI自身的MAC协议,在物理层提出了物理层介质相关(Physical Layer Medium Dependent,PMD)子层与物理层协议(Physical Layer Protocol,PHY)子层。在1992年,FDDI与SONET互连的接口标准研究完成。

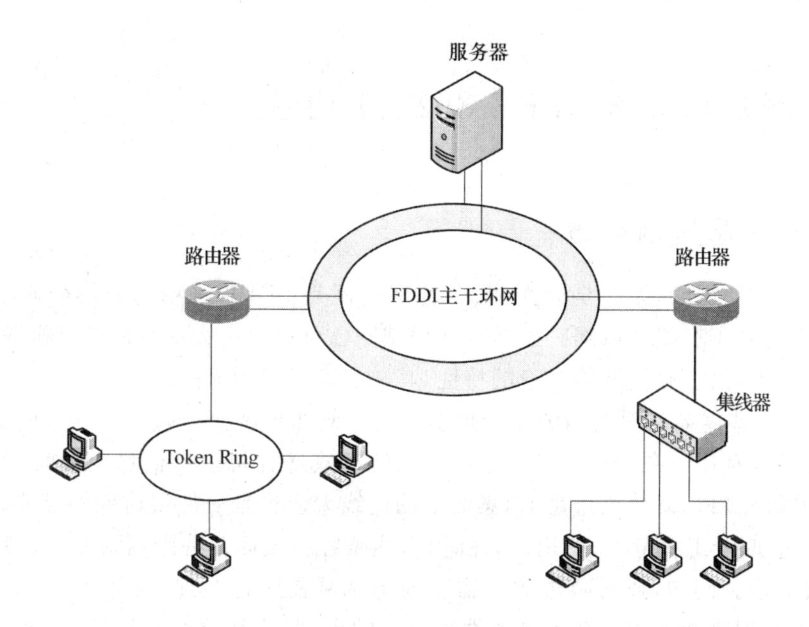

图 4-29　FDDI 作为主干网互连多个局域网的结构

FDDI 是专门为数据传输而设计的，为了传输语音、图像与视频业务，FDDI-Ⅱ标准将从支持分组交换的 FDDI 基本模式(Basic Mode)扩展到混合模式(Hybrid Mode)。混合模式可同时支持分组交换与电路交换。目前，正在研究的下一代 FDDI 标准称为 FFOL(FDDI Follow-On LAN)。

2. FDDI 的技术特点

FDDI 主要有以下 6 个技术特点。

(1) 使用基于 IEEE 802.5 的单令牌的环网介质访问控制协议。

(2) 使用 IEEE 802.2 协议，与符合 IEEE 802 标准的局域网兼容。

(3) 数据传输速率为 100 Mbit/s，联网的节点数≤1 000，环路长度为 100 km。

(4) 可以使用双环结构，具有容错能力。

(5) 可以使用多模或单模光纤。

(6) 具有动态分配带宽的能力，能支持同步和异步数据传输。

3. FDDI 的应用环境

FDDI 主要可在以下环境应用。

(1) 计算机机房网，也称为后端网络，用于计算机机房中大型计算机与高速外设之间的连接，以及对可靠性、传输速率与系统容错等方面要求较高的环境。

(2) 办公室或建筑物群的主干网，也称为前端网络，用于连接大量的小型机、工作站、个人计算机与各种外设。

(3) 校园网或企业网的主干网，用于连接分布在校园或企业中各个建筑物中的小型机、服务器、工作站、个人计算机与局域网。

(4) 多个校园网或企业的主干网，用于连接地理位置相距几千米的多个校园网、企业网，成为一个区域性的互连多个校园网、企业网的主干网。

4.6 无线局域网与 IEEE 802.11 协议

4.6.1 无线局域网的概念

前面介绍的局域网，无论是以太网、令牌环网还是 FDDI，采用的通信介质主要是电缆或光缆，它们都属于有线局域网。虽然有线局域网已可以解决大部分的计算机联网需求，但是在某种场合下，由于有线网络本身的特性，其缺点还是很明显的。

(1) 对于一些需要临时组网的场合很不方便。例如运动会、军事演习等，根本没有现成的网络设施可以利用。在企业内部开会需要用便携式计算机进行信息交流时，不一定能找到足够用的网络接口，即使接口足够，桌面上的连线太多也是一件很讨厌的事情。

(2) 布线、改线工程量大，费用高，耗时长，线路容易损坏。特别网络互连要跨越公共场合时布线很麻烦。例如，公路两边建筑物中的局域网要进行互连，虽然相距可能仅有几十米，但要敷设一根跨街电缆却并不是一件很容易的事情，往往要征得城管、交通、电力、电信等很多部门的同意。这对正在迅速扩大的联网需求形成了严重的瓶颈阻塞。并且，检查电缆是否断线这种耗时的工作很容易令人烦躁，也不容易在短时间内找出断线所在。

(3) 网络中的各站点不可移动。当要把便携式计算机从一处移动到另一处时，无法保持网络连接的持续性。再者，由于企业及应用环境的不断更新与发展，原有的企业网络必须配合重新布局，需要重新安装网络线路，虽然电缆本身并不贵，可是请技术人员来配线的成本很高，尤其是老旧的大楼，配线工程费用就更高了。

解决以上问题最迅速和最有效的方法是采用无线网络通信方案。它使网络上的计算机有了可移动性，能快速、方便地满足以有线方式不易实现的某些特定场合的联网需求。但要注意，无线局域网络绝不是用来取代有线局域网络，而是用来弥补有线局域网络的不足，以达到网络延伸的目的。无线网络与有线网络是一种互补关系，它们之间不存在谁代替谁的问题。

所谓无线局域网络(Wireless Local Area Networks，WLAN) 是利用射频(Radio Frequency，RF)技术取代旧式碍手碍脚的双绞铜线(Coaxial)所构成的局域网络。无线局域网利用电磁波在空气中发送和接收数据，而无须线缆介质。

本节将简单介绍与有线局域网特性最接近的无线局域网。这种局域网是一种以无线信道作传输介质的计算机局域网络，目前已推出的标准是 IEEE 802.11 和它的几个修订版本：IEEE 802.11a、IEEE 802.11b 和 IEEE 802.11g。

4.6.2 无线局域网的应用

随着无线局域网技术的发展，人们越来越深刻地认识到，无线局域网不仅能够满足移动和特殊应用领域网络的要求，还能覆盖有线网络难以涉及的范围。无线局域网的应用领域主要有以下 4 个方面。

(1) 作为传统局域网的扩充

传统的局域网用非屏蔽双绞线实现 10 Mbit/s 甚至更高速率的传输，使得结构化布线技术得到了广泛应用。很多建筑物在建设过程中已预先布好双绞线。但是,在某些特殊的环境中,无线局域网却能发挥传统局域网所没有的作用。这类环境主要是建筑物之间、工厂建筑物之间的连接,股票交易等场所的活动节点,不能布线的历史古建筑,以及临时性的大型报告会与展览会。在上述情况中,无线局域网提供了一种更有效的联网方式。在大多数情况下,传统的局域网用来连接服务器和一些固定的工作站,而移动和不易于布线的节点可以通过无线局域网接入,典型的连接设备是AP(Access Point,接入点)。

图4-30给出了典型的无线局域网结构。

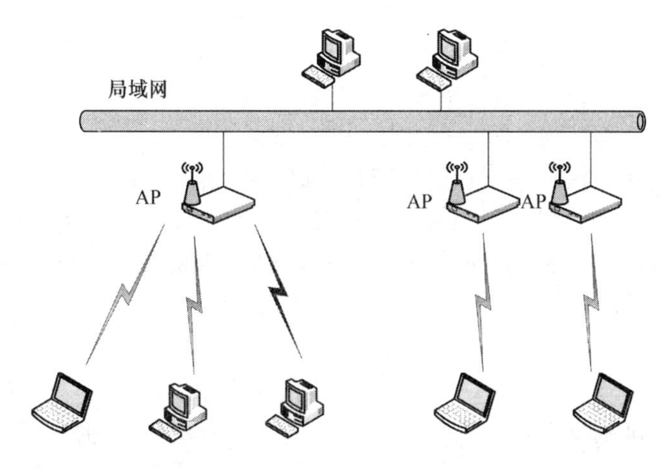

图4-30 典型的无线局域网结构

(2) 建筑物之间的互连

无线局域网的另一个用途是连接邻近建筑物中的局域网。在这种情况下,两座建筑物使用一条点到点无线链路,典型的连接设备是无线网桥或路由器。

(3) 漫游访问

带有天线的移动数据设备(如笔记本电脑、PDA)与无线局域网集线器之间可以实现漫游访问(Nomadic Access)。例如,在展览会场的工作人员向听众作报告时,通过笔记本电脑访问办公室里的服务器文件。漫游访问在大学校园或业务分布在几座建筑物的环境也很有用。用户可以带着自己的笔记本电脑随意走动,从任何地点连接到无线局域网集线器。

(4) 特殊无线网络的结构

无线自组网采用不需要基站的"对等结构"移动通信模式,无线自组网中没有固定的路由器,这种网络中的所有用户都可以移动,并且支持动态配置和动态流量控制,每个系统都具备动态搜索、定位和恢复连接的能力。这些行为特征可以用"移动分布式多跳无线网络"或"移动的网络"来描述。例如,员工每人有一个带有天线的笔记本电脑,他们被召集在一间房间里开会,计算机可以连接到一个暂时的网络,会议完毕后网络将不再存在。

4.6.3 无线局域网标准

最早的无线局域网标准是1997年IEEE发布的IEEE 802.11标准,这是在无线局域网领域内的第一个在国际上被认可的标准。1999年9月IEEE又公布了作为IEEE 802.11标准的补充标准IEEE 802.11a和IEEE 802.11b。IEEE 802.11g补充标准于2003年6月由IEEE正式公布,它是使用最多的标准,工作在2.4 GHz频段,可达54 Mbit/s。

IEEE 802.11 标准为无线局域网协议定义了物理层和 MAC 子层的技术规范，且使用了 IEEE 802.2 中定义的标准 LLC 子层。在网络层及以上各层，系统可以使用任何标准的协议组，例如 TCP/IP 或 IPX/SPX。IEEE 802.11 标准的体系结构如图 4-31 所示。

LLC		
MAC		
跳频 PHY	直接序列 PHY	红外 PHY

图 4-31 IEEE 802.11 标准的体系结构

IEEE 802.11 标准定义了 3 种物理层介质：跳频扩展频谱（Frequency Hopping Spread Spectrum，FHSS）、直接序列扩展频谱（Direct Sequence Spread Spectrum，DSSS）和红外线。IEEE 802.11 和它的 3 个补充标准的工作频带和速率分别如下。

- IEEE 802.11 工作在 2.4 GHz 频带，通信速率为 1 Mbit/s 和 2 Mbit/s。
- IEEE 802.11a 工作在 5.8 GHz 频带，通信速率为 5 Mbit/s、11 Mbit/s 和 54 Mbit/s。
- IEEE 802.11b 工作在 2.4 GHz 频带，通信速率为 1 Mbit/s、2 Mbit/s、5.5 Mbit/s 和 11 Mbit/s。
- IEEE 802.11g 工作在 2.4 GHz 频带，通信速率为 1 Mbit/s、2 Mbit/s、5.5 Mbit/s、11 Mbit/s 和 54 Mbit/s。

标准的 IEEE 802.11 产品由于传输速率比较低，所以没有得到广泛的应用。目前使用最广泛的是价格低廉、速度较高的 IEEE 802.11g 产品。而 IEEE 802.11a 虽然速度非常快，但价格昂贵，推广有一定难度。IEEE 802.11g 标准除具有与 IEEE 802.11a 相同的高达 54 Mbit/s 的数据传输速率外，其最大的特点就是对目前已经普及的 IEEE 802.11b 标准具有良好的向下兼容性，也就是说，在一个无线局域网中，IEEE 802.11g 标准的产品与 IEEE 802.11b 标准的产品能够混用，这可以极大地保护用户在 IEEE 802.11b 产品上的投资，因此具有极大的市场潜力。

不同标准无线局域网产品的特点如表 4-1 所示。

表 4-1 不同标准无线局域网产品的特点

	IEEE 802.11	IEEE 802.11a	IEEE 802.11b	IEEE 802.11g
最大传输速率	低，2 Mbit/s	高，54 Mbit/s	中等，11 Mbit/s	高，54 Mbit/s
兼容性	—	与 IEEE 802.11b	—	IEEE 802.11b
安全性	较好	好	较好	好
抗信号衰减能力（穿越能力）	强	一般	强	强
抗干扰能力	中等	强	较强	较强
连接距离	室外：100～300 m 室内：30～50 m	5～10 km	室外：100～300 m 室内：30～50 m	室外：100～300 m 室内：30～50 m
价格	低	高	低	高
支持业务	数据	数据、语音、图像	数据、语音、图像	数据、语音、图像
用户类型	—	企业	家庭、企业	企业

4.7 局域网结构化综合布线

从广义上讲,网络布线系统包括局域网和广域网两个部分。但是由于广域网的布线系统一般是公共设施服务部门提供的,所以一般与用户的网络系统设计关系不大,这里不作介绍。下面介绍的结构化综合布线系统专指局域网范围内的布线系统。

布线系统是指在一个楼或楼群中的通信传输网络。这个传输网络除了能连接所有的数字设备外,还能连接电话、语音广播、摄像监视、监视监控等模拟信号设备。布线系统也和计算机系统一样,随着科技的进步不断地发展,它的定义也不断发生着变化。早期的计算机网络都是一个单独的传输系统,但随着计算机网络的普及化和大众化,计算机网络逐步与传统的电信传输网络(如电话系统等)结合起来,在建筑物中构成统一的结构化综合布线系统。

所谓结构化布线,就是指建筑群内的线路布置标准化、简单化、统一化。结构化综合布线则是将建筑群内的若干种线路系统,如电话系统、数据通信系统、报警系统、监控系统结合起来,进行统一布置,并提供标准的信息插座、连接器和线路交叉连接设备等,以灵活地连接各种不同类型的终端设备。

4.7.1 结构化布线的优点

传统的利用同轴细缆或粗缆组建局域网有着诸多不足。

(1) 可靠性差。电缆的某处故障会引起全网的瘫痪。

(2) 布线困难。因是总线结构,须将电缆依次拉到每一站点。且与其他电气系统不兼容。

(3) 无法使用全双工方式,传输速率低,不能用于高速网络。

(4) 粗缆价格较高。

在现代局域网中,无论采用哪种媒体访问技术,均可利用双绞线、光纤,采用星形结构实现。而结构化布线就是利用双绞线及光纤很好地克服了同轴电缆布线的不足,具有可靠性好、传输速率高(指5类双绞线和光纤)、适用面广(可用于各种网络及电话线)、易于布线等优点。

结构化综台布线的优点还体现在以下几个方面。

(1) 一个单位需要各种功能的设备,除计算机外,还有电话机、传真机、安全保密设备、火灾报警器、供热及空调设备、生产设备、集中控制系统等。因此,也需要在布线系统中增加对这些设备的数据传输或监控,这就需要一个系统化的综合网络解决方案。

(2) 研究表明,高达70%的网络故障均是由低质的电缆布线系统引起的,安装一个标准的结构化布线,可有效地消除绝大部分网络故障。

(3) 电缆的生命周期在整个网络中是最长的,它仅次于建筑物的生命周期。而结构化布线的投资在整个网络系统中一般仅占5%,因此一个标准的布线系统可满足未来的应用需求,并保证投资的有效性。

(4) 在当今的信息网络时代,网络的变化发展都是以应用和管理为中心,网络必须适应其发展和变化。网络布线系统可以在设计、安装时就充分考虑到应用和管理方面的需求变化以及系统配置的变化。

(5) 结构化布线可服务于多方面的系统应用。它支持数据、语音、影像等信号的传输，支持多种类型的设备，支持各种复杂的系统构架。

4.7.2 结构化布线系统的组成

一个完整的结构化布线系统一般可分为楼宇(建筑群)子系统、管理间子系统、设备间子系统、垂直干线子系统、水平子系统及工作区子系统 6 大部分，如图 4-32 所示。

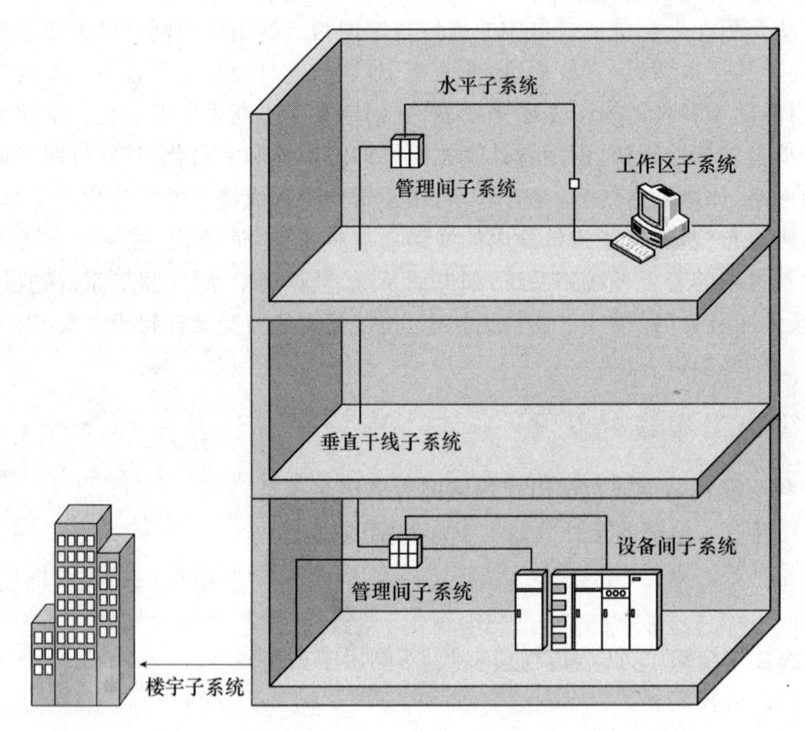

图 4-32 结构化布线系统示意图

1. 楼宇(建筑群)子系统

楼宇(建筑群)子系统用于建筑群之间或建筑园区内主干之间的连接，通常是由室外光缆、电缆、有效防止高压脉冲电压进入建筑物的电气保护装置和线缆连接装置构成。铺设形式可以是架空、埋地或管道。

2. 设备间子系统

设备间子系统是结构化布线系统的中心节点，楼宇内外所有的电缆均汇总于此。其一般位于楼宇的中心位置。设备间子系统由主配线架、跳线和各种公共设备组成，它的主要功能是将各种公共设备(如计算机主机、电话交换机、网络交换设备等)与主配线架连接起来，该子系统还包括雷电保护装置。它通过配线架、跳线块等布线设备使楼内系统的终端可任意扩充、分组或交叉连接。

3. 垂直干线子系统

垂直干线子系统构成了楼宇内部的主干。垂直干线子系统的主要功能是将管理间子系统与位于各楼层的设备间子系统连接起来。它可以采用多模光纤或大对数双绞线电缆,沿楼宇的弱电垂直通道走线。

4. 管理间子系统

管理间子系统用于将垂直子系统与本楼层的水平子系统连接起来。它由楼层配线架、跳线、集线器、交换机等设备组成,一般安装在19英寸(48.26 cm)标准机柜内。通过灵活地进行跳线,可适应楼层内终端的增减或移动。

5. 水平子系统

水平子系统用于把本楼层工作区的信息插座连接到管理间子系统的配线架。水平子系统可以由5类双绞线组成(高带宽时也可以使用光纤)。每个信息插座均需一根网线,网线长度不得超过90 m,走线从管理间出发经过天花板吊顶然后埋入线槽,最后到达信息插座。

6. 工作区子系统

工作区子系统包括工作现场的信息插座、适配器和长度不超过10 m的信息跳线。信息跳线用于把各种终端设备(如计算机、电话机等)连接到信息插座上。信息跳线一般为压接有RJ-45插头的双绞线电缆。适配器用于转换插座类型,以便与RJ-11插头匹配。信息插座由面板和RJ-45模块(插座)组成。信息插座的结构有墙上型、地面型和桌面型,以适应工作现场的环境。

4.7.3 结构化综合布线系统的设计要点

1. 设备间子系统的设计要点

设备间的所有进线终端设备应采用色标区别各类用途的配线区。设备间的位置及大小应根据设备的数量、规模、设备之间的距离等因素综合考虑确定。电话、数据、计算机主机设备及其各种监控配线设备最好集中设在一个房间内。程控电话交换机及计算机主机房离设备间的距离不宜太远。

2. 垂直干线子系统设计要点

每个工作区通常需要两到三对双绞网线。干线子系统所需要的电缆总对数就是所有工作区所需网线的对数之和。

现代建筑每层楼都设有弱电间,弱电间中有电缆竖井、电缆孔、电缆管道或电缆桥架等设施。干线电缆应沿着这些设施垂直敷设。

干线电缆可采用点对点端接或分支递减端接。点对点端接是从每一层的弱电间都有一根独立的干线电缆延伸到设备间,楼宇有多少层就需要多少根干线电缆。分支递减端接是用一根足以支持若干个楼层通信容量的大容量电缆分别延伸到每个楼层的弱电间。

当设备间与计算机机房处于不同地点时,要考虑数据电缆和语音电缆的不同路由。在设计时应选取不同的干线电缆或干线电缆的不同部分来分别满足语音和数据传输的需要。

3. 管理间子系统设计要点

中小规模的管理间子系统可采用单点管理双交叉连接。单点管理位于设备间中的交换机附近,通过电缆直接连到用户房间或二级交叉连接设备。网络管理员可通过在标有色标的交叉连接场的跳线块之间接上跨接线或跳接线的方式实现线路的管理。交叉连接场通常包括很多按垂直或水平结构进行排列的跳线块。色标用于标识某个交叉连接场是用于连接干线电缆、配线电缆还是设备端接点。

在配线区应做好标记,如名称、位置、编号、起点、终点和功能等。通常由安装人员在标准尺寸的彩色硬卡纸上进行标注并插入交叉连接设备的面板上。规模较小时也可直接在电缆上进行标记。

交叉连接设备的连接方式可按以下原则选用。

(1) 楼层上的线路很少进行调整或重新组合时,可使用夹接线方式。

(2) 楼层上的线路经常需要调整或重新组合时,可使用插接线方式。

4. 水平子系统设计要点

应根据用户终端设备的数量和位置决定每层需要安装的信息插座的数量和位置。每个信息插座可支持一台计算机终端和一部电话。设计时应考虑到终端将来可能会有移动、修改或重新布置。水平子系统一般采用5类双绞线,高速应用场合可选用光缆。水平双绞线电缆长度为90 m以内。

5. 工作区子系统设计要点

一般将需要设置用户终端设备的相对独立的区域划分为一个工作区,如办公室、写字间、工作间、监控室等。一个工作区的服务面积可按5～10 m^2 估算,每个工作区至少应设置一个电话机或计算机终端设备,也可按用户要求设置;工作区的每一个信息插座均应支持电话机、数据终端、计算机、监视器等设备。

习题4

一、选择题

1. 10BASE-T上,双绞线的连接口采用(　　)。

A. RJ-11　　B. RJ-45　　C. BNC　　D. AUI

2. 10Base-2型LAN的运行速度和支持的粗缆最大长度是(　　)。

A. 10 Mbit/s,100 m　　B. 10 Mbit/s,185 m

C. 10 Mbit/s,200 m　　D. 16 Mbit/s,185 m

3. IEEE 802.3标准规定(　　)。

A. CSMA/CD总线介质访问控制子层与物理层规范

B. Token Bus介质访问控制子层与物理层规范

C. Token Ring介质访问控制子层与物理层规范

D. 无线局域网技术

4. 以太网交换机的10 Mbit/s全双工端口的带宽为(　　)。

A. 10 Mbit/s　　B. 20 Mbit/s　　C. 5 Mbit/s　　D. 100 Mbit/s

5. (　　)由网桥自己来进行路由选择,局域网上的各节点不负责路由选择,网桥对于互连局域网的各节点是“透明”的。

A. 源路由网桥　　B. 透明网桥　　C. 转换网桥　　D. 交换网桥

6. 如果要用粗同轴电缆组建以太网，需要购买带(　　)接口的以太网卡。

A. AUI　　B. RJ-45　　C. BNC　　D. F/O

7. 以太网交换机与以太网集线器比较的优点是(　　)。

A. 能隔离广播域　　B. 能扩大网络覆盖范围

C. 能独占带宽通信，隔离冲突域　　D. 共享带宽通信

8. 关于局域网，下面的说法正确的是(　　)。

A. IEEE 802 委员会将局域网体系结构定义为物理层和 MAC 层

B. 总线型的局域网采用 CSMA/CD 的方式解决媒体共享问题

C. 高速以太网和传统的以太网不能做到平滑过渡

D. 虚拟局域网是一种新型的网络

9. 如果 Ethernet 交换机有 4 个 100 Mbit/s 全双工端口和 20 个 10 Mbit/s 半双工端口，那么这个交换机的总带宽最高可以达到(　　)。

A. 600 Mbit/s　　B. 1 000 Mbit/s　　C. 1 200 Mbit/s　　D. 1 600 Mbit/s

10. 10 个站都连接到一个 100 Mbit/s 以太网集线器上，每一个站得到的带宽是(　　)；10 个站都连接到一个 100 Mbit/s 以太网交换机上，每一个站得到的带宽是(　　)。

A. 平均 10 Mbit/s，平均 100 Mbit/s　　B. 独占 100 Mbit/s，平均 100 Mbit/s

C. 平均 10 Mbit/s，独占 100 Mbit/s　　D. 独占 100 Mbit/s，独占 100 Mbit/s

11. (　　)是一种以光纤作为传输介质的环形高速主干网，它可以用来互连单个计算机与局域网。

A. FDDI　　B. 100BASE-T4

C. 100BASE-FX　　D. 100BASE-TX

12. 关于虚拟局域网描述错误的是(　　)。

A. 虚拟局域网技术的基础是局域网交换技术，是由一些局域网网段构成的与物理位置无关的逻辑组

B. 它限制了接收广播信息的工作站数，使得网络不会因传播过多的广播信息(即所谓的“广播风暴”)而引起性能恶化

C. 不能隔离广播域

D. 是局域网给用户提供的一种服务，而并不是一种新型的局域网

13. IEEE 802 标准为局域网规定了一种(　　)位二进制的全球地址，固化在网络适配器的 ROM 中，用来在 MAC 层标识接入局域网上的每一台计算机。

A. 24　　B. 48　　C. 32　　D. 16

14. 关于局域网技术下面描述正确的是(　　)。

A. 由于局域网属于通信子网，所以 IEEE 802 标准定义了局域网体系结构为物理层、数据链路层和网络层

B. 无线局域网络的提出取代了有线局域网络

C. IEEE 802.3 描述了令牌环的介质访问控制子层和物理层规范

D. 决定局域网特性的主要技术要素为网络拓扑、传输介质和介质访问控制方法

15. 关于网桥描述错误的是(　　)。

A. 网桥可以分为透明网桥和源路由网桥

B. 网桥能够过滤通信量,增大吞吐量,所以网桥能够隔离广播域

C. 透明网桥在用于解决单点失效问题时,可能会引起兜圈子问题

D. 使用源路由网桥可以利用最佳路径,但是路径的选择对于发生数据的源站不透明

二、填空题

1. 环形局域网的介质访问控制方法是____________。

2. 局域网使用的 3 种典型拓扑结构是____________、____________、____________。

3. 100BASE-T 标准规定用户节点到以太网交换机的最大距离是____________。

4. 网桥可以分为____________和____________两类。

5. 以太网集线器互连的网络从物理上看是____________,从逻辑上看是____________。

6. 在 IEEE 802.11 定义的结构模型中,构成无线局域网的最小模块是____________。

7. 100BASE-T 的快速以太网是在双绞线上传送____________基带信号的星形拓扑以太网,仍使用 IEEE 802.3 的____________协议。

三、简答题

1. 构建局域网的 3 个关键技术是什么?

2. 常见的局域网基本拓扑结构有哪些?各有何特点?

3. 局域网的媒体访问控制方法有哪几种?

4. 简述 CSMA/CD 的工作原理。争用期的作用是什么?

5. 以太网网卡的硬件地址有何特点和作用?

6. 简述局域网交换机的工作原理。

7. 什么是 VLAN?通过什么技术实现 VLAN?最常用的划分 VLAN 的方法是什么?

8. 假定 2 km 长的 CSMA/CD 网络的数据传输速率为 10 Mbit/s。设信号在网络上传播速度为 100 000 km/s。求能够使用此协议的最短帧长多少字节?

9. 某教学大楼要采用结构化布线,布线系统由 6 个子系统组成,请将图中(1)～(6)处空缺子系统的名称填写在解答栏内。

(1)____________

(2)____________

(3)____________

(4)____________

(5)____________

(6)____________

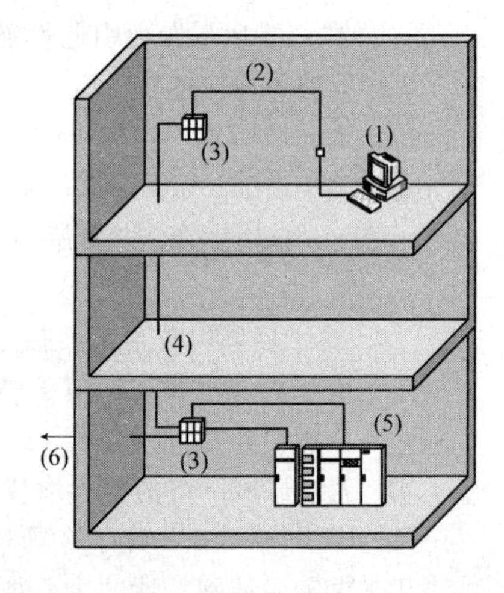

第5章 网络互连技术

通过网络互连技术,我们可以将不同的网络或相同的网络用互连设备连接起来,组成一个范围更大的网络。Internet 就是各种类型的网络通过网络互连技术连接起来的。本章讨论网络互连问题,在介绍了网络互连的目的、要求、形式后,就进入了本章的核心内容——网际协议 IP 的介绍,并对路由器进行详细的探讨。这是本章的重点,也是网络互连的核心。本章还将讨论网际报文协议 ICMP、NAT 技术、IPv6 技术以及 Internet 传输层协议的基本概念。

本章主要讨论以下问题:

○ 为什么要实现网络互连?

○ 如何互连?

○ 路由器能互连什么样的网络?

○ Internet 网际协议的作用有哪些?

○ ICMP 解决什么问题?

○ NAT 能做什么?

○ IPv6 的特点是什么? 它的提出解决了什么问题?

○ 端口的作用是什么?

5.1 网络互连概述

OSI/RM 本身的不成熟和过于复杂导致各种计算机网络标准和体系结构产生,进而导致各种不同类型网络的出现。网络互连是指将分布在不同地理位置的同种类型(同构)或不同类型(异构)的网络连接起来,扩大网络的覆盖范围,形成更大的网络,实现大范围的网络资源共享。

1. 网络互连的基本要求

要实现网络互连,最关键就是要做到透明。也就是说,任何网络的互连对网络用户而言只是感觉在网络上增加了更多的用户,而对于互连在一起的网络的体系结构无须作任何的改动。更具体地说,"互连"网络的结构对所有用户均是透明的。

2. 网络互连的形式

计算机网络有多种不同的分类方法。其中,按网络的作用范围进行分类是目前最常见的一种,一般分为局域网、城域网与广域网。由于技术的发展和变化,城域网很少作为一种网络类型单独提出。因此，根据网络的类型，网络互连可以是 LAN-LAN 互连，也可以是 LAN-WAN(或 WLAN-LAN)互连。

网络互连可以在网络体系结构的不同层次上实现，主要有以下几种。

(1) 物理层实现互连。在物理层使用转发器或集线器在不同的电缆段之间放大转发信号。转发器和集线器概念上仅是一种信号放大设备，其作用仅用来扩大网络覆盖范围，因而严格意义上讲，转发器并不属于实现多网互连的中继系统。

(2) 数据链路层实现互连。数据链路层使用网桥或交换机在局域网之间存储转发数据帧。

(3) 网络层实现互连。网络层使用路由器在不同的网络之间存储转发分组。

(4) 网络层以上实现互连。在传输层及应用层使用的网络互连设备是网关。网关提供更高层次的互连。

LAN-LAN 互连通常在物理层或数据链路层上实现，网络规模较小时使用转发器(集线器)或网桥(交换机)，规模较大时可能还要使用路由器。这是因为在小型网络中，要解决的主要是网段互连和冲突域问题；网络规模较大时，广播域问题就由次要问题上升为主要问题，因此需要使用具有隔离广播域能力的路由器来进行网络互连。

LAN-WAN 互连是使不同企业或机构的局域网接入范围更大的一体化的网络体系中，如接入 Internet。尽管它们所使用的通信线路、网络协议和网络操作系统，甚至它们的网络体系结构都大不相同，但是这些局域网(往往还包括各种各样的主机系统)在这个一体化的网络中必须共存、互通。所以，LAN-WAN 之间的互连只能在网络层或更高层上实现，使用的互连设备也只能是路由器或网关。

另外，为了提高网络的性能及安全、管理的需要，也会考虑将原来很大的网络划分为几个网段和逻辑上的子网，子网之间用网络设备互连起来，例如虚拟局域网的应用。

5.2 互连网络协议 TCP/IP

Internet 由数以万计的网络与数亿台计算机组成，这就需要有一套大家都必须遵守的规章制度，才能保证 Internet 正常工作，就如同人与人之间的交谈需要使用共同语言一样。如果一个人讲中文，另一个人讲英文，那就必须找一个翻译，否则这两个人之间就无法正常交流。计算机之间的通信过程与人们之间的交谈过程非常相似，不同的是前者由计算机来控制，后者由参加交谈的人来控制。

Internet 是由各种不同类型的计算机组成的子网互连而成的，而这些子网中的计算机也可以使用不同的操作系统。在这个复杂的系统中，通过什么方法能够保证 Internet 正常工作呢？方法只能有一个：那就是要求所有连入 Internet 的计算机都使用相同的通信协议，这个协议就是 TCP/IP。TCP/IP 是一种计算机之间的通信规则，它规定了计算机之间通信的所有细节。

TCP/IP 规定了每台计算机信息表示的格式与含义、计算机之间通信所要使用的控制信息以及在接收到控制信息后应该作出的反应。TCP/IP 参考模型分为 4 个层次：网络接口层、网络层、传输层和应用层，如图 5-1 所示。TCP/IP 就分布在这 4 个层次中。其中，网络接口层负责通过网络发送与接收数据包；网络层负责处理来自传输层报文的分组发送、流量控制与网络拥塞问题；传输层负责在源主机与目的主机间建立端到端的连接，包括面向连接的 TCP 与无连接的 UDP。应用层是 TCP/IP 参考模型的最高层，它包括所有的高层协议（如 HTTP、FTP 与 Telnet），并且不断有新的高层协议出现。

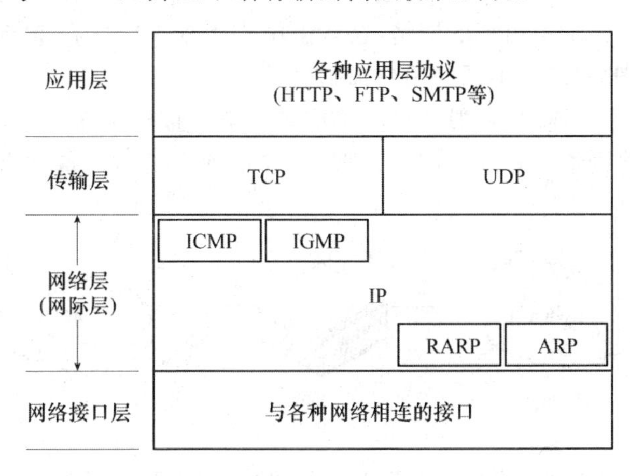

图 5-1　网际协议 IP 及其配套协议

5.3　因特网网际协议 IP

网络层网际协议 IP 是最重要的因特网标准协议之一。与 IP 配套使用的还有 4 个协议：地址解析协议（Address Resolution Protocol，ARP）、逆地址解析协议（Reverse Address Resolution Protocol，RARP）、网际控制报文协议（Internet Control Message Protocol，ICMP）、网际组管理协议（Internet Group Management Protocol，IGMP）。

图 5-1 画出了这 4 个协议和网际协议 IP 的关系。在这一层中，ICMP 和 IGMP 画在这一层的上部，因为它们要使用 IP；ARP 和 RARP 画在最下面，因为 IP 经常要使用这两个协议。由于网际协议 IP 是用来使互连起来的许多计算机网络进行通信的，因此 TCP/IP 体系中的网络层常称为网际层（Internet Layer）或 IP 层。

在讨论网际协议 IP 之前，必须了解什么是虚拟互连网络。

我们知道，如果要在全世界范围内把数以百万计的网络都互连起来，并且能够相互通信，是一件非常复杂的事情。其中会遇到许多问题需要解决。

- 不同的寻址方案。主要反映在不同的网络对网络主机的编址方法可能不同，那么应如何在不同网络之间寻址呢？
- 不同的最大分组长度。例如，有的网络可能采用 128 B 的分组方案，有的网络可能采用 256 B 的分组方案，那么应如何在这两类不同网络之间进行分组长度的转换呢？
- 不同的网络接入机制。例如，受控接入和随机接入媒体使用方式的差异。
- 不同的差错恢复方法。进行差错检查还是不检查？差错处理采取什么方法？
- 不同的路由选择技术。
- 不同的用户接入控制。

• 不同的服务(面向连接服务和无连接服务)。

• 不同的管理与控制方式;等等。

假设我们让用户都使用相同的网络,这样网络互连就变得简单了。然而,由于用户需求的多样性,没有一种单一的网络能够适应所有用户的需求。另外,网络技术是不断发展的,网络的制造厂家也要经常推出新的网络,在竞争中求生存。因此在市场上总是有很多种同性能、不同网络协议的网络供不同的用户选用。

因此,在实现网络互连时,一般不是简单地将网络直接连接在一起,而是通过一些中间设备(或中间系统)将网络互相连接起来,通常将起这种作用的设备称为中继(Relay)设备,如图 5-2 所示。

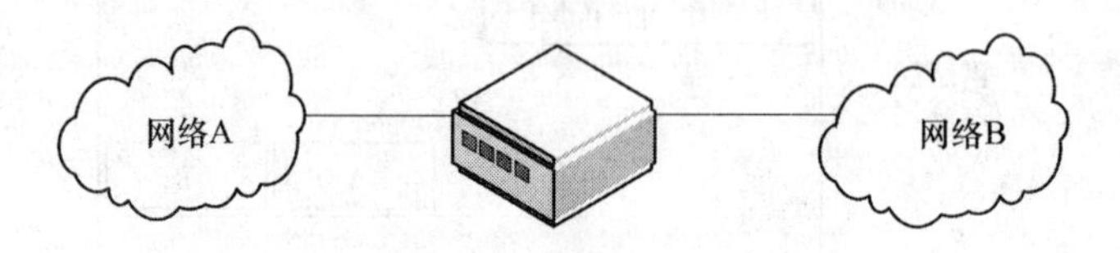

图 5-2 中继系统的作用

由于现代计算机网络均采用层次结构,因而在实现网络互连时,随中继系统在不同层引入有着不同的作用。

如果某中继系统在进行信息的转发时与各网络系统共享共同的第 N 层协议,那么这个中继系统就称为第 N 层中继系统(中间设备)。按中继系统所属层次划分,通常将中继系统分成 4 大类。

(1) 物理层使用的中间设备叫作转发器(Repeater)。

(2) 数据链路层使用的中间设备叫作网桥或桥接器(Bridge)。

(3) 网络层使用的中间设备叫作路由器(Router)。

(4) 在网络层以上使用的中间设备叫作网关(Gateway)。用网关连接两个不兼容的系统需要在高层进行协议的转换。

从网络层的角度看,当中间设备是转发器或网桥时,仅仅是把一个网络扩大了,这样的网络仍然是个网络,一般并不称之为网络互连。另外,由于网关比较复杂,目前使用得较少。因此,现在我们讨论网络互连时都是指路由器进行网络互连。路由器其实就是一台专用计算机,用来在互联网中进行路由选择、分组转发。

相互连接的异构网络只要在网络层采用标准化的统一协议,就能够实现网络互连。在TCP/IP 体系中,采用的做法是在网际层采用了标准化协议 IP 实现虚拟的互连网络。图 5-3(a)表示有许多计算机网络通过一些路由器进行互连。由于参加互连的计算机网络都使用相同的网际协议 IP,因此可以把互连以后的计算机网络看成如图 5-3(b)所示的一个虚拟互连网络(Internet)。所谓虚拟互连网络也就是逻辑互连网络,就是利用 IP 使这些互连起来的各种异构的物理网络在网络层上看起来好像是一个统一的网络。这种使用 IP 的虚拟互连网络可简称为 IP 网。使用 IP 网的好处是:当 IP 网上的主机进行通信时,就好像在一个单个网络上通信一样,它们看不见互连的各网络的具体异构细节(如路由选择协议等)。

当很多异构网络通过路由器连接起来时,如果所有的网络都使用相同的 IP,那么在网络层讨论问题就显得很方便。

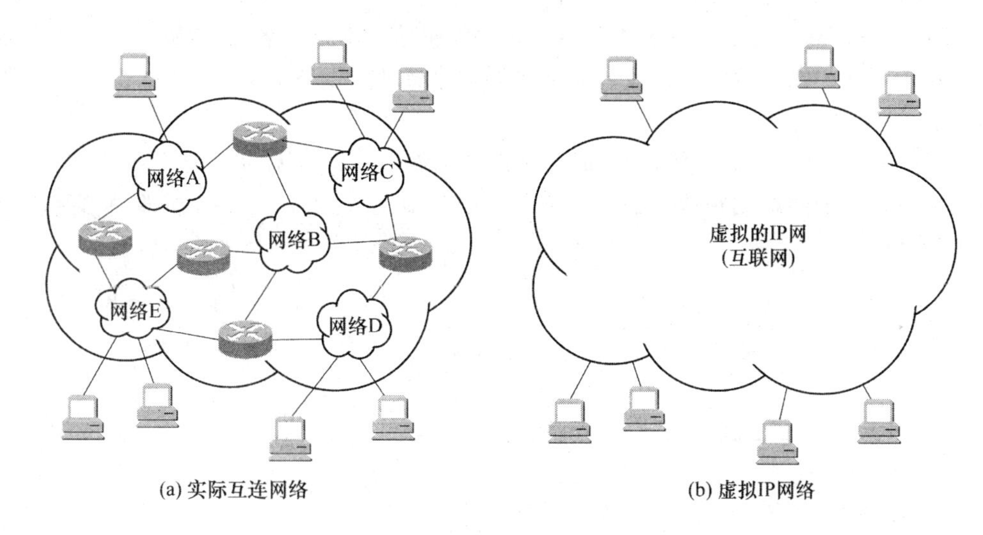

图 5-3　虚拟互联网的概念

5.3.1　IP 地址

在 TCP/IP 体系中，IP 地址是一个基本的概念，一定要把它弄清楚。

1. IP 地址的概念

从图 5-3 我们知道，整个 Internet 就是一个单一的、抽象的网络。IP 地址就是给Internet上的每一个主机（或路由器）的每一个接口分配一个在全世界范围是唯一的 32 位的标识符，类似于为接入电话网的每台电话分配一个世界范围内的电话号码。IP 地址采用分层结构，图 5-4 给出了 IP 地址的结构。IP 地址由两部分组成：网络号(net-id)和主机号(host-id)。

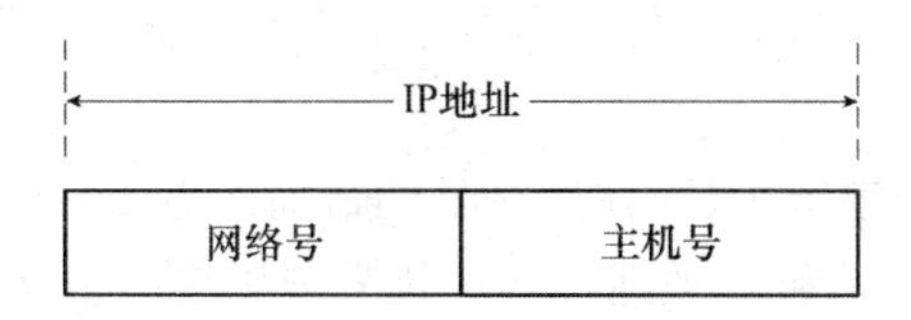

图 5-4　IP 地址的结构

其中，网络号标志主机(路由器)所连接到的网络；主机号标志网络中的主机(路由器)。如果一台 Internet 主机(路由器)有两个或多个 IP 地址，则该主机(路由器)属于两个或多个逻辑网络。

IP 地址的发展经历了 3 个阶段。

(1) 分类的 IP 地址。这是最基本的编址方法，在 1981 年就通过了相应的标志协议。

(2) 子网划分。这是对最基本的编址方法的改进，其标志 RFC950 在 1985 年通过。

(3) 构成超网。这是新的无分类编址方法，1993 年提出后很快得到推广应用。

IP 地址的结构使我们可以在 Internet 上很方便地进行寻址。IP 地址现在由因特网名字与号码指派公司 ICANN 进行分配。本节只讨论最基本的分类 IP 地址。

2. IP 地址的分类和表示

所谓“分类的 IP 地址”就是将 IP 地址划分为若干个固定类。由于 IP 地址的长度为 32

位，而网络号长度将直接决定了整个 Internet 中能包括的不同网络数；主机号长度则直接决定了在每个网络中能容纳的主机数。那么在给定位数的情况下，网络号和主机号究竟分别应占多少位呢？

为了便于对 IP 地址进行管理，同时还考虑到网络的差异很大，有的网络拥有很多主机，而有的网络拥有的主机则很少，因此 Internet 的 IP 地址分成为了 5 大类，即 A 类到 E 类，如图 5-5 所示。

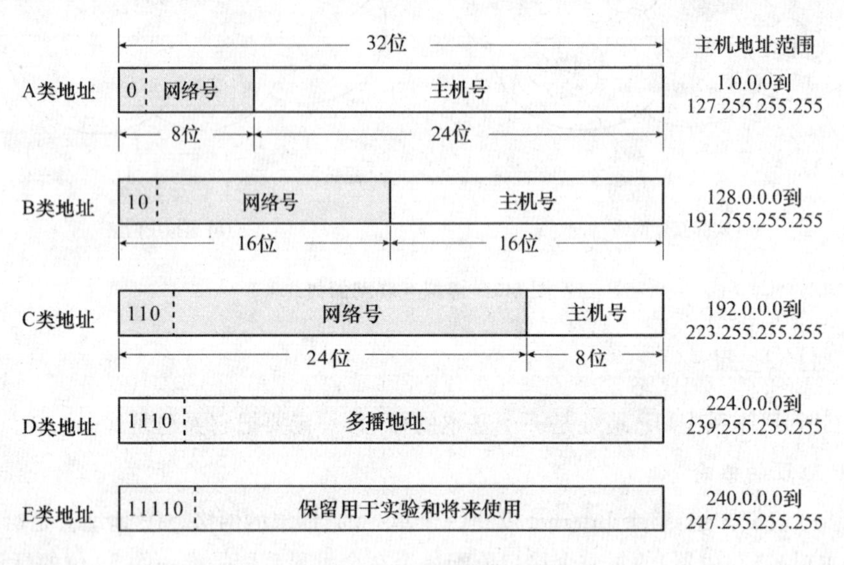

图 5-5 IP 地址的分类

图 5-5 中给出了各种 IP 地址的网络号和主机号的范围，其中 A 类、B 类和 C 类地址都是单播地址(一对一通信)，是最常用的。本书主要介绍 A 类、B 类和 C 类地址。

从图 5-5 中可以看出：A 类、B 类和 C 类的网络号(在图中这个字段是灰色的)分别为 1 个字节长、2 个字节长、3 个字节长，而在网络号的最前面有 1～3 位的类别位，其数值分别规定为 0、10 和 110。A 类、B 类和 C 类地址的主机号分别为 3 个字节长、2 个字节长和 1 个字节长。D 类地址(前 4 位是 1110)用于多播(一对多通信)。E 类地址(前 5 位是 11110)保留为以后用。

由于近年来已经广泛使用无分类 IP 地址进行路由选择，A 类、B 类和 C 类地址的区分已成为历史(RFC 1812)，但由于很多文献和资料都还使用传统的分类 IP 地址，因此在这里，我们还是要从分类 IP 地址讲起。

从 IP 地址的结构来看，IP 地址并不仅仅指明一个主机，而且还指明了主机所连接到的目的网络。当某个单位申请到一个 IP 地址时，实际上是获得了具有同样网络号的一块地址。其中具体的各个主机号则由该单位自行分配，只要做到在该单位管辖的范围内无重复的主机号即可。

在主机或路由器中，IP 地址都是 32 位的二进制代码。为了提高可读性，我们采用点分十进制记法(Dotted Decimal Notation)来表示。点分十进制记法是把 32 位的 IP 地址中的每 8 位用其等效的十进制数字表示，并且在这些数字之间加上一个点，图 5-6 表示了这种方法。这里是一个 C 类 IP 地址，显然，192. 168. 24. 28 比 11000000 10101000 00011000

00011100 读起来要方便得多。

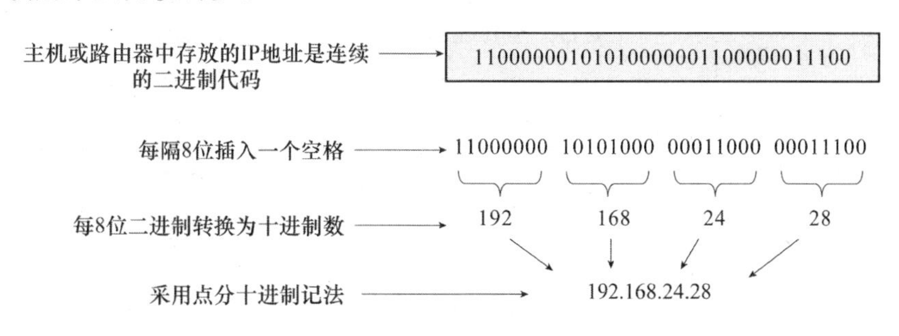

图 5-6　IP 地址的点分十进制记法

3. 常用的 3 种类别的 IP 地址

从图 5-5 可以看到，A 类地址的网络号字段占 1 个字节，并且该字段的第一位已固定为 0(二进制)，可以使用的只有 7 位，这样 A 类网络就只有 126 个可以指派的网络号。细心的读者不难发现，可供指派的 A 类地址的网络号少了 2 个，为什么会这样呢？这是因为在 A 类 IP 地址的使用中规定网络地址为 0 和 127 的保留用于特殊目的。在网络地址中，网络号为全 0 表示"本网络"；网络号为 127(即 01111111)的 IP 地址保留作为本地软件环回测试(Loopback Test)，测试本主机进程之间的通信。若主机发送一个目的地址为环回地址(例如 127.0.0.1)的 IP 数据报，则本主机中的协议软件不会把这个数据报发送到任何网络。环回地址作为目的地址的 IP 数据报永远不会出现在任何网络上。所以 A 类地址可以指派的网络为 126(即 2^7-2)个。

A 类地址的主机号占 3 个字节，因此每一个 A 类网络的主机地址数多达 $2^{24}-2$，即 16 777 214个。A 类 IP 地址的结构适用于有大量主机的大型网络。A 类网络的主机数减 2 是因为在 IP 地址的使用中规定：主机号字段全 0 的 IP 地址是指"本主机"所在网络的网络地址(例如，一主机的 IP 地址为 3.4.5.6，则该主机所在的网络地址就是 3.0.0.0)，而全 1 表示"所有的(all)"，因此全 1 的主机号字段表示该网络上的所有主机，表示对本网络的广播地址。IP 地址空间中共有 2^{32}(即 4 294 967 296)个地址。整个 A 类地址空间共有 2^{31} 个地址，占有整个 IP 地址空间的 50%。

B 类地址的网络号字段占 2 个字节，最前面的 2 位已经固定为 10(二进制)，还有 14 位可以进行分配。是不是 B 类网络有 2^{14} 个可以指派的网络号呢？实际上 B 类网络地址 128.0.0.0是不指派的，而可以被指派的 B 类网络地址中最小是 128.1.0.0。所以，严格上说，B 类地址可指派的网络数为 $2^{14}-1$，即 16 383。任一 B 类网络的最大主机数是 $2^{16}-2$，即65 534，而减 2 是因为要扣除全 0 和全 1 的主机号。B 类 IP 地址适用于一些国际性大公司与政府机构等。整个 B 类地址空间共约有 2^{30} 个地址，占整个 IP 地址空间的 25%。

C 类地址的网络号字段有 3 个字节，最前面的 3 位已经固定为 110(二进制)，还有 21 位可以进行分配。实际上 C 类网络地址 192.0.0.0 也是不指派的，可以被指派的 C 类网络地址中最小是 192.0.1.0，所以 C 类地址可指派的网络总数是 $2^{21}-1$，即 2 097 151。任一 C 类网络的最大主机数是 2^8-2，即 254。C 类 IP 地址适用于小公司和普通研究机构。整个 C 类地址空间共约有 2^{29} 个地址，占整个 IP 地址的 12.5%。

表 5-1 描述了 IP 地址的指派范围。

表 5-1 IP 地址的指派范围

网络类别	最大可指派的网络数	可指派的网络号范围		每个网络中的最大主机数	IP 地址空间占有率
		第一个	最后一个		
A	126(2^7-2)	1	126	16 777 214($2^{24}-2$)	50%
B	16 383($2^{14}-1$)	128.1	191.255	65 534($2^{16}-2$)	25%
C	2 097 151($2^{21}-1$)	192.0.1	113.255.255	254(2^8-2)	12.5%

表 5-2 给出了一些特殊 IP 地址，这些地址只能在特定的情况下使用。

表 5-2 特殊 IP 地址

网络号	主机号	意义
全 0	全 0	“本网络上”的“本主机”
全 0	host-id	“本网络上”的“某一台主机”
全 1	全 1	只在“本网络上”广播(各路由器不转发)
net-id	全 1	对 net-id 上的所有主机进行广播
net-id	全 0	“本主机”所连接的“网络地址”
127	host-id	用于本地软件环回测试

注：net-id、host-id 均为可指派的地址范围。

4. IP 地址的特点

任何一个接入 Internet 的主机或是路由器都需要分配到合适的 IP 地址，那么如何合理地为它们分配呢？我们需要了解 IP 地址的一些重要特点。

(1) 每一个 IP 地址都具有两个等级：网络号和主机号。这样在 IP 地址的分配中，为了方便 IP 地址的管理，IP 地址的管理机构就只分配 IP 地址的网络号(第一级)，而剩下的主机号(第二级)则由申请到该网络号的单位自行分配。另外，路由器在转发分组的时候，由于 IP 地址的两级结构，路由器仅根据数据包的目的 IP 地址所在网络的网络号来转发分组(而不考虑目的主机号)，这样就可以大幅减少了路由表中的项目数，不仅可以减小路由表所占的存储空间，而且也可以缩短查找路由表的时间，提高转发效率。

(2) IP 地址是一个主机(或路由器)和一条链路的接口的标识。当一个主机同时连接到两个网络上时，该主机就必须同时具有两个网络号不同的 IP 地址，这种主机称为多归属主机(Multihomed Host)。由于一个路由器至少连接到两个网络上，因此一个路由器至少有两个网络号不同的 IP 地址。

(3) 按照 Internet 的观点，只有具有相同网络号 net-id 的主机的集合才是一个网络，因此用转发器或网桥连接起来的若干个局域网仍为一个网络，因为这些局域网都具有同样的网络号。而具有不同网络号的局域网只有使用路由器才能进行互连。

(4) 在 IP 地址中，只要是分配到网络号的网络，无论这个网络是局域网还是广域网，它们的地位都是平等的，其网络中的主机都能够平等地访问 Internet。

图 5-7 描述了 3 个局域网(LAN_1、LAN_2 和 LAN_3)通过两个路由器(R_1、R_2)互连起来所构成的一个互联网。其中局域网 LAN_3 是由两个网段通过交换机互连的。图中的小圆圈表示需要一个 IP 地址。

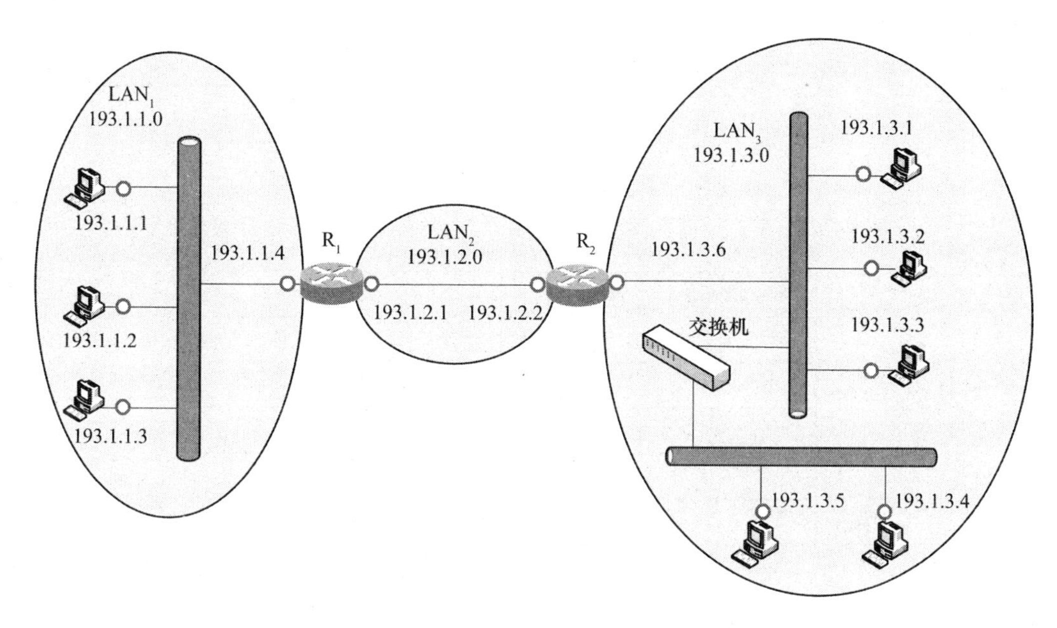

图5-7　互联网中的IP地址

从图5-7我们注意到以下几点。

(1) 处在同一个局域网上的主机或路由器的IP地址的网络号是一样的。所有网络号相同的IP地址,用主机号为全0的IP地址(这个特殊的IP地址称为网络地址)表示,例如LAN_1的网络地址为193.1.1.0,LAN_2的网络地址为193.1.2.0。

(2) 用在数据链路层工作的交换机互连的网段仍然是一个局域网,这个网段中分配的IP地址具有相同的网络号,网络地址相同。例如,LAN_3的网络地址为193.1.3.0,它是由交换机互连的一个网络。

(3) 路由器总是具有两个或两个以上的IP地址,即路由器的每一个接口都有一个不同网络号的IP地址。例如R_1连接LAN_1和LAN_2,R_1分别有两个网络号不同的IP地址193.1.1.4和193.1.2.1。

(4) 图5-7中有3个局域网(LAN_1、LAN_2和LAN_3),LAN_2中没有主机,是路由器通过线路直接相连构成的。对于这样的情况,在这条线路的两个接口处可以分配IP地址,也可以不分配。如果分配了IP地址,那么这段线路就构成了一个特殊"网络"。LAN_2就是只包含一段线路(可以是一条租用线路)的特殊"网络"。之所以叫作"网络"是因为它有IP地址。但为了节省IP地址资源,对于这种仅由一段连线构成的特殊"网络",现在也常不分配IP地址。通常把这样的特殊网络叫作无编号网络(Unnumbered Network)或无名网络(Anonymous Network)。

5. IP数据报格式

网络协议通常是用数据报的格式来表示,IP数据报的格式能够说明IP具有什么功能。IP数据报由数据报头和数据两部分组成,数据报头由长度为20 B的固定部分和可变长度的选项部分构成,数据报格式如图5-8所示。

版本号占4位,现在广泛使用的是第4版的IP(简称IPv4),最新的第6版的IP(简称IPv6)可以支持更多的新业务。通信双方使用的IP必须版本一致。

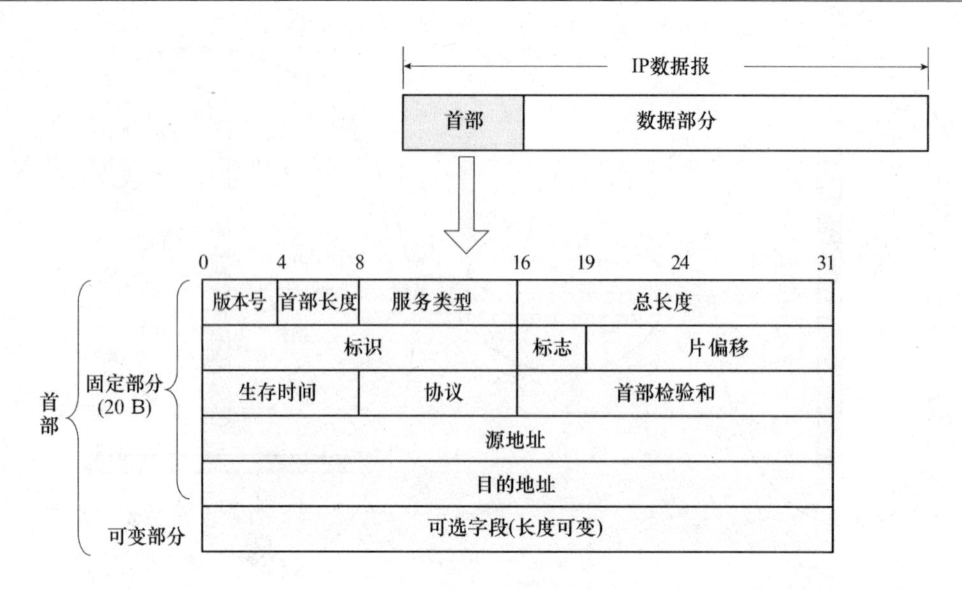

图 5-8 IP 数据报的格式

首部长度占 4 位，表示十进制数值，一个单位表示 4 个字节，最小值为 5，说明数据报头的固定部分长度为 20 字节，最大值为 15，说明数据报头的最大长度为 60 字节，也就是说可变部分最长为 40 字节。

服务类型占 8 位，指明需要的服务类型，如最大吞吐量、最高可靠性等。实际上，这个字段一直没有被用过。

总长度占 16 位，指明 IP 数据报的总长度(首部和数据之和)，单位为字节。IP 数据报的最大长度为 65 525。

标识占 16 位，发送方每发送一个数据报，其数据报标识就加 1。若数据报的长度超过了网络的最大传输单元而必须分段时，这个标识的值就被复制到所有的数据报片段中。接收方据此就可以将属于同一个数据报的数据段重新组装成一个整体。

标志占 3 位，但目前只有两位有意义，即标志字段中中间的一位 DF(Don't Fragment)和最低位 MF(More Fragment)。DF 意思是"不能分片"，只有当 DF=0 时，才允许分片；MF=1 表示后面还有分片的数据报，MF=0 表示这已经是若干数据报片中的最后一个了。

片偏移占 13 位，指明较长的分组在分片后，某片在原分组中的相对位置。也就是说，相对于用户数据字段的起点，该片从何处开始。片偏移以 8 个字节为片偏移的单位。

生存时间占 8 位，英文缩写是 TTL(Time to Live)，表明数据报在网络中的寿命。实际使用中，用来计算数据报经过的站段数，数据报每到达一个路由器该值就减 1，减至 0 时数据报被丢弃。

协议占 8 位，指明此数据报携带的数据是用何种协议封装的(如 TCP 或 UDP)，以便使目的主机的 IP 层知道应将数据部分上交给哪个处理过程。

首部检验和占 16 位，仅对数据报头进行校验。

源地址占 32 位，指明该数据报来自哪里。

目的地址占 32 位，指明该数据报到达的目的地。

5.3.2 IP 地址与硬件地址

在局域网的学习中，我们学到硬件地址，要弄清楚 IP 地址，明确主机的 IP 地址与硬件地址的区别是很重要的。

图 5-9 说明了这两种地址的区别。从层次的角度看，物理地址是数据链路层和物理层使用的地址，IP 地址是网络层和以上各层使用的地址，是一种逻辑地址。

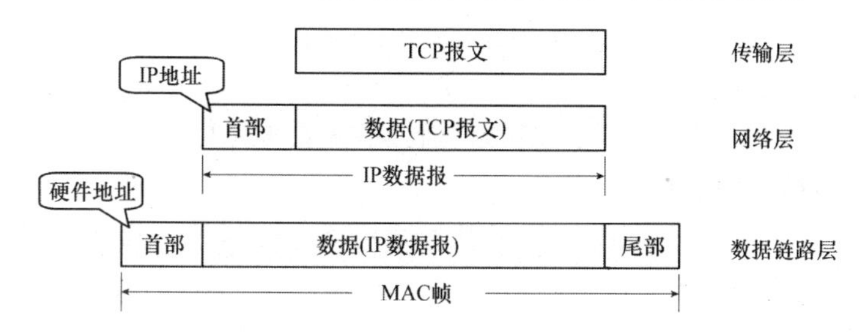

图 5-9　IP 地址与硬件地址的区别

在发送数据时，数据从高层一层一层地封装到低层，然后才到通信链路上传输。IP 地址放在 IP 数据报的首部，使用 IP 地址的 IP 数据报一旦交给了数据链路层，就被封装成 MAC 帧。MAC 帧在传送时使用的源地址和目的地址都是硬件地址，这两个硬件地址都写在 MAC 帧的首部中。

下面通过互联网中数据报的传递过程来进一步分析 IP 地址与硬件地址的关系。

图 5-10(a)所示是 3 个局域网用两个路由器 R_1 和 R_2 互连起来。现在主机 H_1 要和主机 H_3 通信。这两个主机的 IP 地址分别是 IP_1 和 IP_3，它们的硬件地址分别为 HA_1 和 HA_3（HA 表示 Hardware Address）。图 5-10(b)描述了主机 H_1 到主机 H_3 的通信路径是：H_1—经过 R_1 转发—再经过 R_2 转发—H_3。路由器 R_1 同时连接在两个局域网上，因此它有两个硬件地址，即 HA_4 和 HA_5。同理，路由器 R_2 也有两个硬件地址 HA_6 和 HA_7。

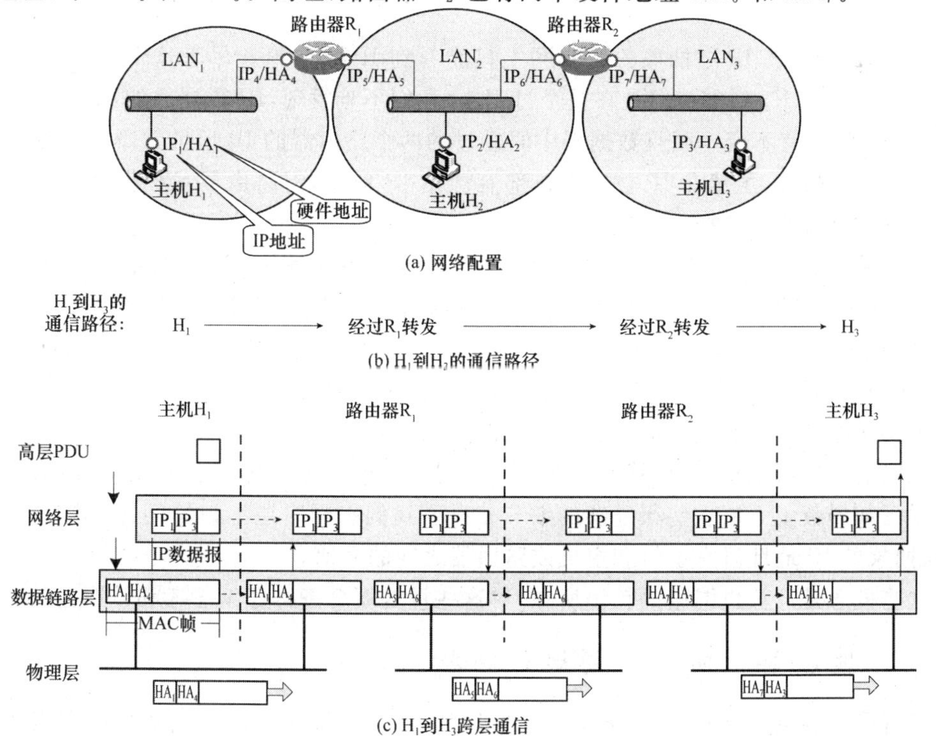

图 5-10　互联网中的数据报传输

按照分组交换的存储转发原则，源主机 H_1 要把一个 IP 数据报发送给目的主机 H_3，主机 H_1 先要查找自己的路由表，看目的主机 H_3 是否就在本网络上，也就是看看 IP_1 和 IP_3 是不是在同一个网段。如果是，则不需要经过任何路由器而是直接交付给目的主机。如果不是，则必须把 IP 数据报发送给路由器 R_1，再由 R_1 转发。R_1 通过查找自己的路由表，知道应当把数据报转发给 R_2 进行间接交付。数据报来到 R_2，再由 R_2 转发。R_2 查找自己的路由表，知道自己是和 H_3 连接在同一个网络上，不需要再使用别的路由器转发了，于是就把数据报直接交付给目的主机 H_3。

图 5-10(c)所示为源主机、目的主机以及各路由器的协议栈。为了便于分析，我们简化了协议栈，高层指网络层以上各层(包含传输层和应用层)。主机的协议栈共有 5 层，但路由器的协议栈只有下 3 层。图 5-10(c)描述了 H_1 把数据在各协议栈中传递给 H_3 的过程。互联网可以由多种异构网络互连组成，所以在 R_1 到 R_2 之间的网络则可以是任意类型的网络。但在这里，我们假定 R_1 到 R_2 之间是由一个局域网互连。数据在各传输设备中进行封装和解封装，通过实际的通信链路传递。

下面我们从不同的层次看数据传递，如表 5-3 所示。

表 5-3 图 5-10(c) 中不同区间、不同层次的源地址和目的地址

数据从 $H_1 \to H_3$ 的通信路径分解	网络层		数据链路层	
	源地址	目的地址	源地址	目的地址
从 H_1 到 R_1	IP_1	IP_3	HA_1	HA_4
从 R_1 到 R_2	IP_1	IP_3	HA_5	HA_6
从 R_2 到 H_3	IP_1	IP_3	HA_7	HA_3

从网络层看，在 IP 层抽象的互联网上只能看到 IP 数据报。尽管这个数据报从 H_1 出发，经过了 R_1 和 R_2 到 H_3，但是在整个过程中，我们不难发现，IP 数据报的源地址 IP_1 和目的地址 IP_3 均保持不变。而且数据报中间经过的两个路由器的 IP 地址并不出现在 IP 数据报的首部中。另外，虽然在 IP 数据报首部有源站 IP 地址，但路由器只根据目的站的 IP 地址的网络号进行路由选择。

从局域网的数据链路层看，只能看见 MAC 帧。源地址为 HA_1、目的地址为 HA_3 的 MAC 帧从 H_1 出发，到达 R_1 后，根据需要重新封装。源地址为 HA_5、目的地址为 HA_6 的 MAC 帧从 R_1 转发到 R_2，之后又由 R_2 根据需要重新封装。源地址为 HA_7、目的地址为 HA_3 的 MAC 帧转发到 H_3。在整个过程中，MAC 帧的源地址和目的地址根据需要不断地在发生变化。MAC 帧的首部的这种变化在 IP 层是看不见的。

从以上的分析中得出，尽管互连在一起的网络的硬件地址体系各不相同，但 IP 层抽象的互联网却屏蔽了下层这些很复杂的细节。只要我们在网络层上讨论问题，就能够使用统一的、抽象的 IP 地址研究主机和主机或路由器之间的通信。

这些概念是计算机网络的精髓所在，对这些重要概念务必仔细思考和掌握。

5.3.3 地址解析协议和逆地址解析协议

通过以上的例子，细心的读者会提出这样的疑问：主机或路由器怎样知道应当在 MAC 帧的首部填入什么样的硬件地址？地址解析协议 ARP 和逆地址解析协议 RARP 就是用来解决这样的问题的。图 5-11 说明了这两种协议的作用。

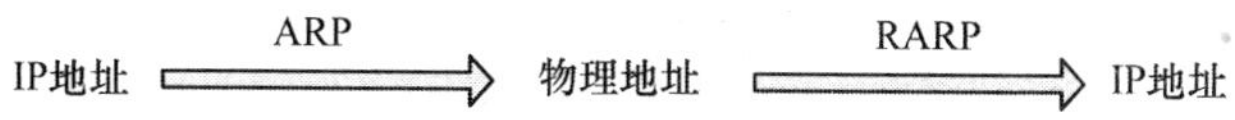

IP地址 ==ARP==> 物理地址 ==RARP==> IP地址

图 5-11　ARP 与 RARP 的作用

逆地址解析协议 RARP 是用于实现物理地址到 IP 地址转换的一种协议,支持那些需要 IP 地址的网络主机能获取 IP 地址。例如无盘工作站通过其 ROM 中的 RARP 进程向网络中的 RARP 服务器发送 RARP 请求分组,以获得其所需的 IP 地址。目前该协议使用较少。

我们知道,网络层使用的是 IP 地址,但在实际网络的链路上传送数据帧时,最终还是必须使用硬件地址。由于格式不同,32 位的 IP 地址和 48 位的硬件地址之间并不存在简单的映射关系,那么如何实现 IP 地址到硬件地址的转换呢?地址解析协议 ARP 就是用于建立 IP 地址到硬件地址转换关系的一种协议。ARP 为每一个网络主机建立一个 IP 地址到物理地址的"映射表",并将其保存在"ARP 高速缓存(ARP Cache)"中,地址的转换通过查表实现。

图 5-12 描述了从 IP 地址到物理地址的转换原理。当主机 A 要向本局域网上的某个主机 B 发送 IP 数据报时,就先在其 ARP 高速缓存中查看有无主机 B 的 IP 地址。如有,就在 ARP 高速缓存中查出其对应的硬件地址,再把这个硬件地址写入 MAC 帧,然后通过局域网把该 MAC 帧发往此硬件地址。若 ARP 高速缓存中查不到主机 B 的 IP 地址对应的硬件地址的映射记录,这时主机 A 就自动运行 ARP 进程,然后按以下步骤找出主机 B 的硬件地址。

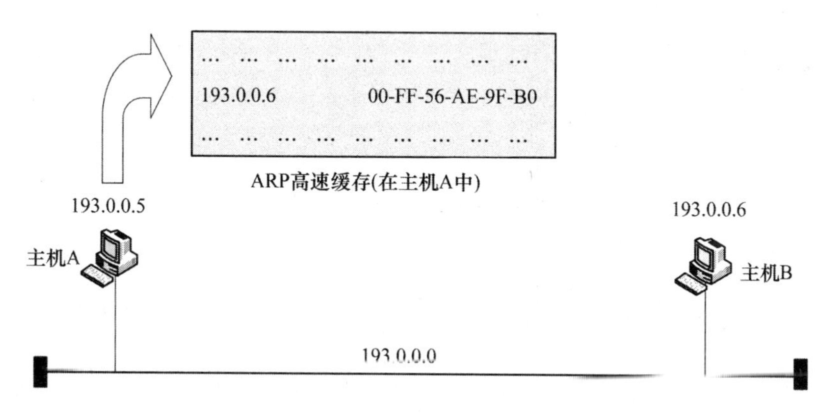

图 5-12　地址解析协议 ARP 的工作原理

(1) ARP 进程在本局域网上广播发送一个 ARP 请求分组。图 5-13(a)是主机 A 广播发送 ARP 请求分组的示意图。这个 ARP 分组的主要内容表明:"我的 IP 地址是 193.0.0.5,硬件地址是 09-FF-56-15-AE-0A。我想知道 IP 地址为 193.0.0.6 的主机的硬件地址。"

(2) 在本局域网上的所有主机上运行的 ARP 进程都收到此 ARP 请求分组。

(3) 主机 B 在 ARP 请求分组中见到自己的 IP 地址,就向主机 A 发送 ARP 响应,并写入自己的硬件地址。其余的所有主机都不理睬这个 ARP 分组,如图 5-13(b)所示。ARP 响应分组的主要内容是表明:"我的 IP 地址是 193.0.0.6,我的硬件地址是 00-FF-56-AE-9F-

B0。”这里我们要注意：ARP 请求分组是广播发送的，但 ARP 响应分组是普通的单播，即从一个源地址发送到一个目的地址。

（4）主机 A 收到主机 B 的 ARP 响应分组后，就在其 ARP 高速缓存中写入主机 B 的 IP 地址到硬件地址的映射。这样就构成了高速缓存中的表中的一条记录。

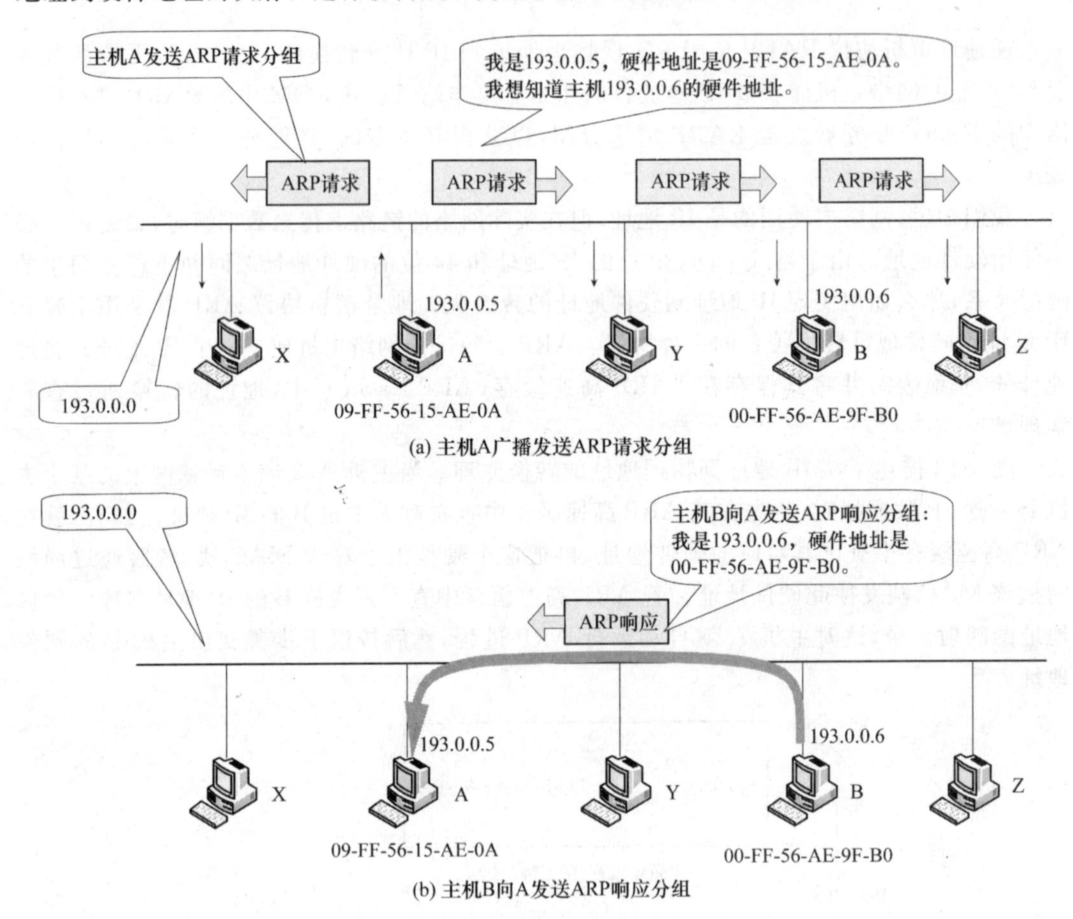

(a) 主机A广播发送ARP请求分组

(b) 主机B向A发送ARP响应分组

图 5-13 局域网环境下映射表的形成原理

当主机 A 向 B 发送数据报时，很可能不久以后主机 B 还要向 A 发送数据报，所以主机 B 也可能要向 A 发送 ARP 请求分组。为了减少网络上的通信量，主机 A 在发送其 ARP 请求分组时，就把自己的 IP 地址到硬件地址的映射写入 ARP 请求分组。当主机 B 收到 A 的 ARP 请求分组时，就把主机 A 的地址映射写入主机 B 自己的 ARP 高速缓存中，以后主机 B 向 A 发送数据报时就很方便了。按照这个思路，网络中只要收到了 A 发送的 ARP 请求分组的主机都会把主机 A 的地址映射写入自己的 ARP 高速缓存中，以便以后向 A 发送数据报。

可见 ARP 高速缓存非常有用。如果没有使用 ARP 高速缓存，那么任何一个主机只要进行通信，就必须在网络上以广播方式发送 ARP 请求分组，这就大大增加了网络上的通信量。而 ARP 把已经得到的地址映射保存在高速缓存中，就使得该主机下次再和具有同样目的地址的主机通信时，可以直接从高速缓存中找到所需的硬件地址，而不必再用广播方式发送 ARP 请求分组。

当然，在一个网络上可能经常会有新的主机加入进来，或撤走一些主机，以及更换网卡等，这些情况都有可能会使主机的硬件地址发生改变。在这样的情况下，ARP 解决这个问题的方法是为在地址映射表中的每条“记录”设置一个“生存时间”（如 10～20 min），通过这个生存时间动态更新（新增或超时删除）记录。凡超过生存时间的项目就从高速缓存中删除掉。设想有这样一种情况，主机 A 和 B 通信：A 的 ARP 高速缓存里保存有 B 的物理地址。但 B 的网卡突然坏了，B 立即更换了一块，因此 B 的硬件地址就改变了。假定 A 还要和 B 继续通信。A 在其 ARP 高速缓存中查找到 B 原先的硬件地址，并使用该硬件地址向 B 发送数据帧。但 B 原先的硬件地址已经失效了，因此 A 无法找到主机 B。若是过了一段时间，因为这条记录的生存时间到了，A 的 ARP 高速缓存中就删除了 B 原先的硬件地址记录，A 就重新广播发送 ARP 请求分组，于是 B 又被找到了。

在上面的例子中，我们介绍了在同一个局域网中主机的 IP 地址和硬件地址的映射问题。然而，在互联网中，如果所要找的主机和源主机不在同一个局域网上，例如，在图 5-10(a)中，主机 H_1 如何解析出主机 H_3 的硬件地址呢？我们知道，主机 H_1 发送给 H_3 的 IP 数据报首先需要通过与主机 H_1 连接在同一个局域网上的路由器 R_1 来转发，如图 5-14 所示。所以主机 H_1 需要把路由器 R_1 的 IP 地址 IP_4 解析为硬件地址 HA_4，这样才能够把 IP 数据报传送给路由器 R_1。之后，R_1 从转发表找出了下一跳路由器 R_2，同时使用 ARP 解析出 R_2 的硬件地址 HA_6。于是 IP 数据报按照硬件地址 HA_6 转发到路由器 R_2。路由器 R_2 在转发这个 IP 数据报时用类似方法解析出目的主机 H_3 的硬件地址 HA_3，使 IP 数据报最终交付给主机 H_3。注意到，在这个过程中，实际上主机 H_1 并不需要知道远程主机 H_3 的硬件地址。

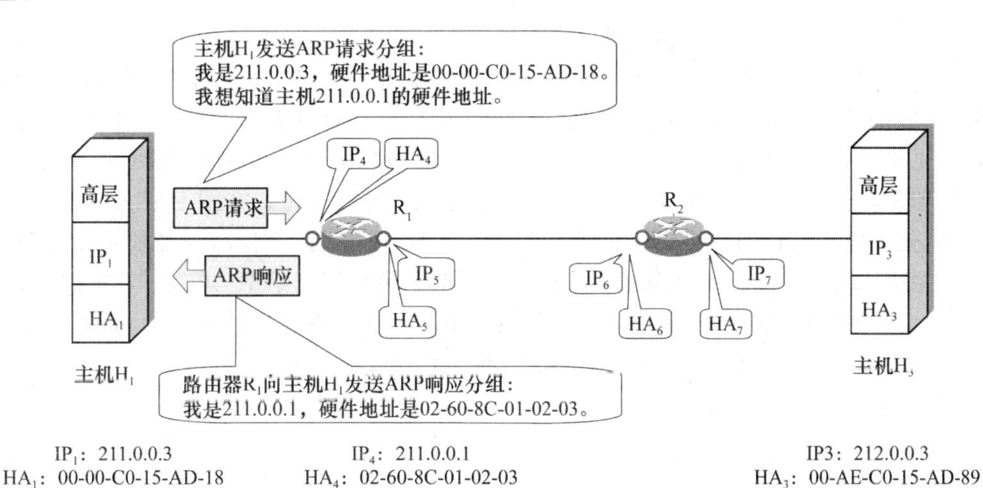

图 5-14　互联网环境下映射表的形成原理

在实际应用中，我们可以感觉到从 IP 地址到硬件地址的解析是自动进行的，主机对这种地址解析过程是不知道的。只要主机或路由器要和本网络上的另一个已知 IP 地址的主机或路由器进行通信，ARP 就会自动地把这个 IP 地址解析为链路层所需要的硬件地址。

下面我们归纳出使用 ARP 的 4 种典型情况。

(1) 发送方是主机，要把 IP 数据报发送到本网络上的另一个主机。这时用 ARP 找到目的主机的硬件地址。

(2) 发送方是主机,要把 IP 数据报发送到另一个网络上的一个主机。这时用 ARP 找到本网络上的一个路由器的硬件地址。剩下的工作由这个路由器来完成。

(3) 发送方是路由器,要把 IP 数据报转发到本网络上的一个主机。这时用 ARP 找到目的主机的硬件地址。

(4) 发送方是路由器,要把 IP 数据报转发到另一个网络上的一个主机。这时用 ARP 找到本网络上的一个路由器的硬件地址。剩下的工作由这个路由器来完成。

在许多情况下需要多次使用 ARP,但也只是以上几种情况的反复使用而已。

通过以上分析我们知道,在网络链路上传送的帧最终还是按照硬件地址找到目的主机的。既然这样,那么为什么我们不直接使用硬件地址进行通信,而是要使用抽象的 IP 地址,并使用 ARP 来寻找出相应的硬件地址呢?

弄清楚这个问题非常重要。

世界上存在着各式各样的网络,它们使用不同的硬件地址。如果直接使用硬件地址使这些异构网络能够互相通信,就必须进行非常复杂的硬件地址转换工作,而这项工作由用户或用户主机来完成几乎是不可能的事。但统一的 IP 地址解决了这个复杂问题。连接到 Internet的主机只需有一个统一的 IP 地址,它们之间的通信就像连接在同一个网络上那样简单方便,因为上述调用 ARP 的复杂过程都是由计算机软件自动进行的,对用户来说是看不见这种调用过程的。

因此,在虚拟 IP 网络上用 IP 地址进行通信给广大的计算机用户带来很大的方便。

5.3.4 IP 层转发分组的流程

网络中的 IP 分组要到达目的地,需要路由器的转发。路由器是如何转发 IP 分组的呢?

图 5-15 给出了分组在互联网中传送的例子。在图 5-15 中,源主机 H_1 要把一个 IP 分组发送给目的主机 H_2。主机 H_1(每一个主机也都有一个路由表)先要查找自己的路由表,看目的主机是否和自己在同一网段中。由于主机 H_1 和 H_2 在同一网段,则不需要经过任何路由器转发,直接在本网段中交付,这种交付方式称为直接交付。在图 5-15 中,若 H_1 要把一个 IP 分组发送给目的主机 H_3,由于主机 H_1 和 H_3 不在同一网段,则必须要经过路由器转发。主机 H_1 查找自己的路由表,知道首先应把 IP 分组发送给 R_1,R_1 在收到 IP 分组后,查找自己的路由表,知道应当把 IP 分组转发给 R_2,这样一直间接转发下去,直到转发到与 H_3 在同一网段的路由器 R_3 上,最后由 R_3 直接交付给 H_3。在这个过程中,IP 分组从 R_1 传递到 R_3 的过程称为间接交付。

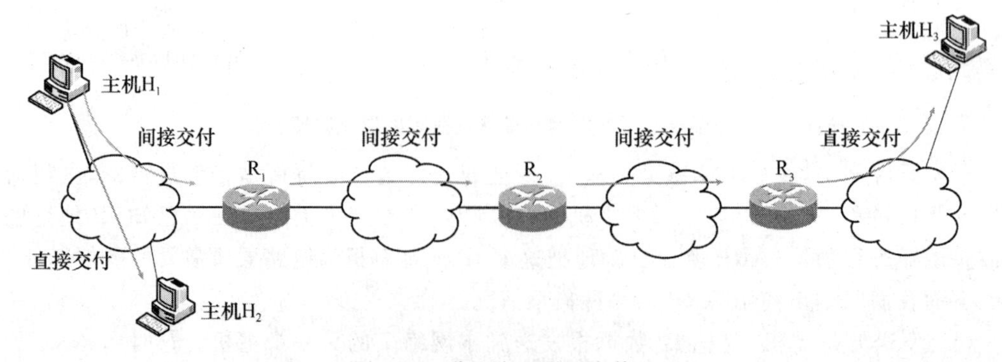

图 5-15 分组在互联网中传送

接下来，我们再用一个简单的例子来进一步说明路由器是怎样转发分组的。图 5-16 是一个路由表的简单例子。有 4 个 B 类网络通过 3 个路由器连接在一起。每一个网络上都可能有成千上万个主机。若按目的主机号来构造路由表，则所得出的路由表就会过于庞大，例如：如果每一个网络有 1 000 台主机，4 个网络就有 4 000 台主机，因而每一个路由表就有 4 000个项目，也就是 4 000 行（每一行对应于一个主机路由）。但是如果按照主机所在的网络地址来构造路由表，那么每一个路由器中的路由表就只包含 4 个项目（即只有 4 行，每一行对应于一个网络）。以路由器 R_2 的路由表为例。由于 R_2 同时连接在网络 2 和网络 3 上，因此只要这两个网络上的数据报都可通过接口 0 或 1 由路由器 R_2 直接交付（当然还要利用地址解析协议 ARP 才能找到这些主机相应的硬件地址）。若目的主机在网络 1 中，则下一跳路由器应为 R_1 的 IP 地址为 131.0.0.1 的接口。路由器 R_2 和 R_1 由于同时连接在网络 2 上，因此从路由器 R_2 把分组转发到路由器 R_1 是很容易的。同理，若目的主机在网络 4 中，则路由器 R_2 应把分组转发给路由器 R_3 的 IP 地址为 132.0.0.254 的接口。

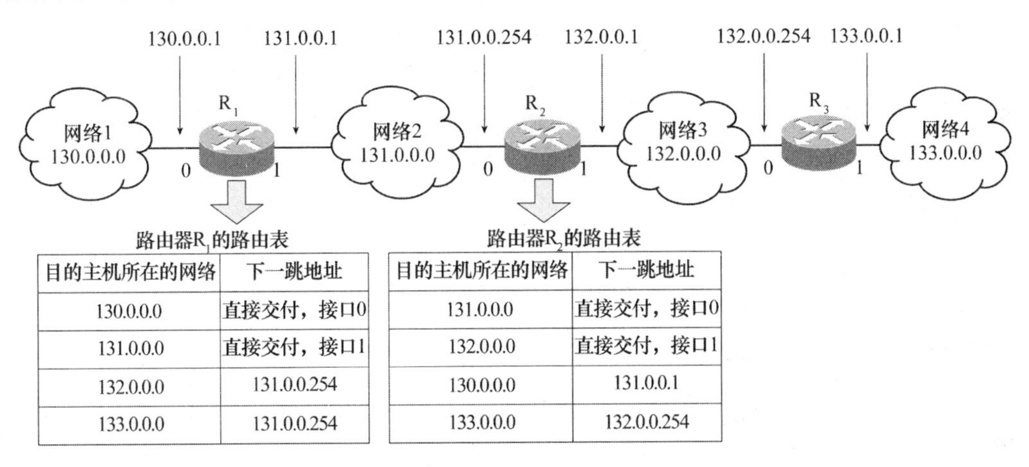

路由器R_1的路由表

目的主机所在的网络	下一跳地址
130.0.0.0	直接交付，接口0
131.0.0.0	直接交付，接口1
132.0.0.0	131.0.0.254
133.0.0.0	131.0.0.254

路由器R_2的路由表

目的主机所在的网络	下一跳地址
131.0.0.0	直接交付，接口0
132.0.0.0	直接交付，接口1
130.0.0.0	131.0.0.1
133.0.0.0	132.0.0.254

图 5-16　路由表的形成

这里我们要注意，在路由表的构成中，我们不用关心某个网络内部的具体拓扑以及连接在该网络上有多少台计算机，只要关心在互联网上转发分组是如何从一个路由器转发到下一个路由器就行了。

从以上对 IP 分组转发情况的分析我们可以看到，路由器对 IP 分组的转发都是依据其路由表进行的。在路由表中，每条路由信息都应该有（目的网络地址和下一跳地址）两个基本信息。在转发 IP 分组时，路由器根据 IP 分组的目的网络地址来确定下一跳的路由器。在这个过程中，为了保证 IP 数据报最终一定可以找到目的主机，可能要通过多次的间接交付，只有到达最后一个路由器时，才试图向目的主机进行直接交付。

为了方便路由器管理和提高转发效率，路由器采用了特定主机路由和默认路由。

(1) 特定主机路由是对特定的主机指明一个路由信息。采用特定主机路由可使网络管理人员能更方便地控制网络和测试网络，同时也可在需要考虑某种安全问题时采用这种特定主机路由。例如在对网络的连接或路由表进行排错时，指明到某一个主机的特殊路由就十分有用。

(2) 路由器可以采用默认路由（Default Route）以减少路由表所占用的空间和搜索路由表所用的时间。这种转发方式在一个网络只有很少的对外连接时是很有用的。实际上，默认路由在主机发送 IP 数据报时往往更能显示出它的好处。我们在前面已经讲过，主机在发送每一个 IP 数据报时都要查找自己的路由表。如果一个主机连接在一个网络上，而这个网络只用一个路由器和 Internet 连接，那么在这种情况下使用默认路由是非常合适的。例如，在图 5-17 的互联网中，连接在网络 LAN_1 上的任何一个主机中的路由表只需要两个项目即可。第一个项目就是到本网络主机的路由，其目的网络就是本网络 LAN_1，因而不需要路由器转发，而是直接交付。第二个项目就是默认路由。只要目的网络不是 LAN_1，就一律选择默认路由，把数据报先间接交付到路由器 R_1，让 R_1 再转发给下一个路由器，一直转发到目的网络上的路由器，最后进行直接交付。在实际上的路由器中，像图 5-17 路由表中所示的“默认”的几个字符并没有出现在路由表中，而是被记为 0.0.0.0。

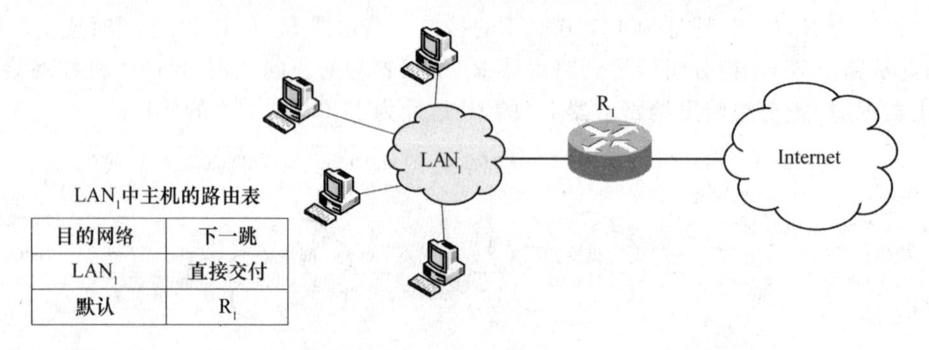

LAN_1中主机的路由表

目的网络	下一跳
LAN_1	直接交付
默认	R_1

图 5-17 默认路由的应用

我们需要注意的是，从 IP 数据报的格式中可以看到，在 IP 数据报的首部中只有源 IP 地址和目的 IP 地址，没有可以用来直接指明“下一跳路由器的 IP 地址”。那么，数据包怎么样能找到下一跳路由器呢？

当路由器收到一个待转发的 IP 数据包时，就查找路由表得出下一跳路由器的 IP 地址，之后不是把这个地址直接填入 IP 数据报，而是送交到下层的网络接口软件。网络接口软件负责把下一跳路由器的 IP 地址转换成硬件地址（使用 ARP），并将此硬件地址放在链路层的 MAC 帧的首部，然后根据这个硬件地址找到下一跳路由器。由此可见，当发送一连串的数据包时，上述的这种查找路由表、计算硬件地址、写入 MAC 帧的首部等过程将不断地重复进行，造成了一定的开销。

那么，能不能在路由表中不使用 IP 地址而直接使用硬件地址呢？回答是否定的。我们一定要弄清楚，使用抽象的 IP 地址，本来就是为了隐蔽各种底层网络的复杂性而便于分析和研究问题，这样就不可避免地要付出些代价，例如在选择路由时多了一些开销。但反过来，如果在路由表中直接使用硬件地址，那就会带来更多的麻烦。

根据以上所述，可归纳出分组转发算法如图 5-18 所示。

从以上分析我们可以看到，在整个 IP 分组的转发过程中，路由器都是根据路由表进行的，路由表是转发分组的关键。路由表分为静态路由和动态路由。对于简单的小网络，可以采用静态路由，由管理员配置每一条路由信息，如图 5-16 中路由器 R_1、R_2 和 R_3 均采用静态路由。动态路由适用于较复杂的大网络，一般采用路由选择算法构造路由信息，如 RIP（路由信息协议）、OPSF（开放最短路径优先）算法。

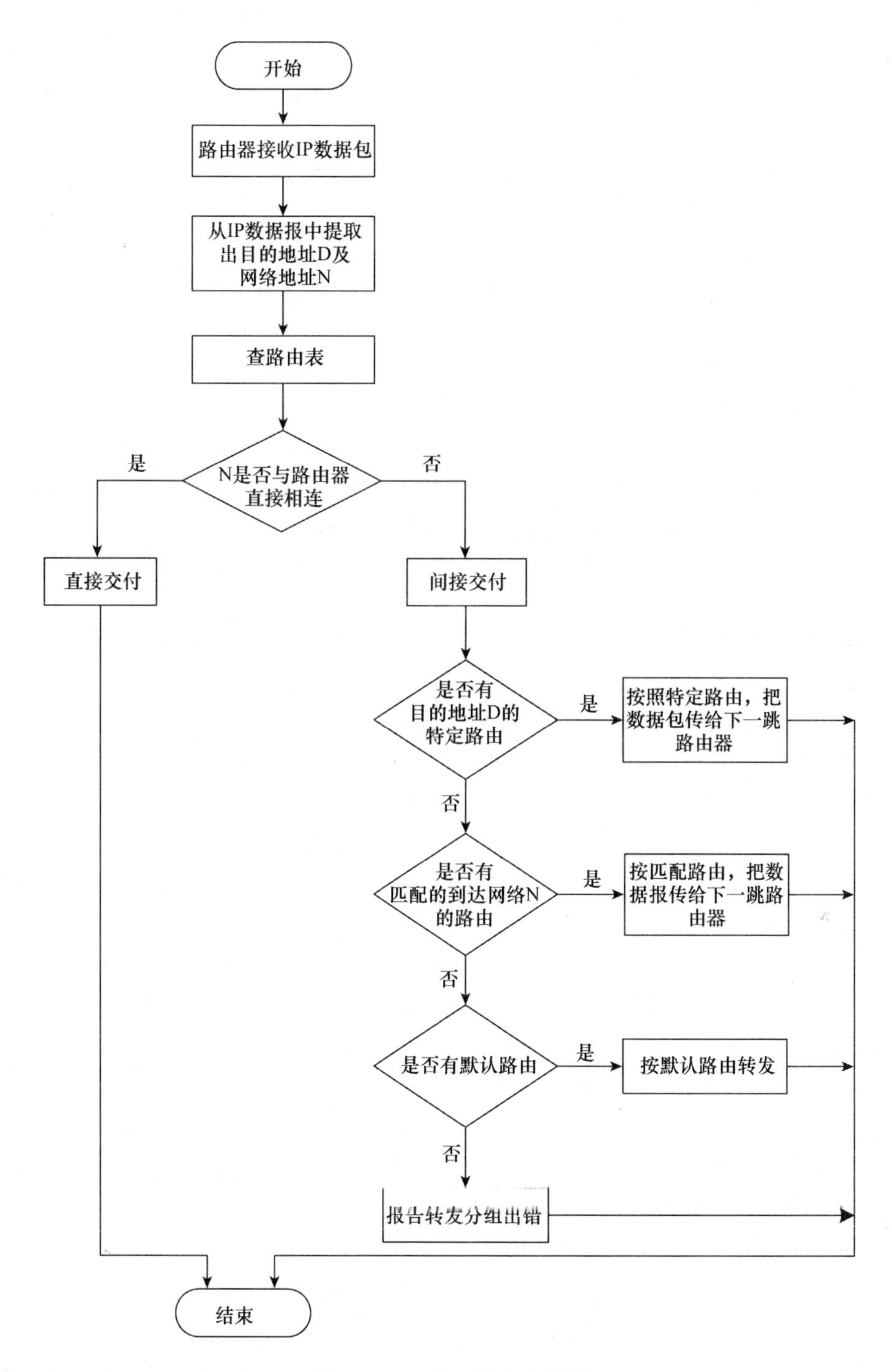

图 5-18　IP 分组转发流程图

5.3.5　子网与子网掩码

常用的 IPv4 的 IP 地址分为 A、B、C 类。在实际使用中，IP 地址空间的利用率有时很低。每一个 A 类地址网络可连接的主机数超过 1 000 万，而每一个 B 类地址网络可连接的主机数也超过 6 万。然而有些网络对连接在网络上的计算机数目有限制，例如 10BASE-T 以太网规定其最大节点数只有 1 024 个。这样，如果在一个以太网中使用一个 A 类 IP 地址，地址空间的利用率还不到万分之一；若使用一个 B 类地址还是要浪费 6 万多个 IP 地址，地址空间的利用率也不到 2%，而其他单位的主机又无法使用这些被浪费的地址。有的单位申请到了一个 B 类地址网络，但所连接的主机数又不多，因为考虑到今后可能的发展，又不愿意申请一个足够使用的 C 类地址。这样，导致原本缺乏的 IP 地址资源就会更早地被用完。目前，国际互联网名称和编号分配公司(ICANN)发布的新闻公报说，IP 地址已经在 2011 年 2 月被分配用完。

另外，在一个网络上，通信量和主机的数量成比例，而且与每个主机产生的通信量的和成比例。随着网络的规模越来越大，这种通信量可能超出了介质的承载能力，而且网络性能开始下降。例如 A 类网络有 126 个，每个 A 类网络可能有 16 777 214 台主机，它们处于同一广播域。而在同一广播域中有这么多节点是不可能的，网络会因为广播通信而饱和，结果造成 16 777 214 个地址大部分没有分配出去，而被浪费掉。

为了解决上述问题，可以把基于类的 IP 网络进一步分成更小的网络，进行子网划分。从 1985 年起在 IP 地址中又增加了一个“子网号字段”，使两级 IP 地址变成为三级 IP 地址，它能够较好地解决上述问题。划分子网(Subnetting)已成为 Internet 的正式标准协议。

划分子网的基本思路如下。

(1) 一个拥有许多物理网络的单位可将所属的物理网络划分为若干个逻辑子网(Subnet)。划分子网是一个单位内部的事情。划分了子网的单位对外仍然表现为一个网络，本单位以外的网络看不见这个网络由多少个子网组成，如电信公司。

(2) 划分子网的方法是从网络的主机号借用若干位作为子网号 subnet-id，当然主机号也就相应减少了同样的位数。于是两级 IP 地址在本单位内部就变为三级 IP 地址：网络号、子网号和主机号。也可以用以下记法来表示：

IP 地址::={＜网络号＞,＜子网号＞.＜主机号＞}

(3) 划分子网后，发送给本单位某个主机的 IP 数据报仍然是根据 IP 数据报的目的网络号找到连接在本单位网络上的路由器。但此路由器在收到 IP 数据报后，再按目的网络号和子网号找到目的子网，把 IP 数据报交付给目的主机。

下面用例子说明划分子网的概念。图 5-19 表示某单位拥有一个 B 类 IP 地址，网络地址是 153.14.0.0(网络号是 153.14，凡是目的地址为 153.14.x.x 的数据报都被送到这个网络上的路由器 R_1)。

现把图 5-19 的网络划分为 3 个子网，如图 5-20 所示。这里假定子网号占用 8 位，因此在增加了子网号后，主机号就只有 8 位。所划分的 3 个子网分别是 153.14.2.0、153.14.8.0 和 153.14.13.0。在划分子网后，整个网络对外部仍表现为一个网络，其网络地址仍为 153.14.0.0，但网络 153.14.0.0 上的路由器 R_1 在收到外来的数据报后，再根据数据报的目的地址把它转发到相应的子网。

总之，当没有划分子网时，IP 地址是两级结构。划分子网后 IP 地址变成了三级结构。

注意，划分子网只是把 IP 地址的主机号 host-id 这部分进行再划分，而不改变 IP 地址原来的网络号 net-id。

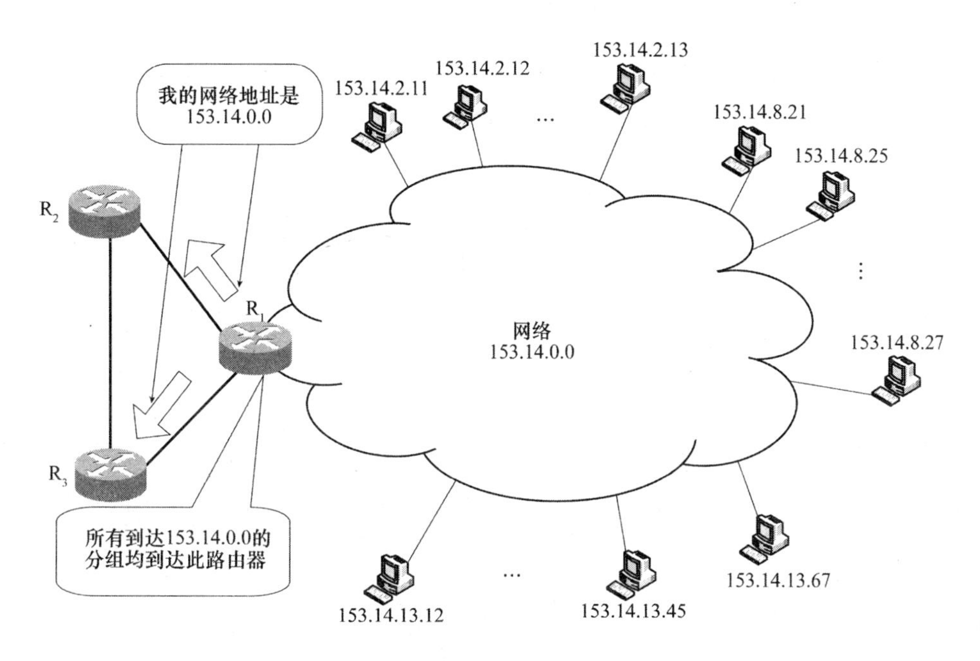

图 5-19　一个 B 类网络 153.14.0.0

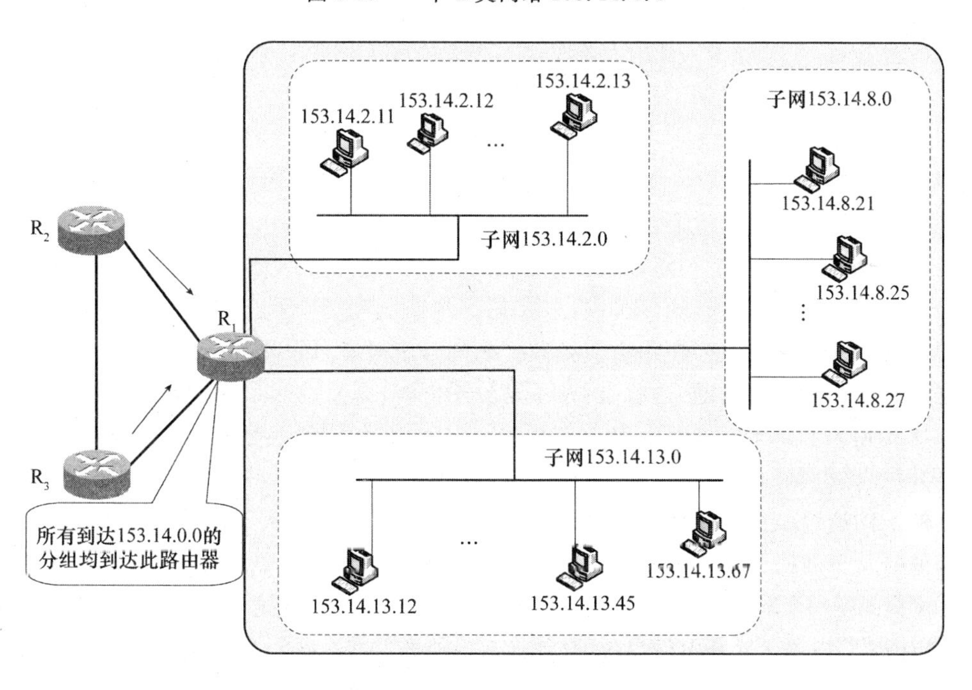

图 5-20　B 类网络 153.14.0.0 划分为 3 个子网

由于子网号是人为确定的，不具备固定格式，因而如何标识其所占位数呢？而从一个IP数据报的首部并无法判断源主机或目的主机所连接的网络是否进行了子网的划分。这是因为 32 位的 IP 地址本身以及数据包的首部都没有包括任何有关子网划分的信息。也就是说，判断有子网划分后的网络地址（网络号＋子网号）就必须另外想办法，这样就引入了子网掩码（Subnet Mask）。

RFC 950 定义了子网掩码的使用，子网掩码是一个 32 位的二进制数，其对应网络地址(网络号＋子网号)的所有位置都为 1，对应主机地址的所有位置都为 0。子网掩码也采用点分十进制表示。图 5-21 给出了一个基于 B 类 IP 地址的子网掩码例子，其中子网掩码占 8 位。

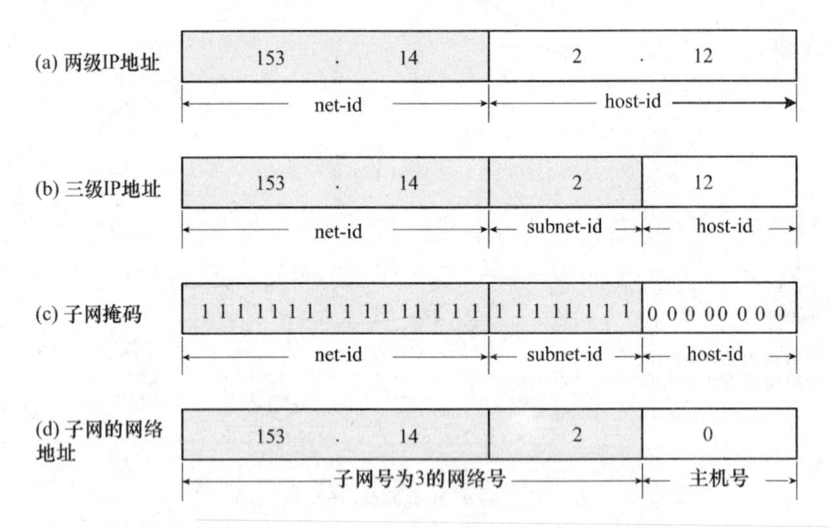

图 5-21 B 类 IP 地址 153.14.2.12 的各字段和子网掩码

接下来的问题就是根据子网掩码如何判断子网划分后的网络地址。

图 5-21 中描述了 IP 地址、子网掩码和网络地址的关系。从图 5-21 所示把子网掩码和收到的数据报的目的 IP 地址 153.14.2.12 逐位相“与”(AND)(计算机进行这种逻辑 AND 运算是很容易的)，得出了所要找的子网的网络地址 153.14.2.0。这样使用子网掩码的好处就很明显了：子网掩码告知路由器，IP 地址的前多少位是网络地址，后多少位(剩余位)是主机地址。不管网络有没有划分子网，只要把子网掩码和 IP 地址进行逐位的“与”运算，就立即得出网络地址来。这样在路由器处理到来的分组时就可采用同样的算法。

这里还要弄清一个问题，这就是：在不划分子网时，既然没有子网，为什么还要使用子网掩码？这就是为了便于查找路由表。现在 Internet 的标准规定：所有的网络必须使用子网掩码，同时在路由器的路由表中也必须有子网掩码这一栏。如果一个网络不划分子网，那么该网络的子网掩码就使用默认子网掩码。这样，A 类网络的默认子网掩码是 255.0.0.0，B 类网络的默认子网掩码是 255.255.0.0，C 类网络的默认子网掩码是 255.255.255.0。

子网掩码是一个网络或一个子网的重要属性。在 RFC 950 成为 Internet 的正式标准后，路由器在和相邻路由器交换路由信息时，必须把自己所在网络(或子网)的子网掩码告诉路由器。在路由器的路由表中的每一个项目除了要给出目的网络地址外，还必须同时给出该网络的子网掩码。若一个路由器连接在两个子网上就拥有两个网络地址和两个子网掩码。

对于一个给定网络地址，如何根据需求进行子网的划分，计算步骤如下。

(1) 根据给定网络地址，判断其网络地址类别，明确网络号的二进制位数 N、主机号的二进制位数 H(满足 $N+H=32$)。

(2) 根据需求确定要划分的子网数目 S 以及子网中的主机数目 W。

(3) 根据 S 确定对应子网号所占的二进制数的位数 d，满足 $2^d \geqslant S$；依据 W 确定对应的子网中主机号所占的二进制数的位数 f，$2^f \geqslant W$，满足 $d+f=H$。

(4) 写出给定网络地址对应的子网掩码 M，将网络号部分 N 位对应置 1，其主机地址部分 H 位的前 d 位对应置 1，后 f 位对应置 0，即得出该网络划分子网后的子网掩码。

下面我们通过几个例子来看子网划分的方法。

【例 5-1】有一个 B 类网络，网络地址为 138.138.0.0，要求对该网络进行子网划分，子网数应不少于 100 个，子网号应不得少于多少位？

解：(1) 由于给定的网络是一个 B 类网络，其网络号的位数为 16，主机号的位数为 16。

(2) 要求划分的子网数目为 100 个，根据子网数目确定子网对应的位数，满足 $2^d \geqslant 100$。根据计算得出 $d \geqslant 7$。

(3) 满足子网数应不少于 100 个的要求，子网号应不得少于 7 位，取 $d=7$，则对应的子网掩码为 255.255.254.0。

【例 5-2】计算机学院局域网中某子网各主机的 IP 地址为：218.103.24.96～218.103.24.127，该子网的子网掩码是什么？

解：(1) 已知给定网络是一个 C 类网络，网络地址为 218.103.24.0，其网络号的位数为 24，主机号的位数为 8。

(2) 该 A 类网络进行子网划分后，子网中 IP 地址的范围是 218.103.24.96～218.103.24.127，可得出子网中主机数为 32，则可由 $2^f=32$ 确定 f 为 5，即得出子网中的主机位数为 5。

(3) 由于 A 类网络的主机号为 8 位，其中 5 位用作子网中的主机位数，则子网位数为 $8-5=3$ 位。

(4) 按照以上分析，得出该网络对应的子网掩码为 255.255.255.224。

【例 5-3】某企业有 6 个部门，选择一个 C 类地址：192.168.78.0，每个部门要求有单独的子网，请按照 RFC 950 子网划分的规范(即子网划分时不可用全 0 全 1)对网络进行划分。

解：已知给定网络是一个 C 类网络，网络地址为 192.168.78.0，其网络号的位数为 24，主机号的位数为 8。按照题意，要求划分的子网数 $\geqslant 6$，则子网位数取值应满足 $\geqslant 3$，即取 3 位、4 位、5 位、6 位均可。从这里可以发现，满足某个要求的子网划分方法有多种。

为了方便理解，这里我们按照子网中主机号的位数以最多为准的要求，对网络进行划分，确定子网号取 3 位，子网中主机号位数为 5 位。我们按照子网编址从最小值开始，顺序排列，将结果用点分十进制的表示方法填写在表 5-4 中。

表 5-4　例 5-3 用表

序号	网络号	主机可用的起始地址	主机可用的结束地址	子网掩码
1	192.168.78.32	192.168.78.33	192.168.78.62	255.255.255.224
2	192.168.78.64	192.168.78.65	192.168.78.94	255.255.255.224
3	192.168.78.96	192.168.78.97	192.168.78.126	255.255.255.224
4	192.168.78.128	192.168.78.129	192.168.78.158	255.255.255.224
5	192.168.78.160	192.168.78.161	192.168.78.190	255.255.255.224
6	192.168.78.192	192.168.78.193	192.168.78.222	255.255.255.224

在上例中，我们可以发现以下几点。

(1) 不同子网的子网掩码相同。无论是 192.168.78.32 还是 192.168.78.64，它们都有相同的子网掩码 255.255.255.224，但是它们是不同的两个逻辑子网。

(2) 具有相同子网掩码的网络中，其可用的 IP 地址个数相同。如子网 192.168.78.96 中的 IP 地址个数为 $2^5-2=30$ 个；同理，192.168.78.128、192.168.78.160 等网络也都具有 30 个可用的 IP 地址。

(3) 某类(A、B 或 C)网络划分子网后，可用 IP 地址的个数将减少。在网络 192.168.78.0 中，可用的 IP 地址个数为 254 个，而将 192.168.78.0 划分为 6 个子网掩码为 255.255.255.224 的网络，每个网络的主机数为 30 个，则划分子网后可用的 IP 地址个数只有 180 个，比 254 少了 74 个。这说明，尽管子网能在一定程度上提高 IP 地址的利用率，提高网络性能，增加灵活性，但是却减少了能够连接在网络上的主机总数。

网络经过子网划分后，路由器中的路由表也发生了相应的变化，路由表中的主要信息变为：(目的网络地址，子网掩码，下一跳地址)。下面我们通过一个例子来说明在划分子网的情况下路由器是如何转发分组的。

【例 5-4】已知图 5-22 所示的互联网以及路由器 R_1 中的路由表。现在主机 H_1 向 H_2 发送分组。试讨论 R_1 收到 H_1 向 H_2 发送的分组后查找路由表的过程。

R_1路由表(未给出默认路由)

目的网络地址	子网掩码	下一跳
128.30.33.0	255.255.255.128	接口0
128.30.33.128	255.255.255.128	接口1
128.30.36.0	255.255.255.0	R_2

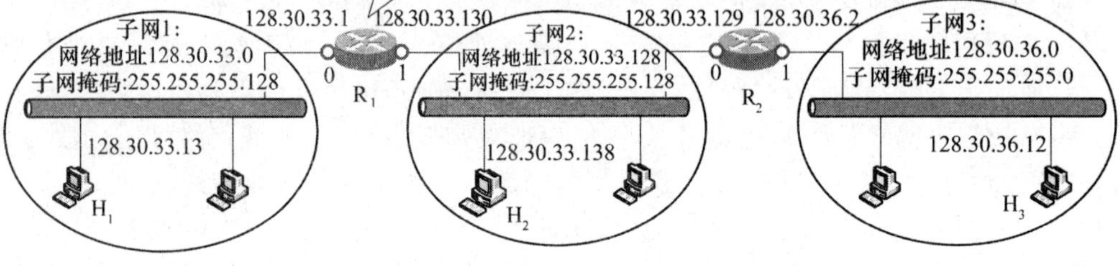

128.30.33.1 128.30.33.130 128.30.33.129 128.30.36.2
子网1: 网络地址128.30.33.0 子网掩码:255.255.255.128
子网2: 网络地址128.30.33.128 子网掩码:255.255.255.128
子网3: 网络地址128.30.36.0 子网掩码:255.255.255.0
R_1 R_2 0 1 0 1
128.30.33.13 H_1 128.30.33.138 H_2 128.30.36.12 H_3

图 5-22　主机 H_1 向 H_2 发送分组

解：主机 H_1 向 H_2 发送分组的转发过程如下。

(1) 从 H_1 发送的数据报的首部提取目的 IP 地址。主机 H_1 向 H_2 发送分组的目的地址是 H_2 的 IP 地址 128.30.33.138。

(2) 判断主机 H_1 向 H_2 发送分组是否为直接交付。主机 H_1 首先把其所在子网 1 的"子网掩码 255.255.255.128"与 H_2 的"IP 地址 128.30.33.138"逐位相"与"，得出 128.30.33.128，它不等于 H_1 的网络地址(128.30.33.0)。这说明 H_2 与 H_1 不在同一个子网上。因此 H_1 不能把分组直接交付给 H_2，而必须交给子网上的默认路由器 R_1，由 R_1 来转发，进行间接交付。

(3) 查看特定主机路由。在间接交付中，首先查看 R_1 的路由表中是否有目的地址 H_2 的特定主机路由。若有，则按照 H_2 的特定主机路由，把数据报传送给路由表中所指明的下一跳路由器；否则，继续在路由表中查找与目的主机 H_2 匹配的网络记录。

(4) 在 R_1 中查找与目的主机 IP 匹配的网络记录。

路由器 R_1 先找路由表中的第一行，看看这一行的网络地址与收到的分组的目的网络地址是否匹配。因为并不知道收到分组的目的网络地址，因此只能试试看。这就是用第一条记录（子网 1 的记录）的“子网掩码 255.255.255.128”和收到的分组的“目的地址 128.30.33.138”逐位相“与”，得出“128.30.33.128”。然后把相“与”得出的网络地址“128.30.33.128”与这一条记录中给出的目的网络地址进行比较。如果比较结果一致（匹配），说明这个网络（子网 1）就是收到的分组所要寻找的目的网络，就按照这条记录转发该分组。若比较的结果不一致（即不匹配），接下来，用同样方法继续往下找第二条记录。用第二条记录的“子网掩码 255.255.255.128”和该分组的“目的地址 128.30.33.138”逐位相“与”，结果也是 128.30.33.128。但这个结果和第二条记录的目的网络地址相匹配，说明这个网络（子网 2）就是收到的分组所要寻找的目的网络。于是不需要再找下一个路由器进行间接交付了。R_1 把分组按照第二条记录从接口 1 直接交付给主机 H_2（它们都在一个子网上）。

（5）若以上步骤中，仍旧无法找到匹配的路由记录，则查看路由表中的默认路由。按照默认路由记录转发，否则，报告转发分组出错。

划分子网在一定程度上缓解了 Internet 在发展中遇到的困难。然而在 1992 年 Internet 仍然面临着必须尽早解决的问题，这就是：①B 类地址在 1992 年已分配了近一半，眼看很快就将全部分配完毕；②Internet 主干网上的路由表中的项目数急剧增长（从几千个增长到几万个）；③整个 IPv4 的地址空间最终将全部耗尽。

当时预计前两个问题将在 1994 年变得非常严重。因此 IETF 很快就研究出采用无分类域间路由（Classless Inter-Domain Routing，CIDR，读音是“sider”）的方法来解决前两个问题。IETF 认为上面的第三个问题属于更加长远的问题，因此专门成立 IPv6 工作组负责研究解决这个问题。

虽然根据 Internet 标准协议的 RFC 950 文档，子网号不能为全 1 或全 0，但随着无分类域间路由选择的广泛使用（RFC1517～1519 和 1520），现在全 1 和全 0 的子网号也可以使用了，但要谨慎使用，要弄清路由器所用的路由选择软件是否支持全 0 或全 1 的子网号。

5.3.6　网际控制报文协议

IP 提供尽最大努力交付的服务，为了更有效地转发 IP 数据报和提高 IP 数据报交付成功的机会，在网际层使用了网际控制报文协议（Internet Control Message Protocol，ICMP）。ICMP 允许主机或路由器报告差错情况和提供有关异常情况的报告。ICMP 是 Internet 的标准协议。它是一个 IP 层的协议，ICMP 报文作为 IP 层数据报的数据，加上数据报的首部，组成 IP 数据报发送出去。ICMP 报文格式如图 5-23 所示。

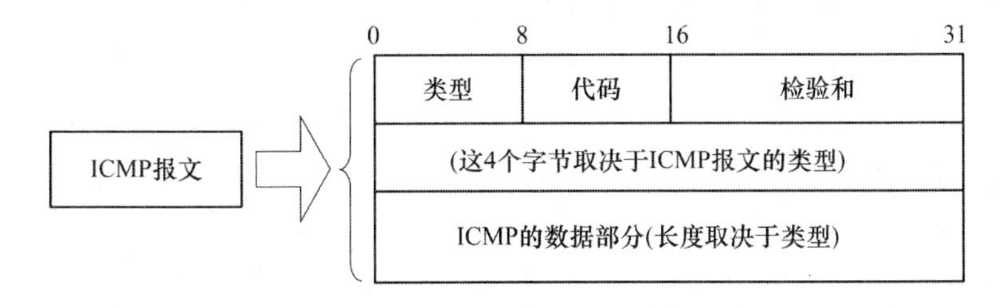

图 5-23　ICMP 报文的格式

ICMP 报文有两种，即 ICMP 差错报告报文和 ICMP 询问报文。

ICMP 报文的前 4 个字节是统一的格式，共有 3 个字段，即类型、代码和检验和。接着 4 个字节的内容与 ICMP 的类型有关。最后面是数据字段，其长度取决于 ICMP 的类型。表 5-5给出了几种常用的 ICMP 报文类型。

表 5-5　几种常用的 ICMP 报文类型

ICMP 报文种类	类型值	ICMP 报文的类型
差错报告报文	3	终点不可达
	4	源点抑制(Source Quench)
	11	时间超过
	12	参数问题
	5	改变路由(Redirect)
询问报文	8 或 0	回送(Echo)请求或回答
	13 或 14	时间戳(Timestamp)请求或回答

ICMP 报文中的代码字段是为了进一步区分某种类型中的几种不同的情况。检验和字段用来检验整个 ICMP 报文。

ICMP 差错报告报文共有以下 5 种。

(1) 终点不可达：当路由器或主机不能交付数据报时就向源点发送终点不可达报文。

(2) 源点抑制：当路由器或主机由于拥塞而丢弃数据报时，就向源点发送源点抑制报文，使源点知道应当把数据报的发送速率放慢。

(3) 时间超过：当路由器收到生存时间为零的数据报时，除丢弃该数据报外，还要向源点发送时间超过报文。当终点在预先规定的时间内不能收到一个数据报的全部数据报片时，就把已收到的数据报片都丢弃，并向源点发送时间超过报文。

(4) 参数问题：当路由器或目的主机收到的数据报的首部中有的字段的值不正确时，就丢弃该数据报，并向源点发送参数问题报文。

(5) 改变路由(重定向)：路由器把改变路由报文发送给主机，让主机知道下次应将数据报发送给另外的路由器(可通过更好的路由)。

常用的 ICMP 询问报文有以下两种。

(1) 回送请求和回答：ICMP 回送请求报文是由主机或路由器向一个特定的目的主机发出的询问。收到此报文的主机必须给源主机或路由器发送 ICMP 回送回答报文。这种询问报文用来测试目的站是否可达以及了解其有关状态。

(2) 时间戳请求和回答：ICMP 时间戳请求报文是请某个主机或路由器回答当前的日期和时间。在 ICMP 时间戳回答报文中有一个 32 位的字段，其中写入的整数代表从 1900 年 1 月 1 日起到当前时刻一共有多少秒。时间戳请求与回答可用来进行时钟同步和测量时间。

PING (Packet Internet Groper) 是 ICMP 的一个重要应用。它使用 ICMP 回送请求与回送回答报文用来测试两个主机之间的连通性。PING 是应用层直接使用网络层 ICMP 的一个例子。它没有通过传输层的 TCP 或 UDP。

Windows 操作系统的用户可在接入网络后，通过调用命令行模式（单击“开始”→“运行”再输入“cmd”），在屏幕上的提示符后，输入“ping target_tname”（这里的 target_tname 是要测试连通性的主机名或它的 IP 地址），按回车键后就可看到结果。

图 5-24 给出了从武汉的一台 PC 到华中科技大学武昌分校的邮件服务器 mail. hustwb. edu. cn 的连通性的测试结果。PC 一连发出 4 个 ICMP 回送请求报文。如果邮件服务器 mail. hustwb. edu. cn 正常工作而且响应这个 ICMP 回送请求报文（有的主机为了防止恶意攻击就不理睬外界发送过来的这种报文），那么它就发回 ICMP 回送回答报文。由于往返的 ICMP 报文上都有时间戳，因此很容易得出往返时间。最后显示出的是统计结果：发送到哪个机器（IP 地址），发送的、收到的和丢失的分组数，往返时间的最短、最长和平均值。如果邮件服务器 mail. hustwb. edu. cn 没有正常工作，则它就不会有 ICMP 回送回答报文响应，显示结果为测试目标主机不达。

```
C:\Users\Administrator>ping mail.hustwb.edu.cn

正在 Ping mail.hustwb.edu.cn [218.199.144.9] 具有 32 字节的数据:
来自 218.199.144.9 的回复: 字节=32 时间=70ms TTL=50
来自 218.199.144.9 的回复: 字节=32 时间=71ms TTL=50
来自 218.199.144.9 的回复: 字节=32 时间=70ms TTL=50
来自 218.199.144.9 的回复: 字节=32 时间=71ms TTL=50

218.199.144.9 的 Ping 统计信息:
    数据包: 已发送 = 4, 已接收 = 4, 丢失 = 0 <0% 丢失>,
往返行程的估计时间<以毫秒为单位>:
    最短 = 70ms, 最长 = 71ms, 平均 = 70ms
```

图 5-24　用 ping 测试主机的连通性

5.4　网络地址转换

随着接入 Internet 的计算机数量不断猛增，IP 地址资源也就越显得捉襟见肘。实际上，在一个单位或是一个企业，主要还是本机构内的主机之间的相互通信。例如，在一个大型的超市中，有很多用于营业和管理的计算机，显然这些计算机并不都需要和 Internet 相连。所以一个机构需要申请的 IP 地址数量往往远小于本机构所拥有的主机数。然而，如果在一个机构内部的计算机之间的通信也是采用 TCP/IP，那么从原则上说，这些机构内部所使用的计算机就可以由机构自行分配其 IP 地址（我们把由机构自行分配的 IP 地址称为本地地址、专有地址或私有地址）。这样一来，企业内部计算机使用本地 IP 地址进行通信，而无须向 Internet 的管理机构申请全球唯一的 IP 地址（我们称这类 IP 地址为公有 IP 地址或全球 IP 地址）。这样就可以大大节约宝贵的 IP 地址资源。

但是，我们也注意到一个问题，如果机构内部分配的 IP 地址是任意的，那么就会出现某个内部 IP 地址与其要访问的 Internet 的某个全球 IP 地址一致，这样就会出现地址的二义性问题。为了解决这个问题，RFC 1918 规定了专有 IP 地址的范围。这些专有 IP 地址仅能用于机构内部的通信，而不能用于和 Internet 上主机的通信。因此，Internet 中的所有路由器对目的地址是专有地址的数据报一律不进行转发。RFC 1918 指明的专有地址范围如下。

(1) 10.0.0.0 到 10.255.255.255。

(2) 172.16.0.0 到 172.31.255.255。

(3) 192.168.0.0 到 192.168.255.255。

上面的 3 个地址块分别是一个 A 类网络、16 个连续的 B 类网络和 256 个连续的 C 类网络,这些 IP 地址构成的网络称为本地网络或专用网,在不同的本地网络中可以重复使用相同的专有地址,但是在同一网络中使用的专有 IP 地址也必须保证唯一性。采用这样的专有 IP 地址,全世界可能有很多具有相同专有 IP 地址的专用网络,尽管如此,但这并不会引起麻烦,因为这些专有地址仅在本机构内部使用,这也就是专有 IP 地址的可重用性。

为了缓解 IP 地址的紧缺问题,在企业内部使用的是专有 IP 地址,而使用专有 IP 地址的计算机是不能够和 Internet 上的其他用户直接通信的。尽管一个企业或是一个机构主要是内部计算机之间的通信,而需要和 Internet 相连的计算机数量较少,但它们如何通过较少的公有 IP 地址数量满足内部机构较多用户的上网需求的呢？针对这个问题,目前使用最多的方法是网络地址转换。

网络地址转换(Network Address Translation,NAT)方法是在 1994 年提出的。这种方法需要在专用网连接到 Internet 的路由器上安装 NAT 软件。装有 NAT 软件的路由器叫作 NAT 路由器,它至少有一个有效的外部全球 IP 地址。这样,所有使用本地地址的主机在和外界通信时,都要在 NAT 路由器上将其本地地址转换成全球 IP 地址。

图 5-25 给出了 NAT 路由器的工作原理。在图中,专用网 192.168.1.0 内所有主机的 IP 地址都是本地专有 IP 地址 192.168.1.x。NAT 路由器至少要有一个全球 IP 地址,才能和 Internet 相连。图 5-25 表示出 NAT 路由器有一个全球 IP 地址 201.1.1.3(当然,NAT 路由器可以有多个全球 IP 地址)。

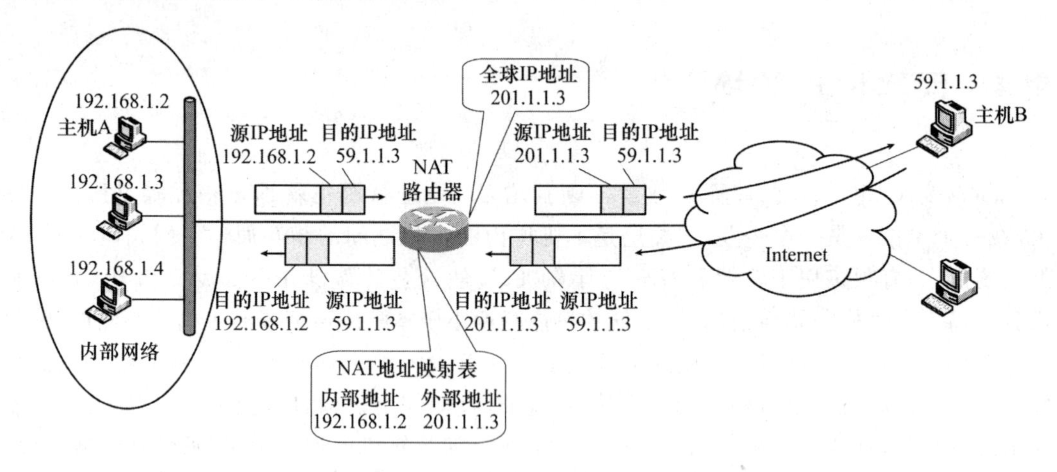

图 5-25 NAT 工作原理

NAT 路由器收到从专用网内部的主机 A 发往 Internet 上主机 B 的 IP 数据报:源 IP 地址是 192 .168.1.2,而目的 IP 地址是 59.1.1.3。NAT 路由器把 IP 数据报的源 IP 地址 192.168.1.2 转换为新的源 IP 地址(即 NAT 路由器的全球 IP 地址)201.1.1.3,然后转发出去。因此,主机 B 收到这个 IP 数据报时,以为 A 的 IP 地址是 201.1.1.3。当 B 给 A 发送应答响应时,IP 数据报的目的 IP 地址是 NAT 路由器的 IP 地址 201.1.1.3。B 并不知道 A 的专有地址 192.168.1.2。当 NAT 路由器收到 Internet 上的主机 B 发来的 IP 数据报时，还要进行一次 IP 地址的转换。通过 NAT 地址映射表，就可以把 IP 数据报上的旧的目的地址 201.1.1.3 转换为新的目的 IP 地址 192.168.1.2（主机 A 真正的本地 IP 地址）。

明确了 NAT 的基本工作原理，下面我们来看看 NAT 的实现方式。NAT 的实现方式有 3 种，即静态转换（Static NAT）、动态转换（Dynamic NAT）和端口多路复用（Port Address Translation，PAT）。

静态转换是指将内部网络的私有 IP 地址转换为公有 IP 地址，IP 地址对是一对一的，是一成不变的，某个私有 IP 地址只转换为某个公有 IP 地址。借助于静态转换，可以实现外部网络对内部网络中某些特定设备（如服务器）的访问。

动态转换是指将内部网络的私有 IP 地址转换为公有 IP 地址时，IP 地址是不确定的，是随机的，所有被授权访问 Internet 的私有 IP 地址可随机转换为任何指定的合法 IP 地址。也就是说，只要指定哪些内部地址可以进行转换，以及用哪些合法地址作为外部地址时，就可以进行动态转换。动态转换可以使用多个合法外部地址集。当 ISP 提供的合法 IP 地址略少于网络内部的计算机数量时，可以采用动态转换的方式。

端口多路复用是指改变外出数据包的源端口并进行端口转换，即端口地址转换。采用端口多路复用方式，内部网络的所有主机均可共享一个合法外部 IP 地址，实现对 Internet 的访问，从而可以最大限度地节约 IP 地址资源。同时，又可隐藏网络内部的所有主机，有效避免来自 Internet 的攻击。因此，目前网络中应用最多的就是端口多路复用方式。在图 5-26中，内部 IP 地址 192 .168.1.2 映射为 NAT 的外部合法 IP 地址 201.1.1.3 的30000 端口；内部 IP 地址 192 .168.1.3 映射为 NAT 的外部合法 IP 地址 201.1.1.3 的 40000 端口；内部 IP 地址 192 .168.1.4 映射为 NAT 的外部合法 IP 地址 201.1.1.3 的 50000 端口。

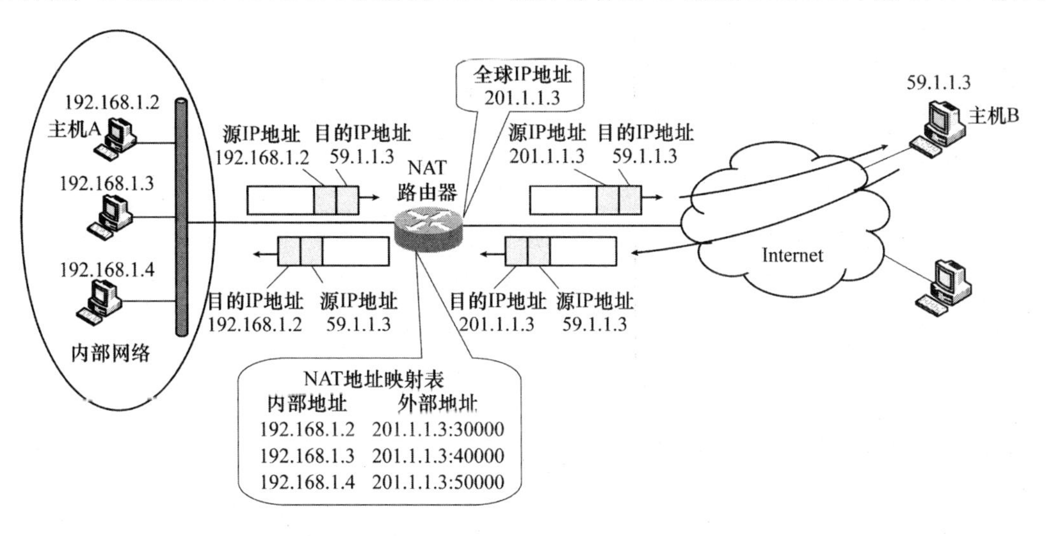

图 5-26　PAT 的工作原理

5.5　IPv6

IPv6 是 Internet Protocol Version 6 的缩写，其中 Internet Protocol 为“互联网协议”。

IPv6 是互联网工程任务组(Internet Engineering Task Force,IETF)设计的用于替代现行版本 IP(IPv4)的下一代 IP。目前 IP 的版本号是 4,简称为 IPv4,下一个版本就是 IPv6。

IPv4 是目前广泛使用的第二代互联网技术。它的最大问题是网络地址资源有限,IPv4 地址已于 2011 年 2 月分配完毕。其中北美占有 3/4,约 30 亿个,而人口最多的亚洲只有不到 4 亿个,截止到 2010 年 6 月中国的 IPv4 地址数量达到 2.5 亿,落后于 4.2 亿网民的需求。地址不足严重地制约了中国及其他国家互联网的应用和发展。在这样的环境下,IPv6 应运而生。单从数量级上来看,IPv6 所拥有的地址容量是 IPv4 的约 8×10^{28} 倍,达到 2^{128}(算上全零的)个。这不但解决了网络地址资源数量的问题,同时也为除计算机外的设备连入互联网在数量限制上扫清了障碍。

如果说 IPv4 实现的只是人机对话,而 IPv6 则扩展到任意事物之间的对话,它不仅可以为人类服务,还将服务于众多硬件设备,如家用电器、传感器、远程照相机、汽车等,它将是无时不在、无处不在地深入社会每个角落的真正的宽带网。而且它所带来的经济效益将非常巨大。

IPv6 具有以下特点。

(1) IPv6 地址长度为 128 位。

(2) 灵活的 IP 报文头部格式。IPv6 数据报首部和 IPv4 的并不兼容。IPv6 定义了许多可选扩展首部,不仅可提供 IPv4 更多的功能,而且由于路由器对扩展首部不进行处理,还可以提高路由器的处理效率,加快了报文处理速度。

(3) IPv6 简化了报文头部格式,字段只有 8 个,加快了报文转发,提高了吞吐量。

(4) 提高安全性。身份认证和隐私权是 IPv6 的关键特性。

(5) 支持更多的服务类型。

(6) 协议具有良好的可扩展性。允许协议继续演变,增加新的功能,使之适应未来技术的发展。

(7) 支持即插即用,主机不改变地址即可实现漫游。

与 IPv4 相比,IPv6 具有以下优势。

(1) IPv6 具有更大的地址空间。IPv4 中规定 IP 地址长度为 32 位,最大地址个数为 2^{32};而 IPv6 中 IP 地址的长度为 128 位,即最大地址个数为 2^{128}。与 32 位地址空间相比,地址空间增大了 2^{96} 倍。

现在,IPv4 采用 32 位地址长度,约有 43 亿地址,而 IPv6 采用 128 位地址长度,有足够多的地址资源,可以使每一个带电的东西都有一个 IP 地址,真正形成一个数字家庭。IPv6 的技术优势目前在一定程度上解决了 IPv4 互联网存在的问题,这是 IPv4 向 IPv6 演进的重要动力之一。

(2) IPv6 使用更小的路由表。IPv6 的地址分配一开始就遵循聚类(Aggregation)的原则,这使得路由器能在路由表中用一条记录(Entry)表示一片子网,大大减小了路由器中路由表的长度,提高了路由器转发数据包的速度。

(3) IPv6 增加了增强的组播(Multicast)支持以及对流的控制(Flow Control),这使得网络上的多媒体应用有了长足发展的机会,为服务质量(Quality of Service,QoS)控制提供了良好的网络平台。

(4) IPv6 加入了对自动配置(Auto Configuration)的支持。这是对 DHCP 的改进和扩展，使得网络（尤其是局域网）的管理更加方便和快捷。

（5）IPv6 具有更高的安全性。在使用 IPv6 的网络中用户可以对网络层的数据进行加密并对 IP 报文进行校验，在 IPv6 中的加密与鉴别选项提供了分组的保密性与完整性，极大地增强了网络的安全性。

（6）允许扩充。如果新的技术或应用需要时，IPv6 允许协议进行扩充。

（7）更好的头部格式。IPv6 使用新的头部格式，其选项与基本头部分开，如果需要，可将选项插入到基本头部与上层数据之间。这就简化和加速了路由选择过程，因为大多数的选项不需要由路由选择。

（8）新的选项。IPv6 有一些新的选项来实现附加的功能。

当然，IPv6 并非十全十美，也不可能解决所有问题。IPv6 只能在发展中不断完善，过渡需要时间和成本，但从长远看，IPv6 有利于互联网的持续和长久发展。国际互联网组织已经决定成立两个专门工作组，制定相应的国际标准。

5.6　因特网传输层协议

传输层是整个网络体系结构中的关键一层，解决的是计算机进程到计算机进程之间的通信问题。由于通信的两个端点是源主机和目的主机中的应用进程，所以应用进程之间的通信又称为端到端的通信。

传输层是 TCP/IP 体系结构的第三层，如图 5-27 所示。从网络功能和用户功能的角度看，传输层是用户功能的最底层；从通信和信息处理的角度看，传输层是面向通信的最高层，在通信子网中没有传输层。传输层只存在于通信子网以外的主机中。

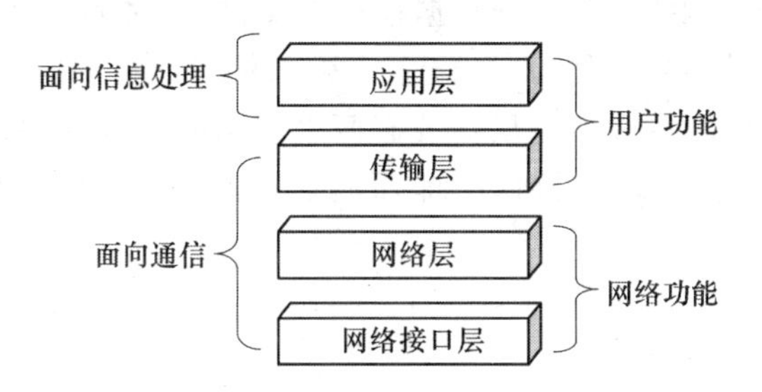

图 5-27　传输层在网络体系结构中的地位

下面通过一个例子来说明传输层的作用。如图 5-28 所示，处于局域网 1 中主机 A 的应用进程要和处于局域网 2 中主机 B 的应用进程通信。主机 A 中的应用进程 AP_1 与主机 B 中的应用进程 AP_3 通信，主机 A 中的应用进程 AP_2 与主机 B 中的应用进程 AP_4 通信。在这个通信中，无论是 AP_1 与 AP_3 之间的通信，还是 AP_2 与 AP_4 之间的通信，首先要明确进程所在主机之间的通信。这样通过 IP 地址在网络层建立一条由主机 A 到主机 B 的逻辑通路。主机 A 中的进程 AP_1 与 AP_2 都要通过网络层传输到主机 B 上，主机 A 的传输层就将 AP_1 与 AP_2 通过复用技术，复用到主机 A 到主机 B 的逻辑通信上，实现 AP_1 与 AP_2 传输到主机 B。AP_1 与 AP_2 到达主机 B 后要分别传输到实现 AP_3 与 AP_4，这时主机 B 的传输层通过分用技术实现 AP_3 接收 AP_1、AP_4 接收 AP_2 的数据通信。因此，传输层很重要的一个功能就是复用和分用。从这里也可以看出，网络层和传输层的主要区别在于，传输层提供进程到进程之间的逻辑通信，网络层提供主机到主机之间的逻辑通信，如图 5-29 所示。

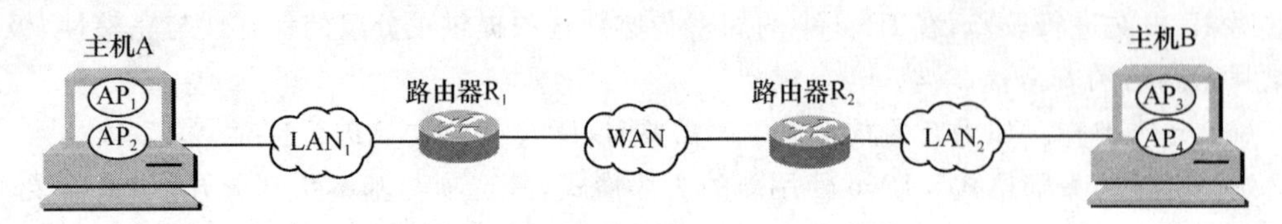

图 5-28 传输层的作用

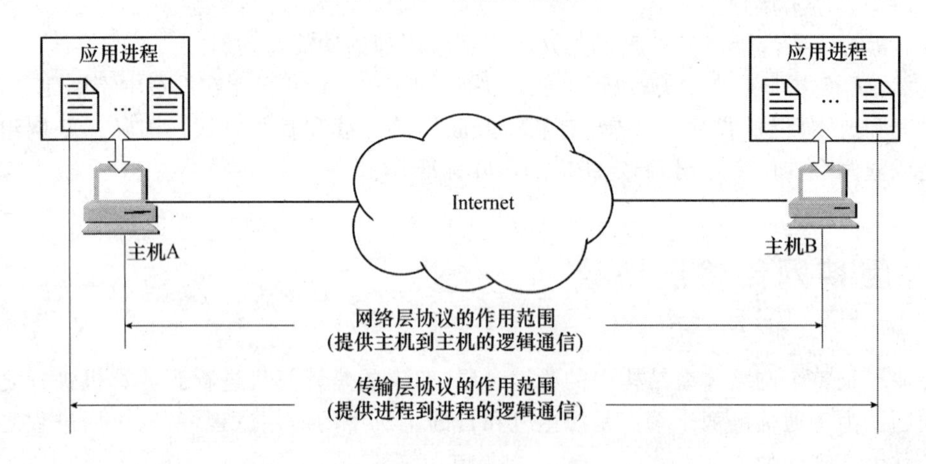

图 5-29 网络层协议与传输层协议的主要区别

传输层要使用网络层提供的服务传输数据。回顾一下网络层，网络层最为重要的协议就是 IP。从上面的分析可知，IP 提供了主机间的逻辑通信，而 IP 提供的是“尽最大努力交付”的服务。这就意味着网络层不保证数据报是否交付、交付顺序是否正确、数据是否丢失等问题，即不提供可靠性服务。然而，根据应用需求的不同，有的应用需要保证可靠性，有的应用需要稳定的传输速率，因此传输层需要有两种不同的传输层协议。在 TCP/IP 体系结构中，传输层有两个并列的传输层协议，即面向连接的 TCP 和无连接的 UDP，如图 5-30 所示。

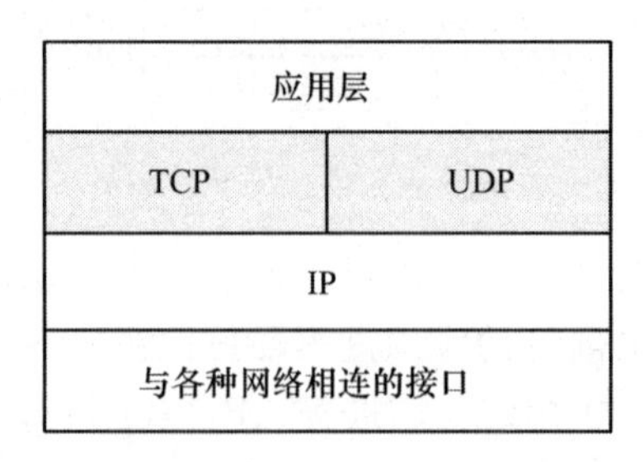

图 5-30 TCP/IP 体系中的传输层协议

UDP 和 TCP 都使用 IP。UDP 提供了不可靠的无连接传输服务。UDP 在传送数据之前不需要先建立连接。远地主机的传输层在收到 UDP 数据报后，不需要给出任何应答。TCP 提供了面向连接的、可靠的、端到端的、基于字节流的传输服务，不支持多播和广播。

应用层的不同进程要使用传输层提供的服务才能正常工作。应用层中的不同进程通过不同的端口与传输层交流。

所谓端口，就是在传输层与应用层的层间接口上所设置的一个 16 位的二进制地址量，用于指明传输层与应用层之间的服务访问点，为应用层进程提供标识，如图 5-31 所示。

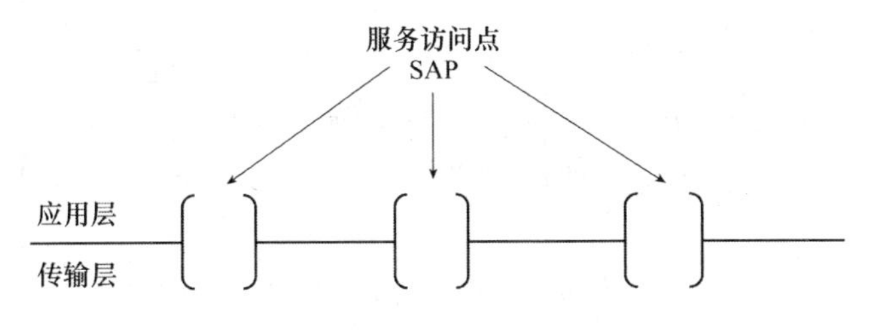

图 5-31　端口的概念

由于 TCP/IP 体系传输层存在两个完全独立的协议 TCP 和 UDP，因而无论是 TCP 还是 UDP 均可提供 2^{16} 个不同的端口，用来标识不同的进程。例如，TCP 可以有一个 166 号端口，UDP 也可以有一个 166 号端口。习惯上将表示端口的地址量称为端口号。

TCP/IP 将端口分成两大类，一类称为服务器端使用的端口，另一类称为客户端使用的端口。

1. 服务器端使用的端口

服务器端使用的端口又分为两类，最主要的一类是熟知端口(Well-Know Port，保留端口)。所谓“熟知端口”是指这类端口代表什么是事先已规定好了的，并为所有用户进程都熟知，数值为 0～1 023，如表 5-6 所示。另一类是登记端口号，数值为 1 024～49 151，为没有熟知端口号的应用程序使用的。使用这个范围的端口号必须在互联网数字分配机构(The Internet Assigned Numbers Authority，IANA)登记，以防止重复。

表 5-6　几种常用的熟知端口

应用程序	FTP	Telnet	SMTP	DNS	HTTP
熟知端口	TCP 21	TCP 23	TCP 25	UDP 53	TCP 80

网络运行时，应用层中的各种不同的常用服务的服务进程会不断地检测分配给它们的熟知端口或登记端口号，以便发现是否有某个用户进程要和它通信。

2. 客户端使用的端口(自由端口、一般端口)

客户端口号或短暂端口号数值为 49 152～65 535，留给客户进程选择暂时使用。当服务器进程收到客户进程的报文时，就知道了客户进程所使用的动态端口号。通信结束后，这个端口号可供其他客户进程以后使用。

端口是个非常重要的概念，应用层的各种应用进程都是通过端口与传输层实体进行交互的。所以在传输协议的数据单元中，如 TCP 报文段或 UDP 报文段的首部中都要写入源端口号和目的端口号。传输层收到 IP 层交上来的数据后，就要根据其目的端口号来决定应当通过哪一个端口上交给目的应用进程，同时也可以根据源端口知道是哪个应用进程发送来的。

端口号是一个本地量，在两个不同主机中的进程可能分配到相同的端口号，如图 5-32 所示。

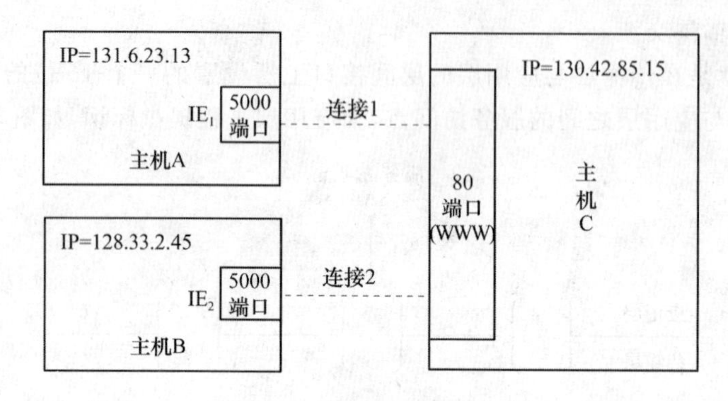

图 5-32 基于端口的进程通信

在图 5-32 中，主机 A 中的 5 000 号端口标识的进程 IE_1 访问主机 C 的 80 号端口标识的进程 WWW，同样，在主机 B 中的 5 000 号端口标识的进程 IE_2 也访问主机 C 的 80 号端口标识的进程 WWW。从进程通信的角度看，这里有两个进程连接：连接 1(5 000，80)、连接 2(5 000，80)。显然，连接 1 和连接 2 仅用端口标识会出现混乱：主机 C 的 WWW 应用将不确定响应是给 IE_1 还是 IE_2。为了在通信时不致发生混乱，就必须把端口号和主机 IP 地址结合起来使用。IP 地址(32 bit)和端口号(16 bit)组合起来共 48 bit，称为"套接字"，又称为"插口(Socket)"。用套接字来标识进程，Internet 的通信才可能成为唯一的，这样才能区分多个主机中同时通信的多个进程。

例如，在图 5-32 中，连接 1 的一对插口是 (131. 6. 23. 13，5 000)和(130. 42. 85. 15，80)；连接 2 的一对插口是(128. 33. 2. 45，5 000)和(130. 42. 85. 15，80)。

习题 5

一、选择题

1. 当前因特网 IP 的版本是(　　)。

A. IPv2　　B. IPv6　　C. IPv4　　D. IGMPv4

2. 下述协议中，不建立于 IP 之上的协议是(　　)。

A. ARP　　B. ICMP　　C. SNMP　　D. TCP

3. 在下列几组协议中，(　　)属于网络层协议。

A. IP 和 TCP　　B. ARP 和 Telnet

C. FTP 和 UDP　　D. ICMP 和 IP

4. 路由器是在(　　)实现网络之间的互连。

A. 网络层　　B. 传输层　　C. 应用层　　D. 表示层

5. 在网络层使用了(　　)来提高 IP 数据报转发率和成功交付率。

A. ICMP　　B. IGRP　　C. ARP　　D. RARP

6. RFC 1700 中定义的 FTP 服务器进程的熟知端口是(　　)。

A. TCP 80　　B. TCP 22　　C. TCP 21　　D. UDP 21

7. 在网络层使用了(　　)来实现将 IP 地址转换为相应的硬件地址。

A. ICMP　　B. IGRP　　C. ARP　　D. RARP

8. IP 数据包首部的固定长度是(　　)字节。

A. 60　　B. 20　　C. 4　　D. 32

9. 网络层传输数据的单位是(　　)。

A. 帧　　B. 报文段　　C. 分组　　D. 比特

10. 一台路由器的路由表如下所示。

目的主机所在的网络	子网掩码	下一跳地址
128.96.39.0	255.255.255.128	202.113.28.9
128.96.39.128	255.255.255.128	203.16.23.8
128.96.40.0	255.255.255.128	204.25.62.79
192.4.153.0	255.255.255.192	205.35.8.26

该路由器接收到的某一个数据报的目的地址为 128.96.39.10，则下一跳应是(　　)。

A. 202.113.28.9　　B. 203.16.23.8

C. 204.25.62.79　　D. 205.35.8.26

11. 下列叙述错误的是(　　)。

A. TCP 在两台计算机之间提供可靠的数据流

B. UDP 只为应用层提供十分简单的服务，不能确保可靠性

C. IP 提供无连接的分组传送服务，尽最大努力地传送服务

D. TCP 是面向无连接的

12. 关于 IP 地址与硬件地址，下列叙述错误的是(　　)。

A. IP 地址放在 IP 数据报的首部，而硬件地址则放在 MAC 帧的首部

B. 在整个通信过程中，IP 数据报在不同的网络上传送时，其源 IP 地址和目的 IP 地址都不发生变化

C. MAC 帧在不同的网络上传送时，其 MAC 帧首部的源地址和目的地址都不发生变化

D. 路由器的每个接口都应有一个不同网络号的 IP 地址

13. 用来测试网络层连通性的命令 ping 是用(　　)实现的。

A. ICMP　　B. IGMP　　C. RIP　　D. OSPF

14. A 类 IP 地址的指派网络号的范围是(　　)。

A. 1～126　　B. 128.1～191.255

C. 192.0.1～223.255.255　　D. 224.0.0～239.255.255

15. 关于 IP 地址，下列叙述错误的是(　　)。

A. 每个 IP 地址都由网络号和主机号两部分组成

B. 在 IP 地址中，所有分配到网络号的网络(不管是范围很小的局域网，还是可能覆盖

很大地理范围的广域网)都是平等的

C. 具有不同网络号的局域网可以使用转发器、网桥和路由器进行互连

D. 路由器总是具有两个或两个以上 IP 地址,即路由器的每个接口都有一个不同网络号的 IP 地址

二、填空题

1. 常用的 IP 地址有 A、B、C 三类,199.11.3.31 是一个__________类地址,其网络标识为__________,主机标识__________。

2. 在 TCP/IP 参考模型的传输层有两个并列的协议,分别是__________与__________。

3. RARP 用来将__________转换为__________。

4. RFC 1700 中定义的 Telnet 服务器进程的熟知端口是__________,HTTP 服务器进程的熟知端口是__________。

5. 写出下列 IP 地址的网络类别。

(1) 121.36.199.3。

(2) 223.192.65.79。

(3) 20.114.9.1。

三、简答题

1. 网络互连有哪几种类型?说说你身边的网络互连情况。

2. TCP/IP 网际层中有哪些协议?它们的作用是什么?

3. 如何理解虚拟互连网络?说明路由器的工作原理。

4. IP 地址分为几类?如何表示?IP 地址的主要特点有哪些?

5. 简述 IP 地址与物理地址的区别。为什么要使用这两种不同的地址?

6. 把十六进制的 IP 地址 C22F1588 转换成用点分割的十进制形式,并说明该地址属于哪类网络地址,以及该种类型地址的每个子网最多可能包含多少台主机。

7. 回答以下关于子网掩码的问题:

(1) 子网掩码为 255.255.255.0 代表什么意思?

(2) 一网络的子网掩码为 255.255.255.224,问该网络能够连接多少个主机?

(3) 一个 A 类网络和一个 B 类网络的子网号 subnet-id 分别为 16 bit 和 8 bit,问这两个网络的子网掩码有何不同?

8. 请根据下图回答问题。

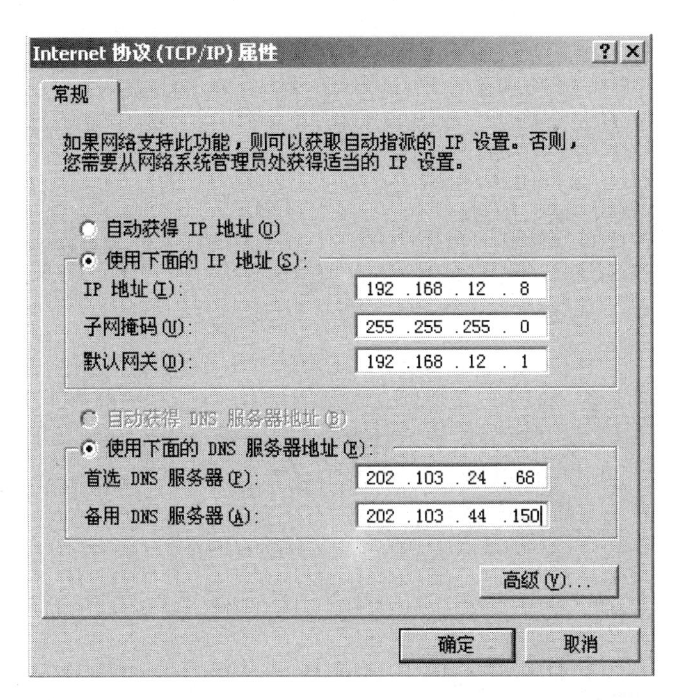

请根据 Internet 协议(TCP/IP)属性中各 IP 参数配置情况，说明 IP 地址、子网掩码和默认网关的作用和意义。

9. 某学院一共有 5 个部门，教务处有 10 台计算机，设备处有 18 台计算机，后勤有 14 台计算机，招毕办有 7 台计算机，学生处有 11 台计算机，组成该校局域网，每个部门单独构成一个子网，该校只分配有一个 C 类网络地址 192.168.79.0。

(1) 规划写出各部门子网划分的 IP 地址分配方案。

(2) 如果各部门独立子网需要互相通信，可采用什么办法？请画出网络连接示意图。

第6章 Internet 技术

Internet,中文译名为因特网,又称国际互联网。Internet 是世界上最大的计算机互连网络,连接了世界各地不计其数的网络与计算机,并逐渐成为全球最大的开放信息系统,为人们在工作、学习、生活等方面共享信息资源提供了便利。本章介绍了 Internet 的发展历程、常见的接入方式、域名系统以及 Internet 的一些基本应用。

本章主要讨论以下问题:

○什么是 Internet?

○Internet 是如何产生和发展的?

○如何接入 Internet?

○域名系统如何工作?

○Internet 为我们提供哪些服务?

○网络管理的内容有哪些?

6.1 Internet 概述

6.1.1 Internet 的概念

不同的 Internet 用户群体在不同的领域对 Internet 有着不同的使用方式。对于使用 Internet 来阅读新闻或者搜索信息的普通用户来说,只需输入网址,单击鼠标,就能够通过万维网(WWW)访问 Internet,浏览所需要的网页信息。对于借助 Internet 取代传统邮件的人来说,Internet 仅仅是给其他人发送电子邮件的一种途径。对于工程师或科研人员来说,通过 Internet 就可以及时地把重要文件从面前的计算机远程传送到另外一台计算机中。对于网络管理人员或 IT 技术研究人员来说,"远程登录"功能使得他们不需要挪动位置就可以访问到需要的设备。此外对另一些人来说,Internet 甚至可以是提供他们娱乐、阅读、辩论、会友、工作的地方。所以说很难给 Internet 下一个总结性的定义。不同的 Internet 用户对 Internet 有不同的认识。

Internet 是一个全球性的开放网络,它将位于世界各地数以万计的计算机及网络相互连接在一起,构成一个可以相互通信的计算机网络系统。从网络通信技术的角度看,Internet 是一个以 TCP/IP 连接各个国家、各个地区以及各个机构的计算机网络的数据通信网。从信息资源的角度看,Internet 是一个集各个部门、各个领域的各种信息资源为一体,供网上用户共享的信息资源网。今天的 Internet 已远远超过了网络的含义，网络上的所有用户既可以共享网上丰富的信息资源，也可以把自己的资源发布在网上。利用 Internet 可以搜索并获取存储在全球计算机中的海量资料文档，下载所需要的各种软件资源，发布最新实时信息，实现网上购物，与位于不同地理位置的人讨论感兴趣的话题。虽然至今还没有一个准确的定义概括 Internet，但是这个定义应从通信协议、物理连接、资源共享、相互联系、相互通信的角度综合考虑。因此我们可以尝试着给出这样的概念：Internet 是一个通过路由器把全世界许多计算机网络连接在一起，通过 TCP/IP 使得连接在一起的计算机网络可以进行信息交换，实现服务与资源共享的信息平台。

6.1.2　Internet 的发展历程

自 20 世纪 40 年代第一台计算机问世以来，计算机技术的发展已走过了半个多世纪的历程，而 Internet 的建立和发展使计算机技术这项 20 世纪最为卓越的科技成就在 20 世纪 90 年代又一次达到高潮，以网络为中心的信息处理时代终于来到了。Internet 是人类历史发展中的一个伟大的里程碑，它是未来信息高速公路的雏形，人类正由此进入一个前所未有的信息化社会。人们用各种名称来称呼 Internet，如国际互联网络、因特网、交互网络、网际网等，它正在向全世界各大洲延伸和扩散，不断增添吸收新的网络成员，已经成为世界上覆盖面最广、规模最大、信息资源最丰富的计算机信息网络。

Internet 起源于美国的 ARPANET 计划，其目的是建立分布式的、存活力强的全国性信息网络。ARPANET 基于分组交换的概念，在网络建设和应用发展的过程中，逐步产生了 TCP/IP 这一广泛应用的网络标准。以 ARPANET 作为主干网的 Internet 产生于 1983 年，随着 TCP/IP 被人们广泛接受，越来越多的计算机连接到 Internet 上。目前，Internet 已经成为全世界最大的计算机互联网。

Internet 是将遍布世界各地的计算机网络互连而成的一个超级计算机网络，在发展过程中，Internet 基础结构经历了三阶段的演变。

第一阶段是从单个网络 ARPANET 向互联网发展的过程。1969 年的美国国防部创建了第一个 ARPANET，1983 年确定 TCP/IP 作为 ARPANET 的标准协议，才使得计算机之间能够互连通信。

第二阶段的特点是建成了三级结构的 Internet。20 世纪 90 年代起，美国政府机构和公司的计算机也纷纷入网，建成了由主干网、地区网和校园网（或企业网）三级结构组成的Internet。

第三阶段的特点是逐渐形成了多层次 ISP 结构的 Internet。互联网服务提供商（Internet Service Provider，ISP，又称因特网服务提供者、互联网服务供应商、互联网服务提供者）即指提供互联网服务的公司。通常大型的电信公司都会兼任互联网供应商。普通用户通过一台接在电话线上的调制解调器与 ISP 相连，借助 ISP 接入互联网。网络上的用户是平等的，无地域、职位的限制，也没有计算机型号的差别。1993 年 Internet 迅速扩大到全球 100 多个国家和地区，出现了 Internet 服务提供者 ISP，逐渐形成了多层次 ISP 结构的 Internet。如图 6-1 所示，主机 A 需要经过许多不同层次的 ISP 才能把数据传递给主机 B。

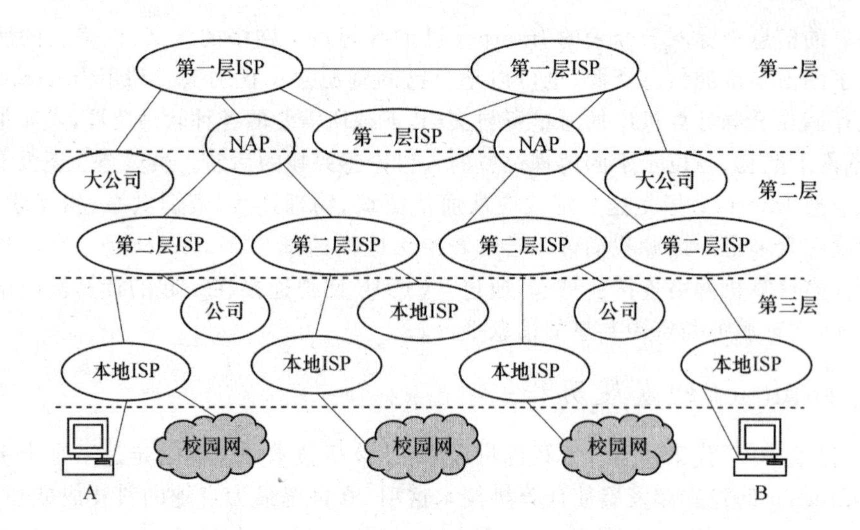

图 6-1 多层次 ISP 结构的 Internet

Internet 的迅速崛起引起了全世界的瞩目,我国也非常重视信息基础设施的建设,注重与 Internet 的连接。目前,已经建成和正在建设的信息网络对我国科技、经济、社会的发展以及与国际社会的信息交流产生着深远的影响。

早在 1987 年中国科学院高能物理研究所(简称高能所)首先通过低速的 X. 25 租用线实现了国际远程联网,并于 1988 年实现了与欧洲及北美洲地区的 E-mail 通信。1993 年 3 月经电信部门的大力配合,开通了由北京高能所到美国斯坦福大学直线加速器中心的高速计算机通信专线。1994 年 5 月高能所的计算机正式进入了 Internet(后来发展为中国科学技术网络(CSTNET))。与此同时,以清华大学作为物理中心的中国教育与科研计算机网(CERNET)正式立项,并于 1994 年 6 月正式连通 Internet。1994 年 9 月,中国电信部门开始进入 Internet,中国公用计算机互联网(CHINANET)正式诞生。之后,原电子工业部系统的中国金桥信息网(CHINAGBN)也开通。随着中国 Internet 四大主力的崛起以及政府部门制定的"三金"工程,在中国 Internet 越来越成为人们工作甚至是日常生活中重要的一部分。

1987—1993 年是 Internet 在中国的起步阶段,国内的科技工作者开始接触 Internet 资源。在此期间,以中科院高能物理所为首的一批科研院所与国外机构合作开展一些与 Internet 联网的科研课题,通过拨号方式使用 Internet 的 E-mail 电子邮件系统,并为国内一些重点院校和科研机构提供国际 Internet 电子邮件服务。

从 1994 年开始至今,中国实现了和 Internet 的 TCP/IP 连接,从而逐步开通了 Internet 的全功能服务,大型计算机网络项目正式启动,Internet 在我国进入飞速发展时期。目前经国家批准,国内可直接连接 Internet 的网络有中国科学院主管的中国科学技术网(CSTNET)、中国教育部主管的中国教育科研网(CERNET)、中国电信主管的中国公用计算机互联网(CHINANET,它也是目前拥有最多带宽的网络)、中国吉通公司主管的中国金桥信息网(CHINAGBN)、中国联通公司主管的 UNINET 和中国网通公司(2008 年与中国联通正式合并)主管的 CNCNET 和中国移动互联网(CMNET)等。授权网输入口分设在北京、上海和广州,某种意义上充当着"信息海关"的作用,对来往信息进行监管、过滤。

其中，中国科学技术网、中国教育科研网、中国公用计算机互联网、中国金桥信息网资历较老，基础雄厚，被称为中国 Internet 的四大骨干网。

随着世界各国信息高速公路计划的实施，Internet 主干网的通信速度将大幅度提高；有线、无线等多种通信方式将更加广泛、有效地融为一体；Internet 的商业化应用将大量增加，商业应用的范围也将不断扩大；Internet 的覆盖范围、用户入网数以令人难以置信的速度发展；Internet 的管理与技术将进一步规范化，其使用规范和相应的法律规范正逐步健全和完善；网络技术不断发展，用户界面更加友好；各种令人耳目一新的使用方法不断推出，最新的发展包括实时图像和语音的传输；网络资源急剧膨胀。总之，人类社会必将更加依赖 Internet，人们的生活方式将因此而发生根本性的改变。

6.1.3　Internet 的标准化工作

由于 Internet 并不归美国政府管辖，因而成立了一个国际性的组织，因特网协会(Internet Society)，以便对 Internet 进行全面的管理与引导。随着 Internet 变得越来越大，覆盖范围越来越广，不断有新技术的采用来加强 Internet 的功能，事实上 Internet 仍沿袭了 20 世纪 60 年代形成时的多元化模式，通过相关的几个组织引导新的 Internet 技术、管理注册过程以及处理其他与运行主要网络相关的事情。

(1) Internet 协会

Internet 协会(ISOC)是一个专业性的会员组织，由来自 100 多个国家的 150 个组织以及 6 000 名个人成员组成，这些组织和个人展望影响 Internet 现在和未来的技术。ISOC 由几个负责 Internet 结构标准的组织组成，包括 Internet 体系结构组和 Internet 工程任务组。

(2) Internet 体系结构组

Internet 体系结构组(IAB)以前称为 Internet 行动组，是 Internet 协会技术顾问，这个小组定期会晤、考查由 Internet 工程任务组和 Internet 工程指导组提出的新思想和建议，并给 IETF 带来一些新的想法和建议。

(3) Internet 工程任务组

Internet 工程任务组(IETF)是由网络设计者、制造商和致力于网络发展的研究人员组成的一个开放性组织。IETF 一年会晤三次，主要的工作通过电子邮件组来完成。IETF 被分成多个工作组，每个组有特定的主题。Internet 工程指导工作组包括 HTTP 和 Internet 打印协议(IPP)工作组。

(4) Internet 工程指导组

Internet 工程指导组(IESG)负责 IETF 活动和 Internet 标准化过程的技术性管理，也保证 ISOC 的规定和规程能顺利进行。IESG 给出关于 Internet 标准规范采纳前的最后建议。

(5) Internet 编号管理局

Internet 编号管理局(IANA)负责分配 IP 地址和管理域名空间，还控制 IP 端口号和其他参数，在 ICANN 下运作。

(6) Internet 名字和编号分配组织

ICANN 是为国际化管理名字和编号而形成的组织。其目标是帮助 Internet 域名和 IP 地址管理从政府向民间机构转换。当前，ICANN 参与共享式注册系统(Shared Registry

System,SRS),通过 SRS,Internet 域的注册过程是开放式公平竞争的。

(7) Internet 网络信息中心和其他注册组织

Internet 网络信息中心(Internet Network Information Center,InterNIC)从 1993 年起由 Network Solutions 公司运作,负责最高级域名的注册(.com,.org,.net,.edu)。InterNIC 由美国国家电信和信息管理机构(NTIA)监督,这是商业部的一个分组。InterNIC 把一些责任委派给其他官方组织(如国防部 NIC 和亚太地区 NIC)。最近有一些建议想把 InterNIC 分成更多的组,其中一个建议是已知共享式注册系统(SRS),SRS 在域注册过程中努力引入公平和开放的竞争。当前,有 60 多家公司进行注册管理。

6.2 Internet 的接入

Internet 由众多网络互连而成,因此要访问 Internet 上的资源,首先要将本地计算机连接到 Internet 上,使其成为 Internet 的一部分。在互联网络中,一些超级的服务器通过高速的主干网如光缆、微波或卫星相连,而一些较小规模的网络则通过众多的支干与这些巨型服务器连接。互联网各主机之间的物理连接是利用常规电话线、高速数据线、卫星、微波或光纤等各种通信手段。

本地计算机接入 Internet 可以有多种方式,随着技术的不断发展和不同用户群产生的需求,新的接入技术也不断被提出来。个人用户和企业用户的上网方式存在一定的区别,企业用户多以局域网或广域网方式接入 Internet,要求更高的传输速率、不间断的网络连接和更高的服务质量。其接入方式多采用专线入网。对于个人用户,可选择的方案较多,除了采用调制解调器拨号上网之外,随着技术的发展,像 ISDN、ADSL、Cable Modem、掌上计算机以及手机上网都是可选择的接入方式。家庭用户目前最常见的是利用小型路由器配合 ADSL 或 FTTB 的模式上网。

要想通过计算机访问 Internet,必须先将计算机接入 Internet。所谓接入方式是用户采用什么设备,通过什么线路接入互联网。常见的 Internet 接入方式主要有拨号接入、局域网接入、无线接入和光纤接入等。

(1) 拨号接入

拨号接入是个人用户接入 Internet 最早使用的方式之一,也是目前为止我国个人用户接入 Internet 用得最广泛的方式之一。拨号接入 Internet 是利用电话网建立本地计算机和 ISP 之间的连接,主要适合于居民区用户。拨号接入主要分为电话拨号、ISDN 和 ADSL 3 种方式。其中 ADSL 属于虚拟拨号接入方式。

电话拨号上网方式在 Internet 早期非常流行,因为这种方式非常简单,只需要具备一条能拨通 ISP 特服电话的电话线、一台计算机、一台外置调制解调器(modem)或内置解调器卡,并在 ISP 办理必要的申请手续,就可以上网了。电话拨号上网的缺点是:①由于线路限制,接入速度慢。②上网和使用电话通话不能同时进行。因此现在已经很少使用这种方式接入 Internet 了。

ISDN(Integrated Service Digital Network)中文全称为综合业务数字网,是一种能够同时提供多种服务的综合性公用电信网络。为解决电话网速度慢、提供服务单一的缺点,在公用电话网发展的基础上，ISDN 提供综合的语音、图像、视频、数据等综合应用和服务。此外，ISDN 所提供的拨号上网速度要远远高于电话拨号接入，并且 ISDN 可以同时提供上网和电话通话的功能。它是 20 世纪 80 年代末在国际上兴起的新型通信方式。同样的一对普通电话线原来只能接一部电话机，所以原来的拨号上网就意味着这个时候不能打电话。而申请了 ISDN 后，通过一个称为 NT 的转换盒，就可以同时使用数个终端，用户可以一边在 Internet 网上冲浪，一边打电话或进行其他数据通信。虽然仍是普通电话线，NT 的转换盒提供给用户的却是两个标准的 64 kB/s 数字信道，即所谓的 2 B+D 接口。一个 TA 口接电话机，一个 NT 口接计算机。它允许的最大传输速率是 128 kB/s，是普通 Modem 的 3～4 倍，所以它的普及从某种意义上讲是对传统通信观念的重大革新。

ADSL(Asymmetric Digital Subscriber Line)中文全称是非对称式数字用户环路，是 xDSL 技术的一种类型。其主要使用数字技术对现有的模拟电话用户线进行改造，使它能够承载宽带业务。ADSL 以普通的电话铜线作为传输介质，在不影响原有语音信号的基础上，扩展了电话线的功能，为用户提供上、下行非对称的传输速率(带宽)，上行速率(从用户到网络)可达 640 kbit/s，最高下行速率(从网络到用户)可达 8 Mbit/s。它最初主要是针对视频点播业务开发的，随着技术的发展，逐步成为一种较好的宽带接入技术，受到各方面的重视。由于其数据传输的非对称性，特别适合于个人家庭用户和小型企业/单位部门用户接入 Internet。基于 ADSL 的接入网设备是数字用户线接入复用器，其中包括许多 ADSL 调制解调器。ADSL 最大的好处就是可以利用现有电话网中的用户线，不需要重新布线。

(2) 通过局域网接入 Internet

目前我国很多单位都已经建立了局域网，例如现在所有的高等院校都已经建立起了功能强大的校园网，并且接入了 Internet，用户可以很容易地通过校园网接入到 Internet。

使用局域网接入 Internet，由于全部利用数字线路传输，不受传统电话网带宽的限制，可以提供高达 10 兆比特每秒甚至上千兆比特每秒的桌面接入速度，比拨号接入要快得多，因此更受用户青睐。

但是局域网不像电话网那样普及到人们生活的各个角落，局域网接入 Internet 受到用户所在单位的制约。如果用户所在位置没有构建局域网，或者构建的局域网没有接入 Internet，那么用户就无法采用局域网方式接入 Internet。

(3) 无线接入

通过无线方式接入 Internet 可以省去铺设有线网络的麻烦，而且用户可以随时随地上网，不受线路束缚。目前个人无线接入方案主要有两大类。一类是使用无线局域网的方式，用户端使用计算机和无线网卡，服务端则使用无线信号发射装置提供连接信号。这种方式连接方便并且传输速率快，每个 AP 覆盖范围可达数百米，适用于家庭和小企业中使用。另一类方案是直接使用手机卡，通过移动通信来上网。

(4) 光纤接入

混合光纤同轴电缆网(Hybrid Fiber-Coaxial，HFC)是一种经济实用的综合数字服务宽带网接入技术。HFC 通常由光纤干线、同轴电缆支线和用户配线网络 3 部分组成，在目前覆盖面很广的有线电视网 CATV 基础上，将有线电视台出来的节目信号先变成光信号在干线上传输；到用户区域后把光信号转换成电信号，经分配器分配后通过同轴电缆送到用户。它与早期 CATV 同轴电缆网络的不同之处主要在于，在干线上用光纤传输光信号，在前端需完成电光转换，进入用户区后要完成光电转换。HFC除了可传送CATV外，还可以提供电话、数据和其他宽带交互型业务。HFC的主干线路采用光纤。其网络拓扑结构为光纤干线采用星形或环状结构，支线和配线网络的同轴电缆部分采用树状或总线式结构，整个网络按照光节点划分成一个服务区。HFC具备强大的功能和高度的灵活性，这些特性深受有线电视和电信服务供应商的青睐。

FTTx是新一代的光纤用户接入网，用于连接电信运营商和终端用户。FTTx的网络可以是有源光纤网络，也可以是无源光纤网络，由于有源光纤网络的成本相对高昂得多，实际上在用户接入网中应用很少，所以目前通常所指的FTTx网络都是指的无源光纤接入网。FTTx的网络结构可以是点对点(P2P)，也可以是点对多点(P2MP)。FTTx接入采用光纤媒质代替部分或者全程的传统的金属线媒质，将光纤从局端位置向用户端延伸。FTTx是上述宽带光纤接入网的各种应用类型的统称，“x”有多种变体，可以是光纤到大楼(FTTB)、光纤到交接箱(FTTCab)、光纤到路边(FTTC)、光纤到桌面(FTTD)、光纤到户(FTTH)、光纤到驻地(FTTP)、光纤到办公室(FTTO)、光纤到用户(FTTu)等。

6.3 域名系统

为了解决用户难以记忆IP地址的问题，研究人员提出了域名的概念。在Internet上域名与IP地址之间是一一对应的，域名虽然便于人们记忆，但计算机之间只能互相识别IP地址，它们之间的转换工作称为域名解析，域名解析需要专门的域名服务器完成，整个过程是自动完成的。

6.3.1 域名系统概述

域名系统(Domain Name System,DNS)是Internet的一项服务，它将域名和IP地址相互映射成一个分布式数据库，用来把便于人们使用的机器名字转换为IP地址，使用户更方便地访问互联网。

DNS服务是计算机网络上最常使用的服务之一。通过DNS，实现从主机数字IP地址与名字之间的相互转换，以及对特定IP地址或名字的路由解析与寻找。

要进行名字解析，就需要从域名的后面向前一级级地查找这个域名。因此Internet上就有一些DNS服务器为Internet的顶级域提供解析服务，这些DNS服务器称为根DNS服务器。知道了根DNS服务器的地址，就能按级查找任何具有DNS域名的主机名字。

根据上述设计目标，DNS设计包含3个主要组成部分。

(1) 域名空间(Name Space)和资源记录(Resource Record)

域名的命名采用层次结构的方法，包括：顶级域名，二级域名。每个域都有不同的组织来管理，而这些组织又可将其子域分给下级组织来管理。

资源记录是与名字相关联的数据，域名空间的每一个节点包含一系列的资源信息，查询操作就是要抽取有关节点的特定类型信息。资源记录存在形式是运行域名服务主机上的主文件(Master File)中的记录项，可以包含以下类型字段：Owner，资源记录所属域名；Type，资源记录的资源类型，A表示主机地址，NS表示授权域名服务器等；Class，资源记录协议类型,IN表示Internet类型;TTL,资源记录的生存期;RDATA,相对于Type和Class的资源记录数据。

(2) 域名服务器(Name Server)

域名服务器用以提供域名空间结构及信息的服务器程序。域名(名字)到IP地址的解析是由若干个域名服务器程序完成的。域名服务器程序在专设的节点上运行,运行该程序的机器称为域名服务器。域名服务器可以缓存域名空间中任一部分的结构和信息,但通常特定的域名服务器包含域名空间中一个子集的完整信息和指向,能用以获得域名空间其他任一部分信息名字服务器的指针。

(3) 解析器(Resolver)

其作用是应客户程序的要求从名字服务器抽取信息。解析器必须能够存取一个名字服务器,直接由它获取信息或是利用名字服务器提供的参照,向其他名字服务器继续查询。解析器一般是用户应用程序可以直接调用的系统例程,不需要附加任何网络协议。

6.3.2 Internet的域名结构

为了便于管理,域名空间被设计成树状层次结构,类似于UNIX的文件系统结构,如图6-2所示,最高级的节点称为"根"(Root),根以下是顶层子域,再以下是第二层、第三层……每一个子域,或者说是树状图中的节点,都有一个标识(Label),标识可以包含英文大小写字母、数字和下划线,允许长度为0~63 B,同一节点的子节点不可以用同样的标识,而长度为0的标识(即空标识)是为根保留的。通常标识是取特定英文名词的缩写。节点的域名是由该节点到根的所经节点的标识顺序排列而成的,从左往右,列出离根最远到最近的节点标识,中间以". "分隔,例如hustwb. edu. cn是华中科技大学武昌分校服务器主机的域名,它的顶层域名是cn,第二层域名是edu. cn,第三层域名是hustwb. edu. cn,也是绝对域名。域名空间的管理是分布式的,每个域名空间节点的域名管理者可以把自己管理域名的下一级域名代理给其他管理者管理,通常域名管理边界与组织机构的管理权限相符。

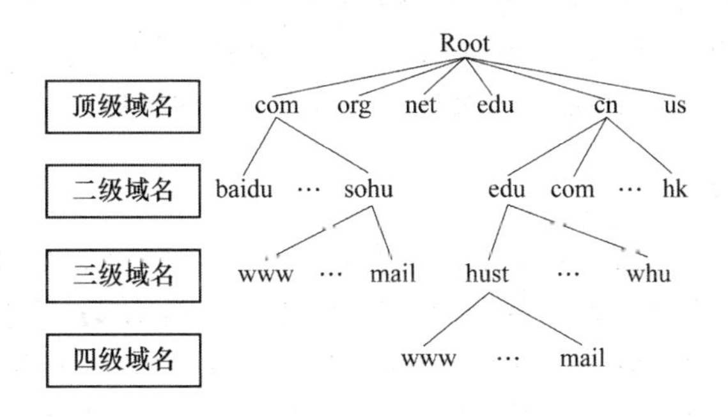

图6-2 Internet域名空间

由于Internet最初是在美国发源的,因此最早的域名并无国家标识,国际互联网络信息中心最初设计了6类域名,它们分别以不同的后缀结尾,代表不同的类型,如表6-1所示。

表 6-1 最初设计的 6 类域名

com	商业公司
org	组织、协会等
net	网络服务
edu	教育机构
gov	政府部门
mil	军事领域

1998 年 1 月开始，又启用了 7 个新的顶级域名，如表 6-2 所示。

表 6-2 7 个新的顶级域名

arts	艺术机构
firm	商业公司
info	提供信息的机构
nom	个人或个体
rec	消遣机构
store	商业销售机构
web	与 WWW 相关的机构

截止到 2006 年 12 月，现有顶级域名已有 265 个，包括以上的通用域名，分为 3 大类。

(1) 国家顶级域名：常用两个字母表示。如 fr 表示法国，jp 表示日本，us 表示美国，uk 表示英国，cn 表示中国，共有 247 个。

(2) 通用顶级域名：共有 18 个，如 com(公司企业)、edu(教育机构)、gov(政府部门)、int(国际组织)等。

(3) 基础结构域名：只有一个，arpa，用于反向域名解析，又称反向域名。

通常，我们有国内域名和国际域名的说法，其区别在于域名后面是否加有“cn”。随着 Internet 向全世界的发展，除了 edu、gov、mil 一般只在美国专用外，另外三个大类 com、org、net 则为全世界通用，因此这三大类域名通常称为国际域名。

6.3.3 域名服务器

互联网不同主机要进行通信，每个宿主机都要求一个唯一的 IP 地址。因此，必须通过域名服务器 DNS 将域名地址解析成 IP 地址。域名地址由 DNS 管理。每个连到 Internet 的网络中都有至少一个域名服务器，其中存有该网络中所有主机的域名和对应的 IP 地址，通过与其他网络的域名服务器相连就可以找到其他站点。每个 DNS 地址包含有几部分，每部分都用点隔开，地址的每一部分称为域。而一个服务器所负责管辖的范围叫作区(Zone)。为了提高域名系统运行的效率，DNS 采用划分区的办法来管理域名。区是 DNS 服务器实际管辖的范围，区可能等于或小于域，但是一定不能大于域。

除了从域名查找主机的 IP 地址这种正向的查找方式之外，另外还有从 IP 地址反查主机域名的解析方式。很多情况下网络中使用这种反向解析来确定主机的身份，因此也很重要。查找域名的反向解析是从前面的网络地址向后面的节点地址逐级查找，因此 IP 地址区是IP地址的前面部分。然而由于一个主机的域名可以任意设置，并不一定与IP地址相关，因此正向查找和反向查找是两个不同的查找过程，需要配置不同的区。域名服务使用区的概念来表示一个域内的主机，区只是域的一部分，而不是整个域。因为区中不包括域下的子域，例如域名 www. example. org. cn 的域为 example. org. cn，这是一个独立的区。这个域下可由子域组成，例如 www. sub. example. org. cn 就属于其子域 sub. example. org. cn，子域也是一个独立的区，并不包括在 example. org. cn 这个区之内，作为域的 example. org. cn 中就包括 sub. example. org. cn 子域。

Internet上的域名服务器也是按层次安排的，DNS通过允许一个域名服务器把它的一部分名称服务(众所周知的区)"委托"给子服务器而实现了一种层次结构的名称空间。每个域名服务器都只对域名体系中的一部分进行管辖。根据域名服务器所起的作用，可以把域名服务器划分为以下4种类型。

(1) 根域名服务器：高层次的域名服务器是根域名服务器，主要用来管理互联网的主目录，全世界只有13台。1台为主根服务器，放置在美国。其余12台均为辅根服务器，其中9台放置在美国，欧洲2台，位于英国和瑞典，亚洲1台，位于日本。所有根服务器均由美国政府授权的互联网域名与号码分配机构ICANN统一管理，负责全球互联网域名根服务器、域名体系和IP地址等的管理。

(2) 顶级域名服务器：顶级域名服务器负责管理在该顶级域名服务器注册的所有二级域名。

(3) 权限域名服务器：权限域名服务器即负责一个区的域名服务器。

(4) 本地域名服务器：每一个ISP，一个大学，甚至一个大学里的系，都可以拥有一个本地域名服务器。当一个主机发出DNS查询请求时，这个查询请求报文就发送给本地域名服务器。这种域名服务器有时也称为默认域名服务器。

主机向本地域名服务器的查询一般都是采用**递归查询**。如果主机所询问的本地域名服务器不知道被查询域名的IP地址，那么本地域名服务器就以DNS客户的身份，向其他根域名服务器继续发出查询请求报文。

本地域名服务器向根域名服务器的查询通常是采用**迭代查询**。当根域名服务器收到本地域名服务器的迭代查询请求报文时，要么给出所要查询的IP地址，要么告诉本地域名服务器："你下一步应当向哪一个域名服务器进行查询"。然后让本地域名服务器进行后续的查询。

下面我们简单地描述一下DNS解析过程。

第一步：客户机提出域名解析请求，并将该请求发送给本地的域名服务器。

第二步：当本地的域名服务器收到请求后，就先查询本地的缓存，如果有该记录项，则本地的域名服务器就直接返回查询的结果。

第三步：如果本地的缓存中没有该记录，则本地域名服务器就直接把请求发给根域名服务器，然后根域名服务器再返回给本地域名服务器一个所查询域(根的子域)的主域名服务器的地址。

第四步：本地服务器再向上一步返回的域名服务器发送请求，然后接受请求的服务器查询自己的缓存，如果没有该记录，则返回相关的下级域名服务器的地址。

第五步：重复第四步，直到找到正确的记录。

第六步：本地域名服务器把返回的结果保存到缓存，以备下一次使用，同时还将结果返回给客户机。

让我们举一个例子来详细说明解析域名的过程。假设我们的客户机 x. bd. com 想要访问站点 y. qx. com，此客户本地的域名服务器是 dns. bd. com，所要访问的网站的权限域名服务器是 dns. qx. com，顶级域名服务器是 dns. com，域名解析的过程如图 6-3 所示。

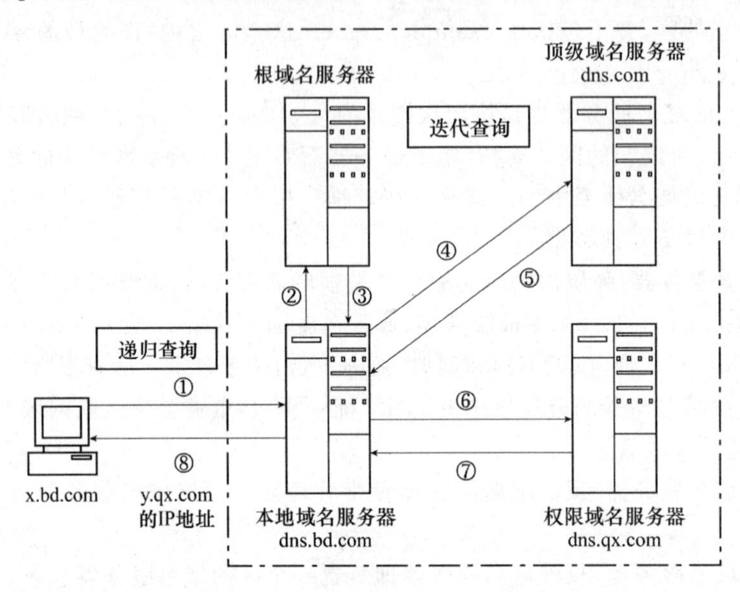

图 6-3 DNS 查询工作流程

客户机 x. bd. com 想要与主机 y. qx. com 通信，就必须知道主机 y. qx. com 的 IP 地址，查询步骤如下。

① 客户机向本地域名服务器发出请求解析域名 y. qx. com 的报文，此时为递归查询。

② 本地域名服务器 dns. bd. com 采用迭代查询，收到请求后，查询本地缓存，假设没有该记录，则本地域名服务器则向根域名服务器请求解析域名 y. qx. com。

③ 根域名服务器收到请求后查询本地记录得到下一次应查询的根域名服务器及其 IP 地址，并将结果返回给本地域名服务器。

④ 本地域名服务器收到回应后，再向顶级域名服务器发出请求解析域名 y. qx. com 的报文。

⑤ 顶级域名服务器收到请求后，开始查询本地的记录，找到下一次应查询的权限域名服务器 dns. qx. com 及其 IP，并将结果返回给本地域名服务器。

⑥ 本地域名服务器向权限域名服务器 dns. qx. com 进行查询。

⑦ 权限域名服务器 dns. qx. com 将所查询到的主机 y. qx. com 的 IP 地址告诉本地域名服务器 dns. bd. com。

⑧ 本地域名服务器将返回的结果保存到本地缓存，同时将结果返回给客户机 x. bd. com。

这样就完成了一次域名解析过程。

为了提高 DNS 的查询效率，每个域名服务器都维护一个高速缓存，存放最近用过的名字以及从何处获得名字映射信息的记录。这样可大大减轻根域名服务器的负荷，使 Internet上的DNS查询请求和回答报文的数量大为减少。为保持高速缓存中的内容正确，域名服务器应为每项内容设置计时器，并处理超过合理时间的项。

6.4 WWW服务

万维网(亦作"Web"、"WWW"，英文全称为"World Wide Web")是一个由许多互相链接的超文本组成的系统，通过互联网访问。在这个系统中，每个有用的事物称为一样"资源"，并且由一个全局"统一资源标识符"(URI)标识；这些资源通过超文本传输协议(Hypertext Transfer Protocol)传送给用户，而后者通过点击链接来获得资源。万维网联盟(World Wide Web Consortium，W3C)又称W3 C理事会，1994年10月在麻省理工学院(MIT)计算机科学实验室成立。万维网联盟的创建者是万维网的发明者蒂姆·伯纳斯·李。万维网并不等同互联网，万维网只是互联网所能提供的服务其中之一，是靠着互联网运行的一项服务。

WWW是建立在Internet上的一种多媒体集合，它透过超媒体(Hypermedia)的数据截取技术，通过一种叫超文本(Hypertext)的表达方式，将全球的数字信息连接在一起。通过使用浏览器就可以得到WWW上图文并茂、五花八门的画面，并通过超链接的方法，得到远方的文字、声音、图片资料。所以说万维网是分布式超媒体系统，它是超文本系统的扩充。一个超文本由多个信息源链接成。利用一个链接可使用户找到另一个文档。这些文档可以位于世界上任何一个接在Internet上的超文本系统中。超文本是万维网的基础。超媒体与超文本的区别是文档内容不同。超文本文档仅包含文本信息，而超媒体文档还包含其他表示方式的信息，如图形、图像、声音、动画，甚至活动视频图像。

万维网用链接的方法能非常方便地从Internet上的一个站点访问另一个站点，从而主动地按需获取丰富的信息，如图6-4所示。

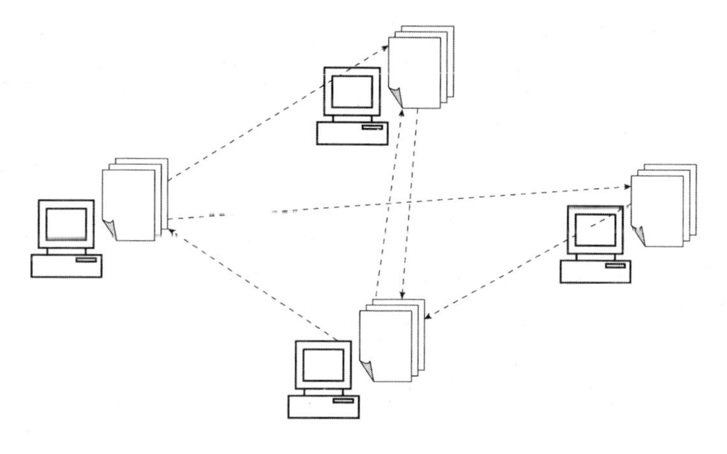

图6-4 万维网链接方式

万维网以客户/服务器方式工作。浏览器就是在用户计算机上的万维网客户程序。万维网文档所驻留的计算机则运行服务器程序，因此这台计算机也称为万维网服务器。客户程序向服务器程序发出请求，服务器程序向客户程序送回客户所要的万维网文档。在一个客户程序主窗口上显示出的万维网文档称为页面(Page)。

万维网的核心部分是由三个标准构成的。

(1) URL:这是一个世界通用的负责给万维网上例如网页这样的资源定位的系统。使用URL来标志万维网上的各种文档,使每一个文档在整个Internet的范围内具有唯一的标识符URL。

(2) HTTP:它负责规定浏览器和服务器怎样互相交流。HTTP是一个应用层协议,使用TCP连接进行可靠的传送。

(3) 超文本标记语言(HyperText Markup Language,HTML):作用是定义超文本文档的结构和格式。HTML使得万维网页面的设计者可以很方便地用一个超链从本页面的某处链接到Internet上的任何一个万维网页面,并且能够在自己的计算机屏幕上将这些页面显示出来。

6.4.1 统一资源定位符

统一资源定位符URL是对可以从Internet上得到的资源的位置和访问方法的一种简洁的表示。URL给资源的位置提供一种抽象的识别方法,并用这种方法给资源定位。只要能够对资源定位,系统就可以对资源进行各种操作,如存取、更新、替换和查找其属性。URL相当于一个文件名在网络范围的扩展。因此URL是与Internet相连的机器上的任何可访问对象的一个指针。

URL一般由以冒号隔开的两大部分组成,并且在URL中的字符对大写或小写没有要求。URL的一般形式是:

＜协议＞://＜主机＞:＜端口＞/＜路径＞

这里的协议就是指定使用的传输协议,最常用的是HTTP,它也是目前WWW中应用最广的协议;其次是FTP。主机是指存放资源的服务器的DNS主机名或IP地址。有时,在主机名前也可以包含连接到服务器所需的用户名和密码(格式:username@password)。端口是从0~65 535的整数,可选,省略时使用方案的默认端口。各种传输协议都有默认的端口号,如HTTP的默认端口为80。如果输入时省略,则使用默认端口号。有时候出于安全或其他考虑,可以在服务器上对端口进行重定义,即采用非标准端口号,此时,URL中就不能省略端口号这一项。由多个"/"符号隔开的字符串一般用来表示主机上的一个目录或文件地址,有时可省略。

例如,http://www.hustwb.edu.cn/structure/xxgk/xxjj是华中科技大学武昌分校"学校简介"页面的URL,"http"是访问万维网要使用的协议,"www.hustwb.edu.cn"武昌分校网站所在的主机名。这里省略了默认的端口号80。"/structure/xxgk/xxjj"是访问该页面所在的路径。

6.4.2 超文本传输协议

为了使超文本的链接能够高效率地完成,需要用HTTP来传送一切必需的信息。从层次的角度看,HTTP是面向事务的(Transaction-oriented)应用层协议,它是万维网上能够可靠地交换文件(包括文本、声音、图像等各种多媒体文件)的重要基础。用户通过万维网访问服务器的过程如图6-5所示。

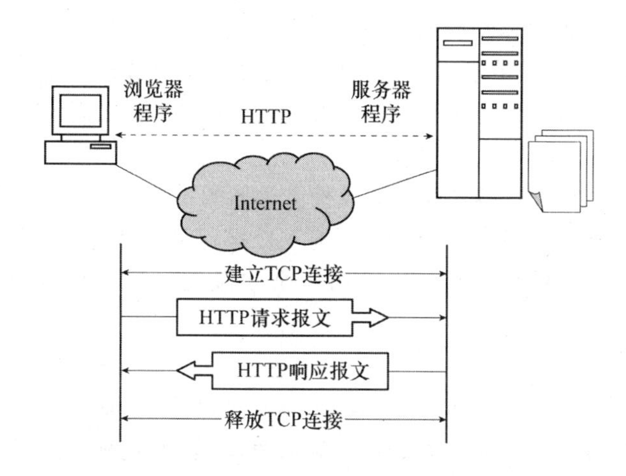

图 6-5　万维网的工作过程

当用户点击访问文档中的某个链接后，将会依次发生以下事件。

(1) 浏览器分析超链接指向页面的 URL。

(2) 浏览器向 DNS 请求解析 www.tsinghua.edu.cn 的 IP 地址。

(3) 域名系统 DNS 解析出清华大学服务器的 IP 地址。

(4) 浏览器与服务器建立 TCP 连接。

(5) 浏览器发出取文件命令：GET/chn/yxsz/index.htm。

(6) 服务器给出响应，把文件 index.htm 发给浏览器。

(7) TCP 连接释放。

(8) 浏览器显示"清华大学院系设置"文件 index.htm 中的所有文本。

HTTP 本身也是无连接的，只是它使用了面向连接的 TCP 向上提供的服务。HTTP/1.1 协议使用持续连接。万维网服务器在发送响应后仍然在一段时间内保持这条连接，使同一个客户(浏览器)和该服务器可以继续在这条连接上传送后续的 HTTP 请求报文和响应报文。这并不局限于传送同一个页面上链接的文档，而是只要这些文档都在同一个服务器上就行。目前一些流行的浏览器(如 IE 11)的默认设置就是使用 HTTP/1.1。

HTTP 有两类报文：请求报文，从客户向服务器发送请求报文；响应报文，从服务器到客户的回答。由于 HTTP 是面向正文的(Text-oriented)，因此在报文中的每一个字段都是一些 ASCII 码串，因而每个字段的长度都是不确定的。HTTP 的报文结构如图 6-6 所示。

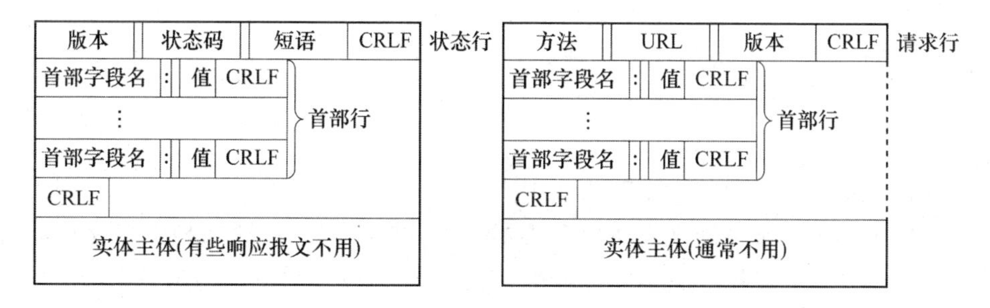

图 6-6　HTTP 请求报文和响应报文的结构

由图 6-6 可以看出，HTTP 请求报文和响应报文都包含有 3 个部分，即开始行、首部行和实体主体。只是请求报文和响应报文的开始行不同。

(1) 开始行:用于区分是请求报文还是响应报文。在请求报文中,开始行就是请求行;而在响应报文中开始行叫作状态行。在开始行的三个字段之间都以空格分开,最后的"CRLF"代表回车和换行。

(2) 首部行:用来说明浏览器、服务器或报文主体的一些信息,报文可以有好几行,每一行结束也要有回车和换行。整个首部结束要有一个空行将首部行和后面的实体主体分开。

(3) 实体主体:在请求报文中一般不用这个字段,而在响应报文中也可能没有这个字段。

6.4.3 超文本标记语言

超文本标记语言 HTML 中的 Markup 的意思就是"设置标记"。HTML 定义了许多用于排版的命令(即标签)。HTML 把各种标签嵌入到万维网的页面中。这样就构成了所谓的 HTML 文档。HTML 文档是一种可以用任何文本编辑器创建的 ASCII 码文件。仅当 HTML 文档是以.html 或 .htm 为后缀时,浏览器才对此文档的各种标签进行解释。如 HTML 文档改换以 .txt 为其后缀,则 HTML 解释程序就不对标签进行解释,而浏览器只能看见原来的文本文件。当浏览器从服务器读取 HTML 文档后,就按照 HTML 文档中的各种标签,根据浏览器所使用的显示器的尺寸和分辨率大小,重新进行排版并恢复出所读取的页面。

HTML 文件总是以<HTML>标记开头,它告诉 Web 浏览器,它正在处理的是 HTML 的文件。类似地,文件中最后一行总是</HTML>标记,它是 HTML 文件的结束标记。文件中所有的文本和 HTML 标记都包含在 HTML 的这个起始和结束标记间。

HTML 标记的基本结构由两大部分组成:① 首部标记<HEAD>…</HEAD>;② 主体标记<BODY>…</BODY>。

首部标记和主体标记的主体内容又由其他的标记和文本组成。在 HTML 文档中,有的标记只能出现在首部标记中,大多数标记则只能在正文标记中出现。在首部中出现的标记书写顺序没有严格要求,而在正文中出现的标记的次序不能随意改动,改动后会改变 HTML 文档的输出形式。

一个 HTML 文档应具有下面的结构:

<HTML>　　表明 HTML 文档开始
<HEAD>　　表明文件头开始
</HEAD>　　表明文件头结束
<BODY>　　表明正文开始
</BODY>　　表明正文结束
</HTML>　　表明 HTML 文档结束

HTML 文档只是万维网文档中最基本的一种,即静态文档,该文档创作完毕后就存放在万维网服务器中,在被用户浏览的过程中,内容不会改变。动态文档是指文档的内容是在浏览器访问万维网服务器时才由应用程序动态创建。动态文档和静态文档之间的主要差别体现在服务器一端。这主要是文档内容的生成方法不同。而从浏览器的角度看,这两种文档并没有区别。

活动文档(Active Document)技术把所有的工作都转移给浏览器端。每当浏览器请求一个活动文档时,服务器就返回一段程序副本在浏览器端运行。活动文档程序可与用户直接交互,并可连续地改变屏幕的显示。由于活动文档技术不需要服务器的连续更新传送,对网络带宽的要求也不会太高。

此外万维网站点使用 Cookie 来跟踪用户。Cookie 表示在 HTTP 服务器和客户之间传递的状态信息。使用 Cookie 的网站服务器为用户产生一个唯一的识别码。利用此识别码,网站就能够跟踪该用户在该网站的活动。

6.4.4　搜索引擎

万维网是一个大规模的且不断更新的海量信息库,为了使用户搜索信息的速度更加快捷、准确,专门在 Internet 上执行信息搜索任务的搜索引擎技术应运而生了。在万维网中用来进行搜索的程序叫作搜索引擎。目前主要使用的搜索引擎可划分为两大类,即全文检索搜索引擎和分类目录搜索引擎。

全文检索搜索引擎是一种纯技术型的检索工具。它的工作原理是通过搜索软件到Internet上的各网站收集信息,找到一个网站后可以从这个网站再链接到另一个网站。然后按照一定的规则建立一个很大的在线数据库供用户查询。用户在查询时只要输入关键词,就从已经建立的索引数据库上进行查询。目前最出名的搜索引擎网站 www.google.com 和 www.baidu.com 就是全文检索搜索引擎。

分类目录搜索引擎并不采集网站的任何信息,而是利用各网站向搜索引擎提交网站信息时填写的关键词和网站描述等信息,经过人工审核编辑后,如果认为符合网站登录的条件,则输入到分类目录的数据库中,供网上用户查询。分类目录搜索也叫作分类网站搜索。目前最著名的分类目录搜索引擎有新浪(www.sina.com)、搜狐(www.sohu.com)、雅虎(www.yahoo.com)和网易(www.163.com)等。

6.5　E-mail 服务

早期的计算机网络研究人员意识到计算机网络能够提供一种个人之间的通信方式,而且这种通信方式应该是电话的速度和邮政的可靠性的结合。计算机几乎能够通过网络即时地传送文件或信件到远隔千里之外的另外一台主机上,这就使得通过计算机网络进行个人通信变为可能。这种新的通过计算机网络进行通信的方式被称为电子邮件(Electronic mail,E-mail)。

电子邮件又称电子信箱、电子邮政,它是一种用电子手段提供信息交换的通信方式,是Internet 应用最广的服务。通过网络的电子邮件系统,用户可以用非常低廉的价格(不管发送到哪里,都只需负担电话费和网费即可),以非常快速的方式(几秒之内可以发送到世界上任何指定的目的地),与世界上任何一个角落的网络用户联系,这些电子邮件可以是文字、图像、声音等各种方式。同时,用户可以得到大量免费的新闻、专题邮件,并实现轻松的信息搜索。

电子邮件起初是用来实现两个人通过计算机进行通信的一种机制。最早的电子邮件软

件只提供了这个基本机制,而现在的电子邮件系统能够用来进行复杂体系和其他交互式的服务,包括:

(1) 将一条信息发送给许多接收者;

(2) 发送包括文字、声音、图像或图形的信息;

(3) 将信息发送给 Internet 以外的用户;

(4) 发送一条信息后,某台计算机的程序作出响应。

要接收电子邮件,必须有一个信箱,用以储存已收到但还未来得及阅读的信件。与邮政相同,电子邮件的信箱也是私有的。任何其他人都无法查看你的信件。每个人的 E-mail 信箱都有一个唯一的标识,这个标识通常被称为 E-mail 地址。Internet 的 E-mail 地址包括用户名加上主机名,并在中间用@符号隔开,如 hdc@gbnet. gb. co. cn。

1. 电子邮件的发送和接收

电子邮件可以很形象地用我们日常生活中邮寄包裹来形容:当我们要寄一个包裹时,首先要找到任何一个有这项业务的邮局,在填写完收件人姓名、地址等之后包裹就寄出而到了收件人所在地的邮局,那么对方取包裹的时候就必须去这个邮局才能取出。同样地,当我们发送电子邮件时,这封邮件是由邮件发送服务器(任何一个都可以)发出,并根据收信人的地址判断对方的邮件接收服务器而将这封信发送到该服务器上,收信人要收取邮件也只能访问这个服务器才能完成。

2. 电子邮件地址的构成

电子邮件地址由 3 部分组成。第一部分“USER”代表用户信箱的账号,对于同一个邮件接收服务器来说,这个账号必须是唯一的;第二部分“@”是分隔符;第三部分是用户信箱的邮件接收服务器域名,用以标志其所在的位置。

用户首先开启自己的信箱,然后通过输入命令的方式将需要发送的邮件发到对方的信箱中。邮件在信箱之间进行传递和交换,也可以与另一个邮件系统进行传递和交换。收方在取信时,使用特定账号从信箱提取。

3. 电子邮件协议

当前常用的电子邮件协议有 SMTP、POP3、IMAP4,它们都隶属于 TCP/IP 协议簇,默认状态下,分别通过 TCP 端口 25、110 和 143 建立连接。下面分别对其进行简单介绍。

(1) SMTP

SMTP 的全称是“Simple Mail Transfer Protocol”,即简单邮件传输协议。它是一组用于从源地址到目的地址传输邮件的规范,通过它来控制邮件的中转方式。SMTP 属于 TCP/IP 协议簇,它帮助每台计算机在发送或中转信件时找到下一个目的地。SMTP 服务器就是遵循 SMTP 的发送邮件服务器。SMTP 认证,简单地说,就是要求必须在提供了账户名和密码之后才可以登录 SMTP 服务器,这就使得那些垃圾邮件的散播者无可乘之机。增加 SMTP 认证的目的是为了使用户避免受到垃圾邮件的侵扰。SMTP 目前已是事实上的 E-mail 传输的标准。

(2) POP

邮局协议(POP)负责从邮件服务器中检索电子邮件。它要求邮件服务器完成下面几种任务之一:从邮件服务器中检索邮件并从服务器中删除这个邮件;从邮件服务器中检索邮件但不删除它；不检索邮件，只是询问是否有新邮件到达。POP 支持多用户互联网邮件扩展，后者允许用户在电子邮件上附带二进制文件，如文字处理文件和电子表格文件等，实际上这样就可以传输任何格式的文件了，包括图片和声音文件等。在用户阅读邮件时，POP 命令所有的邮件信息立即下载到用户的计算机上，不在服务器上保留。POP3(Post Office Protocol 3)即邮局协议的第 3 个版本，是 Internet 电子邮件的第一个离线协议标准。

(3) IMAP

互联网信息访问协议(IMAP)是一种优于 POP 的新协议。和 POP 一样，IMAP 也能下载邮件、从服务器中删除邮件或询问是否有新邮件，但 IMAP 克服了 POP 的一些缺点。例如，它可以决定客户机请求邮件服务器提交所收到邮件的方式，请求邮件服务器只下载所选中的邮件而不是全部邮件。客户机可先阅读邮件信息的标题和发送者的名字再决定是否下载这个邮件。通过用户的客户机电子邮件程序，IMAP 可让用户在服务器上创建并管理邮件文件夹或邮箱、删除邮件、查询某封信的一部分或全部内容，完成所有这些工作时都不需要把邮件从服务器下载到用户的个人计算机上。

Internet 上传送电子邮件是通过一套称为邮件服务器的程序进行硬件管理并存储的。与个人计算机不同，这些邮件服务器及其程序必须每天 24 小时不停地运行，否则就不能收发邮件了，简单邮件传输协议 SMTP 和邮局协议 POP 是负责用客户/服务器模式发送和检索电子邮件的协议。用户计算机上运行的电子邮件客户机程序请求邮件服务器进行邮件传输，邮件服务器采用简单邮件传输协议标准。很多邮件传输工具，如 Outlook Express、Foxmail等，都遵守 SMTP 标准并用这个协议向邮件服务器发送邮件。SMTP 规定了邮件信息的具体格式和邮件的管理方式。

电子邮件的工作过程遵循客户/服务器模式。每份电子邮件的发送都要涉及发送方与接收方，发送方构成客户端，而接收方构成服务器，服务器含有众多用户的电子信箱。发送方通过邮件客户程序，将编辑好的电子邮件向邮局服务器(SMTP 服务器)发送。邮局服务器识别接收者的地址，并向管理该地址的邮件服务器(POP3 服务器)发送消息。邮件服务器将消息存放在接收者的电子信箱内，并告知接收者有新邮件到来。接收者通过邮件客户程序连接到服务器后，就会看到服务器的通知，进而打开自己的电子信箱来查收邮件。

通常 Internet 上的个人用户不能直接接收电子邮件，而是通过申请 ISP 主机的一个电子信箱，由 ISP 主机负责电子邮件的接收。一旦有用户的电子邮件到来，ISP 主机就将邮件移到用户的电子信箱内，并通知用户有新邮件。因此，当发送一条电子邮件给另一个客户时，电子邮件首先从用户计算机发送到 ISP 主机，再到 Internet，再到收件人的 ISP 主机，最后到收件人的个人计算机。ISP 主机起着"邮局"的作用，管理着众多用户的电子信箱。每个用户的电子信箱实际上就是用户所申请的账号名。每个用户的电子邮件信箱都要占用 ISP 主机一定容量的硬盘空间，由于这一空间是有限的，因此用户要定期查收和阅读电子信箱中的邮件，以便腾出空间来接收新的邮件。

6.6　FTP 服务

FTP 的全称是 File Transfer Protocol(文件传输协议)，顾名思义，就是专门用来传输文件的协议。FTP的主要作用就是让用户连接上一个远程计算机(这些计算机上运行着 FTP 服务器程序)查看远程计算机有哪些文件,然后把文件从远程计算机上复制到本地计算机,或把本地计算机的文件送到远程计算机上去。

FTP的主要作用就是让用户连接上一台所希望浏览的远程计算机。这台计算机必须运行着FTP服务器程序,并且储存着很多有用的文件,其中包括计算机软件、图像文件、重要的文本文件、声音文件等。这样的计算机称为FTP站点或FTP服务器。通过FTP程序,用户可以查看到FTP服务器上的文件。FTP是在Internet上传送文件的规定的基础。我们提到FTP时不只是认为它是一套规定,还是一种服务,它可以在Internet上使得文件从一台Internet主机传送到另一台Internet主机上,通过这种方式,主要靠FTP把Internet中的主机相互联系在一起。

1. FTP的工作原理

与大多数Internet服务一样,FTP也是一个客户/服务器系统。用户通过一个支持FTP的客户机程序,连接到远程主机上的FTP服务器程序。用户通过客户机程序向服务器程序发出命令,服务器程序执行用户所发出的命令,并将执行的结果返回到客户机。比如说,用户发出一条命令,要求服务器向用户传送某一个文件,服务器会响应这条命令,将指定文件送至用户的机器上。客户机程序代表用户接收到这个文件,将其存放在用户指定目录中。FTP客户程序有字符界面和图形界面两种。字符界面的FTP的命令复杂、繁多。图形界面的FTP客户程序操作上要简洁方便得多。

在FTP的使用当中,用户经常遇到两个概念:“下载(Download)”和“上传(Upload)”。“下载”文件就是从远程主机复制文件至自己的计算机上;“上传”文件就是将文件从自己的计算机中复制至远程主机上。用Internet语言来说,用户可通过客户机程序向(从)远程主机上传(下载)文件。

在进行FTP操作的时候,既需要客户应用程序,也需要服务器端程序。我们一般先在自己的计算机中执行FTP客户应用程序,在远程服务器中执行FTP服务器应用程序,这样就可以通过FTP客户应用程序和FTP进行连接。连接成功后,可以进行各种操作。在FTP中,客户机只提出请求和接收服务,服务器只接收请求和执行服务。

在利用FTP进行文件传输之前,用户必须先连入Internet中,在用户自己的计算机上启动FTP用户应用程序,并且利用FTP应用程序和远程服务器建立连接,激活远程服务器上的FTP服务器程序。准备就绪后,用户首先向FTP服务器提出文件传输申请,FTP服务器找到用户所申请的文件后,利用TCP/IP将文件的副本传送到用户的计算机上,用户的FTP程序再将接收到的文件写入自己的硬盘。文件传输完后,用户计算机与服务器计算机的连接自动断开。

与其他的C/S模式不同的是,FTP的客户机与服务器之间需要建立双重连接:一个是控制连接,另一个是数据连接,如图6-7所示。这样,在建立连接时就需要占用两个通信信道。

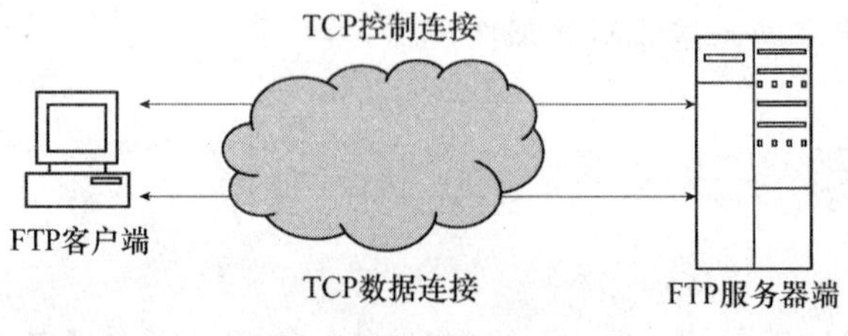

图6-7 FTP双重连接

2. 匿名FTP

在FTP的使用过程中，必须首先登录，在远程主机上获得相应的权限以后，方可上传或下载文件。也就是说，要想同哪一台计算机传送文件，就必须具有哪一台计算机的适当授权。换言之，除非有用户ID和口令，否则便无法传送文件。这种情况违背了Internet的开放性，Internet上的FTP主机何止千万，不可能要求每个用户在每一台主机上都拥有账号，因此就衍生出了匿名FTP。

匿名FTP是这样一种机制：用户可通过它连接到远程主机上，并从其下载文件，而无须成为其注册用户。系统管理员建立了一个特殊的用户ID，名为anonymous，Internet上的任何人在任何地方都可使用该用户ID。

通过FTP程序连接匿名FTP主机的方式同连接普通FTP主机的方式差不多，只是在要求提供用户标识ID时必须输入anonymous，该用户ID的口令可以是任意的字符串。习惯上，用自己的E-mail地址作为口令，使系统维护程序能够记录下来谁在存取这些文件。

值得注意的是，匿名FTP不适用于所有Internet主机，它只适用于那些提供了这项服务的主机。

当远程主机提供匿名FTP服务时，会指定某些目录向公众开放，允许匿名存取，系统中的其余目录则处于隐匿状态。作为一种安全措施，大多数匿名FTP主机都允许用户从其下载文件，而不允许用户向其上传文件。也就是说，用户可将匿名FTP主机上的所有文件全部复制到自己的计算机上，但不能将自己计算机上的任何一个文件复制至匿名FTP主机上。即使有些匿名FTP主机确实允许用户上传文件，用户也只能将文件上传至某一指定上传目录中。随后，系统管理员会去检查这些文件，他会将这些文件移至另一个公共下载目录中，供其他用户下载。利用这种方式，远程主机的用户得到了保护，避免了有人上传有问题的文件，如带病毒的文件。

6.7　Telnet服务

Telnet服务即远程登录服务，允许用户从一台计算机连接到远程的另一台计算机上，并建立一个交互的登录连接。登录后，用户的每一次敲击按键或鼠标操作都将传递到远程主机，由远程主机处理后将字符回送到本地的机器中，看起来就像是用户直接在对远程主机进行操作一样。因此，远程终端协议Telnet又称为终端仿真协议。

Telnet服务系统也是客户/服务器模式，主要由Telnet服务器、Telnet客户机和Telnet通信协议组成，如图6-8所示。用户在本地主机上运行客户程序，在远程系统中需要运行Telnet服务器程序，Telnet通过TCP提供传输服务，默认端口号是23。

Telnet协议是TCP/IP协议簇中的一员，是Internet远程登录服务的标准协议和主要方式。它为用户提供了在本地计算机上完成远程主机工作的能力。在终端使用者的计算机上使用Telnet程序，用它连接到服务器。终端使用者可以在Telnet程序中输入命令，这些命令会在服务器上运行，就像直接在服务器的控制台上输入一样。可以在本地就能控制服务器。要开始一个Telnet会话，必须输入用户名和密码来登录服务器。Telnet是常用的远程控制Web服务器的方法。

利用远程登录服务用户在本地终端上操作远程主机就如同操作本地主机一样，用户可以获得在权限范围之内的所有远程服务，包括查看信息、运行程序、共享资源等。

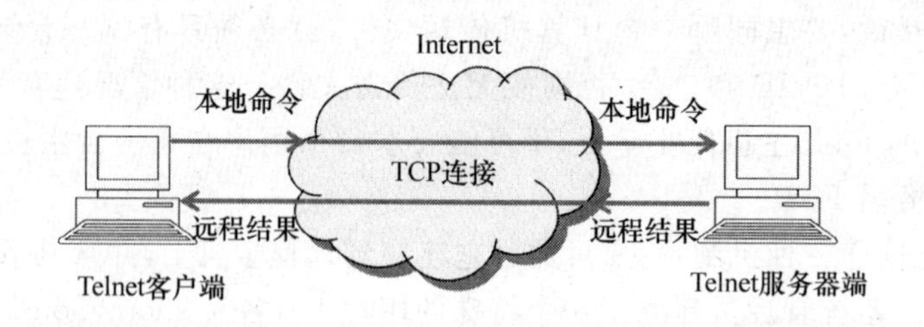

图 6-8 Telnet 服务

使用 Telnet 协议进行远程登录时需要满足以下条件：在本地计算机上必须装有包含 Telnet 协议的客户程序；必须知道远程主机的 IP 地址或域名；必须知道登录标识与口令。

Telnet 远程登录服务分为以下 4 个过程。

(1) 本地与远程主机建立连接。该过程实际上是建立一个 TCP 连接，用户必须知道远程主机的 IP 地址或域名。

(2) 将本地终端上输入的用户名和口令及以后输入的任何命令或字符以 NVT(Net Virtual Terminal)格式传送到远程主机。该过程实际上是从本地主机向远程主机发送一个 IP 数据包。

(3) 将远程主机输出的 NVT 格式的数据转化为本地所接受的格式送回本地终端，包括输入命令回显和命令执行结果。

(4) 最后，本地终端对远程主机进行撤销连接。该过程是撤销一个 TCP 连接。

启动 Telnet 应用程序进行登录时，首先要给出远程计算机的 IP 地址或域名，系统开始建立本地计算机与远程计算机的连接。建立连接后在登录远程计算机的过程中，用户需要正确输入自己的用户名和口令密码，登录成功后用户的键盘和计算机显示器就好像与远程计算机直接相连一样，可以直接输入该系统的命令或是执行该机器上的应用程序。工作完成后可以退出登录，通知结束 Telnet 的联机过程，返回到自己的计算机系统中。

远程登录有两种形式：①在远程主机上拥有合法账户的用户可以用自己的账户和口令直接访问远程主机。②匿名登录方式，由 Telnet 主机为公众提供一个公共账户，不设口令。比如可输入 guest 即可登录到远程计算机上，但这种登录方式会使用户在使用权限上受到一定限制。

Telnet 的命令格式为

telnet＜IP 地址/主机域名＞＜端口号＞

一般情况下 Telnet 服务使用的 TCP 端口号默认值为 23，对于直接使用默认值的用户可以不输入端口号。如果 Telnet 服务设定了专用的服务器端口号，则在使用 Telnet 命令登录时必须输入端口号。

Telnet 服务的客户端软件有很多，比如常用的有 CTerm、NetTerm 等。此外 Windows 操作系统中也有内置的 Telnet 客户端软件，选择“开始”菜单中的“运行”项，在打开的运行框中输入 telnet 即可运行这个程序，也可以直接在运行框中输入整个 telnet 命令，即可连接上想要登录的主机。

6.8　网络管理

6.8.1　网络管理的目的和内容

关于网络管理的定义很多,但都不够权威。一般来说,网络管理就是通过某种方式对网络进行管理,使网络能正常高效地运行。其目的很明确,就是使网络中的资源得到更加有效的利用。它应维护网络的正常运行,当网络出现故障时能及时报告和处理,并协调、保持网络系统的高效运行等。国际标准化组织(ISO)在 ISO/IEC 7498-4 中定义并描述了 OSI 管理的术语和概念,提出了一个 OSI 管理的结构并描述了 OSI 管理应有的行为。它认为,OSI 管理是指这样一些功能,它们控制、协调、监视 OSI 环境下的一些资源,这些资源保证 OSI 环境下的通信。通常对一个网络管理系统需要定义以下内容。

(1) 系统的功能。即一个网络管理系统应具有哪些功能。

(2) 网络资源的表示。网络管理很大一部分是对网络中资源的管理。网络中的资源就是指网络中的硬件、软件以及所提供的服务等。而一个网络管理系统必须在系统中将它们表示出来,才能对其进行管理。

(3) 网络管理信息的表示。网络管理系统对网络的管理主要靠系统中网络管理信息的传递来实现。网络管理信息应如何表示,怎样传递,传送的协议是什么,这都是一个网络管理系统必须考虑的问题。

(4) 系统的结构。即网络管理系统的结构是怎样的。

所以说,网络管理包括对硬件、软件和人力的使用、综合与协调,以便对网络资源进行监视、测试、配置、分析、评价和控制,这样就能以合理的价格满足网络的一些需求,如实时运行性能、服务质量等。网络管理常简称为网管。

6.8.2　网络管理系统的构成

网络管理的一般模型如图 6-9 所示。

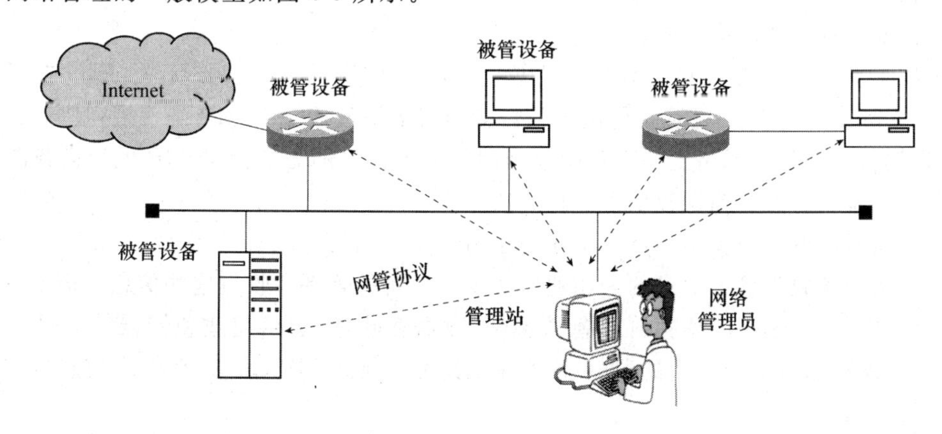

图 6-9　网络管理模型

网络管理模型中的主要构件如下。

(1) 管理站:也常称为网络运行中心(Network Operations Center,NOC),是网络管理系统的核心。管理程序在运行时就成为管理进程。管理站(硬件)或管理程序(软件)都可称为管理者(Manager)。Manager 不是指人而是指机器或软件。网络管理员(Administrator)指的是人。大型网络往往实行多级管理,因而有多个管理者,而一个管理者一般只管理本地网络的设备。

(2) 被管对象(Managed Object):网络的每一个被管设备中可能有多个被管对象。被管设备有时可称为网络元素或网元。在被管设备中也会有一些不能被管的对象。

(3) 代理(Agent):在每一个被管设备中都要运行一个程序以便和管理站中的管理程序进行通信。这些运行着的程序叫作网络管理代理程序,或简称为代理。代理程序在管理程序的命令和控制下在被管设备上采取本地的行动。

(4) 网络管理协议:简称为网管协议。需要注意的是,并不是网管协议本身来管理网络。网管协议就是管理程序和代理程序之间进行通信的规则。网络管理员利用网管协议通过管理站对网络中的被管设备进行管理。

(5) 客户/服务器方式:管理程序和代理程序按客户/服务器方式工作。管理程序运行 SNMP 客户程序,向某个代理程序发出请求(或命令),代理程序运行 SNMP 服务器程序,返回响应(或执行某个动作)。在网管系统中往往是一个(或少数几个)客户程序与很多的服务器程序进行交互。

6.8.3 网络管理系统的功能

国际标准化组织定义的网络管理有五大功能:故障管理、配置管理、性能管理、安全管理、计费管理。按网络管理软件产品功能的不同,又可细分为五类,即网络故障管理软件、网络配置管理软件、网络性能管理软件、网络服务/安全管理软件、网络计费管理软件。

6.8.4 简单网络管理协议

SNMP 是英文“Simple Network Management Protocol”的缩写,中文意思是“简单网络管理协议”。SNMP 首先是由 Internet 工程任务组织 IETF 的研究小组为了解决 Internet 上的路由器管理问题而提出的。

SNMP 是目前最常用的环境管理协议。SNMP 被设计成与协议无关,所以它可以在 IP、IPX、AppleTalk、OSI 以及其他用到的传输协议上被使用。SNMP 是一系列协议组和规范,它们提供了一种从网络上的设备中收集网络管理信息的方法。SNMP 也为设备向网络管理工作站报告问题和错误提供了一种方法。

几乎所有的网络设备生产厂家都实现了对 SNMP 的支持。领导潮流的 SNMP 是一个从网络上的设备收集管理信息的公用通信协议。设备的管理者收集这些信息并记录在管理信息库(MIB)中。这些信息报告设备的特性、数据吞吐量、通信超载和错误等。MIB 有公共的格式,所以来自多个厂商的 SNMP 管理工具可以收集 MIB 信息,在管理控制台上呈现给系统管理员。

通过将 SNMP 嵌入数据通信设备,如交换机或集线器中,就可以从一个中心站管理这些设备,并以图形方式查看信息。可获取的很多管理应用程序通常可在大多数当前使用的操作系统下运行，如 Windows 3.11、Windows 95、Windows NT 和不同版本的 UNIX 等。

一个被管理的设备有一个管理代理，它负责向管理站请求信息和动作一些关键的网络设备（如集线器、路由器、交换机等）提供这一管理代理，又称 SNMP 代理，以便通过 SNMP 管理站进行管理。在被管对象上运行的 SNMP 服务器程序不停地监听来自管理站的 SNMP 客户程序的请求或命令，一旦发现就立即返回管理站所需的信息或执行某个动作。

整个 SNMP 系统必须有一个管理站。管理进程和代理进程利用 SNMP 报文进行通信，而 SNMP 报文又使用 UDP 来传送。若网络元素使用的不是 SNMP 而是另一种网络管理协议，SNMP 就无法控制该网络元素。这时可使用委托代理（Proxy Agent）。委托代理能提供如协议转换和过滤操作等功能对被管对象进行管理。

SNMP 最重要的指导思想就是要尽可能简单。SNMP 的基本功能包括监视网络性能、检测分析网络差错和配置网络设备等。在网络正常工作时，SNMP 可实现统计、配置和测试等功能。当网络出现故障时，可实现各种差错检测和恢复功能。虽然 SNMP 是在 TCP/IP 基础上的网络管理协议，但也可扩展到其他类型的网络设备上。

SNMP 的网络管理由以下 3 个部分组成。

(1) SNMP 本身

SNMP 定义了管理站和代理之间所交换的分组格式。所交换的分组包含各代理中的对象（变量）名及其状态（值）。SNMP 负责读取和改变这些数值。

(2) 管理信息结构（Structure of Management Information，SMI）

SMI 定义了命名对象和定义对象类型（包括范围和长度）的通用规则，以及把对象和对象的值进行编码的规则。这样做是为了确保网络管理数据的语法和语义的无二义性。但从 SMI 的名称并不能看出它的功能。SMI 并不定义一个实体应管理的对象数目，也不定义被管对象名以及对象名及其值之间的关联。

(3) 管理信息库（Management Information Base，MIB）

MIB 在被管理的实体中创建了命名对象，并规定了其类型。

习题 6

一、选择题

1. 下列关于 Internet 的叙述中不正确的是（　　）。

A. Internet 是世界上最早的计算机网络

B. ARPANET 是 Internet 的最早雏形

C. TCP/TP 的使用促进了 Internet 的发展

D. Internet 已经成为全世界最大的计算机互联网

2. 一般来说，用户上网要通过因特网服务提供商，其英文缩写为（　　）。

A. IDC　　B. ICP　　C. ASP　　D. ISP

3. 目前普通家庭连接 Internet，以下几种方式哪种传输速率最高？（　　）。

A. ADSL　　B. 调制解调器　　C. 局域网　　D. ISDN

4. www.nankai.edu.cn 是用来标识 Internet 主机的（　　）。

A. MAC 地址　　B. 密码　　C. IP 地址　　D. 域名

5. 顶级域名"gov"代表(　　)。

A. 教育机构　　B. 政府部门　　C. 国际组织　　D. 公司企业

6. (　　)是目前 Internet 上非常丰富多彩的应用服务,其客户端软件称为浏览器。目前较为流行的 B/S 网络应用模式就以该类服务作为基础。

A. BBS　　B. Gopher　　C. WWW　　D. NEWS

7. URL 由以下各部分组成:(　　)。

A. 协议、主机名、目录或文件名　　B. 协议、WWW、HTML 和文件名

C. 协议、文件名　　D. 计算机名、IP 地址

8. 在 Internet 中,某 WWW 服务器提供的网页地址为 http://www.microsoft.com,其中的"http"指的是(　　)。

A. WWW 服务器主机名　　B. 访问类型为超文本传输协议

C. 访问类型为文件传输协议　　D. WWW 服务器域名

9. 与 Web 站点和 Web 页面密切相关的一个概念称为"URL",它的中文意思是(　　)。

A. 用户申请语言　　B. 超文本标志语言

C. 超级资源链接　　D. 统一资源定位器

10. 在 Internet 中,用户通过 FTP 可以(　　)。

A. 发送和接收电子邮件　　B. 上传和下载任何文件

C. 浏览远程计算机上的资源　　D. 进行远程登录

11. 在传输层中,采用"协议端口号"来标识进程,网络应用 FTP 服务的标识端口为(　　)。

A. TCP 80　　B. TCP 21　　C. UDP 80　　D. UDP 21

12. 接入 Internet 并且支持 FTP 的两台计算机之间(　　)。

A. 只能传输文本文件

B. 只能传输除二进制文件以外的所有文件

C. 可以传输所有文件

D. 只能传输文本文件和图形文件

13. 用户的电子邮件信箱是(　　)。

A. 通过邮局申请的个人信箱　　B. 邮件服务器内存中的一块区域

C. 邮件服务器硬盘上的一块区域　　D. 用户计算机硬盘上的一块区域

14. 下列不属于 Internet 提供的基本服务的是(　　)。

A. 电子邮件　　B. 文件传输

C. 远程登录　　D. 实时监测控制

15. 关于网络管理的说法中,不正确的是(　　)。

A. 网络管理就是通过某种方式对网络进行管理,使网络能正常高效地运行

B. SNMP 是目前最为流行的网络管理协议

C. 网络管理模型中管理站是指管理本地网络的设备的管理员

D. SNMP 采用客户/服务器模式

二、填空题

1. Internet 通过__________把全世界许多计算机网络连接在一起,通过________

______通信协议使得连接在一起的计算机网络可以进行信息交换。

2. 万维网的核心部分是由三个标准构成的：______________标志万维网上的各种文档；______________负责规定浏览器和服务器怎样互相交流；______________作用是定义超文本文档的结构和格式。

3. 在WWW服务中，统一资源定位器URL由3部分组成，即______________、______________和______________。

4. 目前主要使用的搜索引擎可划分为两大类，即______________和______________。

5. 通过电子邮件客户端软件从邮件服务器读取邮件需要使用______________协议。

6. 在FTP的使用当中，______________文件就是从远程主机复制文件至自己的计算机上；______________文件就是将文件从自己的计算机中复制至远程主机上。

7. FTP的客户机与服务器之间需要建立双重连接：一个是______________，另一个是______________。因此在建立连接时就需要占用两个通信信道。

8. Telnet服务系统也是客户/服务器模式，主要由______________、______________和______________组成。

9. 网络管理模型中的主要构件有______________、______________、______________、______________、客户/服务器方式。

10. 国际标准化组织定义的网络管理有五大功能：______________、______________、______________、______________、______________。

三、简答题

1. 在发展过程中，Internet基础结构经历了哪三个阶段的演变？

2. 根据域名服务器所起的作用，可以把域名服务器划分为哪几种类型？简要说明每种类型。

3. 域名系统的作用是什么？举例说明域名转换的过程。

4. 域名服务器中的高速缓存的作用是什么？

5. 目前主要使用的搜索引擎可划分为两大类？分别简要介绍。

6. 电子邮件的地址格式由哪几部分组成？各部分所代表的含义是什么？

7. 简述文件传输协议FTP的工作过程。

8. 简述Telnet远程登录的服务过程。

9. Internet提供了哪些基本服务？试列举出其中4种并分别加以说明。

10. 什么是网络管理？网络管理模型中的主要构件有哪些？请简要说明。

第 2 部分
实验篇

实验 1 常用网络设备

1.1 实验目的

（1）认识常用的网络设备。

（2）了解不同类别双绞线的区别，并掌握它们的制作方法。

1.2 实验内容

（1）认识 LAN 中常用的几种网线，了解其基本特性。

（2）认识网卡、Modem、Hub 等基础网络设备，了解其基本安装与使用。

（3）了解交换机、路由器等网络设备。

（4）了解双绞线的两种接线标准 568 A 与 568 B，掌握直连线、交叉线和反转线的制作和测试方法。

1.3 常用网络设备简介

1.3.1 导向传输媒体

传输媒体也称为传输介质或传输媒介，是数据传输系统中在发生器和接收器之间的物理通路，用来将信号从一端传到另一端。传输媒体可分为两大类，即导向传输媒体和非导向传输媒体。导向传输媒体中，电磁波被导向沿着固体媒体传播。常用的导向传输媒体有双绞线、同轴电缆和光纤 3 种。

（1）双绞线

双绞线是综合布线工程中最常用的一种传输介质。双绞线采用了一对互相绝缘的金属导线按一定密度互相绞在一起的方式来抵御一部分外界电磁波干扰，“双绞线”的名字也是由此而来的。在实际使用时，典型的有 4 对双绞线放在一个绝缘电缆套管里，可分为非屏蔽双绞线 UTP、屏蔽双绞线 STP。非屏蔽双绞线分为三类、四类、五类、超五类、六类和七类，目前常用的双绞线是五类4对的电缆，在塑料绝缘外皮里面包裹着8根信号线，每两根为一对相互绞合，总共形成4对。每对线在每英寸长度上相互缠绕的次数决定其抗干扰的能力和通信的质量，缠绕的越紧密其通信质量越高，支持的数据传输速率越高，成本也就越高。屏蔽双绞线电缆的外层由铝铂包裹，如图2-3(b)所示，以减小辐射，但并不能完全消除辐射。屏蔽双绞线价格相对较高，安装时要比非屏蔽双绞线电缆困难。

一般的双绞线、集线器和交换机均使用RJ-45连接器(也叫作RJ-45水晶头)进行连接。RJ-45连接器前端有8个凹槽，凹槽内有8个金属接点，如实验1图1所示。应注意的是RJ-45水晶头引脚序号，当金属片面对我们时从左至右引脚序号是1～8，序号对网线连接非常重要，不能颠倒。每条双绞线两端需要安装RJ-45连接器，如实验1图2所示，常称为网线。根据连接设备原理不同，在实际使用中，网线分为直连线和交叉线。

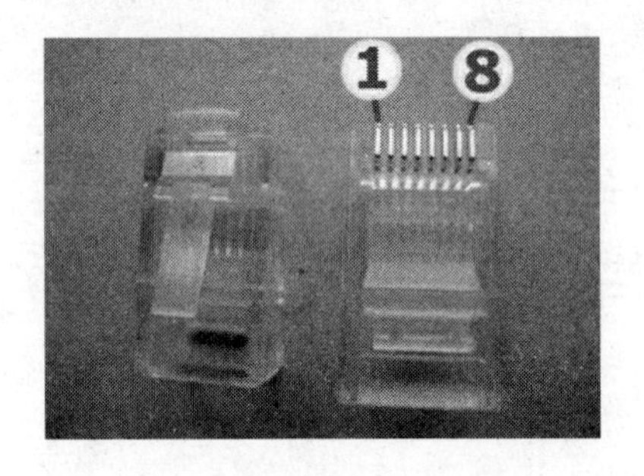

实验1图1　RJ-45连接器

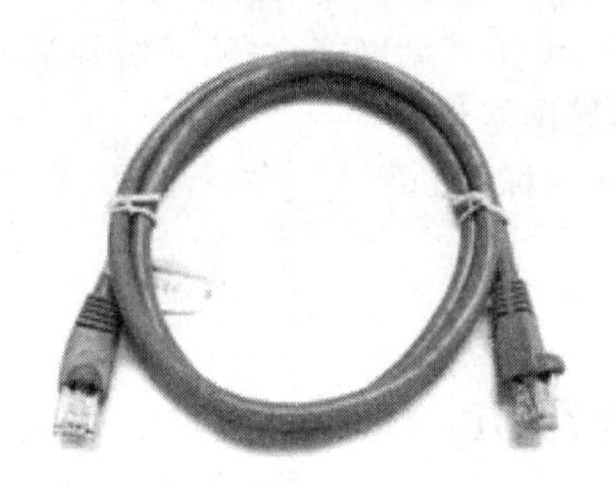

实验1图2　网线

① 直连线

在通信过程中，计算机中网卡端口的发送端要与集线器(或交换机)端口的接收端相连，计算机中网卡端口的接收端要与集线器(或交换机)端口的发送端相连。但由于集线器的端口内部发线和收线进行了交叉(如实验1图3所示)，因此，在将计算机连接入集线器时需要使用直连线。这里TD表示发送线对，RD表示接收线对。

直连线中水晶头触点与UTP线对的对应关系如实验1图4所示。

② 交叉线

计算机与集线器(或交换机)的连接可以使用直连线，那么集线器(或交换机)与集线器(或交换机)之间的连接，也就说同种设备的端口使用什么样的电缆呢？同种设备端口之间通常采用交叉线相连，以集线器端口为例说明，如实验1图5所示。

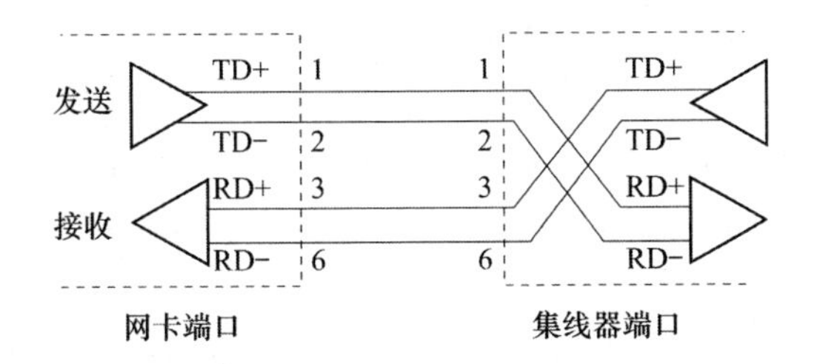

实验1图3　直连线的使用

实验1图4　直连线的线对排列

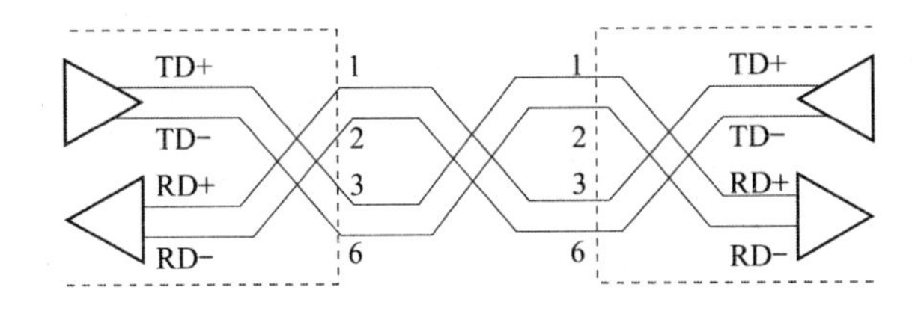

实验1图5　两个集线器的普通端口连接

交叉线中水晶头触点与UTP线对的对应关系如实验1图6所示。

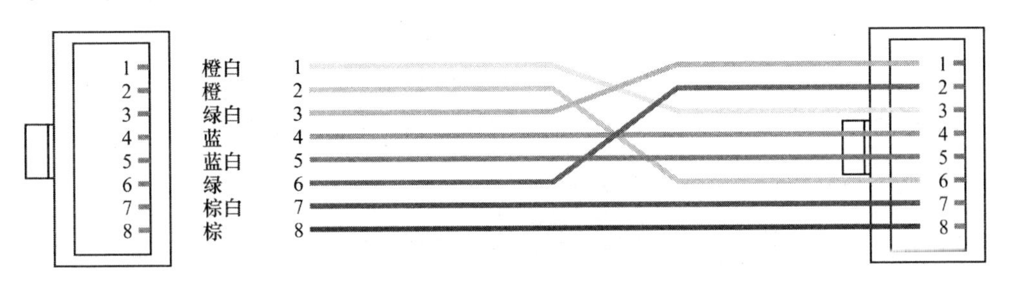

实验1图6　交叉UTP电缆的线对排列

在双绞线产品家族中，主要的品牌有安普、西蒙、朗讯、丽特、IBM等。

③ 直连线、交叉线和反转线的区别

直连线：一般用来连接两个不同性质的接口，用于PC to Switch/Hub、Router to Switch/Hub。直连线的做法就是使两端的线序相同，要么两端都是568 A标准，要么两端都是568 B标准。

交叉线：一般用来连接两个性质相同的端口，用于 Switch to Switch、Switch to Hub、Hub to Hub、Host to Host、Host to Router。一端做成 568 A，另一端做成 568 B。

反转线：不用于以太网的连接，主要用于主机的串口和路由器（或交换机）的 Console 口连接的 Console 线。反转线的线序一端是顺序，另一端则是逆序。

(2) 同轴电缆

同轴电缆曾广泛用于局域网中，它的材料是共轴的，故同轴之名由此而来。外导体是由金属丝编织而成的圆形外屏蔽层，内导体是圆形的金属芯线，中间填充着绝缘介质，最外面是一个塑料外保护层，如图 2-6 所示。它具有寿命长、频带宽、质量稳定、外界干扰小、可靠性高等优点，但价格高于双绞线，在有线电视传输系统中广泛应用。同轴电缆有粗同轴电缆和细同轴电缆之分。

细缆及连接器：细缆总线、T 形接头、BNC 接头、端接器（又叫终端电阻 50 Ω）等，如实验 1 图 7 所示。

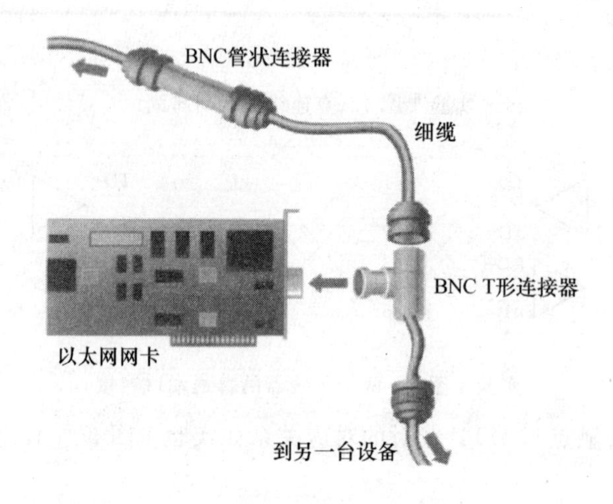

实验 1 图 7　细缆及连接器

粗缆及连接器：粗缆总线、粗缆收发器、AUI 电缆，如实验 1 图 8 所示。

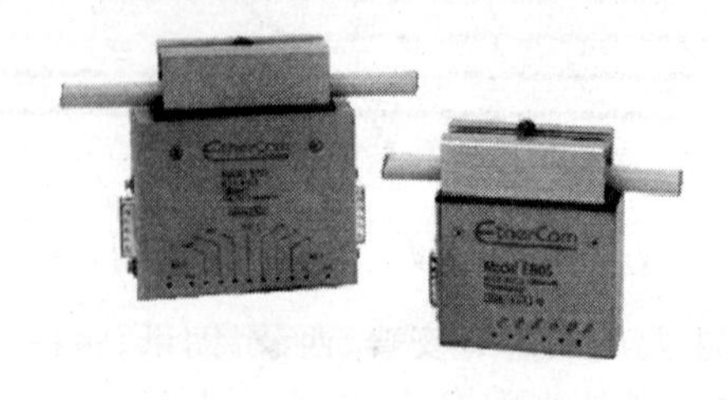

实验 1 图 8　粗缆及连接器

(3) 光纤

光纤由能传导光波的石英玻璃纤维拉成丝形成纤芯，外加包层和涂覆层构成，它的传输原理是光的全反射，其结构与原理如图 2-9、图 2-10 所示。光纤具有宽带、数据传输速率高、抗干扰强、传输距离远等优点。光纤外观如实验 1 图 9 所示。

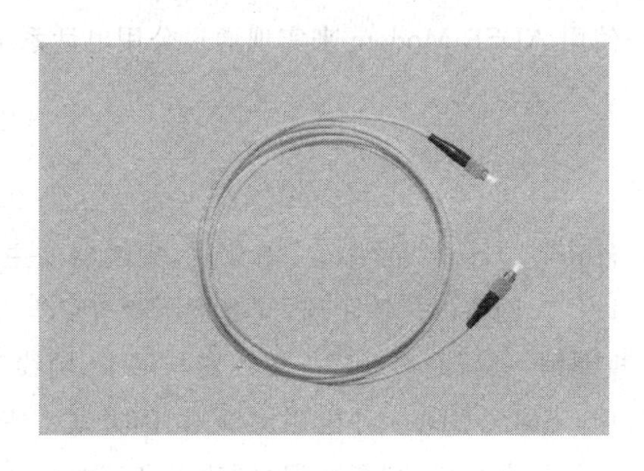

实验 1 图 9　光纤外观

1.3.2　网卡

网卡是网络接口卡 NIC 的简称，也叫网络适配器，它是物理上连接计算机与网络的硬件设备，是局域网最基本的组成部分之一。网卡插在计算机的主板扩展槽中，通过网线（如双绞线、同轴电缆）与网络共享资源、交换数据。它主要完成两大功能，一个是读入由网络设备传输过来的数据包，经过拆包（解封装），将其变成计算机可以识别的数据，并将数据传输到所需设备中；另一个是将 PC 设备发送的数据打包（封装）后输送至其他网络设备中。其外形如实验 1 图 10 所示。

实验 1 图 10　网卡

1.3.3　调制解调器

Modem 是在发送端通过调制将数字信号转换为模拟信号，而在接收端通过解调再将模拟信号转换为数字信号的一种装置，其基本工作原理如实验 1 图 11 所示。

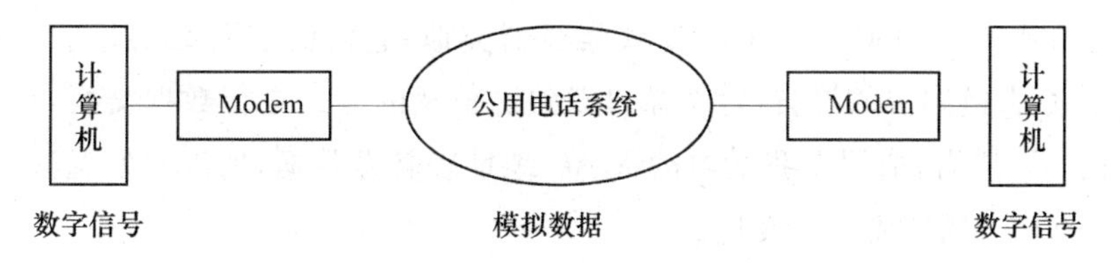

实验 1 图 11　Modem 的工作原理

目前，家庭宽带用户使用 ADSL Modem 来实现通过公用电话系统接入 Internet。

1.3.4 集线器

集线器的英文称为"Hub"。"Hub"是"中心"的意思，集线器的主要功能是对接收到的信号进行再生整形放大，以扩大网络的传输距离，同时把所有节点集中在以它为中心的节点上。它工作于 OSI 参考模型第一层，即物理层。集线器与网卡、网线等传输介质一样，属于局域网中的基础设备，采用 CSMA/CD(一种检测协议)访问方式。集线器属于纯硬件网络底层设备，基本上不具有类似于交换机的"智能记忆"能力和"学习"能力。它也不具备交换机所具有的 MAC 地址表，所以它发送数据时都是没有针对性的，而是采用广播方式发送。也就是说当它要向某节点发送数据时，不是直接把数据发送到目的节点，而是把数据包发送到与集线器相连的所有节点，如实验 1 图 12 所示。

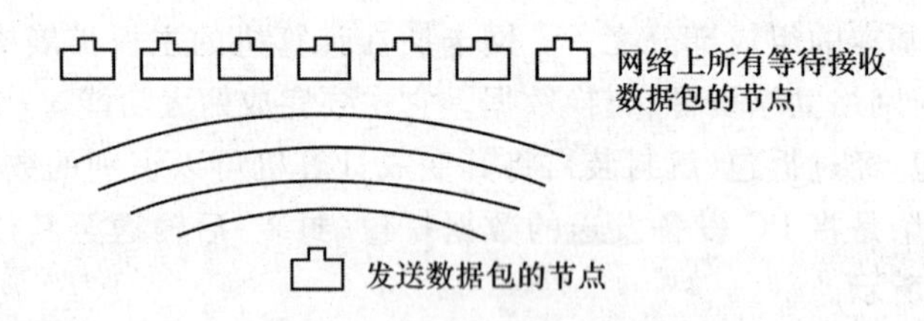

实验 1 图 12　Hub 广播方式

实验 1 图 13 显示了一个具有 24 口 10 M/100 M 集线器外观。它能够提供 24 个 10Base-T/100Base-TX 自适应端口，每个端口自动侦测网络连接速率，同时支持以太网和快速以太网。

实验 1 图 13　24 口 10 M/100 M 集线器外观

1.3.5 交换机

以太网交换机一般提供 24 个 10/100BASE-TX 以太网端口、1 个 Console 口，也可提供扩展槽位，产品外观与 24 口 10 M/100 M 集线器类似，它们的主要区别是在工作方式上。交换机一般是数据链路层的设备，每个端口以独占带宽的方式进行数据交换，具有"智能记忆"能力和"学习"能力，依据自我学习的 MAC 地址表转发数据，所以它发送数据时都是有针对性的，而不是采用广播方式发送。

1.4 实验环境与设备

(1) 网卡、Modem、Hub 等基础网络设备和传输媒体双绞线、同轴电缆、光纤及其接头。

(2) 压线钳、五类双绞线(若干)、RJ-45 水晶头(若干)、电缆测试仪。

(3) 交换机、路由器。

1.5 实验步骤

(1) 在老师的讲解下认识传输媒体双绞线、同轴电缆、光纤及其接头。

(2) 在老师的讲解下认识网卡、Modem、Hub、交换机。

(3) 制作直连线、交叉线和反转线。

步骤 1:准备好五类线、RJ-45 插头和一把专用的压线钳。

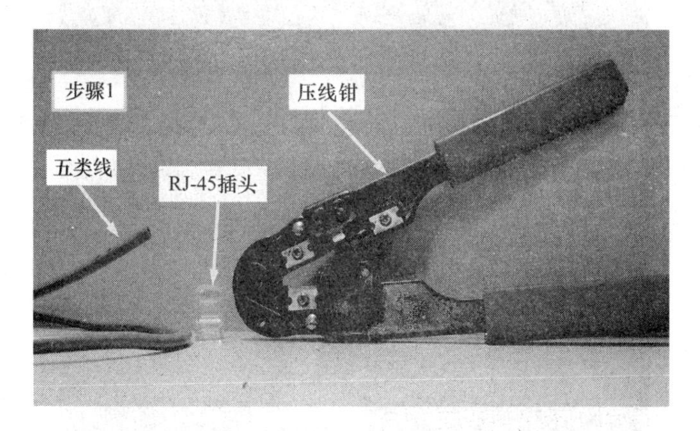

步骤 2:用压线钳的剥线刀口将 5 类线的外保护套管划开(小心不要将里面的双绞线的绝缘层划破),刀口距五类线的端头至少 2 cm。

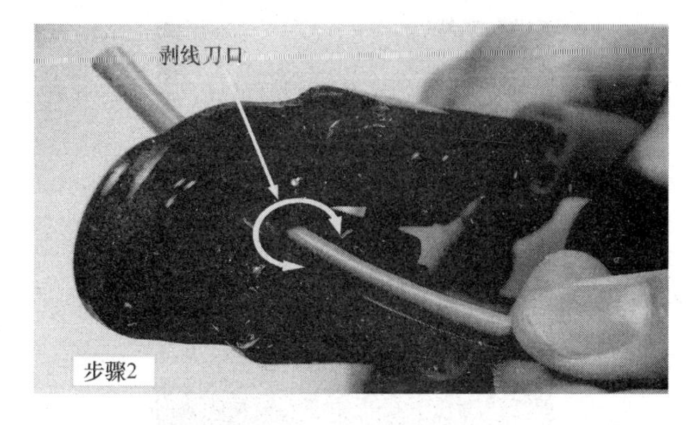

步骤 3:将划开的外保护套管剥去(旋转、向外抽)。

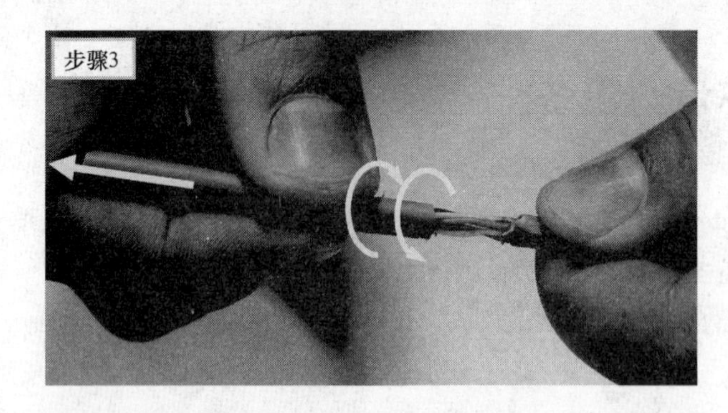

步骤 4：露出五类线电缆中的 4 对双绞线。

步骤 5：按照 EIA/TIA 568B 标准和导线颜色将导线按规定的序号排好。

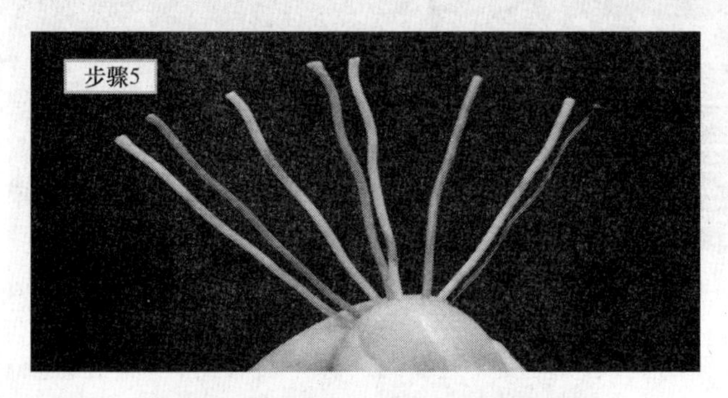

步骤 6：将 8 根导线平坦整齐地平行排列，导线间不留空隙。

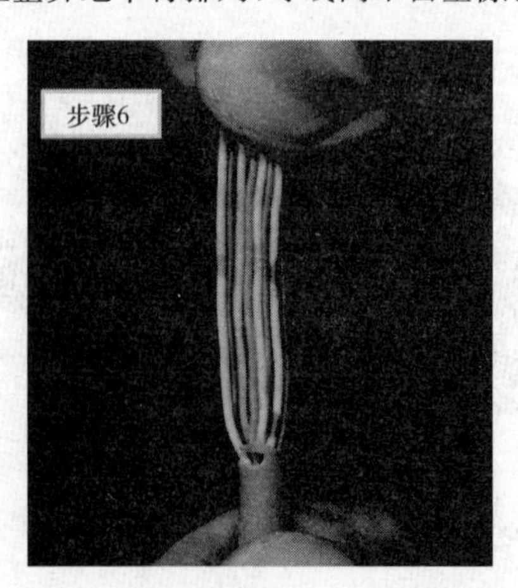

步骤7:准备用压线钳的剪线刀口将8根导线剪断。

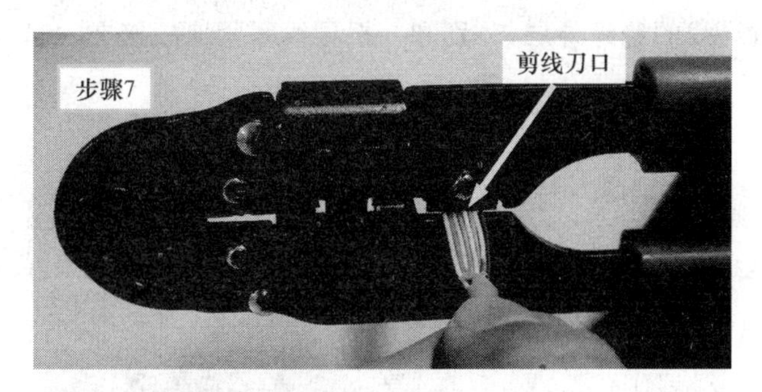

步骤8:剪断电缆线。请注意:一定要剪得很整齐。剥开的导线长度不可太短。可以先留长一些。不要剥开每根导线的绝缘外层。

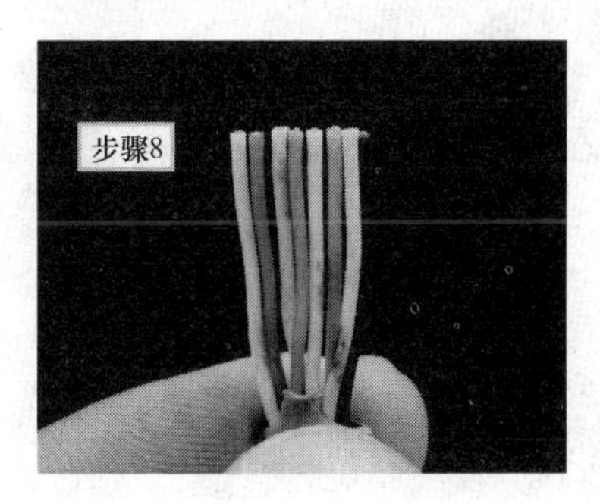

步骤9:将剪断的电缆线放入RJ-45插头试试长短(要插到底),电缆线的外保护层最后应能够在RJ-45插头内的凹陷处被压实。反复进行调整。

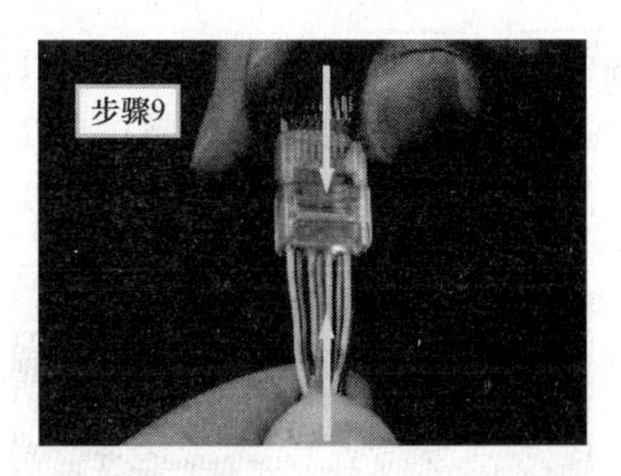

步骤10:在确认一切都正确后(特别要注意不要将导线的顺序排列反了),将RJ-45插头放入压线钳的压头槽内,准备最后的压实。

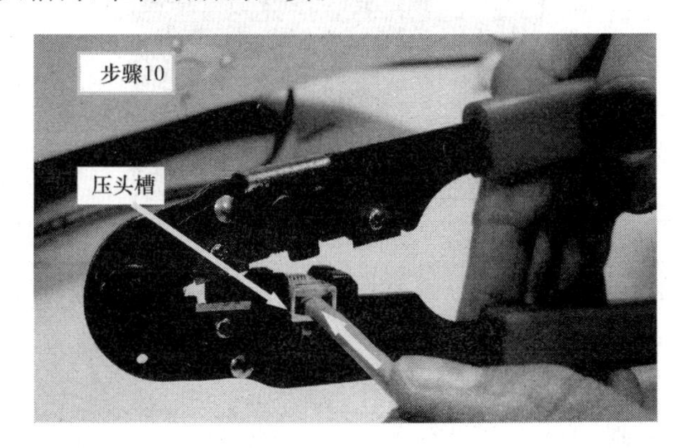

步骤 11:双手紧握压线钳的手柄,用力压紧。请注意,在这一步骤完成后,插头的 8 个针脚接触点就穿过导线的绝缘外层,分别和 8 根导线紧紧地压接在一起。

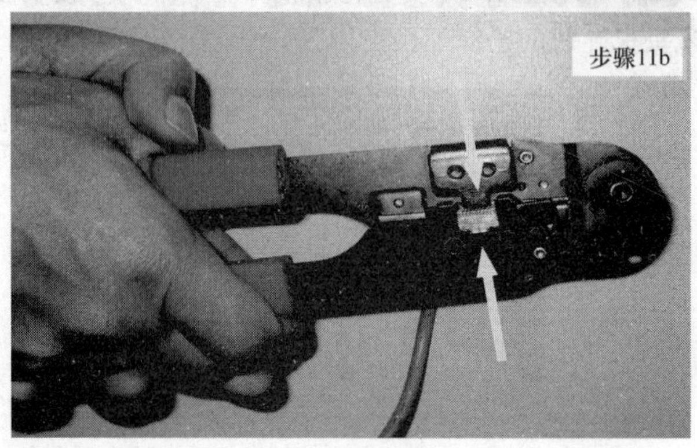

以上完成一端的接口。

步骤 12:制作另一端接口。

若制作直连线,则另一端接口按照上述步骤采用 EIA/TIA 568 B 标准制作。

若制作交叉线,则另一端接口按照上述步骤采用 EIA/TIA 568 A 标准制作。

若制作反转线,则另一端接口按照上述步骤采用 EIA/TIA 568 B 标准的逆序制作。

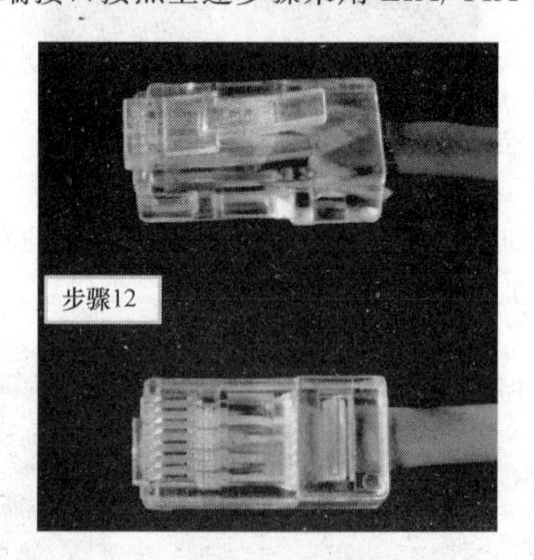

步骤 13:检测。

用电缆测试仪测试制作的直连线和交叉线,对接收和发送分别测试。也可以直接接入网络中进行测试。

1.6 思考

(1) 了解各网络设备的工作原理。

(2) 直连线、交叉线和反转线分别用在何处?

实验 2 网络测试与管理命令

2.1 实验目的

(1) 掌握 Windows 下的几个常用的网络命令 ping、ipconfig、tracert、netstat、ARP 的使用方法。

(2) 了解系统网络命令及其所代表的含义，通过使用这几个命令了解运行系统网络状态，以便有效地测试和维护网络，如了解网络连通性、主机的响应时间、响应路径和本机网络参数配置情况等。

(3) 理解 ARP 缓存、IP 地址、计算机默认网关等的作用。

2.2 实验内容

(1) 熟悉 ping、ipconfig、tracert、netstat、ARP 命令的使用方法。

(2) 练习 ping 的基本命令以及对网络故障加以诊断。

(3) 练习 ipconfig 显示主机 IP 的配置信息。

(4) 练习 tracert 命令判定数据包到达目的主机所经过的路径。

(5) 练习 netstat 命令显示当前正在活动的网络连接的详细信息。

(6) 练习 ARP 命令，查看 ARP 高速缓存信息，分析 ARP 的解析过程。

2.3 Windows 中常用的网络命令

2.3.1 ping 命令

PING(Packet InterNet Groper)命令使用了 ICMP 回送请求报文和回送回答报文，通过向指定的主机发送 ICMP 回送请求报文并监听其回应来测试两个主机之间的连通性。

ping 命令的格式：

ping [-t] [-a] [-n count] [-l length] [-f] [-i ttl] [-v tos] [-r count]

[- s count] [[- j computer-list] | [- k computer-list]] [- w timeout] destination-list

常用参数一般如下。

(1) -t：　ping 指定的计算机直到中断。

(2) -a：　将地址解析为计算机名。

(3) -n count：　发送 count 指定的回送数据包数。默认值为 4。

(4) -l length：　发送包含由 length 指定的数据量的回送数据包。默认为 32 B；最大值是 65 527 B。

(5) -f：　在数据包中发送"不要分段"标志。数据包就不会被路由上的网关分段。

(6) -i ttl：　将"生存时间"字段设置为 ttl 指定的值。

(7) -v tos：　将"服务类型"字段设置为 tos 指定的值。

(8) -r count：　在"记录路由"字段中记录传出和返回数据包的路由。count 可以指定 1～9 台计算机。

(9) -s count：　指定 count 指定的跃点数的时间戳。

(10) -j computer-list：利用 computer-list 指定的计算机列表路由数据包。连续计算机可以被中间网关分隔(路由稀疏源)IP 允许的最大数量为 9。

(11) -k computer-list：利用 computer-list 指定的计算机列表路由数据包。连续计算机不能被中间网关分隔(路由严格源)IP 允许的最大数量为 9。

(12) -w timeout：　指定超时间隔，单位为毫秒。

(13) destination-list：　指定要 ping 的远程计算机。

当网络运行中出现故障时，采用这个实用命令来预测故障和确定故障源是非常有效的。下面是某局域网中的一台计算机不能访问 Internet(外网)时常用的测试步骤。

(1) ping 127.0.0.1

127.0.0.1 是本地循环地址，如果该地址无法 ping 通，则表明本机 TCP/IP 不能正常工作；如果 ping 通了该地址，证明本机 TCP/IP 正常，则进入下一个步骤继续诊断。

(2) ping 本机的 IP 地址

如果 ping 通，表明网络适配器工作正常，则可进入下一步诊断；反之则是网络适配器出现故障。

(3) ping 局域网中同网段计算机的 IP 地址

不通则表明网络线路出现故障或网络本地连接 IP 地址错误；否则，进入下一个步骤继续诊断。

(4) ping 本机默认网关

不通则表明从本局域网到外网的出口不通，可能是默认网关接口问题；否则，进入下一个步骤继续诊断。

(5) ping 某个远程 IP

如果收到应答，表示成功地通过默认网关到外网。对于 ADSL 宽带上网用户则表示能够成功地访问 Internet(但不排除 ISP 的 DNS 会有问题),若 DNS 问题,则无法用域名网址访问资源。

2.3.2 ipconfig 命令

ipconfig /all 用来显示本机 IP 的配置属性,即网络适配器的物理地址、主机的 IP 地址、子网掩码以及默认网关等,还可以查看主机的相关信息。这些信息一般用来检验人工配置的 TCP/IP 设置是否正确。但是,如果计算机和所在的局域网使用了动态主机配置协议(DHCP),这个程序所显示的信息是 DHCP 自动分配的。这时,ipconfig 可以让我们了解自己的计算机是否成功地租用到一个 IP 地址,如果租用到则可以了解它目前分配到的是什么地址。

了解计算机当前的 IP 地址、子网掩码和默认网关实际上是进行测试和故障分析的必要项目。

ipconfig 命令的一般格式:

```
ipconfig [/? | /all | /release [adapter] | /renew [adapter]
         | /flushdns | /registerdns
         | /showclassid adapter
         | /setclassid adapter [classidtoset] ]
```

最常用的选项如下。

(1) /all:产生完整显示。在没有该开关的情况下,ipconfig 只显示 IP 地址、子网掩码和每个网卡的默认网关值。

(2) /renew [adapter]:更新 DHCP 配置参数。该选项只在运行 DHCP 客户端服务的系统上可用。要指定适配器名称,请输入使用不带参数的 ipconfig 命令显示的适配器名称。

(3) /release [adapter]:发布当前的 DHCP 配置。该选项禁用本地系统上的 TCP/IP,并只在 DHCP 客户端上可用。要指定适配器名称,请输入使用不带参数的 ipconfig 命令显示的适配器名称。

如果没有参数,那么 ipconfig 实用程序将向用户提供所有当前的 TCP/IP 配置值,包括 IP 地址和子网掩码。该使用程序在运行 DHCP 的系统上特别有用,允许用户决定由 DH-CP 配置的值。

(1) ipconfig

当使用 ipconfig 时不带任何参数选项,那么它为每个已经配置了的接口显示 IP 地址、子网掩码和默认网关值。

(2) ipconfig /all

当使用 all 选项时,ipconfig 能为 DNS 和 WINS 服务器显示它已配置且所要使用的附加信息(如 IP 地址等),并且显示内置于本地网卡中的物理地址(MAC 地址)。如果 IP 地址是从 DHCP 服务器租用的,ipconfig 将显示 DHCP 服务器的 IP 地址和租用地址预计失效的日期。

(3) ipconfig /release 和 ipconfig /renew

这是两个附加选项,只能在向 DHCP 服务器租用其 IP 地址的计算机上起作用。如果我们输入 ipconfig /release,那么所有接口的租用 IP 地址便重新交付给 DHCP 服务器(归还

IP 地址)。如果我们输入 ipconfig /renew,那么本地计算机便设法与 DHCP 服务器取得联系,并租用一个 IP 地址。请注意,大多数情况下网卡将被重新赋予和以前所赋予的相同的 IP 地址。

2.3.3　tracert 命令

通过向目标发送不同 IP 生存时间 (TTL) 值的 ICMP 回应数据包,tracert 诊断程序确定到目标所采取的路由。要求路径上的每个路由器在转发数据包之前至少将数据包上的 TTL 递减 1。数据包上的 TTL 减为 0 时,路由器应该将"ICMP 已超时"的消息发回源系统。

tracert 的使用技巧:如果有网络连通性问题,可以使用 tracert 命令来检查到达的目标 IP 地址的路径并记录结果。tracert 命令显示用于将数据包从计算机传递到目标位置的一组 IP 路由器,以及每个节点所需的时间。如果数据包不能传递到目标,tracert 命令将显示成功转发数据包的最后一个路由器。当数据报从计算机经过多个网关传送到目的地时,tracert 命令可以用来跟踪数据报使用的路由(路径)。该实用程序跟踪的路径是源计算机到目的地的一条路径,不能保证或认为数据报总遵循这个路径。如果配置使用 DNS,那么会从所产生的应答中得到城市、地址和常见通信公司的名字。tracert 是一个运行得比较慢的命令(如果我们指定的目标地址比较远),每个路由器我们大约需要给它 15 s。

tracert 的使用很简单,只需要在 tracert 后面跟一个 IP 地址或 URL,tracert 会进行相应的域名转换。

tracert 最常见的用法:

tracert IP address [-d]

(1) IP address:目标计算机名称。

(2) -d:指定不将地址解析为计算机名。

通过使用-d 选项,将更快地显示路由器路径,因为 tracert 不会尝试解析路径中路由器的名称。

例如:

```
C:\>tracert www.hust.edu.cn
Tracing route to www.hust.edu.cn [202.114.0.245]
over a maximum of 30 hops:
  1  <10 ms  <10 ms  <10 ms  ASICSERVER [192.168.0.254]
  2  <10 ms  <10 ms  <10 ms  211.69.197.254
  3  <10 ms   10 ms   10 ms  192.168.1.81
  4  <10 ms  <10 ms  <10 ms  192.168.1.73
  5  <10 ms  <10 ms  <10 ms  192.168.1.17
  6     *       *       *    Request timed out.
  7  <10 ms  <10 ms  <10 ms  www.hust.edu.cn [202.114.0.245]
Trace complete.
```

如果大家想要了解自己的计算机与目标主机 www.googole.com 之间详细的传输路径信息,可以在命令行方式下输入 tracert www.google.com。

如果我们在 tracert 命令后面加上一些参数，还可以检测到其他更详细的信息，例如使用参数-d，可以指定程序在跟踪主机的路径信息的同时也解析目标主机的域名。

2.3.4 netstat 命令

它可以显示当前正在活动的网络连接的详细信息，如采用的协议类型、当前主机与远端连接主机(一个或多个)的 IP 地址以及它们之间的连接状态等。

netstat 命令的一般格式和最常用的选项：

netstat [-e] [-s] [-p proto] [-a] [-r]

它提供的较为常用的参数是-e，用来显示以太网的统计信息；-s 显示所有协议的使用状态，这些协议包括 TCP、UDP 和 IP，一般这两个参数都是结合在一起使用的。另外-p 可以选择特定的协议并查看其具体适用信息，-a 可以显示所有主机的端口号，-r 则显示当前主机的详细路由信息。

例如：

C:\>netstat-a

运行结果如实验 2 图 1 所示。

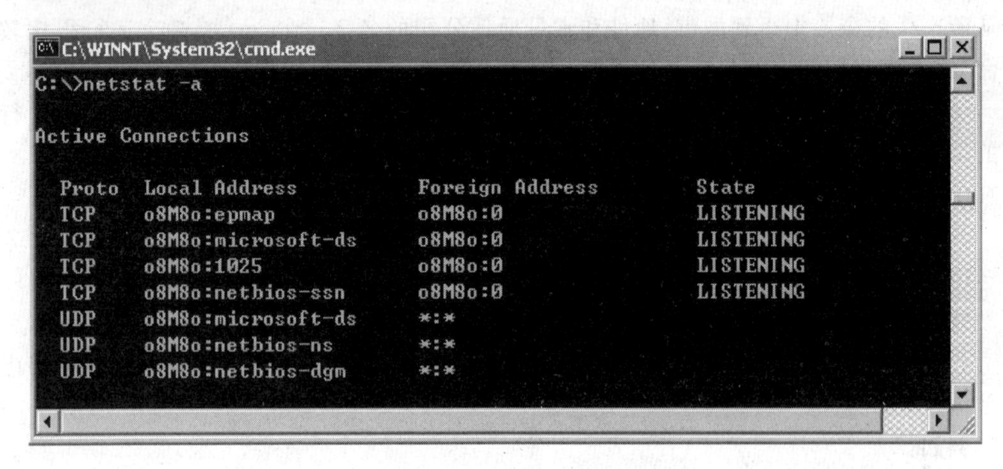

实验 2 图 1 netstat 命令应用举例

2.3.5 ARP 命令

ARP 命令用来显示和修改 IP 地址与物理地址之间的转换表。ARP 命令能够查看本地计算机或另一台计算机的 ARP 高速缓存中的当前内容。此外，使用 ARP 命令，也可以用人工方式输入静态的网卡物理/IP 地址对，可能会使用这种方式为默认网关和本地服务器等常用主机进行这项操作，有助于减少网络上的信息量。

按照默认设置，ARP 高速缓存中的项目是动态的，每当发送一个指定地点的数据报且高速缓存中不存在当前项目时，ARP 便会自动添加该项目。一旦高速缓存的项目被输入，它们就已经开始走向失效状态。例如，在 Windows 2003 网络中，如果输入项目后不进一步使用，物理/IP 地址对就会在 2～10 min 内失效。因此，如果 ARP 高速缓存中项目很少或根本没有时，请不要奇怪，通过另一台计算机或路由器的 ping 命令即可添加。所以，需要通过 ARP 命令查看高速缓存中的内容时，请最好先 ping 此台计算机。

ARP 常用命令选项如下。

(1) arp-a

用于查看高速缓存中的所有项目。

(2) arp-a IP

如果我们有多个网卡,那么使用 arp-a 加上接口的 IP 地址,就可以只显示与该接口相关的 ARP 缓存项目。

(3) arp-s IP 物理地址

我们可以向 ARP 高速缓存中人工输入一个静态项目。该项目在计算机引导过程中将保持有效状态,或者在出现错误时,人工配置的物理地址将自动更新该项目。

(4) arp-d IP

使用本命令能够人工删除一个静态项目。

例如我们在命令提示符下输入 arp-a,如果我们使用过 ping 命令测试并验证从这台计算机到 IP 地址为 10.0.0.100 的主机的连通性,则 ARP 缓存显示以下项:

```
Interface:10.0.0.1 on interface 0 x1
Internet Address      Physical Address      Type
10.0.0.100            00-e0-98-00-7 c-dc    dynamic
```

在此例中,缓存项指出位于 10.0.0.100 的远程主机解析成 00-e0-98-00-7 c-dc 的媒体访问控制地址,它是在远程计算机的网卡硬件中分配的。媒体访问控制地址是计算机用于与网络上远程 TCP/IP 主机物理通信的地址。

2.4　实验环境和设备

PC 两台以上,互连、配置 Windows 局域网,并且接入 Internet。

2.5　实验步骤

(1) 在 Windows 系统的主机上练习使用常用的网络命令 ping、ipconfig、tracert、netstat、ARP,并观察结果。

(2) 按照如下要求修改主机 TCP/IP 参数,如实验 2 图 2 所示,主机 A:10.2.2.2,255.0.0.0,主机 B:10.2.3.3,255.0.0.0,两台主机均不设置默认网关。

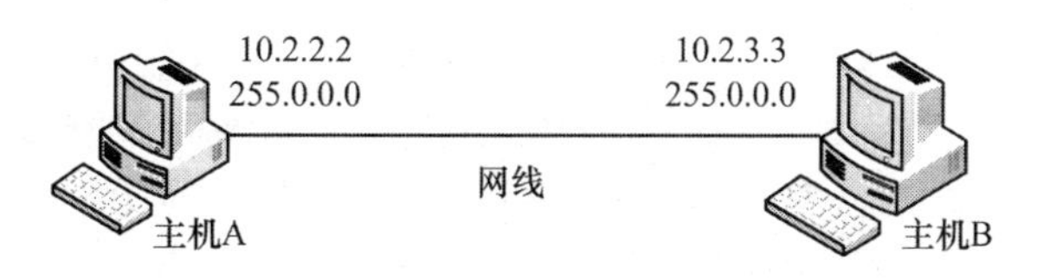

实验 2 图 2　两台主机连接示意图

操作如下：

① 在主机 A 上用 ipconfig 命令查看参数配置情况。

② 在主机 A 上用 arp-a 查看 ARP 缓存。

③ 然后在 A 上“ping”B。

④ 在主机 A 上，用 arp-a 命令重新查看 ARP 缓存，能看到 B 的 MAC 地址。

⑤ 同样，在主机 B 上，用 arp-a 查看 ARP 缓存，也能看到 A 的 MAC 地址。

⑥ 在主机 B 上，用 arp-d 删掉主机 A 的映射关系记录。

⑦ 在主机 B 上，用 ping 命令对主机 A 进行操作，用 arp-a 查看 ARP 缓存。

⑧ 仔细查看结果并记录结果，分析原因。

(3) 将实验 2 图 2 中主机 A 的子网掩码改为 255.255.0.0，其他设置保持不变。操作如下：

① 用 arp-d 命令清除两台主机上的 ARP 表。

② 在 A 上“ping”B。

③ 用 arp-a 命令在两台 PC 上均不能看到对方的 MAC 地址。

④ 仔细查看结果并记录结果，分析原因。

(4) 在一台能够访问 Internet 的主机上运行 tracert，跟踪到达 www. baidu. com 网站的路径。仔细查看结果并记录结果，分析原因。

(5) 在局域网中的一台主机上运行 netstat 命令，查看本机上正在活动的网络连接的详细信息。仔细查看结果并记录结果，分析原因。

2.6 思考

(1) 如何使用 ping 命令诊断网络故障。

(2) 分析 ARP 在同一网段和不同网段间主机上通信时的执行过程及子网掩码、默认网关的作用。

(3) 分析“命令名 /?”的作用。

实验 3
组建 Windows 环境下的局域网与共享资源

3.1 实验目的

(1) 利用网络设备,学生自己组成局域网,培养学生的动手能力。

(2) 进一步掌握基本的网络参数的配置,学会使用基本的测试命令来检测网络的配置情况。

(3) 掌握局域网环境下软硬件共享的设置和使用方法。

3.2 实验内容

(1) 实现交换机与 PC 互连,实现网络共享。

(2) 利用交换机扩展局域网,实现网络共享。

3.3 实验环境和设备

安装 Windows 系统的计算机两台以上,每台计算机都要安装网卡。交换机两台,UTP 非屏蔽双绞线若干。

3.4 组建局域网

3.4.1 安装 TCP/IP 软件

若系统中已经安装了 TCP/IP 软件,则直接到 3.4.2 节配置 TCP/IP 参数即可;否则,需要首先安装 TCP/IP 软件。

以 Windows XP 系统为例,TCP/IP 软件的安装步骤如下。

(1) 在“设置”菜单中依次选择“控制面板”→“网络连接”→“本地连接”选项,弹出本地连接状态对话框，如实验 3 图 1 所示。

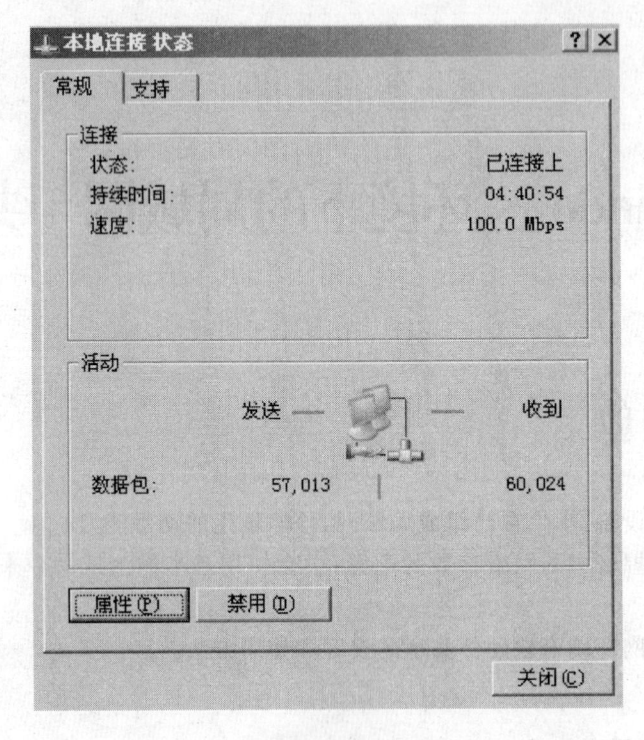

实验 3 图 1　本地连接状态

（2）单击“属性”按钮，在弹出的对话框中单击“安装”按钮，如实验 3 图 2 所示。

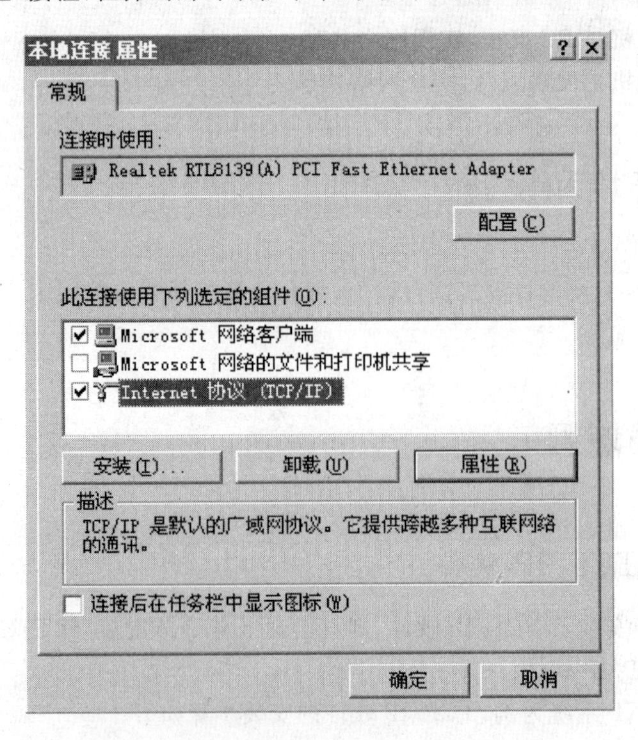

实验 3 图 2　本地连接属性

(3) 在“选择网络组件类型”对话框中选择“协议”选项，单击“添加”按钮，如实验3图3所示。

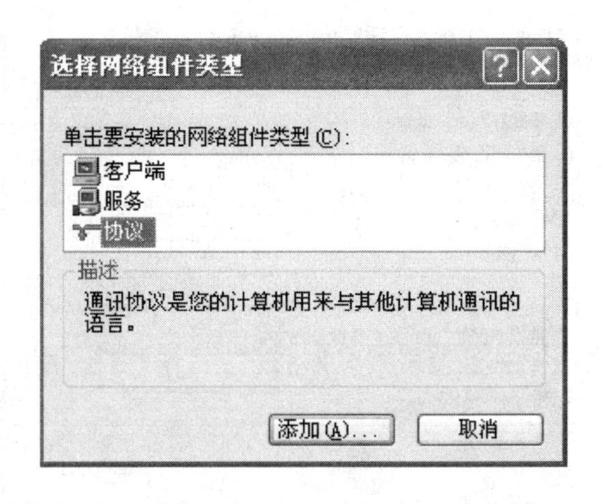

实验3图3　选择网络组件类型

(4) 在“选择网络协议”对话框中选择“TCP/IP协议”选项，如实验3图4所示，单击“确定”按钮，即可完成TCP/IP软件安装。

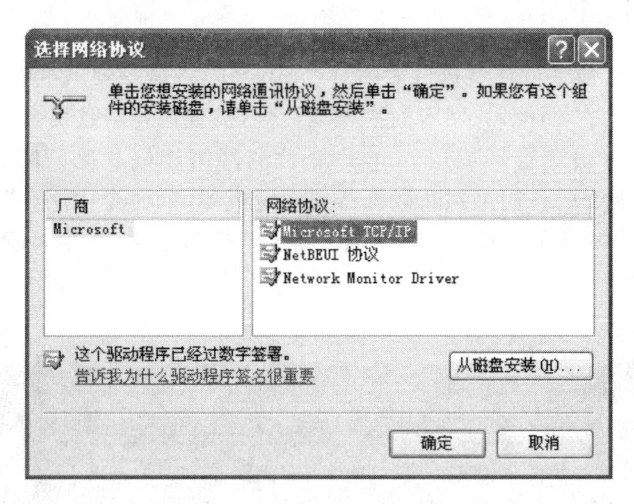

实验3图4　选择网络协议

3.4.2　TCP/IP参数设置

(1) 在“设置”菜单中依次选择“控制面板”→“网络连接”→“本地连接”选项，弹出本地连接状态对话框，如实验3图1所示。

(2) 单击“属性”按钮，在“本地连接属性”对话框中，打开Internet协议(TCP/IP)对话框，按照实验3图5所示，将IP地址、子网掩码、默认网关、DNS服务器等网络信息输入各对应项。例如，IP地址192.168.0.65，子网掩码255.255.255.0，默认网关192.168.0.1，DNS服务器202.114.176.10。

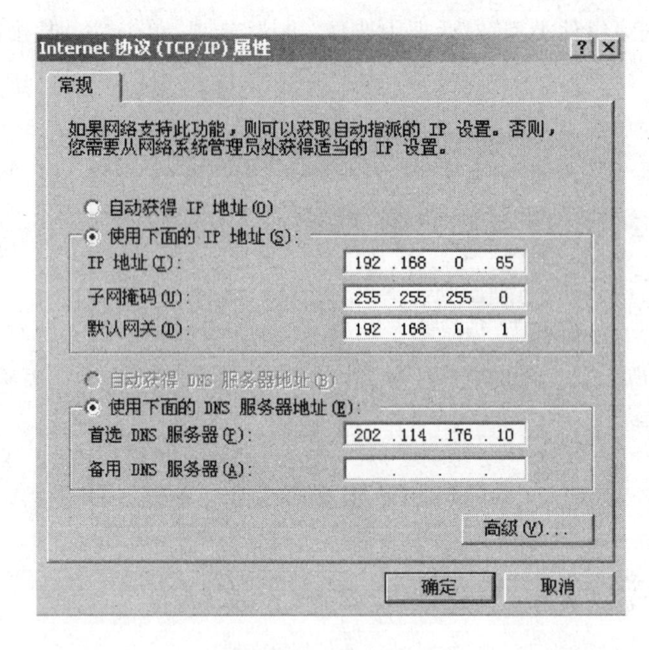

实验 3 图 5　TCP/IP 属性

3.4.3　测试 TCP/IP

(1) 在 Windows 命令行环境执行命令 ipconfig/all，该命令列出本机有关 TCP/IP 的配置信息，包括 IP 地址、子网掩码、网卡的物理地址等，检查这些信息是否与所配置的一致。

(2) 在 Windows 命令行环境用 ping 命令检测网络连接状况。例如，输入命令"ping 192.168.0.65"，此命令的作用是判断该机器到指定机器(即命令中 IP 指定的机器)的逻辑连接是否正常。如果显示如实验 3 图 6 所示，则表示连接正常；否则表示不正常，应查看机器的 IP 地址等信息配置是否正确。

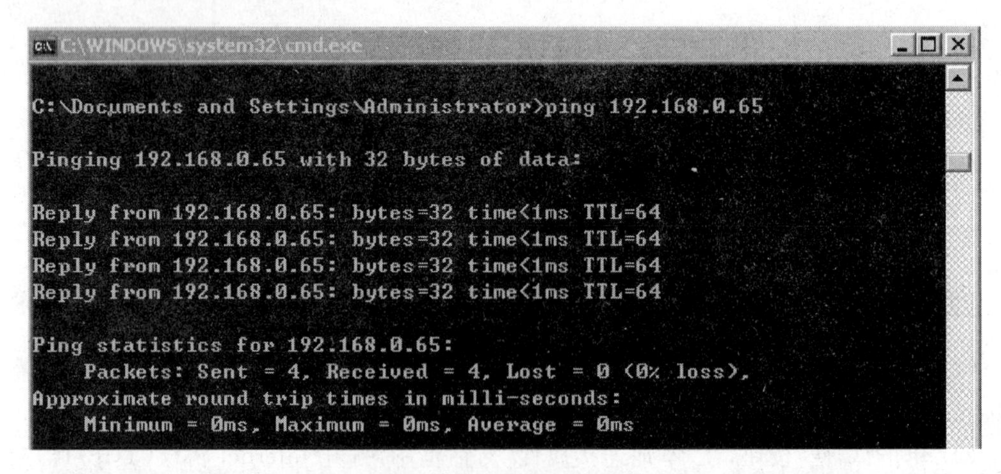

实验 3 图 6　测试结果图

3.4.4　建立局域网工作组

1. 建立 Windows XP 系统中的工作组

在 Windows XP 桌面上右击“我的电脑”图标，在弹出的快捷菜单中选择“属性”选项，弹出“系统特性”对话框，如实验 3 图 7 所示。在该对话框中单击“计算机名” 选项卡，再单击“更改”按钮，弹出“计算机名称更改”对话框，如实验 3 图 8 所示。在该对话框的“计算机名”编辑框中输入在对等网中表示该计算的名称，在“隶属于”单选框中选择“工作组”，并输入工作组的名称。

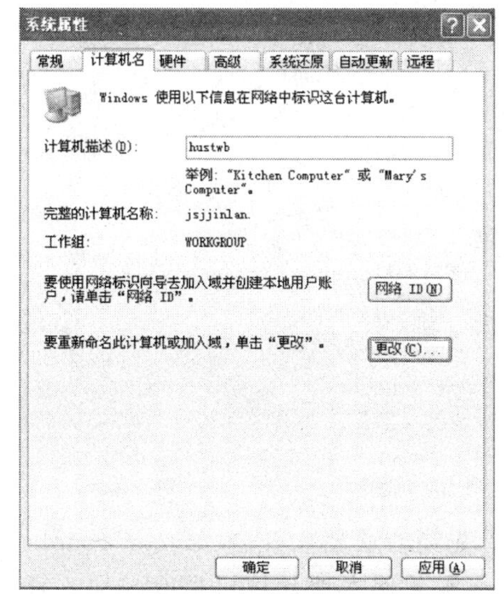

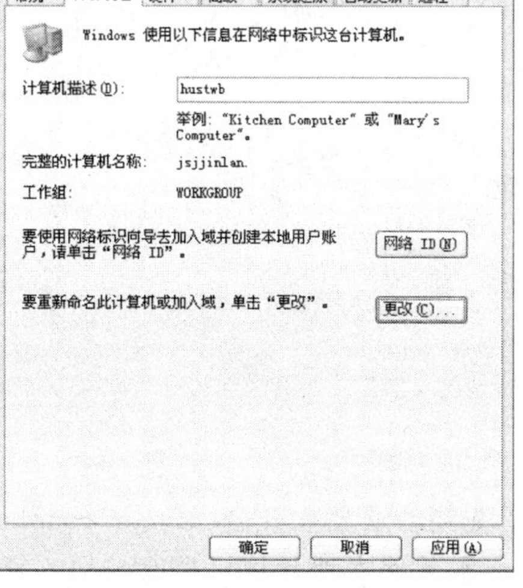

实验 3 图 7　系统特性

实验 3 图 8　计算机名称更改

2. 建立 Windows 7 系统中的家庭网络

在组建家庭网络时，最新的 Windows 7 系统显得更加简单方便，这主要得益于该系统的“网络发现”功能。同时，与 Windows XP 系统相比，在 Windows 7 系统中还可以选择家庭网络、工作网络、公用网络等不同环境，安全性也更高。此外，从应用角度讲，除传统的文件共享外，Windows 7 还允许以播放列表的形式提供对媒体文件的共享支持。

构建 Windows 7 系统家庭网络，步骤如下。

(1) 统一工作组名。要顺利地组建家庭局域网，所有局域网中的计算机必须具备相同的工作组和不同的计算机名。在 Windows 7 中，具体操作比较简单，右击“计算机”图标，在弹出的快捷菜单中选择“属性”选项，再在弹出窗口的“计算机名称、域和工作组设置”下修改计算机所在工作机组及计算机名即可，如实验 3 图 9 所示。选中“更改设置”后，设置方法同 Windows XP 系统。

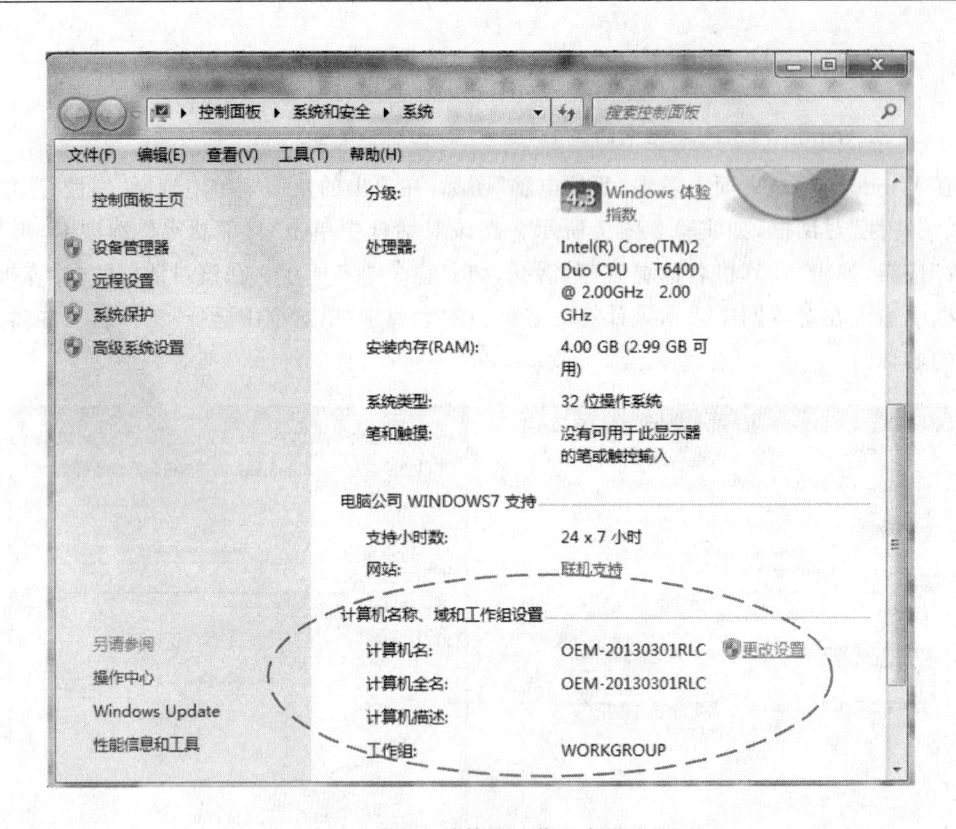

实验 3 图 9 计算机工作组名设置

(2) 设置家庭网络。在设置家庭网络之前，首先还有必要先开启“HomeGroupLister”和“HomeGrougProvider”服务。HomeGroupLister 服务使本地计算机更改与加入家庭组的计算机的配置和维护相关联。如果停止或禁用此服务，计算机将无法在家庭组中正常工作，且家庭组也可能无法正常工作。建议保持此服务的运行状态。HomeGrougProvider 服务执行与家庭组的配置和维护相关的网络任务。如果停止或禁用此服务，计算机将无法检测到其他家庭组，且家庭组可能无法正常工作。建议保持此服务的运行状态。

在 Windows 7 中设置家庭网络，可以在控制面板中单击“网络和 Internet”图标，如实验 3 图 10所示，打开“网络和共享中心”，如实验 3 图 11 所示。在图中，单击其中的“家庭组”→“选择家庭组和共享选项”，就可以在界面中看到家庭组的设置区域。如果当前使用的网络中没有其他人已经建立的家庭组存在的话，则会看到 Windows 7 提示创建家庭组进行文件共享，如实验 3 图 12 所示。此时单击“创建家庭组”按钮，就可以开始创建一个全新的家庭组网络，即局域网。

请注意，创建家庭组的这台计算机需要安装 Windows 7 家庭高级版、Windows 7 专业版或 Windows 7 旗舰版才可以，而 Windows 7 家庭普通版加入家庭网没问题，但不能作为创建网络的主机使用。所以即使网络中只有一台计算机是 Windows 7 旗舰版，其他的计算机是 Windows 7 家庭普通版都不影响使用。

打开创建家庭网的向导，首先选择要与家庭网络共享的文件类型，默认共享的内容是图片、音乐、视频、文档和打印机 5 个选项，除了打印机以外，其他 4 个选项分别对应系统中默认存在的几个共享文件，如实验 3 图 13 所示。

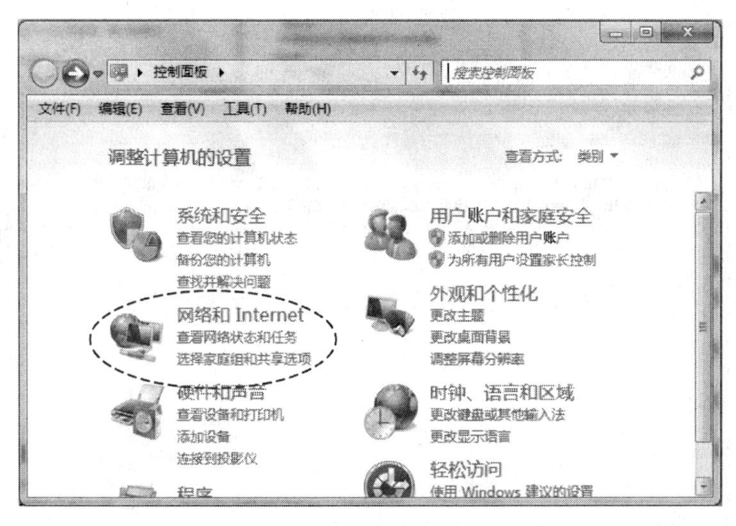

实验 3 图 10　打开控制面板

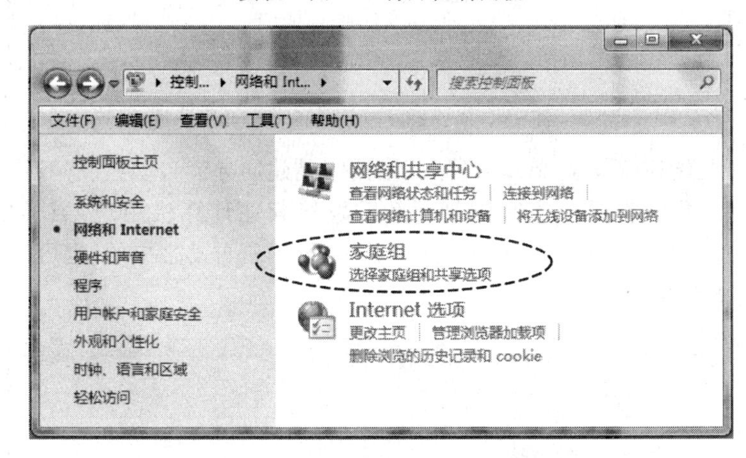

实验 3 图 11　选择家庭组和共享选项

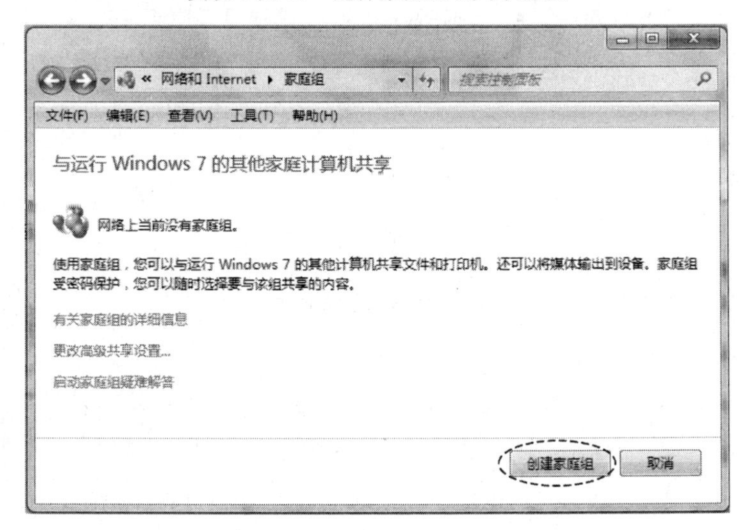

实验 3 图 12　创建家庭组

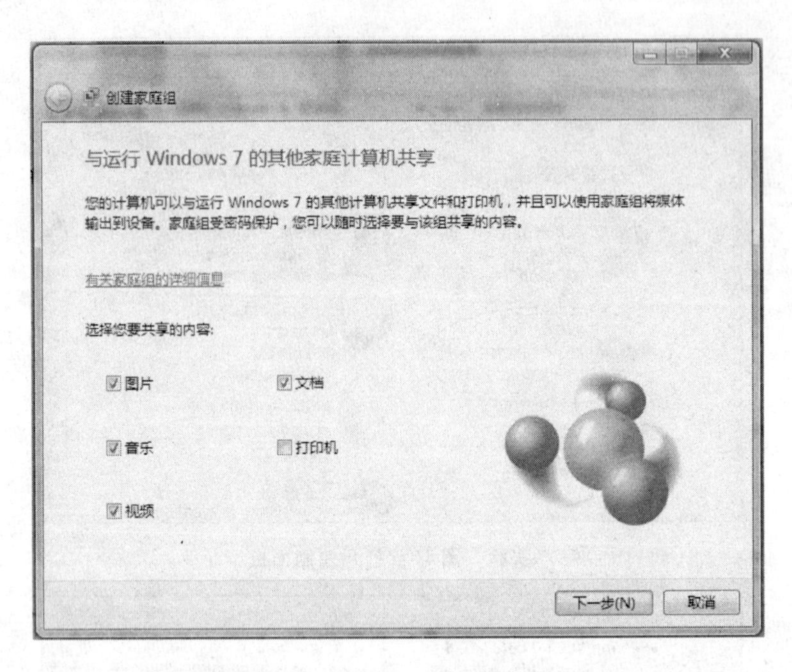

实验 3 图 13　创建家庭组——选择要共享的内容

单击“下一步”按钮后，Windows 7 家庭组网络创建向导会自动生成一连串的密码，如实验 3 图 14 所示。此时需要把该密码复制粘贴发给其他计算机用户，当其他计算机通过 Windows 7 家庭网连接进来时必须输入此密码串，密码是自动生成的，也可以在后面的设置中修改成自己熟悉的密码。

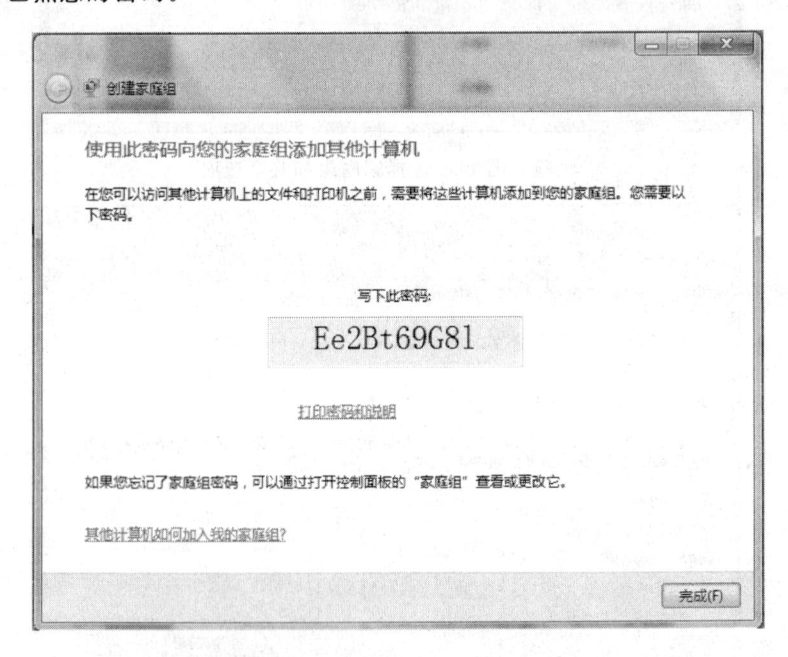

实验 3 图 14　创建家庭组——家庭组添加其他计算机的密码

单击“完成”按钮，这样一个家庭网络就创建成功了，返回家庭网络中，就可以进行一系列相关设置，如实验 3 图 15 所示，也可以在控制面板中通过选择“选择家庭组和共享选项”进入“更改家庭组设置”界面。在实验 3 图 15 中，选择“更改高级共享设置”，对“家庭或工作”和“公用”两种局域网环境进行设置，如实验 3 图 16 所示。展开“家庭或工作”网络，必须选择的项目如实验 3 表 1 所示。

实验 3 图 15　更改家庭组设置

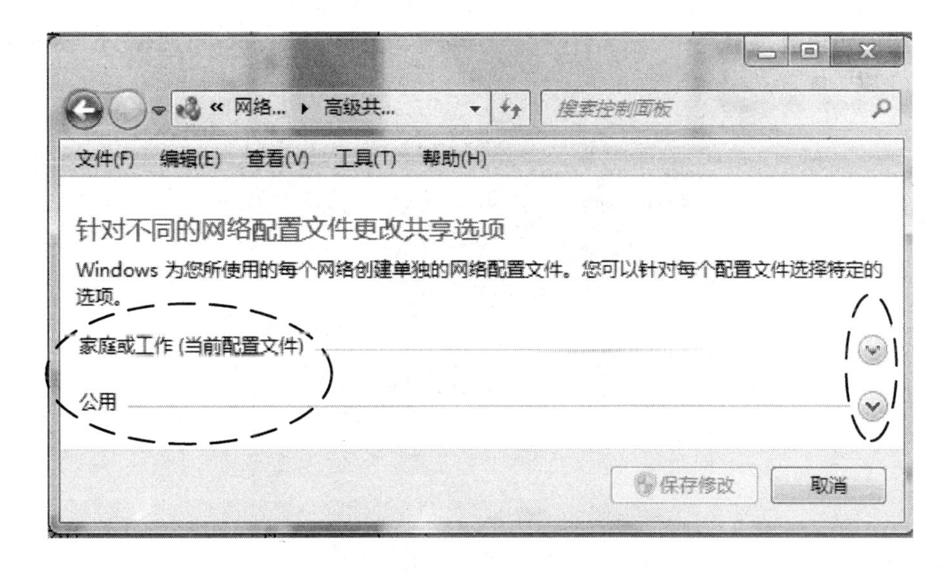

实验 3 图 16　针对不同的网络配置文件更改共享选项

实验3表1 家庭网络配置文件更改共享选项

项目	选择	说明
网络发现	启用网络发现	关闭则局域网内计算机无法互相访问
文件共享和打印	启用	
公用文件夹共享	启用共享以便访问网络的用户可以读取和写入文件夹中的文件	关闭则公用文件夹不处于共享状态
文件共享连接	根据需要选择	
密码保护的共享	关闭密码共享	开启则相互访问时需要密码
家庭组连接	允许 Windows 管理家庭组连接(推荐)	

请注意,在 Windows 7 中,可以分别选择“家庭网络”、“工作网络”和“公用网络”3 种模式。如果选择“家庭网络”,则需要进行密码设置,因此为了共享访问的方便性,推荐大家选择“工作网络”或视具体情况而定。

当想关闭这个 Windows 7 家庭网时,在家庭网络设置中选择退出已加入的家庭组。然后打开“控制面板”→“管理工具”→“服务”选项,在这个列表中找到 HomeGroupListener 和 HomeGroupProvider,右击,分别禁止和停用这两个项目,就把这个 Windows 7 家庭组网完全关闭了,这样计算机就找不到这个家庭网了。

3.4.5 在局域网上共享资源

1. 在 Windows XP 系统中实现共享资源

(1) 设置共享目录。

在 Windows XP 系统中,选择要共享的文件夹 D:\netshare(也可指定其他文件夹),右击,在出现的快捷菜单中选择“共享和安全”选项,并在弹出的对话框中选择“共享”选项卡,如实验 3 图 17 所示。

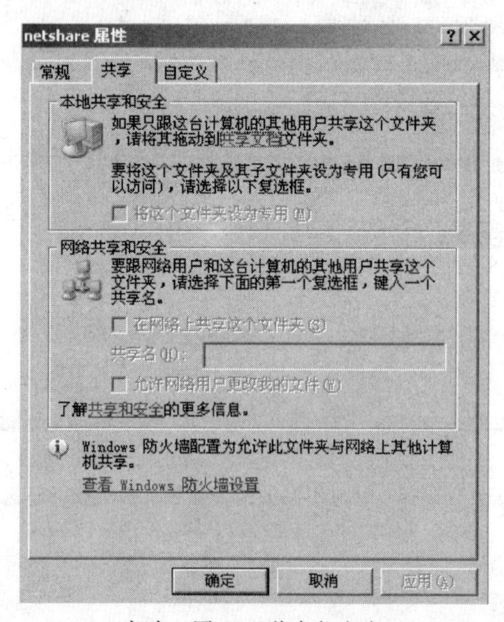

实验 3 图 17 共享与安全

在“网络共享和安全”中，选中“在网络上共享这个文件夹”复选框，并在“共享名”后输入一个供网络中其他用户访问该资源时使用的名称。

(2) 映射网络驱动器。

在另一台计算机上建立到(1)所建共享目录的逻辑驱动器映射。网络驱动器映射可以方便地访问远程的文件夹，而不必每次都浏览。

① 在“网上邻居”中找到需要进行映射的可共享资源，右击，在出现的快捷菜单中选择“映射网络驱动器”选项。

② 在出现的对话框的“驱动器”下拉列表中选择一个驱动器名，如果每次登录网络时都要建立该连接，可选择对话框中的“登录时重新连接”选项。单击“确定”按钮，设置结束。

③ 打开“我的电脑”，可以看到该映射驱动器和本地驱动器排列在一起。

(3) 使用(2)中创建的逻辑驱动器将共享目录内的部分文件复制到本地硬盘上。

(4) 删除映射逻辑驱动器：找到映射的网络驱动器，右击，在弹出的快捷菜单中选择“断开”选项，确定即可。

(5) 取消(1)所建共享目录的共享属性共享管理：右击“我的电脑”→“管理”→“共享文件夹”或“控制面板”→“管理工具”→“计算机管理”→ “共享文件夹”。

2. 在 Windows 7 家庭组局域网中实现资源共享

在 Windows 7 系统中，文件夹的共享比 Windows XP 方便很多，只需在 Windows 7 资源管理器中选择要共享的文件夹，单击资源管理器上方菜单栏中的“共享”，并在菜单中设置共享权限即可，如实验 3 图 18 所示。如果只允许自己的 Windows 7 家庭网络中其他计算机访问此共享资源，那么就选择“家庭网络(读取)”；如果允许其他计算机访问并修改此共享资源，那么就选择“家庭组网(读取/写入)；选择指定的用户共享，就选择“特定用户”。设置好共享权限后，Windows 7 会弹出一个确认对话框，此时单击“是，共享这些选项”按钮就完成了共享操作。

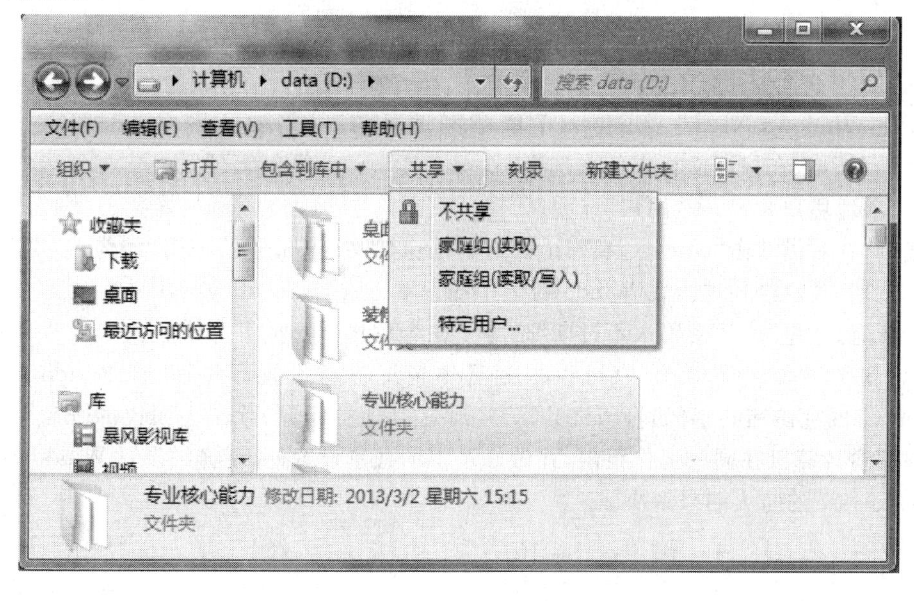

实验 3 图 18　Windows 7 的共享设置

在 Windows 7 系统中设置好文件共享之后，可以在共享文件夹上右击，选择“属性”菜单打开“属性”对话框，如实验 3 图 19 所示。选择“共享”选项卡，可以修改共享设置，包括选择和设置文件夹的共享对象和权限，也可以对某一个文件夹的访问进行密码保护设置。Windows 7 系统对于用户安全性的保护能力大大提高了，而且不论使用的是 Windows 7 旗舰版或是 Windows 7 普通版。

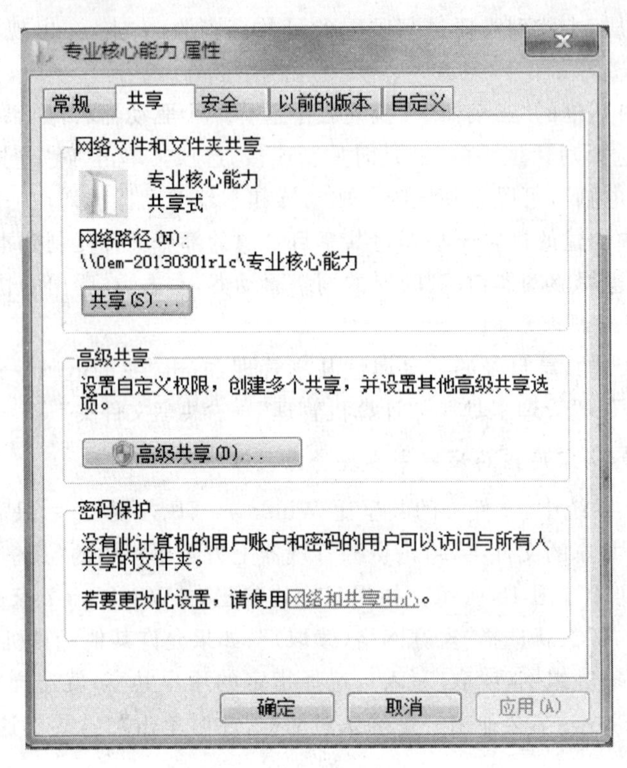

实验 3 图 19　共享属性设置

3. Windows XP 与 Windows 7 资源共享

要让 Windows XP 与 Windows 7 能顺利地互访，就需要开启 Guest 来宾账户。在 Windows XP中，在控制面板中依次选择“管理工具”→“计算机管理”选项，在弹出的窗口中再选择“本地用户和组”→“用户”选项。

接着，在右侧双击“Guest”，在弹出的对话框中清除对“账号已停用”的勾选，再确认“密码永不过期”项已经勾选。在 Windows 7 中的设置方法与 Windows XP 类似。

请注意，这里“确认密码永不过期”是为了在今后再次访问共享文件夹时可以不用再修改密码，更为方便。当然，大家可以根据具体情况进行设置。此外，若 Windows XP 与 Windows 7的互访和共享(如打印机共享)还存在其他的问题，除了上面说的开启来宾账户并确保两台计算机在同一工作组内，并做好基本的共享设置外，请详细设置 Windows XP 以及 Windows 7 的防火墙来解决。

3.5　实验步骤

（1）两台计算机通过一台交换机连接，并实现资源共享。

① 按照实验 3 图 20 所示，将两台计算机通过一台交换机进行连接，注意所用线缆类型。

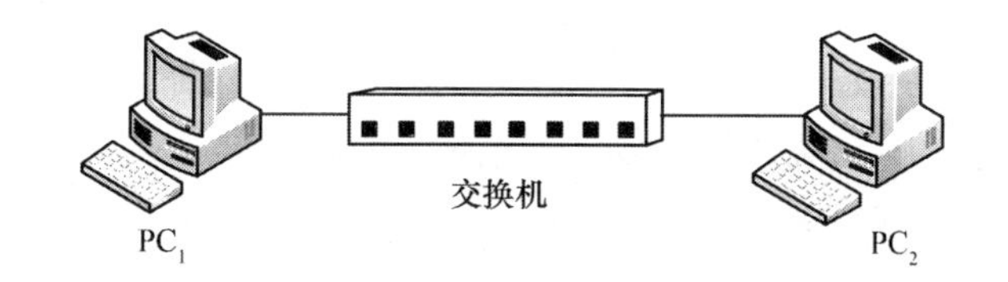

实验 3 图 20　一台交换机构建的局域网

② 为计算机安装协议并配置网络属性，测试两台终端之间的连通性。

③ 按照 3.4.4 节建立局域网工作组。

④ 按照 3.4.5 节共享资源。

（2）两台计算机通过两台交换机连接，并实现资源共享。

① 按照实验 3 图 21 所示，将两台计算机通过两台交换机进行连接，注意所用线缆类型。

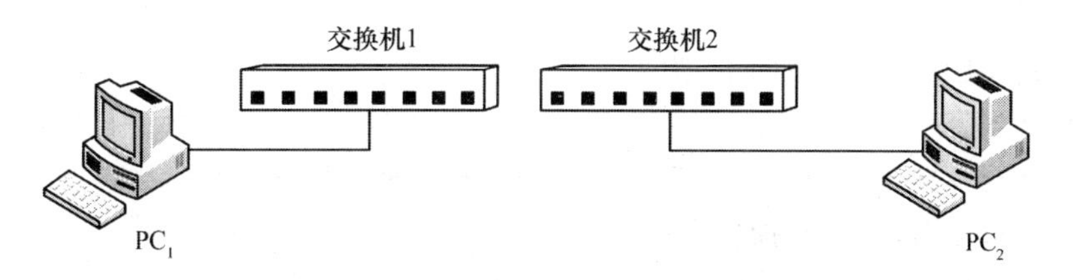

实验 3 图 21　两台 PC 构建的局域网

② 为计算机安装协议并配置网络属性，测试两台计算机之间的连通性。

③ 按照 3.4.4 节建立局域网工作组。

④ 按照 3.4.5 节共享资源。

3.6　思考

（1）TCP/IP 的基本配置过程中 IP 地址、子网掩码、默认网关等的作用。

（2）掌握 Windows XP 与 Windows 7 环境下软硬件共享的设置和使用方法。

实验 4
网页制作相关技术概述

4.1 实验目的

(1) 了解 WWW 的组成:分布式超媒体系统。

(2) 学会使用常用的超文本标记语言(HTML)编写网页。

4.2 实验内容

(1) 以大学生活为背景,制作一个网站。

(2) 网站要求:

① 网站主题鲜明,积极向上、阳光;

② 网站内容完整;

③ 网站至少包含 3 个以上页面,有主页,具有链接功能、图片显示等;

④ 网站页面布局合理,操作方便;

⑤ 网站文件目录结构合理。

(3) 学生按要求完成网站制作。在"应用服务器 WWW 的搭建"实践环节中,将网站作为所搭建 WWW 服务器的资源,提供给其他同学或老师访问。

4.3 实验环境和设备

局域网环境,每位同学可用一台 PC,安装 Windows XP 以上操作系统,IE 浏览器。

4.4 HTML 介绍

4.4.1 HTML 概述

HTML 是一种制作万维网页面的标准语言,它消除了不同计算机之间信息交流的障碍。HTML 被用来结构化信息，例如标题、段落和列表等，也可用来在一定程度上描述文档的外观和语义。HTML 是由 IETF 用简化的 SGML（标准通用标记语言）语法进一步发展来的，后来成为国际标准，由万维网联盟（W3C）维护。

HTML 中 Markup 的意思就是“设置标记”。HTML 定义了许多用于排版的命令（标签）。HTML 把各种标签嵌入到万维网的页面中，这样就构成了 HTML 文档。HTML 文档是一种可以用任何文本编辑器创建的 ASCII 码文件。包含 HTML 内容的文件最常用的扩展名是.html，但是像 DOS 这样的旧操作系统限制扩展名为最多 3 个字符，所以.htm 扩展名也被使用。只有 HTML 文档以.html 或.htm 为后缀时，浏览器才对此文档的各种标签进行解释；如 HTML 文档改换以.txt 为其后缀，则 HTML 解释程序就不对标签进行解释，而浏览器只能看见原来的文本文件；当浏览器从服务器读取 HTML 文档后，就按照 HTML 文档中的各种标签，根据浏览器所使用的显示器的尺寸和分辨率大小，重新进行排版并恢复出所读取的页面。

并非所有的浏览器都支持所有的 HTML 标签。若某个浏览器不支持某个 HTML 标签，则浏览器将忽略此标签，但在一对不能识别的标签之间的文本仍然会被显示出来。

元素（Element）是 HTML 文档结构的基本组成部分。一个 HTML 文档本身就是一个元素。每个 HTML 文档由两个主要元素组成：首部（Head）和主体（Body）。首部包含文档的标题（Title），以及系统用来标识文档的一些其他信息。标题相当于文件名。文档的主体是 HTML 文档的最主要的部分。主体部分往往又由若干个更小的元素组成，如段落（Paragraph）、表格（Table）和列表（List）等。HTML 用一对标签（即一个开始标签和一个结束标签）或几对标签来标识一个元素。开始标签由一个小于字符“＜”、一个标签名和一个大于字符“＞”组成；结束标签和开始标签的区别只是在小于字符的后面要加上一个斜杠字符“/”；标签名并不区分大写和小写；有一些标签可以将结束标签省略。

下面是一个例子，用来说明 HTML 文档中标签的用法。

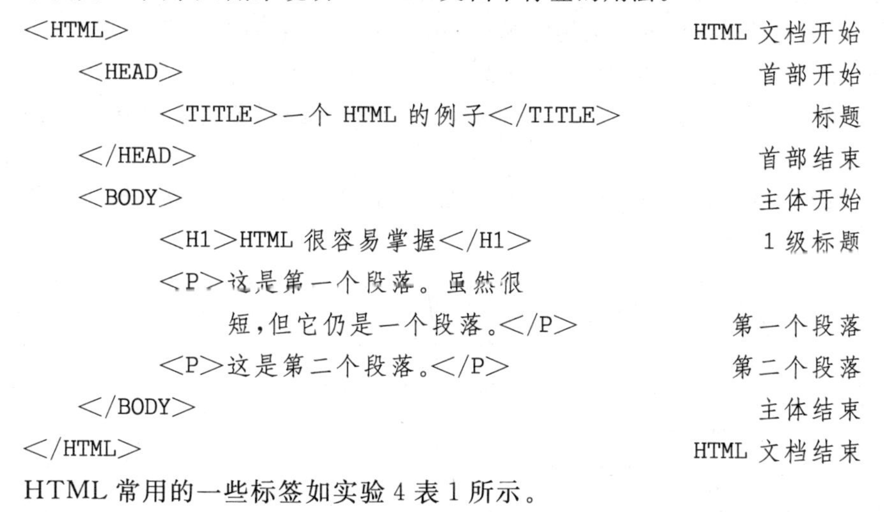

```
<HTML>                                              HTML 文档开始
    <HEAD>                                              首部开始
        <TITLE>一个 HTML 的例子</TITLE>                     标题
    </HEAD>                                             首部结束
    <BODY>                                              主体开始
        <H1>HTML 很容易掌握</H1>                           1 级标题
        <P>这是第一个段落。虽然很
            短，但它仍是一个段落。</P>                     第一个段落
        <P>这是第二个段落。</P>                           第二个段落
    </BODY>                                             主体结束
</HTML>                                             HTML 文档结束
```

HTML 常用的一些标签如实验 4 表 1 所示。

实验 4 表 1　HTML 标签

开始标记	结束标记	意义
<HTML>	</HTML>	定义 HTML 文档

续 表

开始标记	结束标记	意义
<HEAD>	</HEAD>	定义 HTML 文档的首部
<BODY>	</BODY>	定义 HTML 文档的正文
<TITLE>	</TITLE>	定义 HTML 文档的标题
<B>	</B>	粗体
<I>	</I>	斜体
<U>	</U>	加下划线
<CENTER>	</CENTER>	居中
<IMG>	</IMG>	定义图像
<A>	</A>	定义地址
<APPLET>	</APPLET>	文档是小应用程序

4.4.2 网页基本制作

HTML是ASCII码格式的,也就是“纯文本”文件,所以既可以用任何文本编辑器来编辑,也可以用其他一些可视化的网页编辑制作软件来生成 HTML 文件,例如微软的 Word、FrontPage 和 Macromedia 的 Dreamweaver 等软件。由于这些软件在生成 HTML 文件的时候会自行加入许多 HTML 标记,而有些标记对于 HTML 来说是多余的,因此增加了文件的冗余代码。在一些较为复杂的场合可能存在浏览器显示中的兼容性问题。为了真正了解 HTML 语言,并为以后在动态网页设计中掌握和应用有关的 HTML 元素,一开始我们还是应该用文本编辑器来编写 HTML 代码。

常用来做 HTML 编辑器的纯文本编辑软件包括 EditPlus、UltraEdit 和 CuteHTML 等,也可以用功能相对较简单但易学易用的 Windows Notepad 来编辑 HTML 文件。

下面是使用 Windows Notepad(记事本)进行网页编辑的例子。

(1) 打开记事本。单击“开始”按钮,在“程序”菜单的“附件”子菜单中单击“记事本”选项。

(2) 创建记事本文件 hello. txt,在 hello. txt 文件窗口中,按 HTML 语言规则编辑 HTML 语言,如实验 4 图 1 所示。

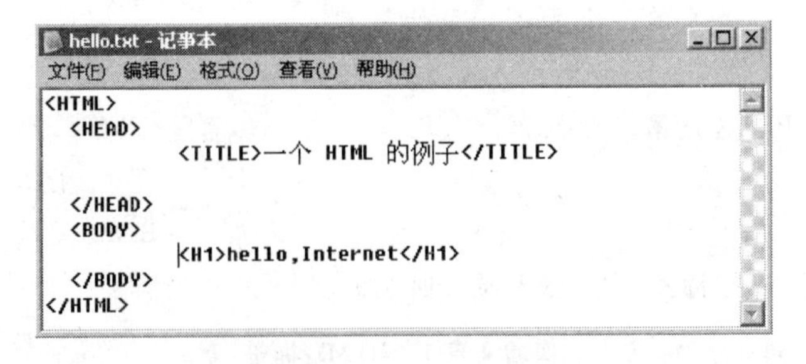

实验 4 图 1 用记事本制作简单网页

(3) 保存网页。打开记事本的“文件”菜单,选择“另存为”选项,在弹出的对话框中,在

“保存在”下拉列表框中选择文件存放的路径；在“文件名”文本框中输入以 html 为后缀的文件名，如 hello. html；在“保存类型”下拉列表框中选择“所有文件”，如实验 4 图 2 所示。最后单击“保存”按钮，保存记事本中的内容。或选择“保存”项，存储为 hello. txt 文件，然后再修改扩展名. html，如实验 4 图 3、实验 4 图 4、实验 4 图 5 所示。

实验 4 图 2　将测试文件保存到目录

实验 4 图 3　修改扩展名

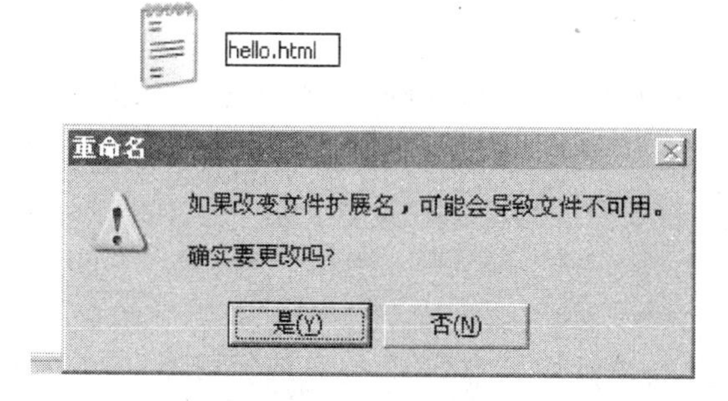

实验 4 图 4　扩展名更改

实验 4 图 5　扩展名更改成功

（4）直接运行 hello. html 测试该网页，如实验 4 图 6 所示。

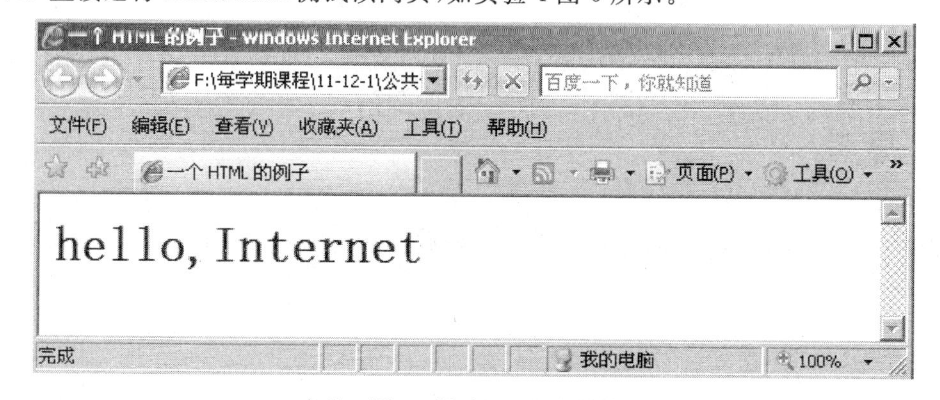

实验 4 图 6　测试网页的浏览效果

4.4.3 HTML入门技巧

许多人认为学习HTML太枯燥,因为必须经常与HTML源代码打交道。其实在学习网页制作过程中,分析网页源代码是一个很好的学习方法,由于万维网不仅是获取信息的渠道,也是学习网页设计技术或技巧的最好途径,从这一点上,用户可以充分体会到Internet技术的开放性。

首先要了解如何区分网页中的图片、文字、背景等,一些看起来像图片而实际上是文字或背景的位置往往就包含一些技巧。

(1) 区分网页对象的方法。

① 打开选定网页。

② 按下“Ctrl+A”键,选定页面上的所有内容。

③ 可以看到有些部分被选中。没有被选中的部分就是背景,选中部分的内容包括文字和图片。这时右击文字或单击图片弹出的快捷菜单是不同的。

(2) 分析代码。

如何在海量的HTML代码中找到自己需要的部分?如果用户想查找该页面上“hello”处的HTML代码,可按以下步骤操作。

① 单击浏览器编辑菜单中的源文件命令,复制全部源代码。

② 将网页的源代码在记事本中打开。

③ 在记事本中按下“F3”键,打开查找对话框。在查找内容文本框中输入“hello ”,单击“查找下一个”按钮。

④ 在源代码中找到该段代码的位置,这样就可以得到该部分的代码,并进行分析。

4.5 实验步骤

(1) 课内安排2学时讲授HTML知识,并安排对基本HTML标签的运用练习。

基本标签有<HTML></HTML>、<HEAD></HEAD>、<BODY></BODY>、<TITLE></TITLE>、<A></A>。

(2) 学生课外确定网站主题、查阅资料、收集素材,设计网站界面结构,实现网站的制作。

4.6 思考

若使用FrontPage和Dreamweaver等软件制作网页,请查看其HTML标签的应用。

实验5
应用服务器的搭建

5.1 实验目的

（1）了解WWW、FTP服务器的作用及工作原理，学会搭建、使用FTP、WWW服务器。

（2）理解DNS、DHCP服务器的工作原理，学会使用DNS、DHCP服务器。

5.2 实验内容

（1）利用Windows Server中的IIS服务器配置Web服务器。

（2）使用Serv-U建立FTP服务器。

（3）配置DNS服务器，用域名访问Web服务器和FTP服务器。

（4）配置DHCP服务器，动态分配IP地址。

5.3 实验环境和设备

具有两台以上PC构成的Windows局域网，要求其中至少有一台PC安装Windows Server 2000或2003及以上操作系统，如实验5图1所示。

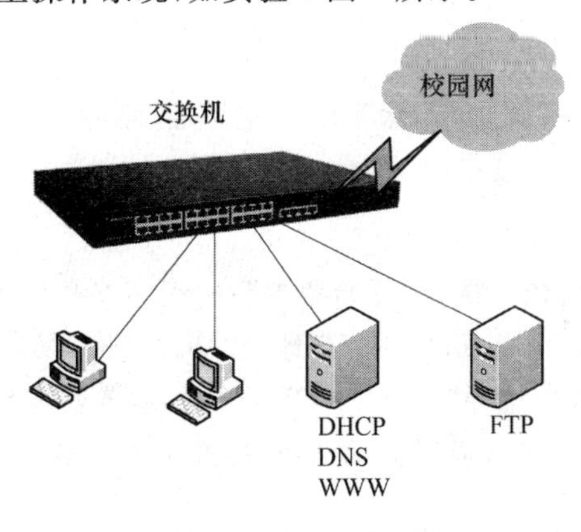

实验5图1　实验环境

5.4 应用服务器的搭建

5.4.1 DNS 服务器的搭建

计算机在网络上通信时只能识别如“192.168.0.48”之类的数字地址，那为什么当我们打开浏览器，在地址栏中输入如“www.abc.com”的域名后，就能看到我们所需要的页面呢？这是因为在我们输入域名后，有一种“DNS 服务器”的计算机自动把域名“翻译”成了相应的 IP 地址，然后调出那个 IP 地址所对应的网页，最后再传回给浏览器，我们才能得到结果。

DNS 是一种组织成域层次结构的计算机和网络服务命名系统。DNS 命名用于 TCP/IP 网络，如 Internet，用来通过用户友好的名称定位计算机和服务。当用户在应用程序中输入 DNS 名称时，DNS 服务可以将此名称解析为与此名称相关的其他信息，如 IP 地址，即 Internet 的域名“www.abc.com”到“192.168.0.48”的 IP 地址的映射，如实验 5 图 2 所示。这种由域名到 IP 地址的解析过程，称为正向查询。

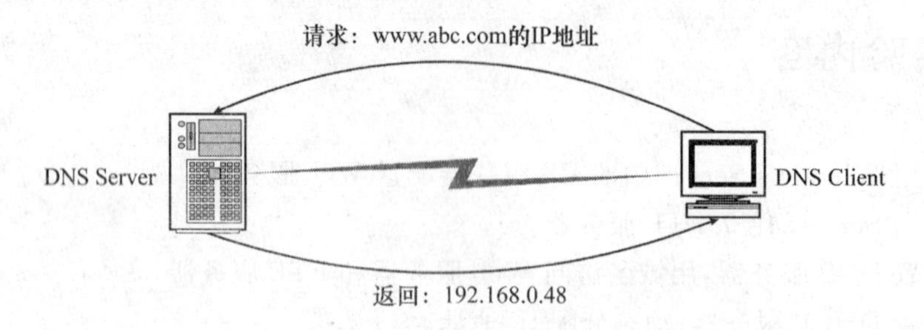

实验 5 图 2 域名到 IP 地址的解析

所以，要想在自己内部网上的域名能成功地被解析（即翻译成 IP 地址），就需要将我们自己的计算机建立成一个 DNS 服务器，里面包含域名和 IP 地址之间的映射表。这通常需要建立一种 A 记录，A 是 Address 的简写，意为“主机记录”或“主机地址记录”，是所有 DNS 记录中最常见的一种。

搭建 DNS 服务器的过程如下。

1. 添加常用服务 DNS

依次选择“控制面板”→“添加/删除程序”→“添加/删除 Windows 组件”→“网络服务”选项，选中“域名服务系统 DNS”选项。

2. DNS 的设置

（1）打开 DNS 控制台：依次选择“开始菜单”→“程序”→“管理工具”→“DNS”选项。

（2）建立域名“admin.abc.com”映射 IP 地址“192.168.0.50”的主机记录。

① 建立“com”区域：依次选择“DNS”→“WY（你的服务器名）”→“正向搜索区域”选项，右击，选择“新建区域”选项，然后根据提示选择“标准主要区域”，在“名称”处输入“com”，完成页面如实验 5 图 3 所示。

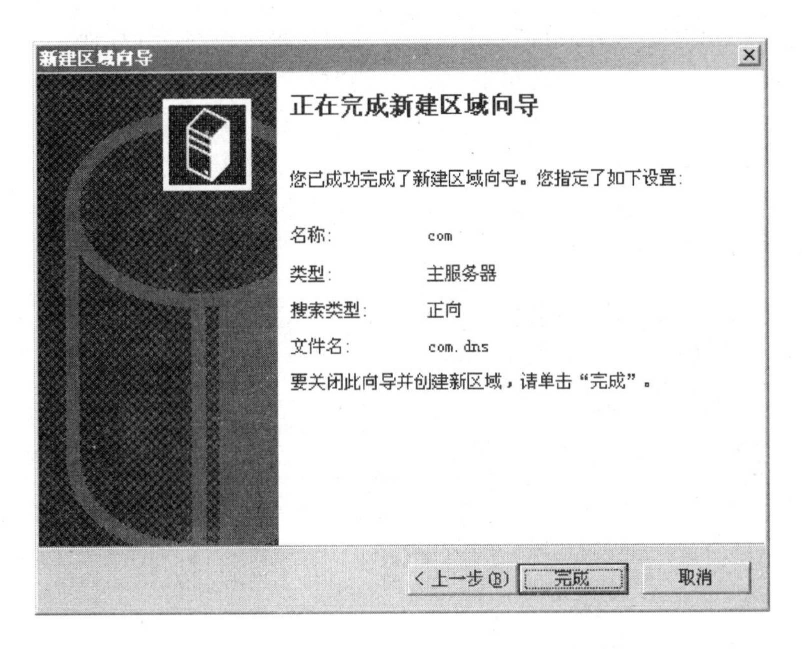

实验 5 图 3　新建区域向导

② 建立“abc”域：选中“com”右击，选择“新建域”，在“键入新域名”处输入“abc”。

③ 建立“admin”主机：选中“abc”右击，选择“新建主机”，“名称”处输入“admin”，“IP 地址”处输入“192.168.0.50”，再单击“添加主机”按钮，便成功创建了主机记录，如实验 5 图 4 所示。

实验 5 图 4　成功创建 admin.abc.com 主机记录

(3) 建立域名“www.abc.com”映射 IP 地址“192.168.0.48”的主机记录。

① 由于域名“www.abc.com”和域名“admin.abc.com”均位于同一个“区域”和“域”中，均在上一步已建立好，因此应直接使用，只需再在“域”中添加相应的“主机名”即可。

② 建立"www"主机：选中"abc"右击，选择"新建主机"，在"名称"处输入"www"，"IP 地址"处输入"192.168.0.48"，最后再单击"添加主机"按钮即可。

(4) 建立域名"ftp.abc.com"映射 IP 地址"192.168.0.49"的主机记录方法同上。

(5) 建立域名"abc.com"映射 IP 地址"192.168.0.48"的主机记录方法也和上述相同，只是必须保持"名称"一项为空。建立好后它的"名称"处将显示"与父文件夹相同"。建立好的 DNS 控制台如实验 5 图 5 所示。

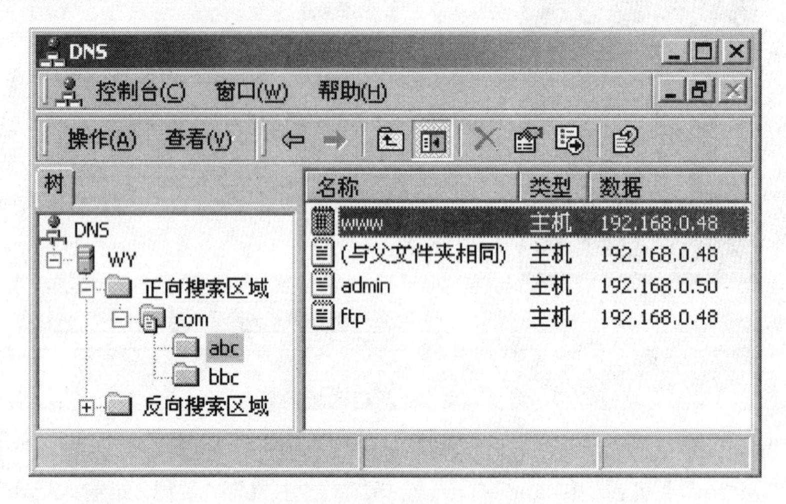

实验 5 图 5 建立的 abc.com 域的 DNS 记录

(6) 建立更多的主机记录或其他各种记录的方法类似。建立时也可以采用将"abc.com"整个作为"区域"，然后在它下面直接建立"主机"的做法。不过对于同类记录较多时，这种方法显得较为不便。

3. DNS 设置后的验证

为了测试所进行的设置是否成功，通常采用 Windows Server 自带的"ping"命令来完成，格式为"ping www.abc.com"。成功的测试如实验 5 图 6 所示。

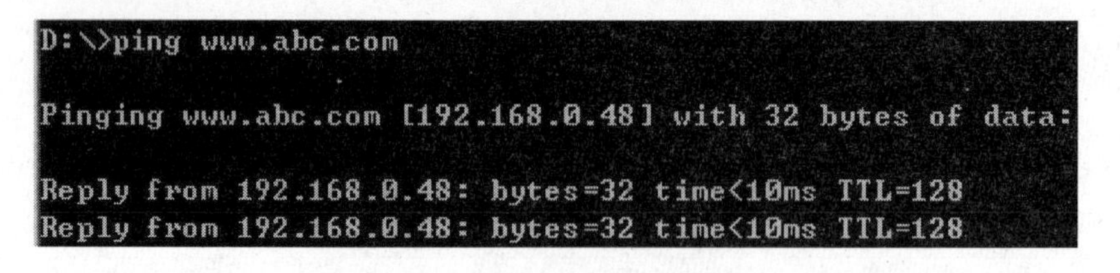

实验 5 图 6 验证域名服务

5.4.2 WWW 服务器的搭建

WWW 服务器也称为 Web 服务器，主要功能是提供网上信息浏览服务。用户通过浏览器程序访问 WWW 服务器程序中的网络资源，如实验 5 图 7 所示。

利用 Windows 2003 自带的 IIS 5.0 可以在 Windows 2003 机上建立最常用的 WWW 和 FTP 服务器，实现最基本的浏览和文件传输功能，可以满足人们的一般要求。

在本实验中，在设置 WWW 服务器之前，为了方便起见，可先定下想要实现的目标。

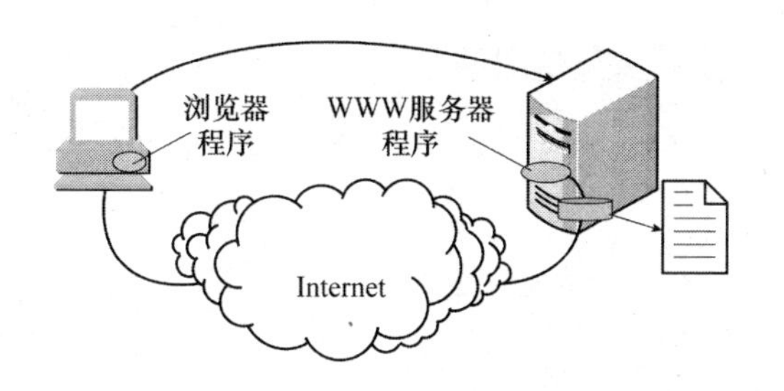

实验 5 图 7　访问 WWW 服务器

(1) 我已在 DNS 中将域名“www.abc.com”指向了 IP 地址“192.168.0.48”，要求在浏览器中输入此域名就能调出“D:\Myweb”目录下的网页文件。

(2) 我已在 DNS 中将域名“admin.abc.com”指向了 IP 地址“192.168.0.50”，要求在浏览器中输入此域名就能通过浏览器远程进行 IIS 管理。

(3) 当然，上面所有域名也可全部或部分共用同一个 IP 地址，这种情况下设置方法又不相同，具体请参见本书后文相关内容。对于上面所涉及的多个域名的添加和 DNS 设置部分，请参见本书前文相关内容。

1. “www.abc.com”服务器的设置及测试

添加 IIS：依次选择“控制面板”→“添加/删除程序”→“添加/删除 Windows 组件”→“Internet 信息服务”→“全选(推荐)”选项。

(1) 打开 IIS 管理器：依次选择“开始”→“程序”→“管理工具”→“Internet 信息服务”选项，结果如实验 5 图 8 所示。

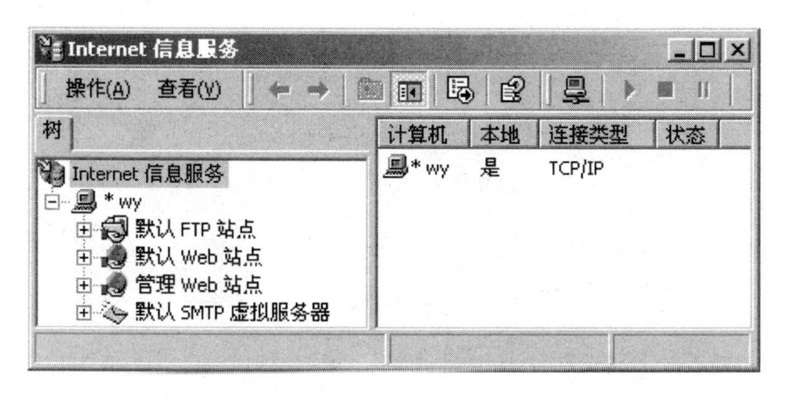

实验 5 图 8　Internet 信息服务

(2) 设置“默认 Web 站点”项。

“默认 Web 站点”一般用于对应向所有人开放的 WWW 站点，比如本书的“www.abc.com”，本网中的任何用户都可以无限制地通过浏览器来查看它。

①打开“默认 Web 站点”的属性设置窗口：选中“默认 Web 站点”右击，选择“属性”即可。

②设置“Web 站点”：“IP 地址”一栏选“192.168.0.48”；“TCP 端口”维持原来的“80”不变，如实验 5 图 9 所示。

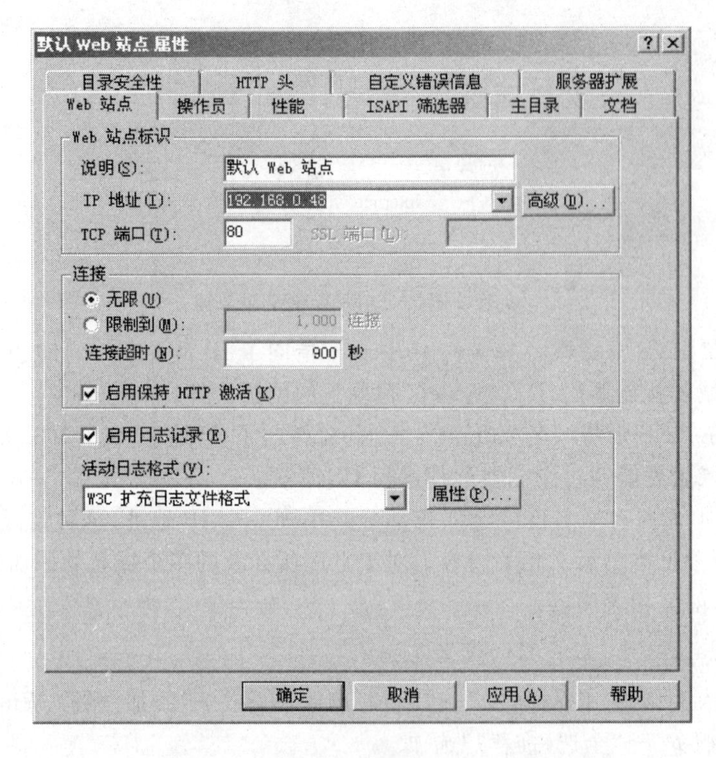

实验 5 图 9 默认 Web 站点属性——Web 站点

③设置"主目录":在"本地路径"通过"浏览"按钮来选择网页文件所在的目录,本文是"E:\Myweb",如实验 5 图 10 所示。

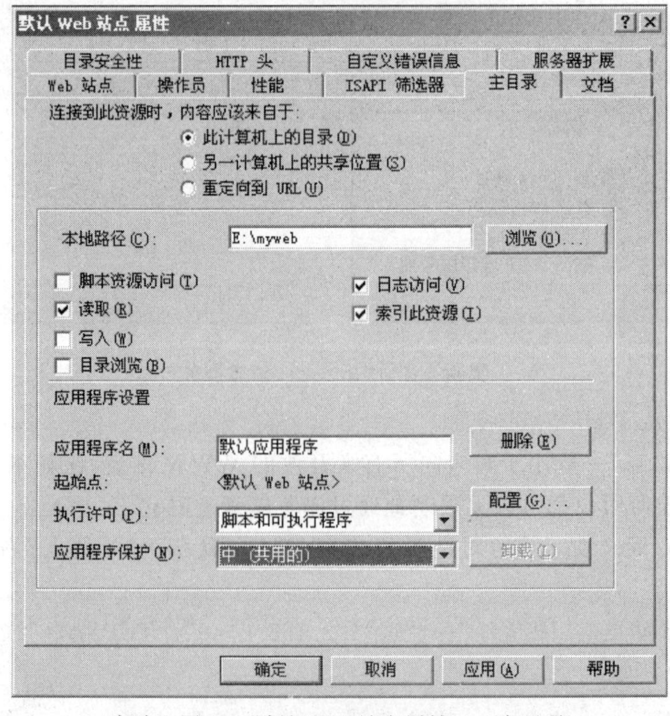

实验 5 图 10 默认 Web 站点属性——主目录

④设置“文档”:确保“启用默认文档”一项已选中,再增加需要的默认文档名并相应调整搜索顺序即可,如实验 5 图 11 所示。此项作用是,当在浏览器中只输入域名(或 IP 地址)后,系统会自动在“主目录”中按“次序”(由上到下)寻找列表中指定的文件名,如能找到第一个则调用第一个;否则再寻找并调用第二个、第三个……如果“主目录”中没有此列表中的任何一个文件名存在,则显示找不到文件的出错信息。

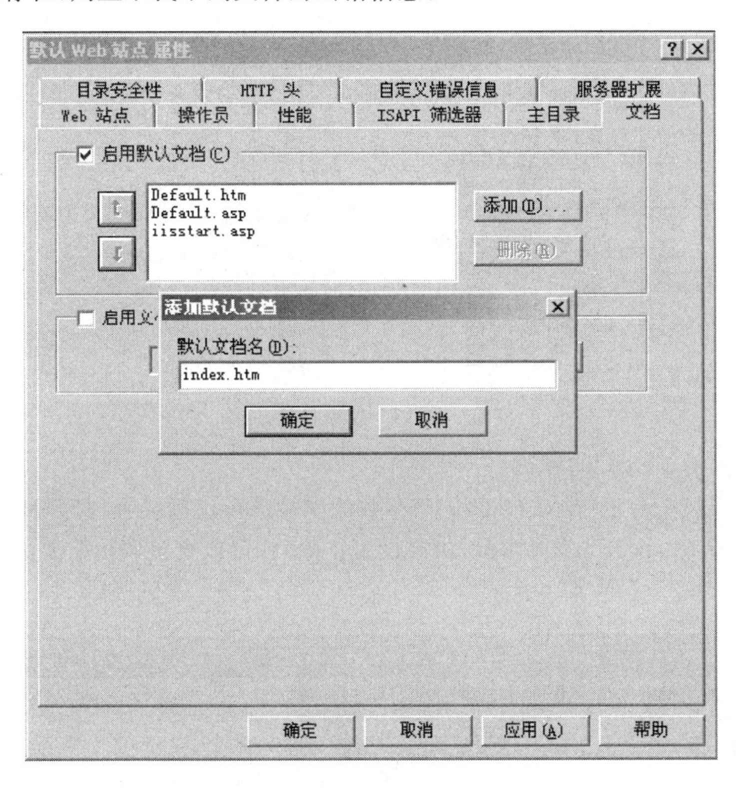

实验 5 图 11　默认 Web 站点属性——文档

⑤其他项目均可不用修改,直接单击“确定”按钮即可,这时会出现一些“继承覆盖”等对话框,如实验 5 图 12 所示,一般选“全选”之后再“确定”即最终完成“默认 Web 站点”的属性设置。

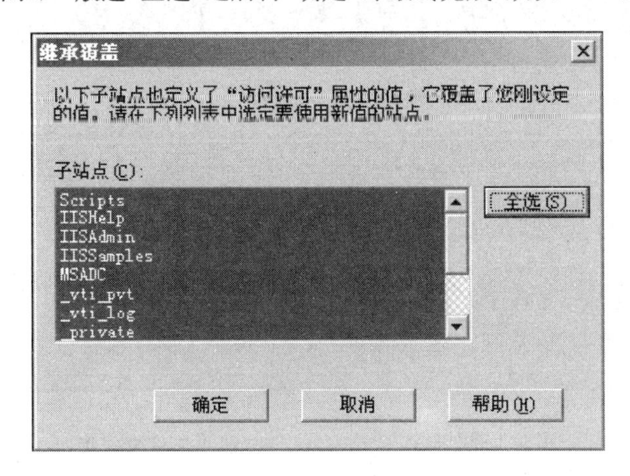

实验 5 图 12　继承覆盖对话框

⑥如果需要，可再增加虚拟目录：比如，有“www.abc.com/news”之类的地址，“news”可以是“主目录”的下一级目录(姑且称之为“实际目录”)，也可以在其他任何目录下，也即所谓的“虚拟目录”。要在“默认 Web 站点”下建立虚拟目录，选中“默认 Web 站点”右击，选择“新建”→“虚拟目录”选项，然后在“别名”处输入“news”，在“目录”处选择它的实际路径即可(比如“C:\Newweb”)。建好后如实验 5 图 13 所示。

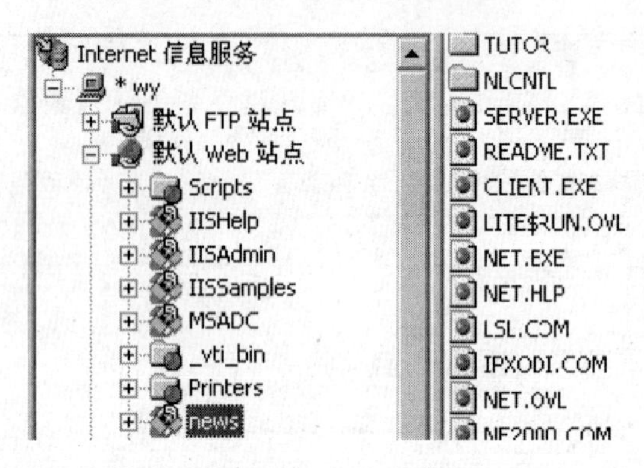

实验 5 图 13　虚拟目录 news

(3)“www.abc.com”的测试。

对网络上任何一台工作站的 TCP/IP 参数的属性进行正确设置，打开浏览器，在地址栏输入“http://www.abc.com”再回车，如果设置正确，就可以直接调出需要的页面，如实验 5 图 14 所示。

实验 5 图 14　访问 http://www.abc.com 页面

2. “admin. bbc. com”服务器的设置及测试

“管理 Web 站点”一般用于对应仅向 IIS 管理员开放的 WWW 站点，比如本文的“admin. abc. com”，它允许 IIS 管理员通过浏览器来远程实现对 IIS 的管理和控制。

(1) 打开“管理 Web 站点”的属性设置对话框：选中“管理 Web 站点”右击，选择“属性”即可。

(2) 设置“Web 站点”：“IP 地址”一栏选“192. 168. 0. 50”；“TCP 端口”维持原来的“4884”不变，如实验 5 图 15 所示。

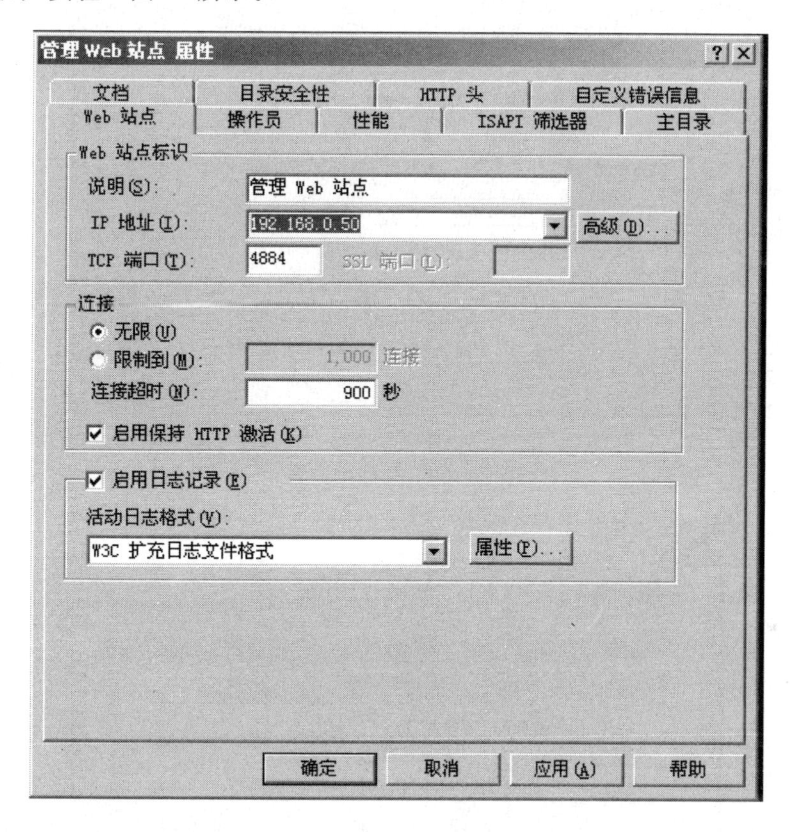

实验 5 图 15　管理 Web 站点属性——Web 站点

(3) “主目录”项不要修改，保持原路径“\WINNT\System32\inetsrv\iisadmin”不变，因为这是管理文件所存在的目录。

(4) 设置“目录安全性”：一般只需修改“IP 地址及域名限制”一项，选择“编辑”即打开“IP 地址及域名限制”对话框。默认的，除了 IP 地址“127. 0. 0. 1”外，所有的将被拒绝通过浏览器来运行“管理 Web 站点”，如实验 5 图 16 所示；实际上作了前面的设置后，此时任何地址均不能访问它了，而需要选中“授权访问”。

(5) 其他项目可不用再设置了。现在在网络上对任何一台工作站的 TCP/IP 参数的属性进行正确设置，打开浏览器，输入“http://admin. abc. com:4884”来进行验证。

①首先会弹出一个对话框，在“用户名”处输入“administrator”，“密码”处输入相应密码，如实验 5 图 17 所示。

② 所调用的管理界面如实验 5 图 18 所示。

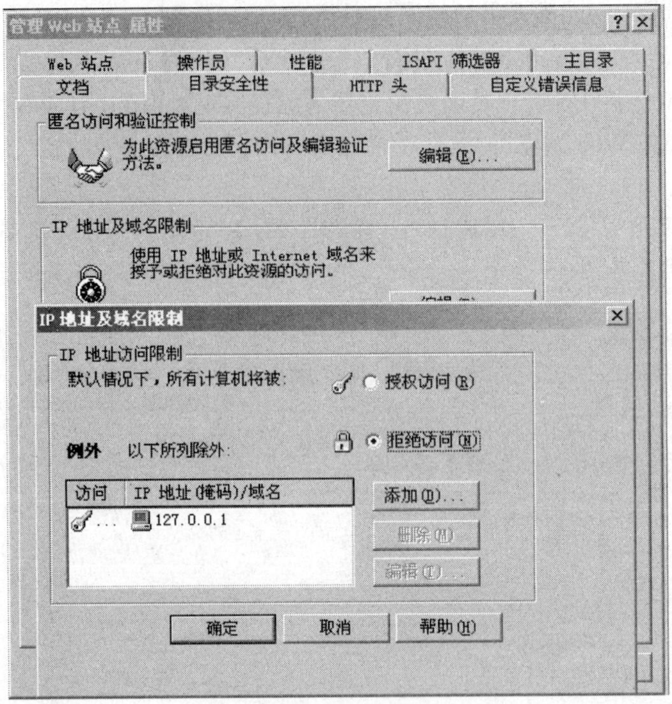

管理 Web 站点 属性

Web 站点 | 操作员 | 性能 | ISAPI 筛选器 | 主目录

文档 | 目录安全性 | HTTP 头 | 自定义错误信息

匿名访问和验证控制

为此资源启用匿名访问及编辑验证方法。

编辑(E)...

IP 地址及域名限制

使用 IP 地址或 Internet 域名来授予或拒绝对此资源的访问。

IP 地址及域名限制

IP 地址访问限制

默认情况下，所有计算机将被: 授权访问(R)

拒绝访问(N)

例外 以下所列除外:

访问	IP 地址(掩码)/域名
...	127.0.0.1

添加(D)... 删除(M) 编辑(I)...

确定 取消 帮助(H)

实验 5 图 16 设置目录安全性

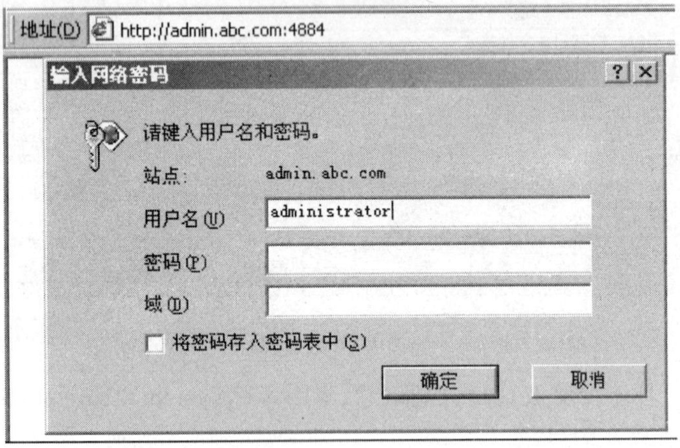

地址(D) http://admin.abc.com:4884

输入网络密码

请键入用户名和密码。

站点: admin.abc.com

用户名(U) administrator

密码(P)

域(D)

将密码存入密码表中(S)

确定 取消

实验 5 图 17 管理员登录界面

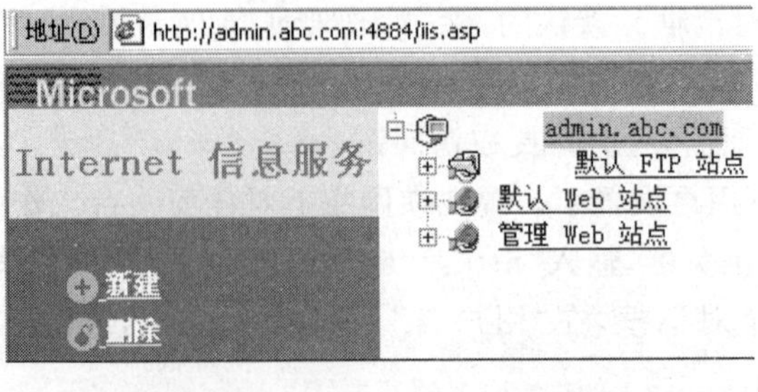

地址(D) http://admin.abc.com:4884/iis.asp

Microsoft

Internet 信息服务

新建

删除

admin.abc.com

默认 FTP 站点

默认 Web 站点

管理 Web 站点

实验 5 图 18 Internet 信息服务管理界面

5.4.3　FTP服务器的搭建

FTP是Internet上使用最广泛的文件传输服务。FTP的主要作用就是让用户连接上一个远程计算机(这些计算机上运行着FTP服务器程序)查看远程计算机上有哪些文件,然后把文件从远程计算机上复制到本地计算机,或把本地计算机的文件送到远程计算机去。

FTP采用客户/服务器方式,用户端要在自己的本地计算机上安装FTP客户程序。FTP客户程序有字符界面和图形界面两种。字符界面的FTP的命令复杂、繁多。图形界面的FTP客户程序操作上要简洁方便得多。

使用FTP时必须首先登录,在远程主机上获得相应的权限以后,方可上传或下载文件。也就是说,要想同哪一台计算机传送文件,就必须具有哪一台计算机的适当授权。换言之,除非有用户账号和口令,否则便无法传送文件。匿名FTP是系统管理员建立了一个特殊的用户,名为anonymous,Internet上的任何人在任何地方都可使用该用户名登录,并从其下载文件,而无须成为其注册用户。

FTP服务器建立可以有两种方式,一种是利用Windows服务器系统的Internet信息服务,另一种是通过Serv-U等FTP服务器软件。下面我们利用Serv-U FTP服务器软件构建FTP服务。

在实验中,设置FTP,为了方便起见,可先定下想要实现的目标:我已在DNS中将域名“ftp.abc.com”指向了IP地址“192.168.0.49”,要求输入相应格式的域名(或IP地址)就可登录到“D:\Myftp”目录下使用FTP相关服务。

当然,此域名也可和WWW站点中的任意一个共用同一个IP地址,因为它们都具有不同的默认端口号:WWW的默认端口号是80,FTP的默认端口号为21。

1. “ftp.abc.com”服务器的设置

Serv-U(FTP Server)是目前众多的FTP服务器软件之一,是国外最优秀、最专业的服务器端FTP服务器配置、FTP服务器构建工具之一。通过使用Serv-U用户能够将任何一台PC设置成一个FTP服务器,这样用户或其他使用者就能够使用FTP,通过在同一网络上的任何一台PC与FTP服务器连接,进行文件或目录的复制、移动、创建和删除等。

下面我们以Serv-U7.3为例构建FTP服务器。

(1) 运行Serv-U安装程序,按照向导要求,选择合适的语言和安装路径进行安装,如实验5图19到实验5图24所示。在安装过程中,可以直接选择默认选项安装。

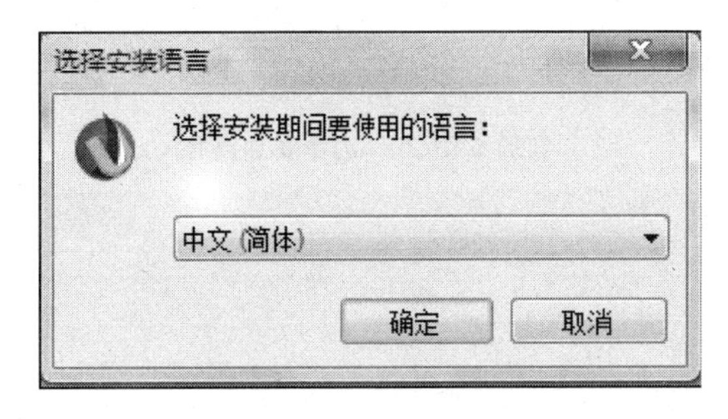

实验5图19　选择安装语言

实验 5 图 20　安装向导 Serv-U

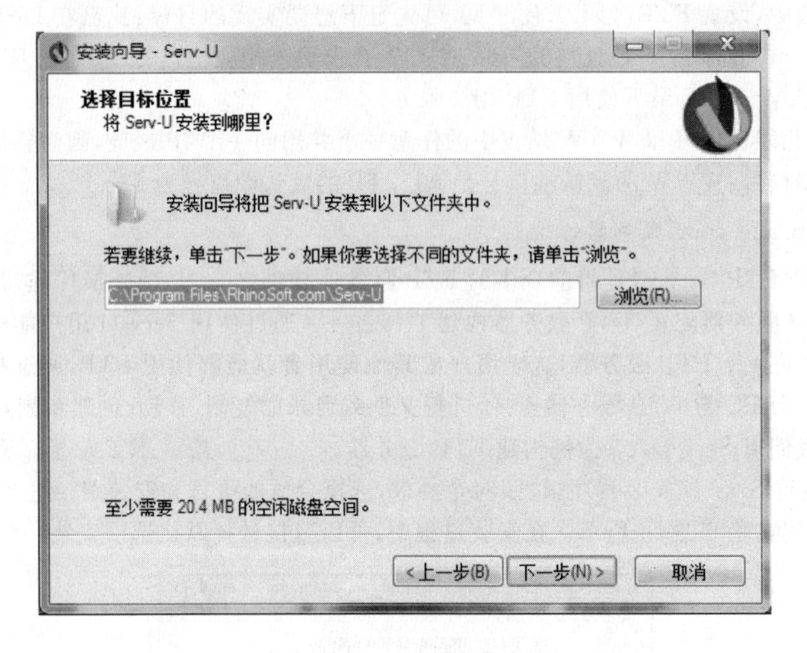

实验 5 图 21　选择安装路径

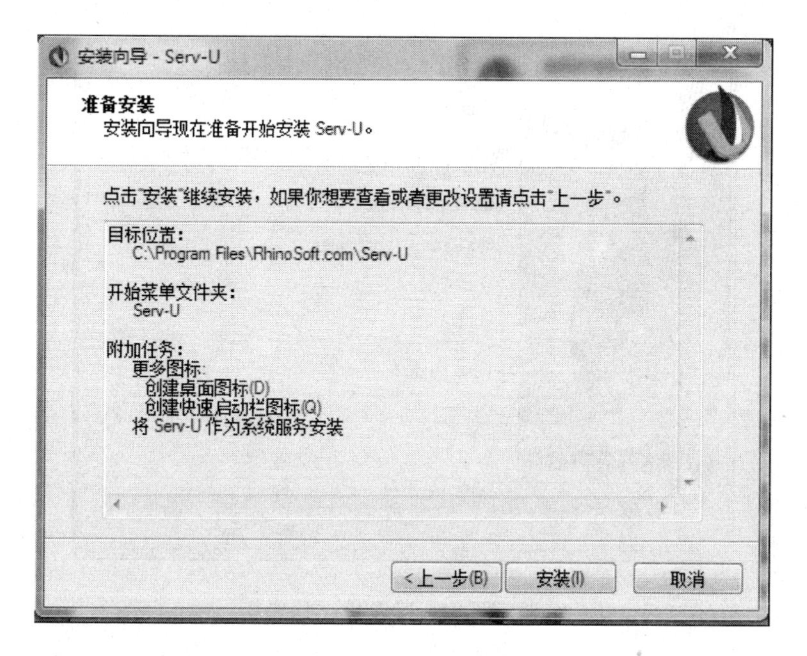

实验 5 图 22　准备安装

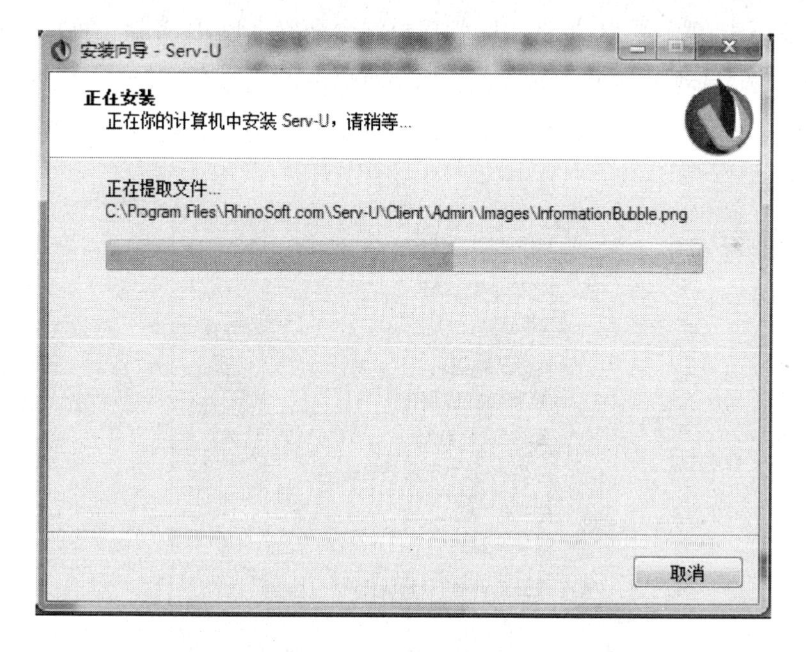

实验 5 图 23　正在安装

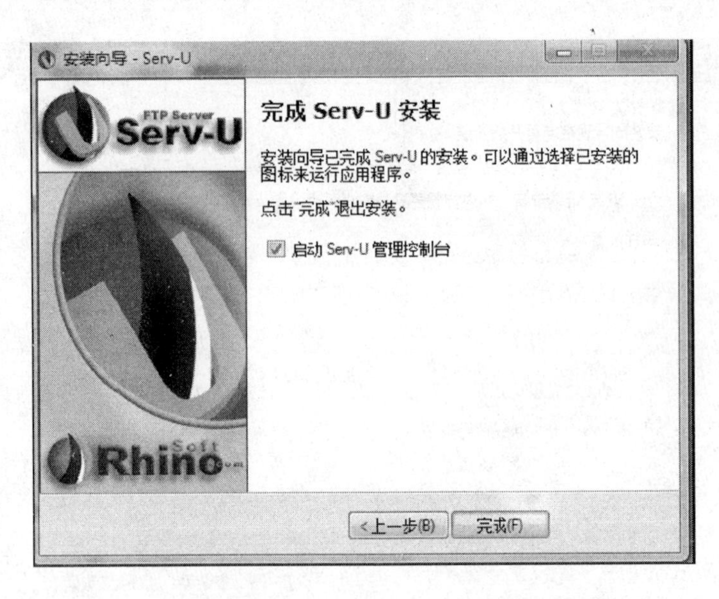

实验 5 图 24　完成 Serv-U 安装

(2) 完成 Serv-U 安装后，在计算机桌面的右下角会显示"图标"图标，表示 FTP 服务器已经开启。接下来，就是要启动 Serv-U 管理控制台配置 FTP 服务器。可以直接在实验 5 图 24界面中勾选"启动 Serv-U 管理控制台"，也可以右击"图标"调用 Serv-U 管理菜单，如实验 5 图 25 所示，从这个菜单中选择启动 Serv-U 管理控制台。启动 Serv-U 管理控制台如实验 5 图 26 所示。

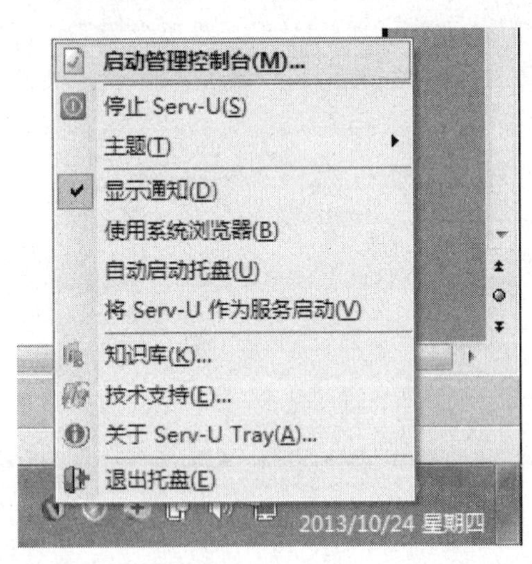

实验 5 图 25　Serv-U 管理菜单

配置 Serv-U 需要关注 3 个要素，第一就是要设置一个 FTP 管理文件的空间，这个空间我们称为"域"。在启动 Serv-U 管理控制台时，新建的 FTP 服务器没有检测到可用的域，就会提示用户新建域，如实验 5 图 27 所示。已经定义域的 FTP 服务，如果希望增加新域，可以通过单击实验 5 图 26 中的"新建域"完成。

实验 5 图 26　Serv-U 管理控制台主页

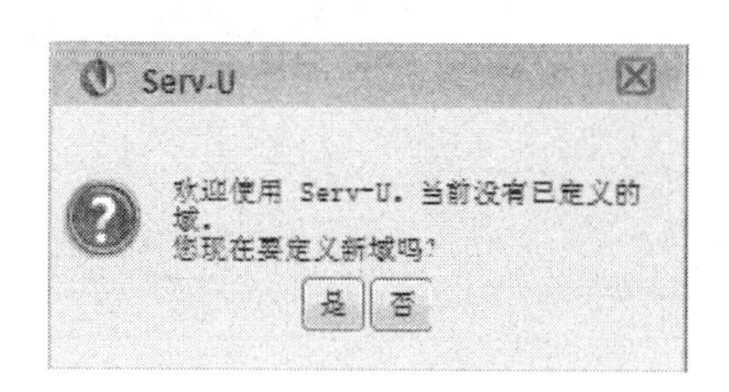

实验 5 图 27　定义域对话框

在实验 5 图 27 中单击“是”按钮定义新域，按照域向导进行设置，如实验 5 图 28 到实验 5 图 31所示。

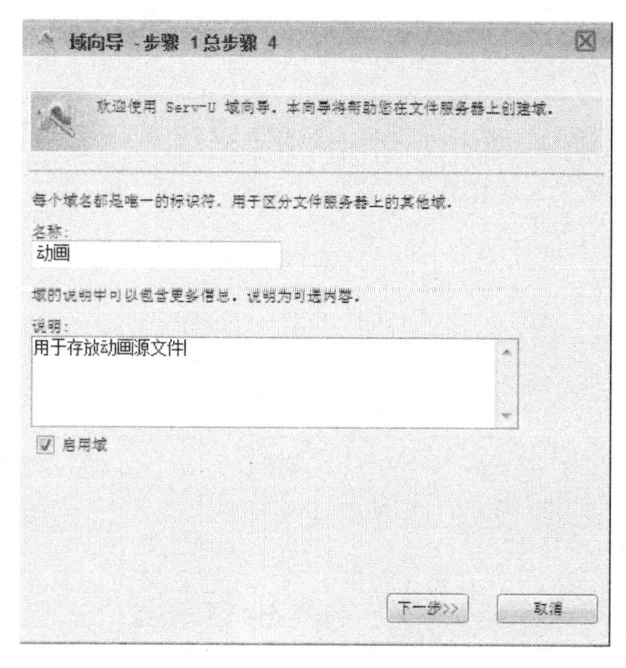

实验 5 图 28　域名设置

域向导 -步骤 2总步骤 4

欢迎使用 Serv-U 域向导。本向导将帮助您在文件服务器上创建域。

可以使用域通过各种协议提供对文件服务器的访问。如果当前许可证不支持某些协议，则这些协议可能无法使用。请选择域应该使用的协议及其相应的端口。

协议	端口
FTP 和 Explicit SSL/TLS	21
Implicit FTPS (SSL/TLS)	990
使用 SSH 的 SFTP	22
HTTP	80
HTTPS (SSL 加密的 HTTP)	443

<<上一步 下一步>> 取消

实验 5 图 29 端口设置

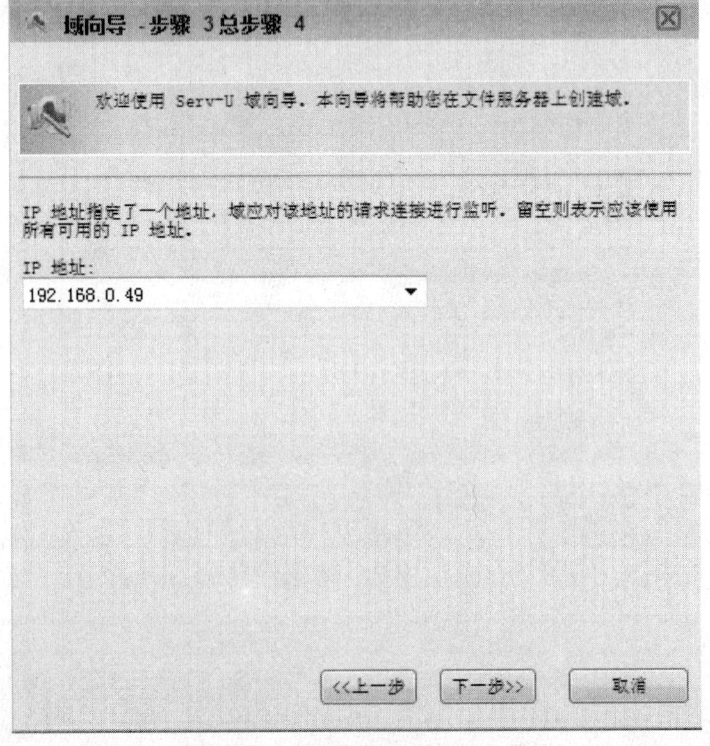

实验 5 图 30 设置域所对应的 IP 地址

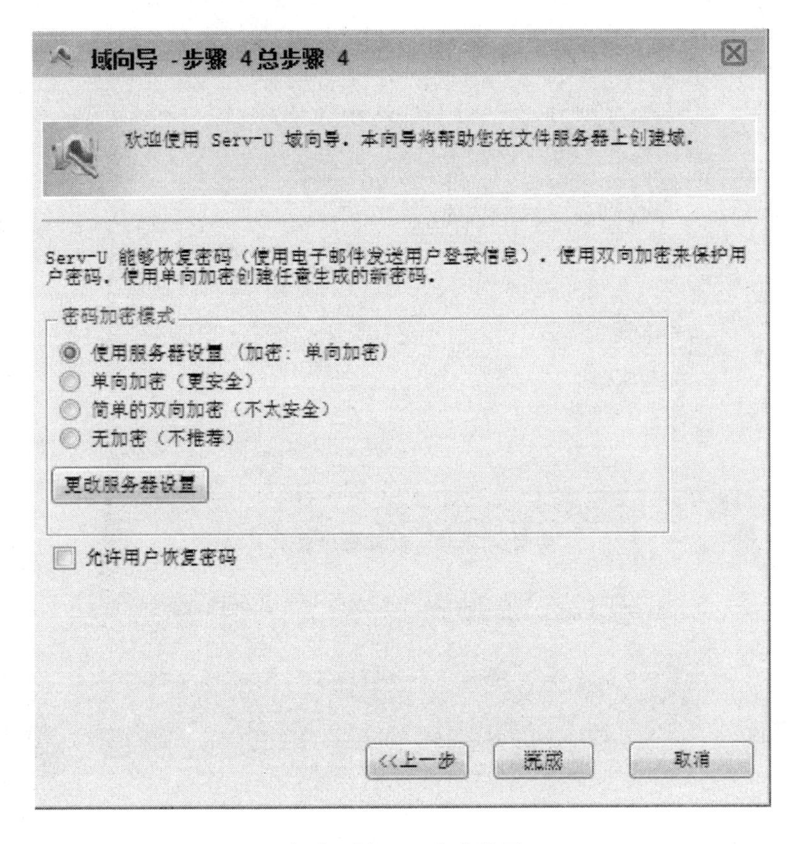

实验 5 图 31　安全设置

（3）单击实验 5 图 31 中的“完成”按钮后，域就建立好了。FTP 服务的第二个要素是用户。FTP 服务检测到新建的域中没有用户，就会提示为该域创建用户，如实验 5 图 32 所示。

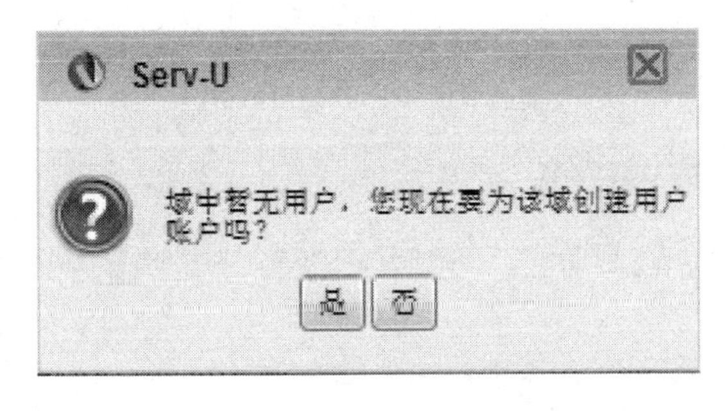

实验 5 图 32　创建用户

在实验 5 图 32 中单击“是”按钮创建用户账户，按照用户向导进行设置，如实验 5 图 33 到实验 5 图 37 所示。

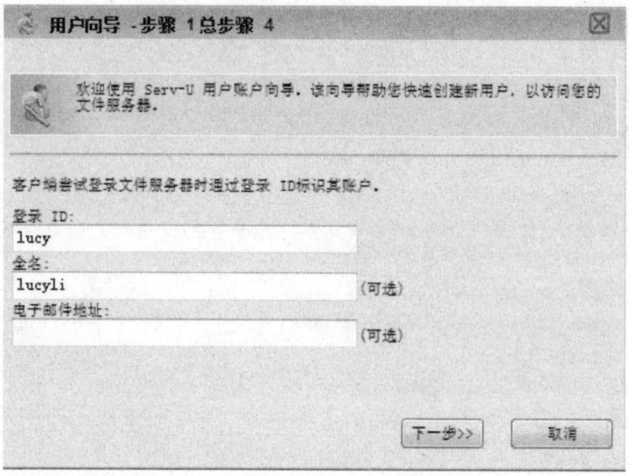

用户向导 -步骤 1总步骤 4

欢迎使用 Serv-U 用户账户向导。该向导帮助您快速创建新用户，以访问您的文件服务器。

客户端尝试登录文件服务器时通过登录 ID标识其账户。

登录 ID:

lucy

全名:

lucyli (可选)

电子邮件地址:

(可选)

下一步>> 取消

实验 5 图 33 设置账户登录 ID

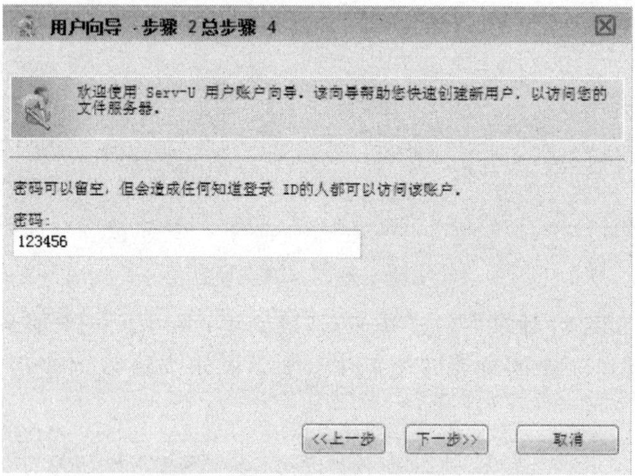

用户向导 -步骤 2总步骤 4

欢迎使用 Serv-U 用户账户向导。该向导帮助您快速创建新用户，以访问您的文件服务器。

密码可以留空，但会造成任何知道登录 ID的人都可以访问该账户。

密码:

123456

<<上一步 下一步>> 取消

实验 5 图 34 设置用户密码

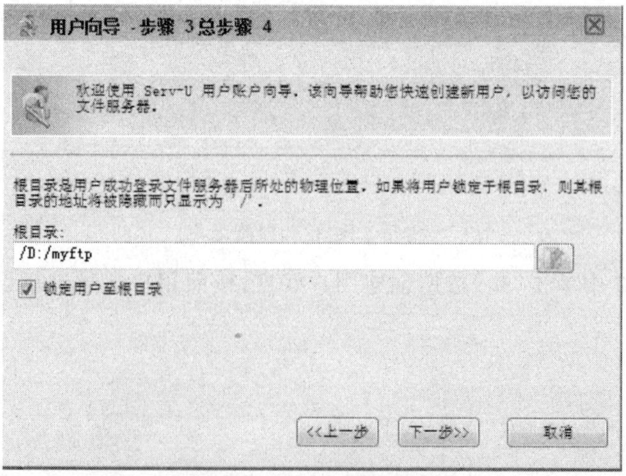

用户向导 -步骤 3总步骤 4

欢迎使用 Serv-U 用户账户向导。该向导帮助您快速创建新用户，以访问您的文件服务器。

根目录是用户成功登录文件服务器后所处的物理位置。如果将用户锁定于根目录，则其根目录的地址将被隐藏而只显示为“/”。

根目录:

/D:/myftp

☑ 锁定用户至根目录

<<上一步 下一步>> 取消

实验 5 图 35 设置根目录

实验 5 图 36　设置访问权限

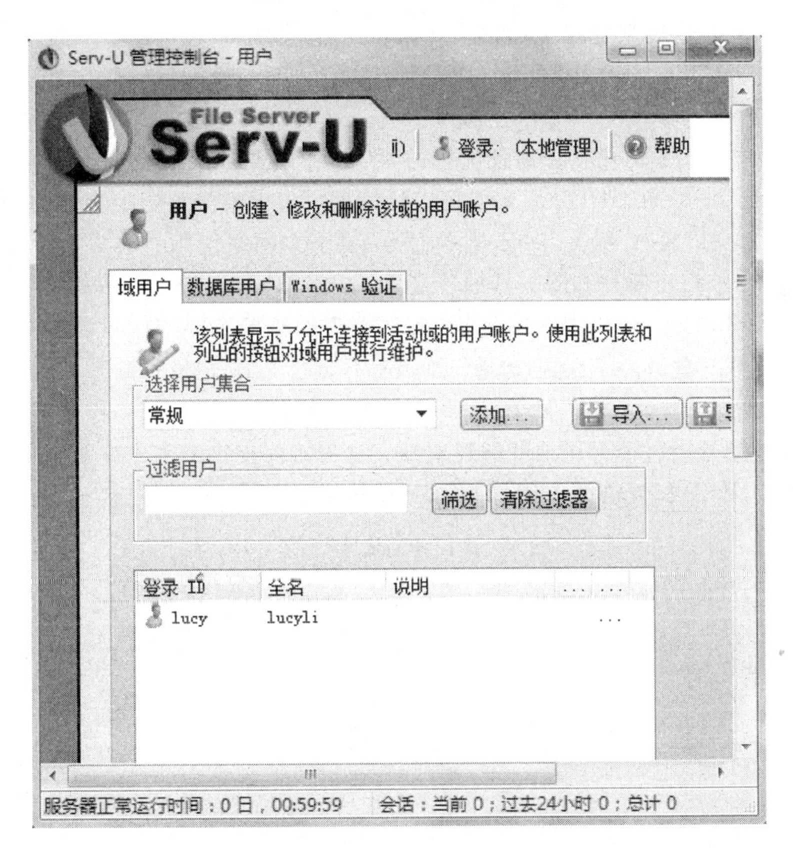

实验 5 图 37　创建用户成功

在实验 5 图 35 中设置根目录路径为“D:/myftp”，这个目录是存放用户访问的资源的。在实验 5 图 36 中，“访问权限”的设置是 FTP 服务的第三个要素，有“只读访问”和“完全访问”。只读访问只允许用户浏览并下载文件;完全访问使用户能对根目录下的文件进行读、写、删除等操作。在这个 FTP 服务的设置中,定义了在“动画”域中的用户 “lucyli”,访问“D:/myftp”文件的权限是“只读访问”。

实验 5 图 37 中显示了域中定义用户的情况,若要增加新用户,可以通过“添加”功能来实现,具体方法与向导一致。

在 FTP 服务中,无论是新用户还是老用户,一定要确保用户属于某个域,以及用户的访问资源和权限,这样才能正确地使用该服务。

2. “ftp. abc. com”服务器的测试

对网络上任何一台工作站的 TCP/IP 参数的属性进行正确设置,可以采用以下几种方式访问 FTP 服务器。

(1) 打开浏览器,在地址栏输入 “ftp://ftp. abc. com”或“ftp://用户名@ftp. abc. com”。如果匿名用户被允许登录,则第一种格式就会使用匿名登录的方式;如果匿名不被允许,则会弹出对话框,供输入用户名和密码。第二种格式可以直接指定用某个用户名进行登录。

(2) 在 DOS 下登录:格式为“open ftp. abc. com”。

(3) 用 FTP 客户端软件登录,如 Cuteftp。

5.4.4 DHCP 服务器的搭建

DHCP 是设计用于简化管理地址配置的 TCP/IP 标准,按照客户/服务器方式工作,如实验 5 图 38 所示。一台 DHCP 服务器可以让管理员集中指派和指定全局的和子网特有的 TCP/IP 参数(含 IP 地址、网关、DNS 服务器等)供整个网络使用。客户机不需要手动配置 TCP/IP;并且当客户机断开与服务器的连接后,旧的 IP 地址将被释放以便重用。根据这个特性,比如你只拥有 20 个合法的 IP 地址,而你管理的机器有 50 台,只要这 50 台机器同时使用服务器 DHCP 服务的不超过 20 台,则你就不会产生 IP 地址资源不足的情况。

如果已配置冲突检测设置,则 DHCP 服务器在将租约中的地址提供给客户机之前会试用 ping 测试作用域中每个可用地址的连通性。这可确保提供给客户的每个 IP 地址都没有被使用手动 TCP/IP 配置的另一台非 DHCP 计算机使用。

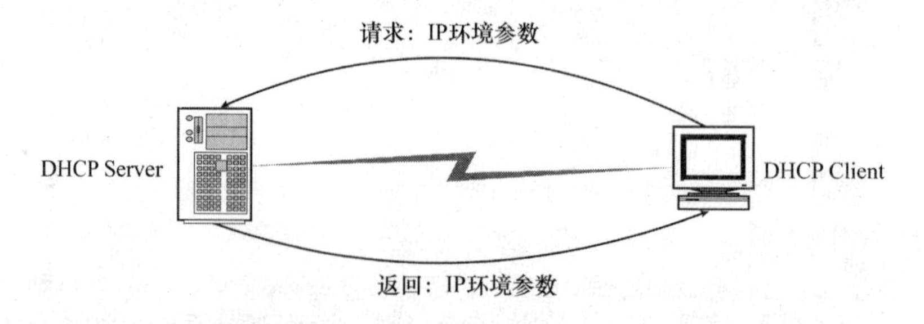

实验 5 图 38　DHCP 服务器工作方式

1. 添加常用服务 DHCP

依次选择“控制面板”→“添加/删除程序”→“添加/删除 Windows 组件”→“网络服务”选项,选中动态主机配置协议 DHCP。

2. DHCP 的设置

(1) 打开 DHCP 管理器。依次选择“开始”→“程序”→“管理工具”→“DHCP”选项；默认的，里面已经有了你的服务器的完全合格域名(Fully Qualified Domain Name，FQDN)，比如“wy. wangyi. santai. com. cn”，如实验 5 图 39 所示。

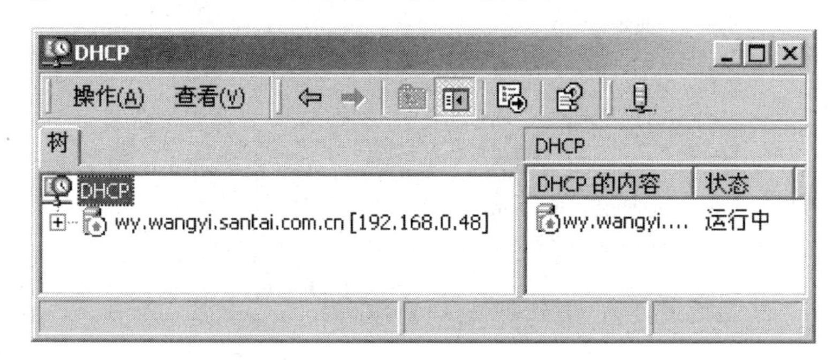

实验 5 图 39　DHCP 管理器界面

(2) 如果列表中还没有任何服务器，则需添加 DHCP 服务器。选中“DHCP”右击，选择“添加服务器”选项，再选中“此服务器”，单击“浏览”按钮选择(或直接输入)服务器名“wy”(即你的服务器的名字)。

(3) 打开作用域的设置对话框。先选中 FQDN 的名字，再右击，选择“新建作用域”选项。

(4) 设置作用域名。此处的“名称”项只是作提示用，可填任意内容，如实验 5 图 40 所示。

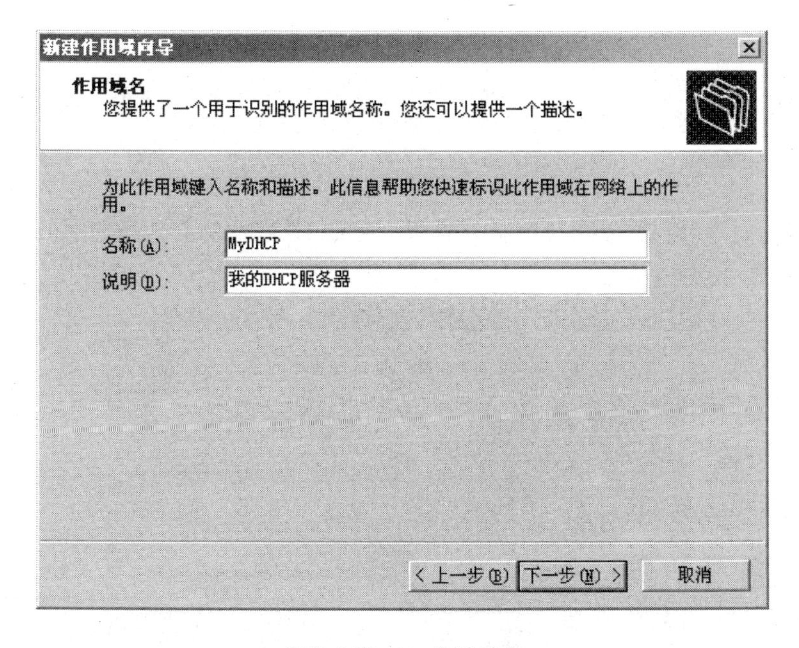

实验 5 图 40　作用域名

(5) 设置可分配的 IP 地址范围：比如可分配“192. 168. 0. 10～192. 168. 0. 244”，则在“起始 IP 地址”项填写“192. 168. 0. 10”，“结束 IP 地址”项填写“192. 168. 0. 244；“子网掩码”项为“255. 255. 255. 0”，如实验 5 图 41 所示。

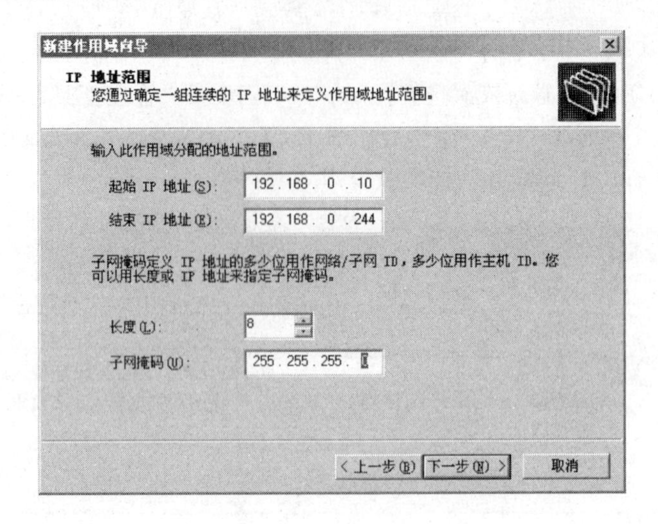

实验 5 图 41 IP 地址范围

(6) 如果有必要，可在下面的选项中输入欲保留的 IP 地址或 IP 地址范围；否则直接单击“下一步”按钮，如实验 5 图 42 所示。

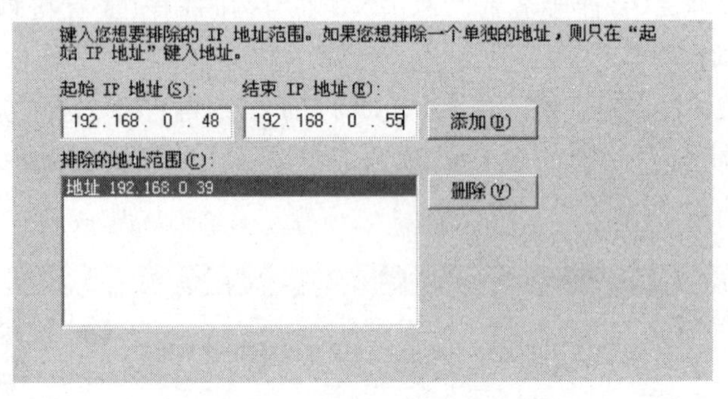

实验 5 图 42 排除 IP 地址范围设置

(7) “租约期限”可设定 DHCP 服务器所分配的 IP 地址的有效期，比如设一年(即 365 天)，如实验 5 图 43 所示。

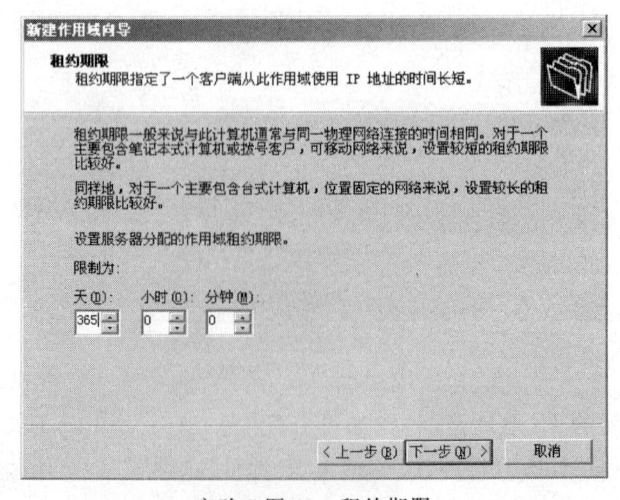

实验 5 图 43 租约期限

(8) 选中“是,我想配置这些选项”以继续配置分配给工作站的默认网关、默认的 DNS 服务地址、默认的 WINS 服务器,在所有有 IP 地址的栏目均输入并“添加”服务器的 IP 地址“192.168.0.48”后再根据提示选中“是,我想激活作用域”,单击“完成”按钮即可结束最后设置。建好后如实验 5 图 44 所示。

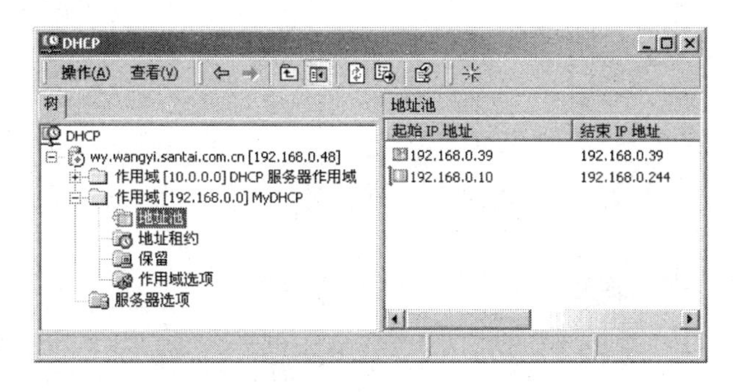

实验 5 图 44　DHCP 设置成功

3. DHCP 设置后的验证

将任何一台本网内的工作站的网络属性设置成“自动获得 IP 地址”,并让 DNS 服务器设为“禁用”,网关栏保持为空(即无内容),重新启动成功后,运行“ipconfig”即可看到各项已分配成功。

5.5　实验步骤

(1) 配置网络属性。

要使用 DNS、WWW、FTP 服务,服务器必须要有静态(即固定)的 IP 地址。如果只是在局域网中使用,原则上可用任意的 IP 地址,最常用的是“192.168.0.1”到“192.168.0.254”范围内的任意值。为网卡绑定静态 IP 地址,步骤如实验 5 图 45 和实验 5 图 46 所示。

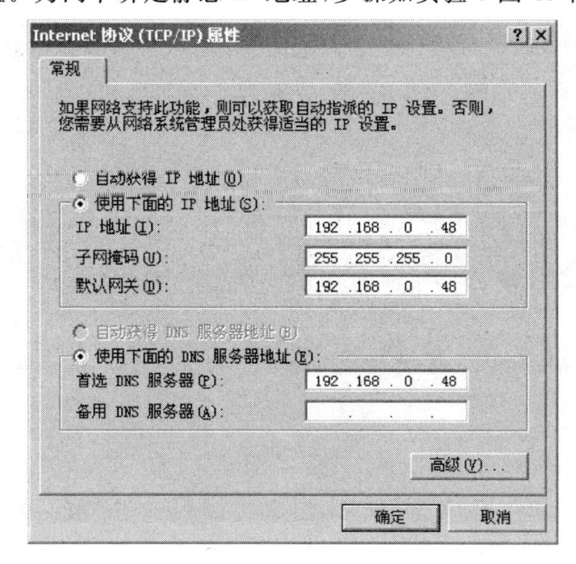

实验 5 图 45　设置 TCP/IP 参数

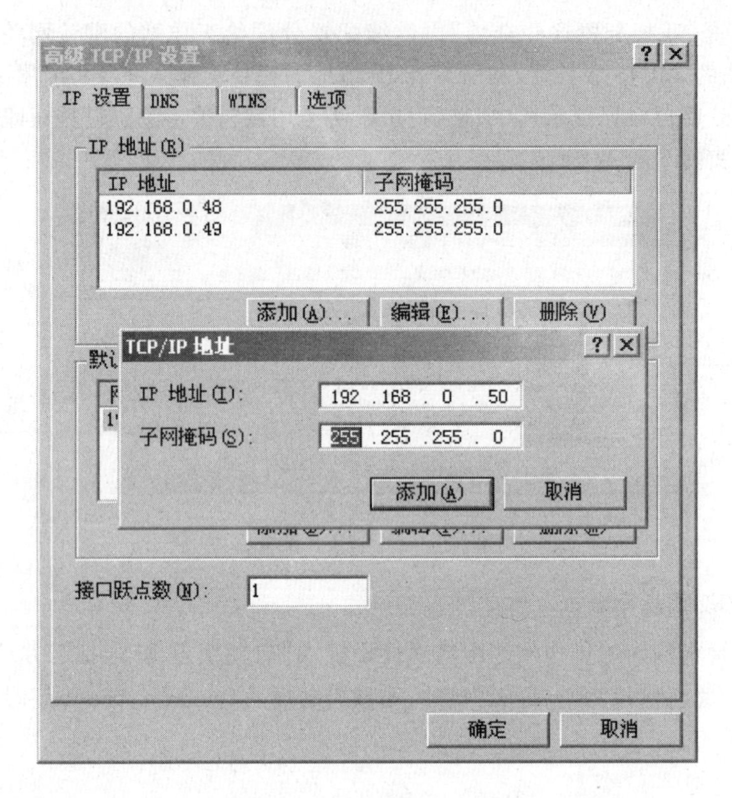

实验 5 图 46 添加多个 IP 地址

全部设置完成后，无须重新启动，退出此网络属性设置对话框后，所设即生效。

为了测试所进行的设置是否成功，可采用如下常用方法。

①进入命令行方式：选择“开始”→“运行”选项，输入“cmd”，单击“确定”按钮。

②查看本机所配置的 IP 地址：输入“ipconfig”并回车，即可看到相关配置，如实验 5 图 47所示。

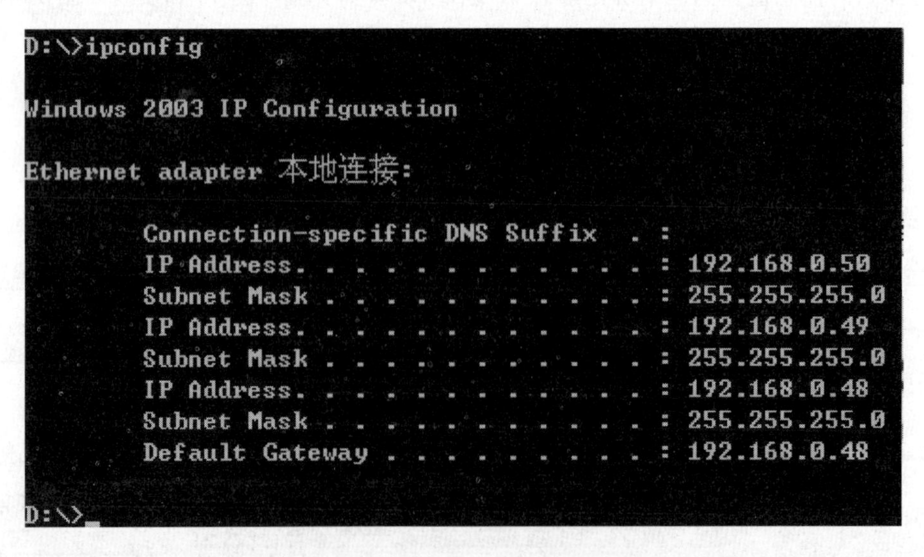

实验 5 图 47 查看 IP 地址配置情况

③也可以通过输入“ping 192.168.0.48”命令进行验证。

(2) 利用 Windows Server 2003 中的 IIS 服务器配置 Web 服务器。

用 IP 地址访问 Web 服务器。

(3) 使用 Serv-U 建立 FTP 服务器。

用 IP 地址访问 FTP 服务器。

①建立两个用户账号，一个账号为匿名账号：anonymous；一个账号为：学生姓名的拼音＋学号后三位。

②同一个 IP 仅能有 3 个登录线程；最大用户数量分别设为 3 或 5。

③anonymous 用户最大上传速率为 1 Mbit/s，最大下载速率为 2 Mbit/s；访问文件权限为只读，访问文件资源所在目录为 e:/share 目录中的文件。

④“学生姓名的拼音＋学号后三位”用户最大上传速率为 5 Mbit/s，最大下载速率为 2 Mbit/s；访问文件权限为读写，访问文件资源所在目录为 e:/private 目录中的文件。

(4) 配置 DNS 服务器，用域名访问 Web 服务器和 FTP 服务器。

注意：某用户使用域名访问时，请正确设置该用户的 TCP/IP 参数。

(5) 配置 DHCP 服务器，动态分配 IP 地址。

配置好 DHCP 服务器后，选中一台计算机作为 DHCP 客户，使其动态获得 IP 地址。

5.6 考核及思考

(1) 课堂检查 WWW、DNS 服务器搭建情况。

(2) 撰写 FTP 实践报告，给出 FTP 配置的截图。

(3) 思考：一台主机可以拥有多个 IP 地址，而一个 IP 地址又可以与多个域名相应。在 IIS 5.0 中建立的 Web 站点可以和这些 IP(域名)进行绑定，以便用户在 URL 中通过指定不同的 IP(或域名)访问不同的 Web 站点。例如，Web 站点 1 与 192.168.0.1(或 w1.hustwb.edu,cn)进行绑定，Web 站点 2 与 192.168.0.2(或 w2.hustwb.edu.cn)进行绑定。这样，用户通过 http://192.168.0.1/(或 http://w1.hustwb.edu.cn)就可以访问 Web 站点 1，通过 http://192.168.0.2/(或 http://w2.hustwb.edu.cn)就可以访问 Web 站点 2。查找相关资料，将主机配置成多 IP 或多域名的主机，同时在 IIS 5.0 中建立两个新的 Web 站点，然后对这两个新站点进行配置，使用户能够通过指定不同的 IP(或不同的域名)访问不同的站点。

实验 6
静态路由

6.1 实验目的

(1) 理解路由器的工作原理。

(2) 掌握 Windows Server 路由和远程访问服务功能的使用。

(3) 掌握静态路由的设置。

6.2 实验内容

使用 Windows Server 路由和远程访问服务功能实现两个及两个以上网段通过路由器互连互通。

6.3 实验环境

(1) 两个网段互连互通,实验环境如实验 6 图 1 所示。

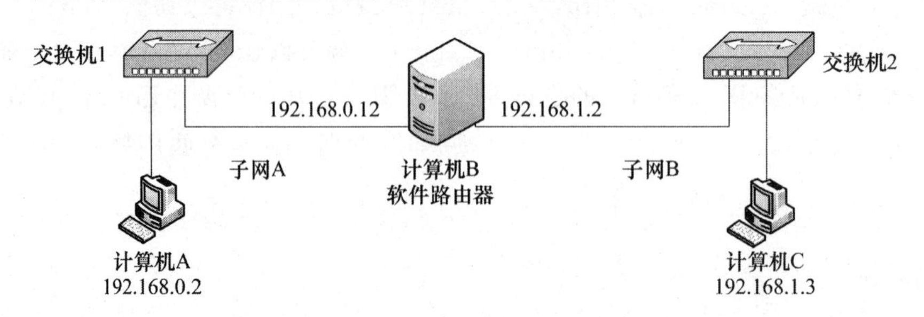

实验 6 图 1　两个网络通过路由器互连的实验环境

在实验 6 图 1 中,要求每组配置计算机 3 台,其中计算机 B 应安装配置 2 块网卡,其余配置 1 块网卡。具有两块网卡的计算机应安装 Windows Server 并配置路由与远程访问服务功能,其他两台计算机安装 Windows XP 均可。交换机可多组共用,注意设置 IP 地址时每组应使用不同的网络号。

(2) 两个以上子网段互连互通,实验环境如实验 6 图 2 所示。

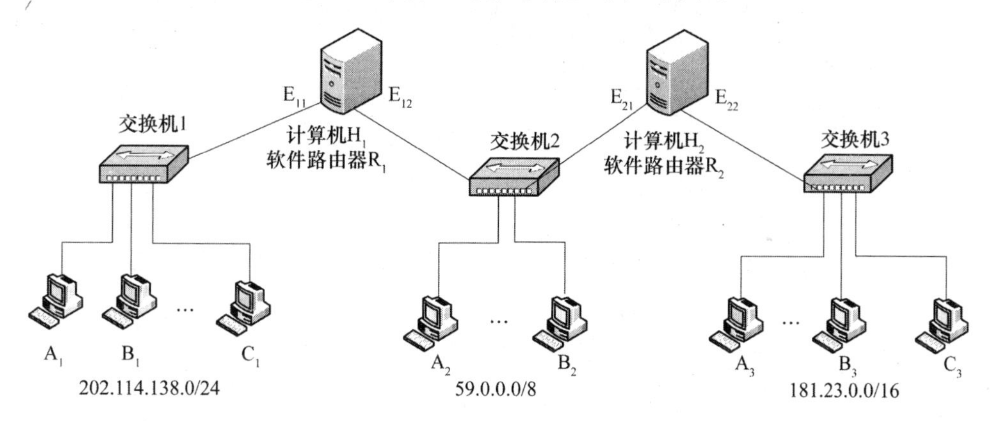

实验 6 图 2　三个网络通过路由器互连的实验环境

在实验 6 图 2 中,要求每组至少配置计算机 5 台,其中计算机 H_1 和 H_2 要求安装配置 2 块网卡,且安装 Windows Server 系统并配置路由与远程访问服务功能,用作软件路由器使用。其余子网段中主机至少有一台,各安装配置一块网卡即可,系统为 Windows XP。交换机可多组共用,注意设置 IP 地址时每组应使用不同的网络号。

6.4　路由器及静态路由的配置

以两个网段互连互通为例,配置路由器及其静态路由。

(1) 安装配置路由器

① 从“管理工具”打开“路由和远程访问”管理器。

② 右击计算机名称并选择“配置并启用路由和远程访问”选项。

③ 在出现的“路由和远程访问服务器安装向导”对话框中,单击“下一步”按钮。

④ 在“配置”对话框中,选择“自定义配置”选项,然后单击“下一步”按钮。

⑤ 在“自定义配置”对话框中,选择“LAN 路由”选项,单击“下一步”按钮,出现路由和远程访问服务器安装成功提示页面,单击“下一步”按钮,完成配置。

(2) 配置静态路由

① 从“路由和远程访问”管理器中,在“IP 路由选择”下选择“静态路由”选项。

② 右击“静态路由”图标,在出现的快捷菜单中选择“新建静态路由”选项,出现静态路由对话框。在“接口”栏选中接口 192.168.1.2(本地接口),在“目标”栏输入子网 B 的网络 ID192.168.1.0,“网络掩码”栏输入 255.255.255.0,“网关”栏输入 192.168.1.2,“跃点数”输入 1。

③ 用同样的方法配置接口 192.168.0.12(本地接口)。配置好以后的静态路由如实验 6 图 3 所示。

④ 如需配置默认静态路由,其方法是:在接口 192.168.0.12 上配置默认静态路由,则应把“目标”和“网络掩码”均输入 0.0.0.0,“网关”输入“192.168.0.12”,“跃点数”输入 1。

⑤ 该默认静态路由同样可传递子网 A 对子网 B 的访问。

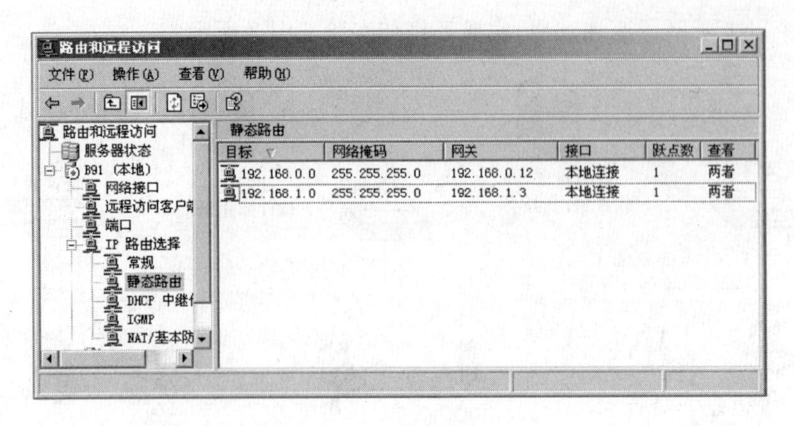

实验6图3 配置静态路由

(3) 子网A和子网B的主机的TCP/IP设置

计算机A的设置如下:

- IP地址:192.168.0.4;
- 子网掩码:255.255.255.0;
- 默认网关:192.168.0.12(或192.168.1.2)。

计算机B的设置如下:

- IP地址:192.168.1.3;
- 子网掩码:255.255.255.0;
- 默认网关:192.168.1.2(或192.168.0.12)。

注意:把默认网关设置成连接本网的或对端网络的Windows 2003路由器网卡的IP地址均可。

(4) 测试Windows 2003路由器

在任意一台主机上用ping命令“ping”对端主机的IP地址或Windows 2003路由器对端网卡的IP地址应能“ping”通。

6.5 实验步骤

(1) 完成两个不同网段互连

参照6.4节步骤完成路由器的配置,根据所配置网络的网段信息配置主机IP地址等相关数据,并用ping命令测试各网段的互通情况。

(2) 三个及以上不同网段互连

参照6.4节,根据网络环境,配置路由器、静态路由信息,并配置好各网段中的主机IP信息,用ping命令测试多个网段的互通情况。

6.6　思考

1. 根据以下网络结构图，回答问题，要求接口均用 IP 地址标识。

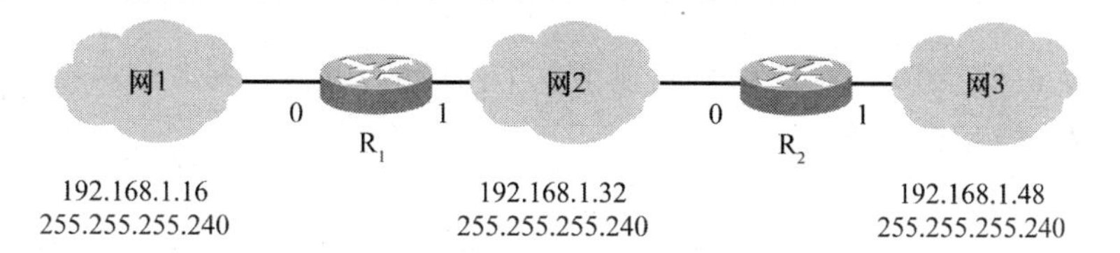

实验 6 图 4　三个网段的互连

(1) 使网段 1～3 互联互通，请配置路由器 R_1 和 R_2 的接口地址，并配置其路由表填入实验 6 表 1 到实验 6 表 3 中。

实验 6 表 1　路由器接口地址

路由器接口	IP 地址	子网掩码
R_{10}		
R_{11}		
R_{20}		
R_{21}		

实验 6 表 2　R_1 路由表

目的网络	子网掩码	下一跳地址

实验 6 表 3　R_2 路由表

目的网络	子网掩码	下一跳地址

(2) 描述网段 1 中主机 A 的 TCP/IP 参数配置情况，填入实验 6 表 4 中。

实验 6 表 4　主机 A 的 TCP/IP 参数配置

项目	值

2. 在实验 6 图 4 中,两个路由器实现了三个网段的互通,若有 3 个两接口的路由器如何实现四个网段的互连互通。

实验 7
宽带接入网络和无线局域网

7.1 实验目的

(1) 了解宽带网络设备 TP-WR740N 的性能特点、硬件结构、业务功能。
(2) 学会配置 TP-WR740N 组建宽带网络，满足小型公司、企业和家庭的网络需求。

7.2 实验内容

(1) 熟悉宽带网络设备 TP-WR740N 的性能特点、硬件结构、业务功能等知识。
(2) 熟悉实验的拓扑结构，配置 TP-WR740N 组建宽带网络。

7.3 实验环境和设备

实验环境如实验 7 图 1 所示。具有构建 ADSL 宽带接入外网环境，要求有一台 ADSL Modem、TP-WR740N(或其他 ADSL 路由器)和网线若干。

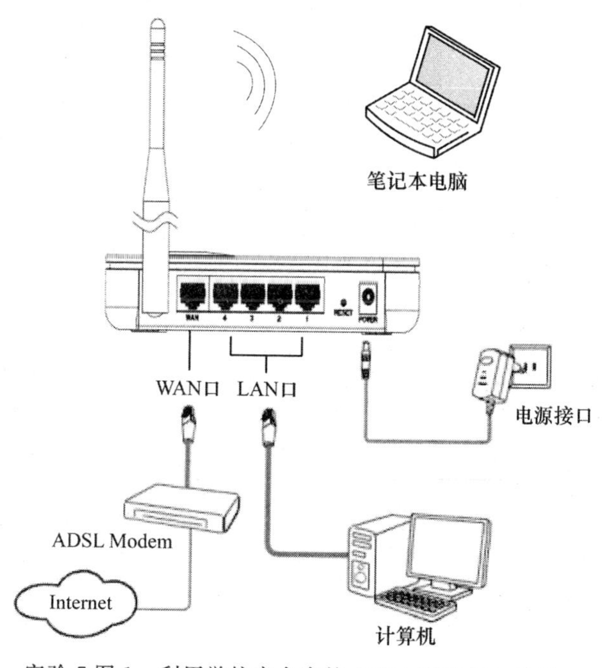

实验 7 图 1 利用学校宿舍中的 ADSL 宽带接入外网

7.4 宽带设备的简介与配置

7.4.1 TP-WR740N 的外部特征

(1) 前面板

在实验 7 图 2 中,从左到右依次是电源、系统状态、广域网状态、局域网状态、无线状态、安全连接指示灯,各指示灯的功能描述如实验 7 表 1 所示。

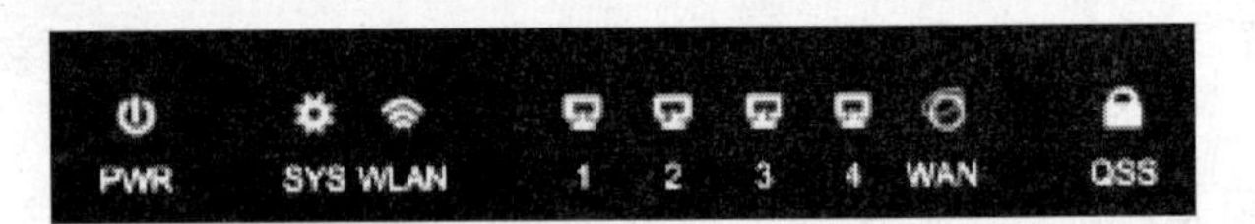

实验 7 图 2 TP-WR740N 前面板示意图

实验 7 表 1 TP-WR740N 指示灯功能说明

指示灯	描述	功能
PWR	电源指示灯	常灭—没有上电 常亮—已经上电
SYS	系统状态指示灯	常灭—系统存在故障 常亮—系统初始化故障 闪烁—系统正常
WAN	广域网状态指示灯	常灭—端口没有连接上 常亮—端口已经正常连接 闪烁—端口正在进行数据传输
1/2/3/4	局域网状态指示灯	常灭—相应端口没有连接上 常亮—相应端口已经正常连接 闪烁—相应端口正在进行数据传输
WLAN	无线状态指示灯	常灭—没有启用无线功能 常亮—已经启用无线功能 闪烁—正在进行无线数据传输
QSS	安全连接指示灯	慢闪—表示正在进行安全连接,此状态持续 2 min 慢闪转为常亮—表示安全连接成功 慢闪转为快闪—表示安全连接失败

(2) 后面板

在实验 7 图 3 中,TP-WR740N 后面板依次是天线、广域网(WAN)插孔、局域网(LAN)

插孔(4\3\2\1)、复位按钮(RESET)、电源插孔(POWER),各部分具体功能如实验 7 表 2 所示。

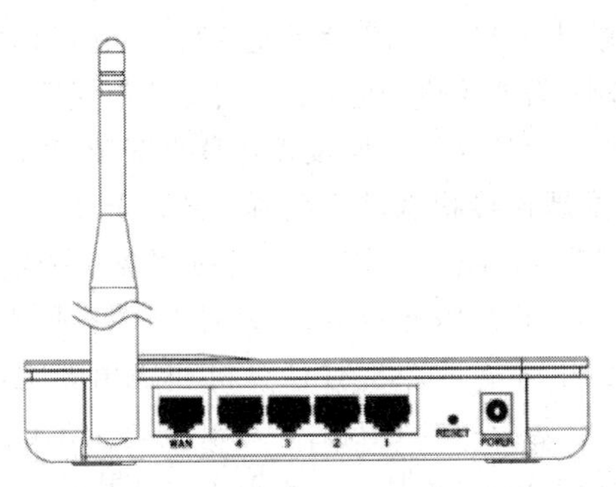

实验 7 图 3　TP-WR740N 后面板示意图

实验 7 表 2　TP-WR740N 后面板各部分功能说明

指示	描述	功能
天线	无线	用于无线数据的收发
WAN	广域网端口插孔	该端口用来连接以太网电缆或 xDSL Modem/Cable Modem
4/3/2/1	局域网端口插孔(RJ-45)	该端口用来连接局域网中的集线器、交换机或安装了网卡的计算机
RESET	复位按钮	用来使设备恢复到出厂默认设置
POWER	电源插孔	用来连接电源,为路由器供电

7.4.2　安装路由器

在配置路由器前,首先要确定宽带服务能在单台计算机上成功上网,也就是说通过你所申请的 ADSL 宽带连接可以使单台计算机连接到 Internet。如果单台计算机不能通过 ISP 提供的网络连接到 Internet,那么请先和 ISP 联系解决连接外网问题。当能够成功地利用单台计算机上外网后,请按照下面的步骤安装路由器。安装时注意切断电源,保持双手干燥。

(1) 用 TP-WR740N 组建局域网

用网线将计算机直接连接到路由器 LAN 口,也可以将路由器的 LAN 口和局域网中的集线器或交换机通过网线相连,如实验 7 图 1 所示。

(2) 用 TP-WR740N 连接广域网

用网线将路由器的 WAN 口和 xDSL Modem/Cable Modem 或以太网相连,如实验 7 图 1 所示。

连接好网络后,接通电源,路由器将自行启动。

7.4.3 配置路由器

TP-WR740N 路由器默认 LAN 口 IP 地址是 192.168.1.1，默认子网掩码是 255.255.255.0。这些值可以根据实际需要改变，在本书中按默认值说明。通过计算机访问路由器对其进行配置，需要首先配置这台计算机。假设该计算机安装 Windows XP 系统，则按照 3.4 节介绍的步骤对计算机的本地连接状态进行配置，在 TCP/IP 属性设置中，选择“自动获取 IP 地址”和“自动获得 DNS 服务器地址”选项，也可按照要求配置符合规则的 IP 地址。“自动获取 IP 地址”和“自动获得 DNS 服务器地址”是对 DHCP 服务的应用。

在配置好计算机后，使用 ping 命令检查计算机和路由器之间是否连通。在 Windows XP 环境中，在“开始”菜单的“运行”窗口中输入“cmd”命令，调出实验 7 图 4 所示“命令提示符”窗口。在光标提示符下输入：ping 192.168.1.1。如果屏幕出现实验 7 图 5 所示的结果，则表示计算机连接路由器成功；如果屏幕出现实验 7 图 6 所示的结果，则表示计算机不能连接路由器，这时可能设备还没有安装配置好，我们可以按照下列顺序检查。

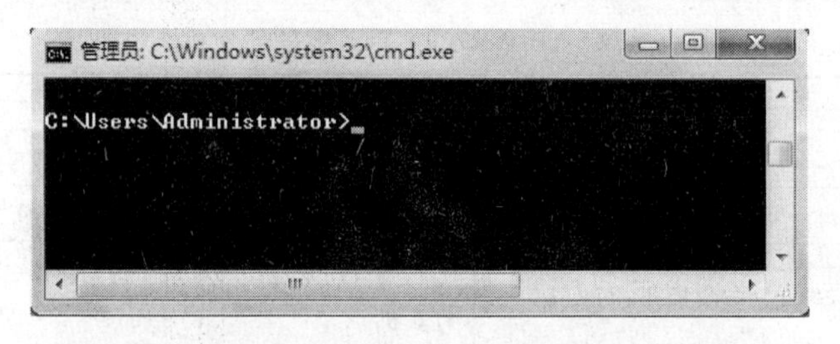

实验 7 图 4 命令提示符窗口

```
管理员: C:\Windows\system32\cmd.exe

C:\Users\Administrator>ping 192.168.1.1

正在 Ping 192.168.1.1 具有 32 字节的数据:
来自 192.168.1.1 的回复: 字节=32 时间<1ms TTL=64
来自 192.168.1.1 的回复: 字节=32 时间<1ms TTL=64
来自 192.168.1.1 的回复: 字节=32 时间<1ms TTL=64
来自 192.168.1.1 的回复: 字节=32 时间<1ms TTL=64

192.168.1.1 的 Ping 统计信息:
    数据包: 已发送 = 4, 已接收 = 4, 丢失 = 0 (0% 丢失),
往返行程的估计时间(以毫秒为单位):
    最短 = 0ms, 最长 = 0ms, 平均 = 0ms
```

实验 7 图 5 ping 192.168.1.1 响应窗口 1

```
管理员: C:\Windows\system32\cmd.exe
C:\Users\Administrator>ping 192.168.1.1

正在 Ping 192.168.1.2 具有 32 字节的数据:
来自 192.168.1.21 的回复: 无法访问目标主机。
来自 192.168.1.21 的回复: 无法访问目标主机。
来自 192.168.1.21 的回复: 无法访问目标主机。
来自 192.168.1.21 的回复: 无法访问目标主机。

192.168.1.2 的 Ping 统计信息:
    数据包: 已发送 = 4, 已接收 = 4, 丢失 = 0 (0% 丢失),
```

实验 7 图 6 ping 192.168.1.1 响应窗口 2

① 设备连接是否正确？

路由器面板上对应的局域网端口的 Link/Act 指示灯和计算机上的网卡指示灯是否点亮？

② 计算机的 TCP/IP 设置是否正确？

若计算机的 IP 地址是按照前面介绍的自动获取方式，则无须进行设置。若手动设置 IP，请注意如果路由器的 IP 地址为 182.168.1.1，那么计算机 IP 地址必须在 192.168.1.0 网段内，其值为 192.168.1.X（X 是 2～254 之间的任意整数），子网掩码必须设置为 255.255.255.0，而默认网关设置为 192.168.1.1。

在确定计算机和路由器连接成功后，在计算机上运行浏览器程序，在浏览器的地址栏中输入路由器的 IP 地址：192.186.1.1，访问路由器的登录界面，如实验 7 图 7 所示。

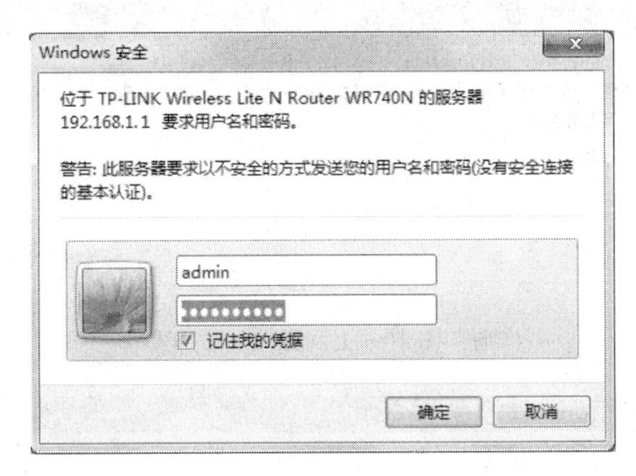

实验 7 图 7　TP-WR740N 登录界面

在登录界面中，输入用户名和密码（用户名和密码的出厂默认值均为 admin），单击“确定”按钮。浏览器会弹出如实验 7 图 8 所示的设置向导页面。如果没有自动弹出此页面，可以单击页面左侧的设置向导菜单将它激活。

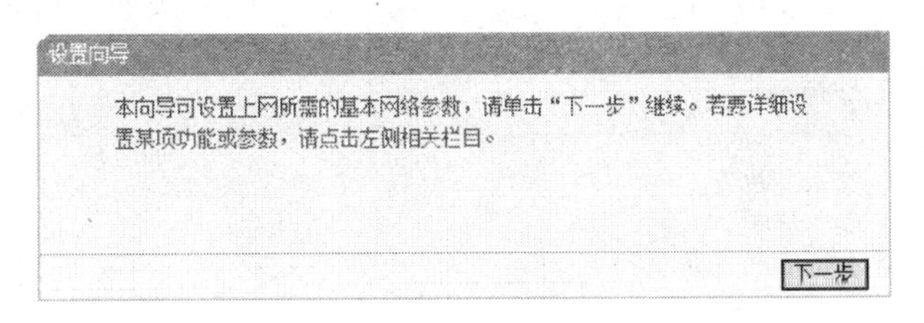

实验 7 图 8　设置向导

实验 7 图 9 显示了最常用的几种上网方式。根据 ISP 提供的上网方式进行选择，然后单击“下一步”按钮填写 ISP 提供的网络参数。

在这里，我们选择要求用户名和密码的 ADSL 虚拟拨号方式上网。单击“下一步”按钮后，在实验 7 图 10 所示页面中输入 ISP 提供的 ADSL 上网账号和密码。

设置完成后，单击“下一步”按钮，将看到实验 7 图 11 所示的基本无线网络参数设置页面。

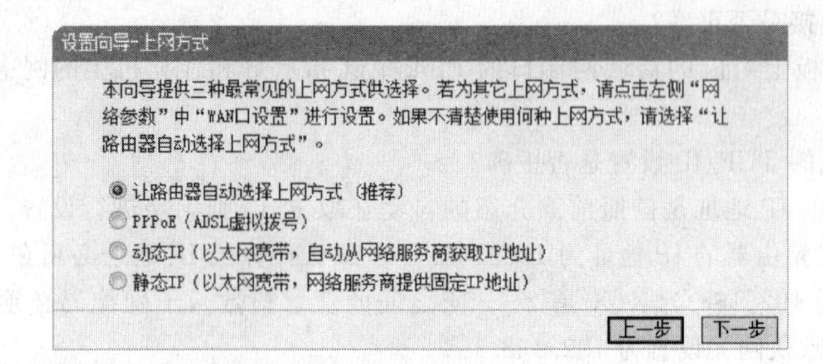

实验 7 图 9　设置向导——上网方式

设置向导

您申请ADSL虚拟拨号服务时，网络服务商将会给您提供上网账号及口令，请填入相应的输入框。如果您不慎遗忘了或不太清楚如何填写，请向您的网络服务商咨询。

上网账号：username

上网口令：●●●●●●●●●●●●●

上一步　下一步

实验 7 图 10　上网方式——PPPoE

设置向导 - 无线设置

本向导页面设置路由器无线网络的基本参数以及无线安全。

无线状态：开启

SSID：TP-LINK_zzz

信道：自动

模式：11bgn mixed

频段带宽：自动

最大发送速率：150Mbps

无线安全选项：

为保障网络安全，强烈推荐开启无线安全，并使用WPA-PSK/WPA2-PSK AES加密方式。

不开启无线安全

WPA-PSK/WPA2-PSK

PSK密码：123456789

（8-63个ACSII码字符或8-64个十六进制字符）

不修改无线安全设置

上一步　下一步

实验 7 图 11　设置向导——无线设置

可以根据需要，对无线网络进行设置。无线网络各选项描述如实验 7 表 3 所示。

实验 7 表 3　TP-WR740N 路由器无线网络选项功能

选项		功能
无线状态		开启或者关闭路由器的无线功能
SSID		设置任意一个字符串来标明您的无线网络
信道		设置路由器的无线信号频段，推荐选择自动
模式		设置路由器的无线工作模式，推荐使用 11 bgn mixed 模式
频段带宽		设置无线数据传输时所占用的信道宽度
无线安全选项	不开启无线安全	不开启无线安全功能，即不对路由器的无线网络进行加密，此时其他人均可以加入你的无线网络
	WPA-PSK/WPA2-PSK	路由器无线网络加密方式，如果选择了该项，请在 PSK 密码中输入想要设置的密码，密码要求为 8～63 个 ASCII 字符或 64 个 16 进制字符
	不修改无线安全设置	选择该项，则无线安全选项中将保持上次设置的参数

为了保障网络安全，强烈建议开启无线安全，并使用 WPA-PSK/WPA2-PSK AES 加密方式。以上提到的信道带宽设置仅针对支持 IEEE 802.11n 协议的无线网络设置，对于不支持 IEEE 802.11n 协议的设备，此设置不生效。

设置完成后，单击“下一步”按钮，将弹出实验 7 图 12 所示的设置向导完成界面，单击“完成”按钮结束设置向导。若更改了无线设置，则路由器会自动重启；若只修改了上网方式，则配置立即生效。

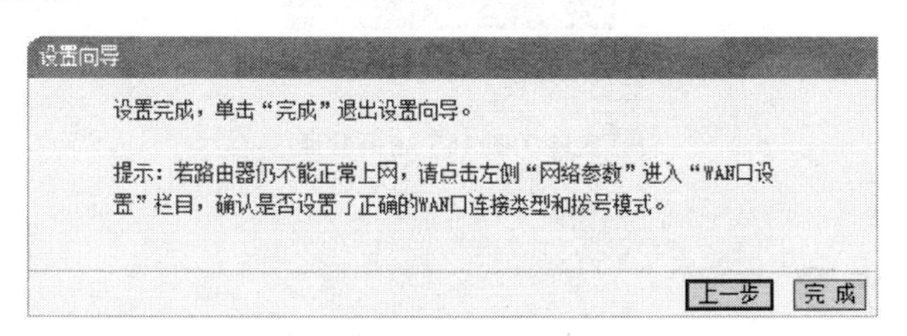

实验 7 图 12　设置完成

在完成路由器的安装后，接下来就是配置局域网中的计算机，为接入局域网中的每一台计算机进行 TCP/IP 属性设置。参照 3.4 节介绍的步骤对计算机的本地连接状态进行配置，在 TCP/IP 属性设置中，选择“自动获取 IP 地址”和“自动获得 DNS 服务器地址”选项，也可按照要求配置符合规则的 IP 地址。

另外，如果有智能手机或是 iPad 等无线设备，也可以利用 TP-WR740N 的无线功能，接入该网络，并共享 ADSL 接入 Internet，设置步骤如下。在手机应用程序中选择“设置”，如实验 7 图 13 所示。

实验 7 图 13　设置

单击“设置”应用后，选择“全部设置”界面，如实验 7 图 14 所示。在这里可以看到“WLAN”选项。选中“WLAN”选项，则开启 WLAN 窗口，如实验 7 图 15

所示。选择开启 WLAN 功能，手机则在附近区域搜索无线网络，将搜索到的网络信息列举出来，并显示连接到无线网络的信号强度及其安全性。接下来，在网络信息列表中，选择你需要接入的网络，这里选择网络名为"cailin"的网络接入。"cailin"网络选择"无线安全选项"中的"WPA-PSK/WPA2-PSK"技术保证网络访问的安全性，因此要求接入成员进行密码验证，如实验 7 图 16 所示。密码验证正确，则显示已经连接成功。若"cailin"网络在"无线安全选项"中选择"不开启网络安全"，则不要求接入成员进行密码验证。

实验 7 图 14　全部设置界面

实验 7 图 15　开启 WLAN

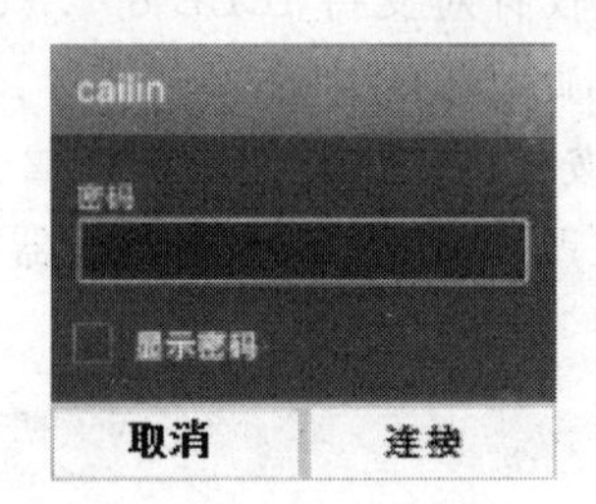

实验 7 图 16　密码验证

7.5　实验步骤

（1）熟悉 TP-WR740N 路由器的外部特征。

（2）按照 7.4.2 节，使用 TP-WR740N 路由器组建局域网、连接广域网。

（3）按照 7.4.3 节，配置 TP-WR740N 路由器实现局域网中用户的资源共享以及 ADSL 宽带共享。

7.6　思考

TP-WR740N 路由器构建的局域网中的计算机或是智能终端是采用什么技术通过 ADSL 宽带接入 Internet 的？

实验 8 网络数据包的监听和分析

8.1 实验目的

(1) 初步掌握网络监听与分析技术。

(2) 理解 TCP/IP 中多种协议的数据结构、会话连接建立和终止过程、TCP 序列号、应答序号的变化规律。

(3) 通过实验了解 FTP 的明文传输特性，建立安全意识，防止 FTP 等协议由于传输明文密码造成的泄密。

8.2 实验内容

(1) 熟悉 Sniffer Pro 软件，掌握 Sniffer 工具的使用方法。

(2) 利用 Sniffer 捕获 ping 应用的数据包，并分析数据包结构。

(3) 利用 Sniffer 捕获 FTP 数据包，并分析数据包结构。

8.3 实验环境和设备

将两台以上 PC 组成一个 Windows 局域网，其中配置一台 FTP 服务器，其他为 FTP 客户，且在其中一台上安装 Sniffer Pro 软件。

8.4 Sniffer 软件介绍

8.4.1 概述

网络中的数据通常是以包的方式传送的。在对网络的安全性和可靠性进行分析时，网络管理员通常需要对网络中传输的数据包进行监听和分析。数据包的监听和分析可以采用专用的协议分析仪，也可以使用一些软件工具。目前，Internet中流行的数据包监听与分析工具很多（如NetXray、TcpDump等），本实验要求通过Sniffer抓包工具监听数据包。

Sniffer即网络嗅探器，用于监听网络中的数据包，分析网络性能和故障。对于黑客而言，Sniffer是一种常用的收集有用数据的方法，这些数据可以是用户的账号和密码，可以是一些商用机密数据等；对于网络管理员而言，Sniffer主要是分析网络的流量，以便找出他们所关心的网络中潜在的问题。例如，假设网络的某一段运行得不是很好，报文的发送比较慢，而我们又不知道问题出在什么地方，此时就可以用嗅探器来作出精确的问题判断。

在合理的网络中，Sniffer的存在对系统管理员是至关重要的，系统管理员通过sniffer可以诊断出大量的不可见模糊问题，这些问题涉及两台乃至多台计算机之间的异常通信，有些甚至牵涉各种协议。借助于Sniffe系统管理员可以方便地确定出多少通信量属于哪个网络协议，占主要通信协议的主机是哪一台，大多数通信目的地是哪台主机，报文发送占用多少时间，或者相互主机的报文传送间隔时间等，这些信息为管理员判断网络问题、管理网络区域提供了非常宝贵的信息。

ISS为Sniffer这样定义：Sniffer是利用计算机的网络接口截获目的地为其他计算机的数据报文的一种工具。

8.4.2 熟悉Sniffer Pro工具的使用

Sniffer软件是NAI公司推出的功能强大的协议分析软件，实验中使用Sniffer Pro 4.7来截获网络中传输的FTP数据包，并进行分析。

一般情况下，在安装好Sniffer后，我们需要重新启动计算机，这样是为了Sniffer稳定工作。现在，我们需要用它来捕获信息。首先，启动Sniffer Pro软件可以看到它的主界面，如实验8图1所示，启动的时候有时需要选择相应的网卡（Adapter），确定从计算机的哪个网卡接收数据（通过“文件”→“选择设置”，如实验8图2所示），选好后即可启动软件。

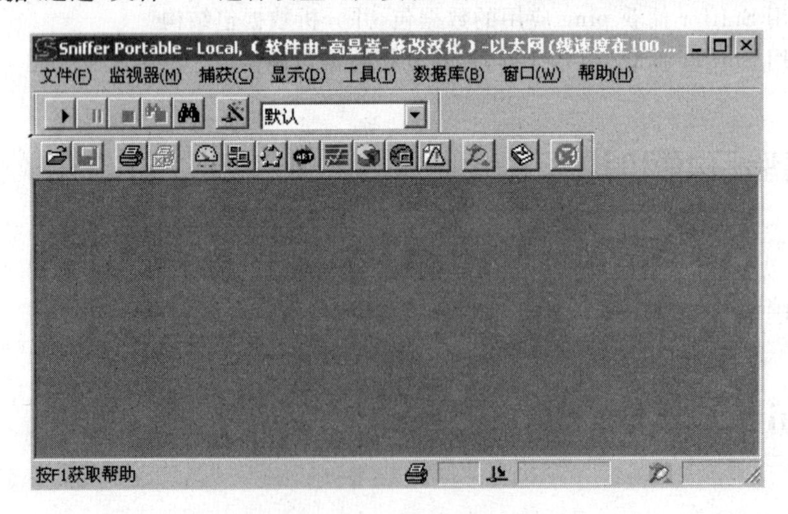

实验8图1 主界面

主界面主要由菜单、工具栏和主窗口组成。从菜单可以使用Sniffer Pro提供的详细服务，而工具栏提供了捕获报文和网络性能监视快捷键，如实验8图3、实验8图4所示。

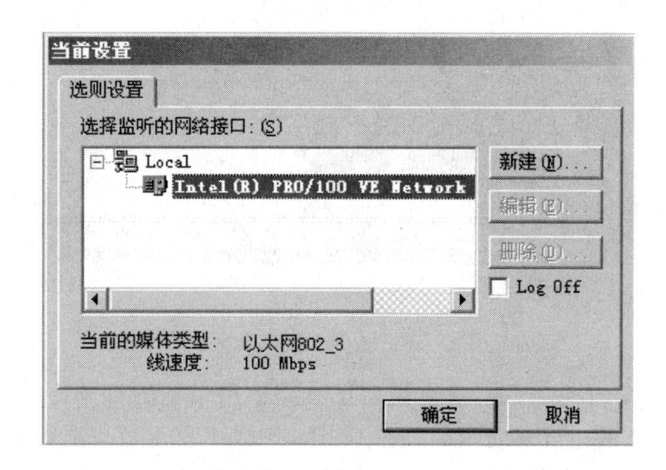

实验 8 图 2　选择网卡界面

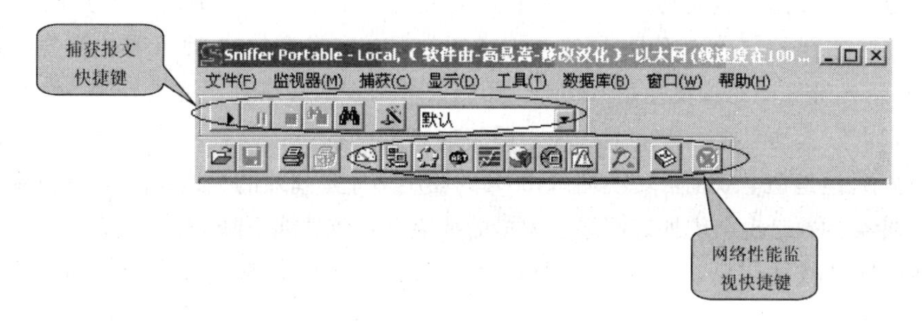

实验 8 图 3　工具栏界面一

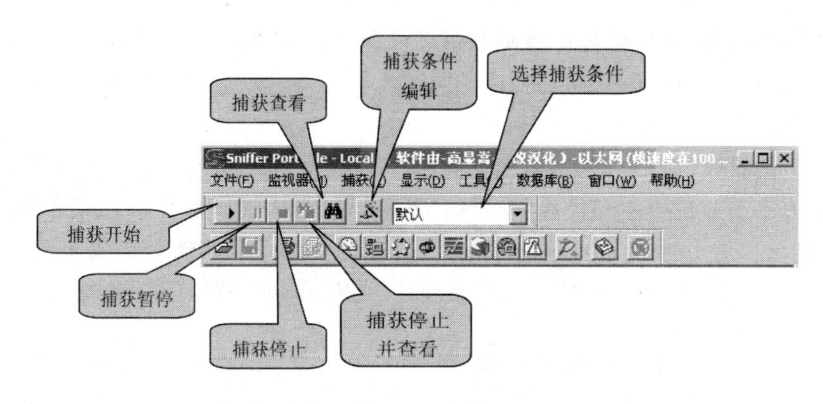

实验 8 图 4　工具栏界面二

主窗口中用来显示一系列的功能界面，比如 Sniffer Pro 仪表盘（网络监视面板）、主机列表、矩阵（Matrix）视图等。Sniffer Pro 仪表盘用来提供实时监控网络的利用率、流量以及错误报文等内容。若要重新设定仪表盘的值，单击仪表盘窗口上方的“Reset（重置）”按钮。仪表盘窗口包括三个数字表盘，如实验 8 图 5 所示。从左至右依次是：利用率百分比、每秒通过的数据包、每秒产生的错误。

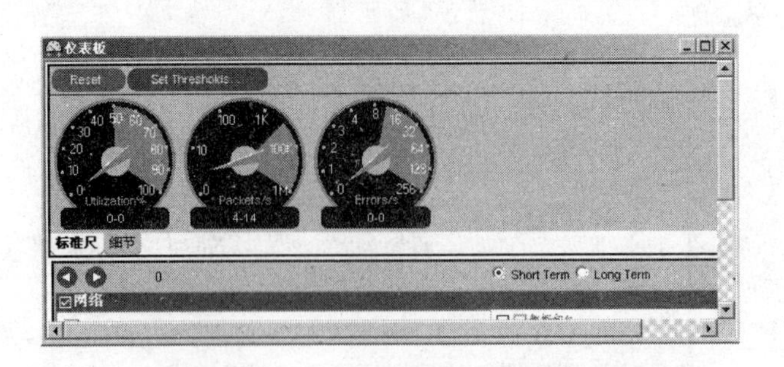

实验 8 图 5　Sniffer Pro 仪表盘窗口的表盘

利用率百分比(Utilization%)表盘说明了线路使用带宽的百分比,是用传输量与端口能处理的最大带宽值的比值来表示的。在 Sniffer Pro 屏幕上可以看到表盘的一部分是红色的,这个红色的区域表示警戒值。在表盘下方有两个数字,用破折号隔开。第一个数字代表当前利用率百分比。破折号后面的数字是最大的利用率百分比数值。监控网络利用率是网络分析中很重要的部分。但是,网络数据流通常都是突发型的,一个几秒内爆发的数据流和能长期保持活性数据流的重要性是不同的。所以怎样来表示网络利用率更好呢?理想的方法因网络的不同而改变,而且很大程度上取决于网络的拓扑结构。在以太网端口 40%的利用率可能已经很高效了,但是在全双工可转换端口,80%的利用率才是高效的。这是因为 Hub 端口网络利用率提高,冲突的数量也会增加。网络上大量的冲突会导致性能下降。

每秒传输的数据包(Packets/s)表盘说明当前数据包的传输速率。同样地,这个表盘红色的区域表示警戒值。与利用率表盘相似,表盘下方显示的是当前的数据包传输速率及其峰值。每秒传输的数据包数可以帮助得出关于网络上流量的类型的一些重要信息。例如,如果网络利用率很高,而数据包传输速率相对较低,则说明网络上的帧比较大。如果网络利用率很高,而数据包传输速率也很高,这说明帧比较小。可以通过查看规模分布的统计结果更详细地了解帧有多大。

每秒产生的错误(Errors/s)表盘与其他两个表盘相似。红色的区域表示警戒值。表盘下方的数值表示当前出错率和最大出错率。并不是所有的错误都会带来网络中的问题。例如,冲突是以太网操作中的一个正常部分。但是,过多的冲突就会带来问题。主机列表(Host Table)收集网络上所有的节点,提供每个节点的一些统计结果,能够直观地看出来连接的主机,如实验 8 图 6 所示。

主机列表: 9位置

IP地址	入埠数据包	出埠数据包	字节	出埠字节	广播
192.168.0.255	4	0	550	0	0
192.168.0.13	0	3	0	288	0
202.104.129.252	2	2	156	244	0
192.168.14.45	2	2	244	156	0
192.168.0.24	0	1	0	262	0
192.168.14.255	17	0	2,004	0	0
192.168.14.78	0	3	0	288	0
192.168.14.77	0	11	0	1,428	0
192.168.14.79	0	3	0	288	0

MAC IP IPX

实验 8 图 6　Host Table 界面

矩阵视图显示网络上所有会话的列表、每次会话的统计结果，如实验 8 图 7 所示。

实验 8 图 7　矩阵视图

8.5　实验步骤

(1) 熟悉 Sniffer Pro 工具的使用方法。

(2) 通过利用 Sniffer 捕获访问 ping 应用的数据包，分析数据包结构。

设置捕获条件，如实验 8 图 8 所示。

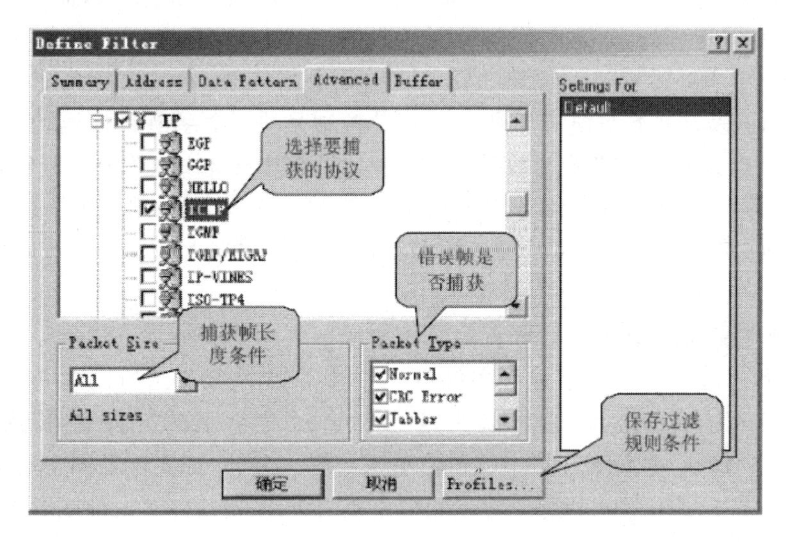

实验 8 图 8　ping 应用捕获条件设置

ping 192.168.1.1 1 0

ping 一个 IP,指定携带的数据长度为 0。

ping 数据包分析,如实验 8 图 9 所示。

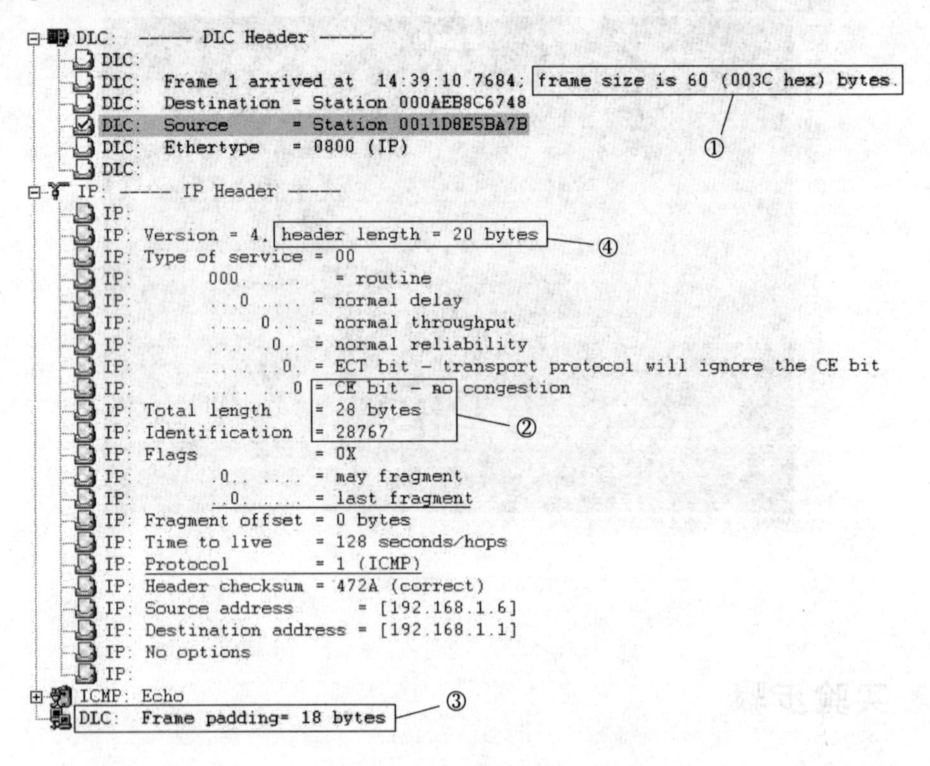

实验 8 图 9　ping 数据包分析

从图上的①处我们可以看到这个数据总长度是 60 B。从②处看到 IP 数据总长度为 28 B。IP 数据为什么是 28 B? 因为 IP 头部是 20 个字节(④处标记的),而 ICMP 头部是 8 个字节,因为我们的 ping 是指定数据长度为 0 的,所以 ICMP 里不带额外数据,即 28 个字节＝20 个字节＋8 个字节。

而我们知道以太网类型帧头部是 6 个字节源地址＋6 个字节目标地址＋2 个字节类型＝14 字节。以太网帧头部＋IP 数据总长度＝14 个字节＋28 个字节＝42 个字节,注意③处标记的,填充了 18 个字节。42 个字节＋18 个字节＝60 个字节,刚好等于总长度,其实我们需要注意到这里捕捉到的帧不含 4 个字节的尾部校验,如果加上 4 个字节尾部校验,正好等于 64 个字节。

(3) 捕获 FTP 数据包并进行分析。

① 现在我们假设 A 主机监视 B 主机的 FTP 服务,首先要知道所监视主机的 IP 地址。

② 启动 Sniffer Pro 软件,选中“监视器”(Monitor)菜单下的“矩阵视图”或直接单击网络性能监视快捷键,可以看到网络中的传输图(Traffic Map),如实验 8 图 7 所示,单击图中左下角的 MAC、IP 或 IPX 可以分别显示相应主机的 MAC 地址、IP 地址或 IPX 地址的通信情况。

③ 设置过滤规则:单击菜单中的“捕获”→“定义过滤器”→“高级”,再选中“IP”→“TCP”→“FTP”,如实验 8 图 10 所示,然后单击“确定”按钮。

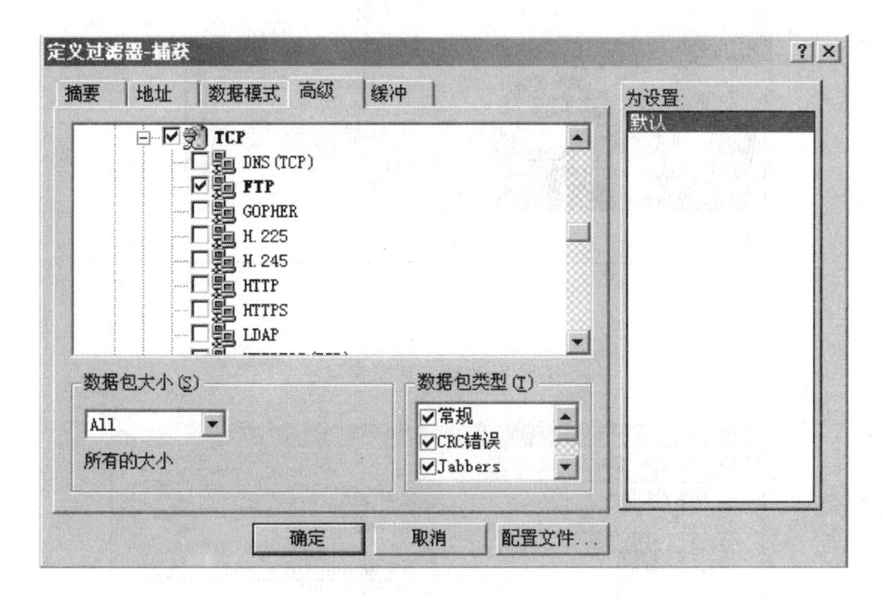

实验 8 图 10　过滤器选项

④ 回到传输视图中，选中要捕捉的 B 主机 IP 地址，选中后 IP 地址以白底高亮显示。此时右击，选中“捕获”或者单击捕获报文快捷键中的开始按钮，Sniffer 则开始捕捉指定 IP 地址主机的 FTP 数据包，如实验 8 图 11 所示。

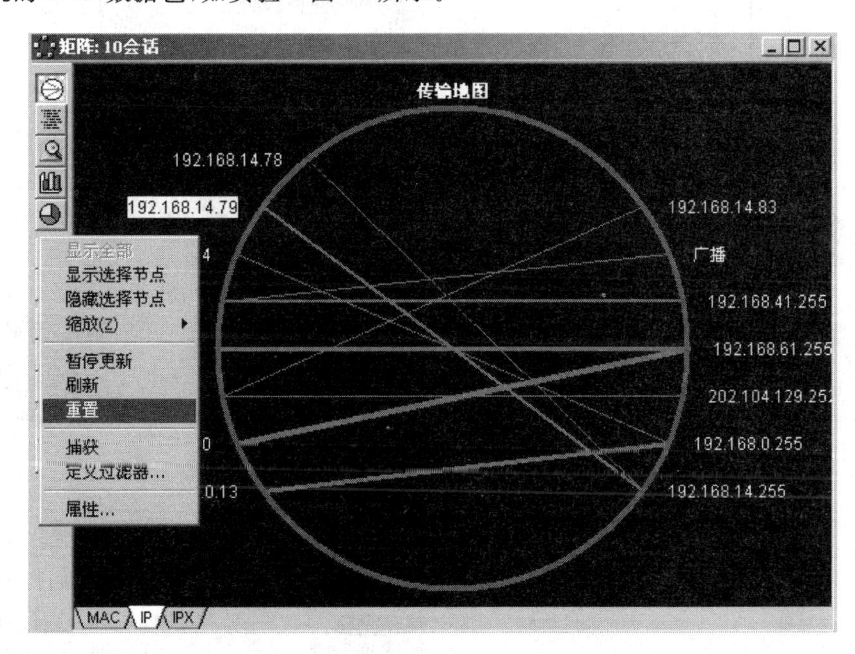

实验 8 图 11　捕捉指定 IP 主机的数据包

⑤ 开始捕捉后，单击工具栏中的“捕获面板”按钮，如实验 8 图 12 所示，图中显示出捕捉的包的数量。

⑥ B 主机 CuteFTP 客户端登录一个 FTP 服务器，如实验 8 图 13 所示。

接着，B 主机打开 FTP 的某个目录，如实验 8 图 14 所示。

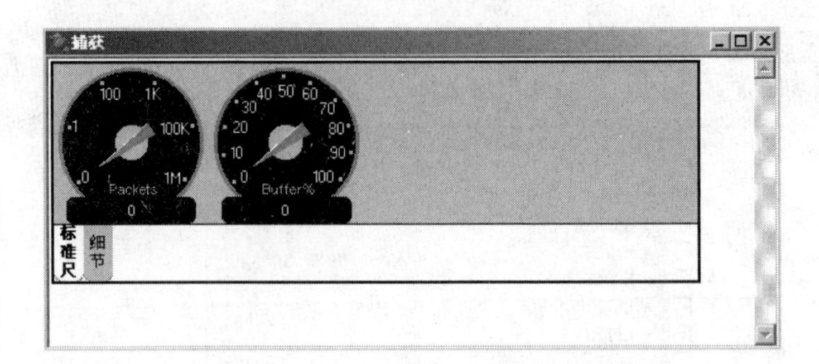

实验 8 图 12　捕获窗口

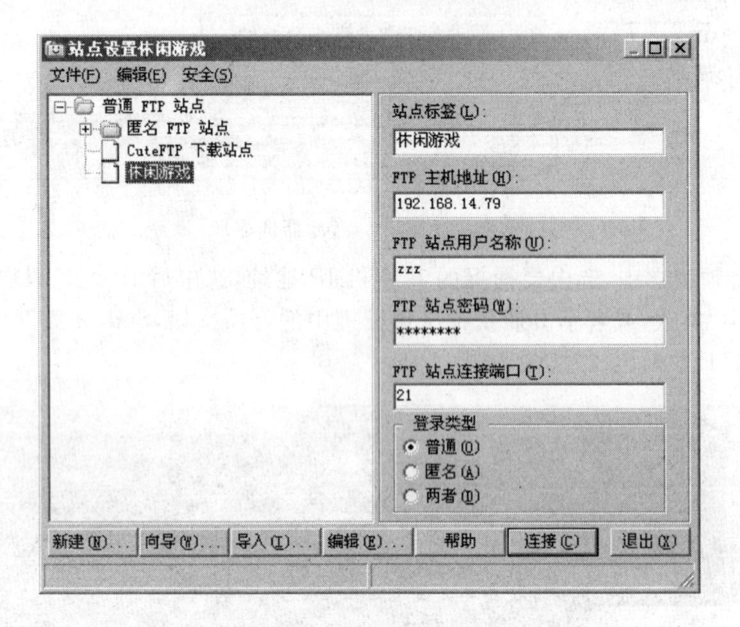

实验 8 图 13　登录 FTP 界面

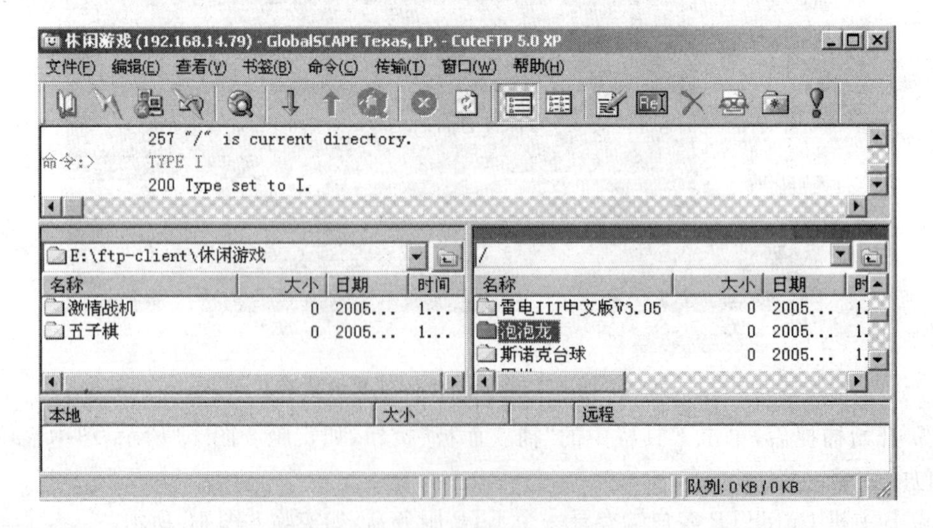

实验 8 图 14　打开某个目录

⑦ 此时，从捕获面板中可以看到捕获的数据包已达到一定的数量，单击“停止和显示”按钮，停止抓包，如实验 8 图 15 所示。

实验 8 图 15　停止捕捉并显示数据

⑧ 停止抓包后，单击窗口左下角的“解码“选项，窗口会显示所捕捉的数据，并分析捕获的数据包，如实验 8 图 16 所示。

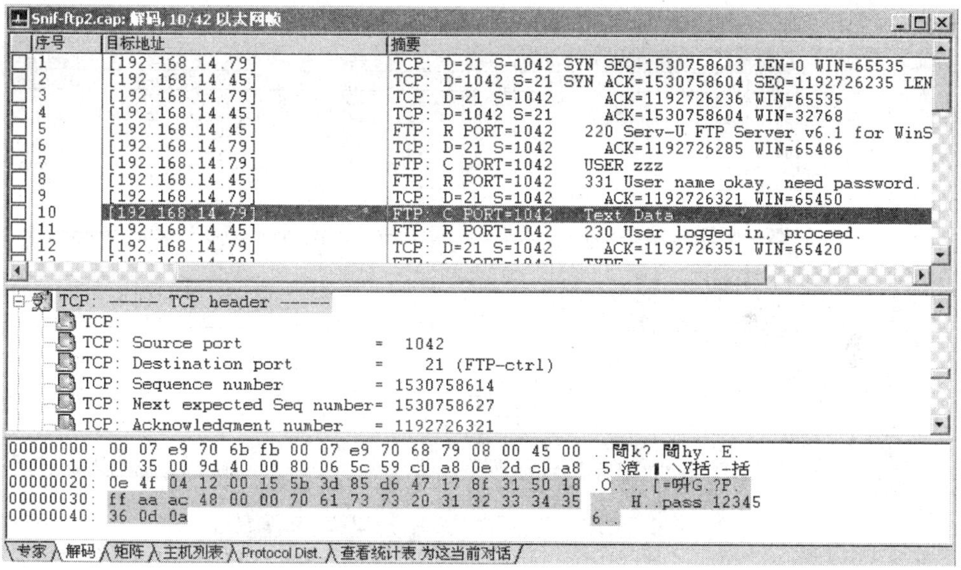

```
Snif-ftp2.cap: 解码, 10/42 以太网帧
序号  目标地址              摘要
1     [192.168.14.79]      TCP: D=21 S=1042 SYN SEQ=1530758603 LEN=0 WIN=65535
2     [192.168.14.45]      TCP: D=1042 S=21 SYN ACK=1530758604 SEQ=1192726235 LEN
3     [192.168.14.79]      TCP: D=21 S=1042     ACK=1192726236 WIN=65535
4     [192.168.14.45]      TCP: D=1042 S=21     ACK=1530758604 WIN=32768
5     [192.168.14.45]      FTP: R PORT=1042   220 Serv-U FTP Server v6.1 for WinS
6     [192.168.14.79]      TCP: D=21 S=1042     ACK=1192726285 WIN=65486
7     [192.168.14.79]      FTP: C PORT=1042   USER zzz
8     [192.168.14.45]      FTP: R PORT=1042   331 User name okay, need password.
9     [192.168.14.79]      TCP: D=21 S=1042     ACK=1192726321 WIN=65450
10    [192.168.14.79]      FTP: C PORT=1042   Text Data
11    [192.168.14.45]      FTP: R PORT=1042   230 User logged in, proceed.
12    [192.168.14.79]      TCP: D=21 S=1042     ACK=1192726351 WIN=65420

TCP: ----- TCP header -----
  TCP:
  TCP: Source port              =  1042
  TCP: Destination port         =    21 (FTP-ctrl)
  TCP: Sequence number          = 1530758614
  TCP: Next expected Seq number= 1530758627
  TCP: Acknowledgment number    = 1192726321

00000000: 00 07 e9 70 6b fb 00 07 e9 70 68 79 08 00 45 00
00000010: 00 35 00 9d 40 00 80 06 5c 59 c0 a8 0e 2d c0 a8
00000020: 0e 4f 04 12 00 15 5b 3d 85 d6 47 17 8f 31 50 18
00000030: ff aa ac 48 00 00 70 61 73 73 20 31 32 33 34 35   H..pass 12345
00000040: 36 0d 0a                                          6..

专家 解码 矩阵 主机列表 Protocol Dist. 查看统计表 为这当前对话
```

实验 8 图 16　解码界面

从捕获的包中，我们可以发现大量有用的信息，下面详细分析。

在捕获报文窗口中，数据包 1 是 TCP 连接的第一次握手：D=21，S=1 042，Dest Address=192.168.14.79，这表明目的端口是 21，主机 B 源端口是 1 042，说明我们连接的是 IP 地址为 192.168.14.79 的 FTP 服务器（FTP 服务器占用 21 端口）。

接着，我们可以看到数据包 2、3 分别显示了 TCP 连接过程中的第 2 次、第 3 次握手过程，如实验 8 图 17 所示。

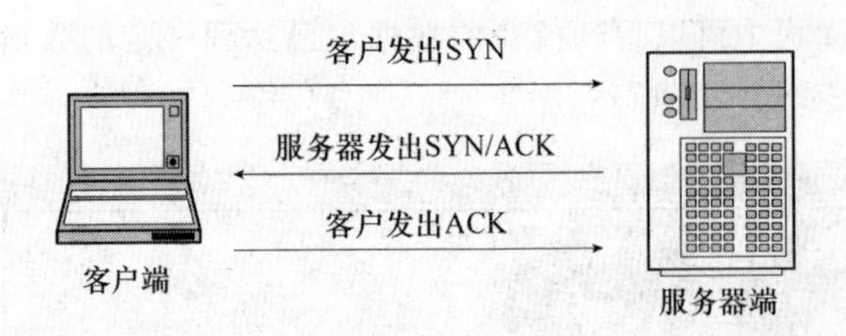

实验 8 图 17　TCP 3 次握手

数据包 1 显示了主机 B 向服务器发出 FTP 连接请求，数据中包含 SYN(SYN SEQ=1 530 758 603)。数据包 2 是服务器向主机 B 发送的确认信息，数据中通过 ACK(ACK=1 530 758 604)进行，并且表明自己的 SYN SEQ=1 192 726 235，此时，TCP 连接已经完成了两次握手。数据包 3 显示了第 3 次握手，主机 B 对服务器发出确认 ACK=1 192 726 236，至此，表明整个建立过程没有数据包丢失，TCP 连接建立完成。

从实验 8 图 16 中可以看到，数据包 7 显示用户 zzz 已登录，在数据包 10 中的 PASS 123 456 表明用户的密码是 123 456，我们甚至还可以看到主机 B 浏览过“泡泡龙”这个游戏，如实验 8 图 18 所示。

```
Snif-ftp2.cap: 解码, 33/42 以太网帧
序号  目标地址            摘要
25    [192.168.14.79]    FTP: C PORT=1042   PASV
26    [192.168.14.45]    FTP: R PORT=1042   227 Entering Passive Mode (192,168,
27    [192.168.14.79]    TCP: D=21 S=1042     ACK=1192726516 WIN=65255
28    [192.168.14.79]    FTP: C PORT=1042   LIST
29    [192.168.14.45]    FTP: R PORT=1042   150 Opening ASCII mode data connect
30    [192.168.14.79]    TCP: D=21 S=1042     ACK=1192726569 WIN=65202
31    [192.168.14.45]    FTP: R PORT=1042   226 Transfer complete.
32    [192.168.14.79]    TCP: D=21 S=1042     ACK=1192726593 WIN=65178
33    [192.168.14.79]    FTP: C PORT=1042   CWD <C5DDC5DDC1FA>
34    [192.168.14.45]    FTP: R PORT=1042   250 Directory changed to /<C5DDC5DD
35    [192.168.14.79]    FTP: C PORT=1042   PASV
36    [192.168.14.45]    FTP: R PORT=1042   227 Entering Passive Mode (192,168,

TCP: ------ TCP header ------
  TCP:
  TCP: Source port                 =  1042
  TCP: Destination port            =    21 (FTP-ctrl)
  TCP: Sequence number             = 1530758668
  TCP: Next expected Seq number    = 1530758680
  TCP: Acknowledgment number       = 1192726593

00000000: 00 07 e9 70 6b fb 00 07 e9 70 68 79 08 00 45 00
00000010: 00 34 00 b0 40 00 80 06 5c 47 c0 a8 0e 2d c0 a8
00000020: 0e 4f 04 12 00 15 5b 3d 86 0c 47 17 90 41 50 18
00000030: fe 9a 74 57 00 00 43 57 44 20 c5 dd c5 dd c1 fa   ...CWD 泡泡龙
00000040: 0d 0a

专家 | 解码 | 矩阵 | 主机列表 | Protocol Dist. | 查看统计表 为这当前对话
```

实验 8 图 18　解码窗口

这正说明 FTP 中的数据是以明文形式传输的，通过捕获的数据包信息中可以分析出被监听主机的任何行为。

从报文解码窗口(窗口 2)分析 TCP 包头结构，如实验 8 图 19 所示。在窗口 2 中选中一项，在窗口 3 中(十六进制内容)都会有相应的数据与之对应，每一个字段都会与 TCP 包头结构一致。

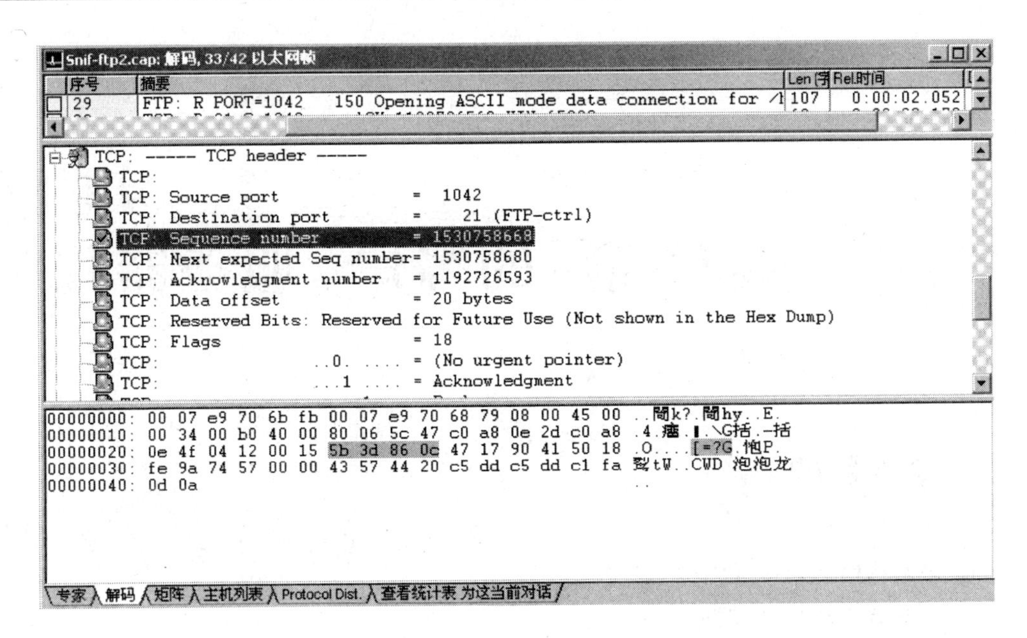

实验 8 图 19　TCP 包头结构解码

8.6　思考

(1) 熟练捕获 FTP 数据包的过程，分析 TCP 的 3 次连接，理解 FTP 的应用。记录下一个帧的以太网头部、IP 头部、ICMP 头部各字段的值。

(2) 自己做一个捕获 HTTP 数据包的实验，写出实验过程并分析。例如，登录某个 Web 站点，并输入自己的邮箱地址和密码，分析捕获到的数据包。

附表

扩展名	描述
.CAP	Sniffer Pro 跟踪文件
.ENC	Sniffer 以太网跟踪文件
.FDC	Sniffer FDDI 跟踪文件
.SYC	Sniffer WAN 跟踪文件
.TRC	Sniffer 令牌环跟踪文件

实验 9
编写简单的客户/服务器程序

9.1 实验目的

(1) 了解传输层协议 TCP 和 UDP。

(2) 了解客户/服务器数据通信的方式。

(3) 熟悉具体通信的实现方法和网络编程的开发应用方法。

(4) 掌握 Winsock 编程原理。

9.2 实验内容

(1) 利用 VC 的 Winsock 控件实现客户端和服务器的应用程序。

(2) 实现 UDP 的客户端和服务器端的通信过程。

9.3 相关理论知识

9.3.1 客户与服务器的特性

一台主机上通常可以运行多个服务器程序,每个服务器程序需要并发地处理多个客户的请求,并将处理的结果返回给客户。因此,服务器程序通常比较复杂,对主机的硬件资源(如 CPU 的处理速度、内存的大小等)及软件资源(如分时、多线程网络操作系统等)都有一定的要求。而客户程序由于功能相对简单,通常不需要特殊的硬件和高级的网络操作系统。在实验 9 图 1 中,运行服务器程序的主机同时提供 Web 服务、FTP 服务和文件服务。由于客户 1、客户 2 和客户 3 分别运行访问文件服务和 Web 服务的客户端程序,因此通过互联网,客户 1 可以访问运行文件服务主机上的文件系统,而 Web 服务器程序则需要根据客户 2 和客户 3 的请求,同时为其提供服务。

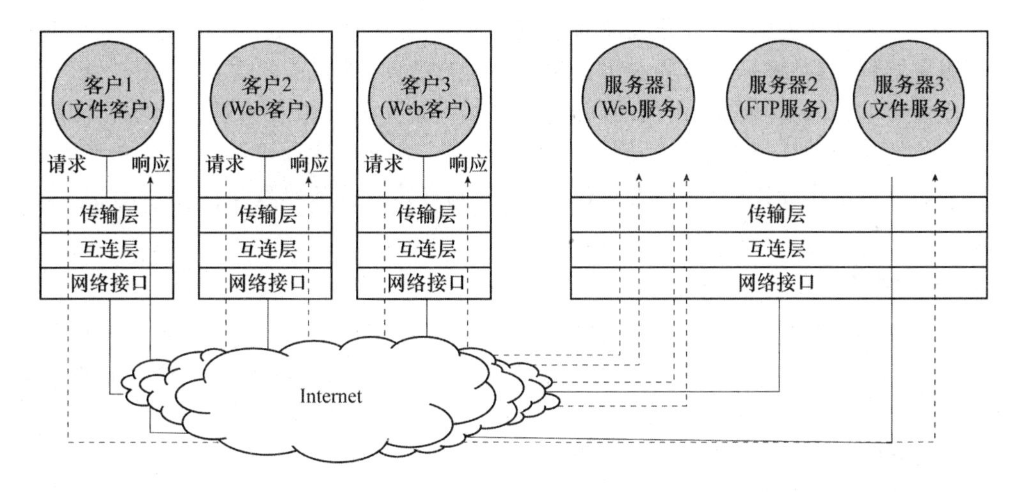

实验 9 图 1　客户/服务器工作模式

在实验 9 图 1 中一台主机可同时运行多个服务器程序，服务器程序需要并发地处理多个客户的请求。客户/服务器模型不但很好地解决了互联网应用程序之间的同步问题(何时开始通信、何时发送信息、何时接收信息等)，而且客户/服务器非对等相互作用的特点(客户与服务器处于不平等的地位，服务器提供服务，客户请求服务)很好地适应了互联网资源分配不均的客观事实(有些主机是具有高速 CPU、大容量内存和外存的巨型机，有些主机则只是简单的个人计算机)，因此成为互联网应用程序相互作用的主要模型。

实验 9 表 1 给出了客户程序和服务器程序特性对照表。

实验 9 表 1　客户程序和服务器程序特性对照表

客户程序	服务器程序
是一个非常普通的应用程序，在需要进行远程访问时临时成为客户，同时也可以进行其他本地计算	是一种有专门用途的、享有特权的应用程序，专门用来提供一种特殊的服务
为一个用户服务，用户可以随时开始或停止其运行	同时处理多个远程客户的请求，通常在系统启动时自动调用，并一直保持运行状态
在用户的计算机上本地运行	在一台共享计算机上运行
主动地与服务器程序进行联系	被动地等待各个客户的通信请求
不需要特殊硬件和高级操作系统	需要强大的硬件和高级操作系统支持

9.3.2　实现中需要解决的主要问题

1. 标识一个特定的服务

由于一个主机可以运行多个服务器程序，因此必须提供一套机制让客户程序无二义性地指明所希望的服务。这种机制要求赋予每个服务一个唯一的标识，同时要求服务器程序和客户程序都使用这个标识。当服务器程序开始执行时，首先在本地主机上注册自己提供服务所使用的标识。在客户需要使用服务器提供的服务时，则利用服务器使用的标识指定所希望的服务。一旦运行服务器程序的主机接收到一个具有特定标识的服务请求，它就将该请求转交给注册该特定标识的服务器程序处理。

在TCP/IP互联网中，服务器程序通常使用TCP或UDP的端口号作为自己的特定标识。在服务器程序启动时，它首先在本地主机注册自己使用的TCP或UDP端口号。这样，服务程序在声明该端口号已被占用的同时，也通知本地主机如果在该端口上收到信息则需要将这些信息转交给注册该端口的服务器程序处理。在客户程序需要访问某个服务时，可以通过与服务器程序使用的TCP端口建立连接(或直接向服务器程序使用的UDP端口发送信息)来实现。

2. 服务器对并发请求的响应

在互联网中，客户发起请求完全是随机的，很有可能出现多个请求同时到达服务器的情况。因此，服务器必须具备处理多个并发请求的能力。为此，服务器可以有以下两种实现方案。

(1) 重复服务器(Iterative Server)方案

该方案实现的服务器程序中包含一个请求队列，客户请求到达后，首先进入队列中等待，服务器按照先进先出(First In First Out,FIFO)的原则顺序作出响应。

(2) 并发服务器(Concurrent Server)方案

并发服务器是一个守护进程(Daemon)，在没有请求到达时它处于等待状态。一旦客户请求到达，服务器立即再为之创建一个子进程，然后回到等待状态，由子进程响应请求。当下一个请求到达时，服务器再为之创建一个新的子进程。其中，并发服务器叫作主服务器(Master)，子进程叫作从服务器(Slave)。

重复服务器方案和并发服务器方案各有各的特点，应按照特定服务器程序的功能需求选择。重复服务器对系统资源要求不高，但是如果服务器需要在较长时间内才能完成一个请求任务，那么其他的请求必须等待很长时间才能得到响应。例如，一个文件传输服务允许客户将服务器端的文件复制至客户端，客户在请求中包含文件名，服务器在收到该请求后返回这个文件副本。当然，如果客户请求的是很小的文件，那么服务器能在很短的时间内送出整个文件，等待队列中的其他请求就可以迅速得到响应。但是，如果客户请求的是一个很大的文件，那么服务器送出该文件的时间自然会很长，等待队列中的其他请求就不可能立即得到响应。因此，重复服务器解决方案一般用于处理可在预期时间内处理完的请求，针对面向无连接的客户/服务器模型。

与重复服务器解决方案不同，并发服务器解决方案具有实时性和灵活性的特点。由于主服务器经常处于守护状态，多个客户同时请求的任务分别由不同的从服务器并发执行，因此请求不会长时间得不到响应。但是，由于创建从服务器会增加系统开销，因此并发服务器解决方案通常对主机的软硬件资源要求较高。实践中，并发服务器解决方案一般用于处理不可在预期时间内处理完的请求，针对面向连接的客户/服务器模型。

9.3.3 网络编程 Socket

TCP/IP技术的核心部分是传输层(TCP和UDP)、互连层(IP)和主机-网络层(网络接口层)，这3层通常在操作系统的内核中实现。为了使应用程序方便地调用内核中的功能，操作系统常常提供编程界面(有时也叫程序员界面或应用编程界面，也就是我们常说的应用程序接口)。其中，Socket(套接字)调用就是TCP/IP网络操作系统为网络程序开发提供的典型网络编程接口。

Socket分为数据报套接字(Datagram Sockets)和流式套接字(Stream Sockets)两种形式。其中,数据报方式使用UDP,支持主机之间面向非连接、不可靠的信息传输;流方式使用TCP,支持主机之间面向连接的、顺序的、可靠的、全双工字节流传输。

实现网络通信一般可以采用Berkley UNIX Socket接口编程。常用的网络操作系统(如Windows操作系统、UNIX操作系统和Linux操作系统等)都支持Socket网络编程接口。程序员可以利用Socket界面使用TCP/IP互联网功能,完成主机之间的通信。Windows为了更好地支持Socket编程,不仅提供了最基本和最常用的Berkley UNIX Socket接口,并对这些接口进行了扩展,扩展函数一般是WSAXXXX形式,如WSASocket、WSARecv。微软基础类库(Microsoft Foundation Class Library,MFC)对Windows Socket常用例程和扩展进行封装,提供了两个类:CasyncSocket和CSocket。Windows网络操作系统提供的Socket被称为Windows Sockets API,程序员可以直接调用这些API编写自己的网络应用程序。

在Windows Socket网络应用中,通信的主要模式是客户/服务器模式,即客户向服务器发出服务请求,服务器接收到请求后,提供相应的服务。这样一来,客户/服务器模式的建立基于以下两点:首先,网络中软硬件资源、运算能力和信息不均等,需要共享。拥有众多资源的主机提供服务,资源较少的客户可以向服务器请求服务。其次,给不同主机上的进程提供一种通信机制,进程之间可以交换数据,并进行同步,减少异构机器之间的差别。

客户/服务器模式在操作过程中采取的是主动请求方式,首先服务器方要先启动,并根据请求提供相应服务。

(1) 打开一通信通道并告知本地主机,它愿意在某一公认地址上(熟知端口,如FTP为21)接收客户请求。

(2) 等待客户请求到达该端口。

(3) 接收到重复服务请求,处理该请求并发送应答信号。接收到并发服务请求,要激活新线程来处理这个客户请求。新线程处理此客户请求,并不需要对其他请求作出应答。服务完成后,关闭此新线程与客户的通信链路,并终止。

(4) 返回第二步,等待另一客户请求。

(5) 关闭服务。

客户机一般的操作如下。

(1) 打开一通信通道,并连接到服务器所在主机的特定端口。

(2) 向服务器发服务请求报文,等待并接收应答;继续提出请求……

(3) 请求结束后关闭通信通道并终止。

从上面所描述的过程可知:(1) 客户与服务器进程的作用是非对称的,因此编码不同。(2) 服务进程一般是先于客户请求而启动的。只要系统运行,该服务进程一直存在,直到正常或强迫终止。

TCP定义了两台计算机之间进行可靠的传输而交换的数据和确认信息的格式,以及计算机为了确保数据的正确到达而采取的措施。它属于可靠的面向连接的全双工协议。

UDP是一种提供应用程序之间传送数据的机制,它所提供的服务是不可靠的。每个UDP报文不仅传送用户数据,还传送发送方和接收方的协议端口号,以使接收方的UDP软件能将报文送到正确的接收进程,并回送应答报文给对应的发送进程。面向连接的套接字系统调用时序图如实验 9 图 2 所示。无连接协议的套接字调用时序图如实验 9 图 3 所示。

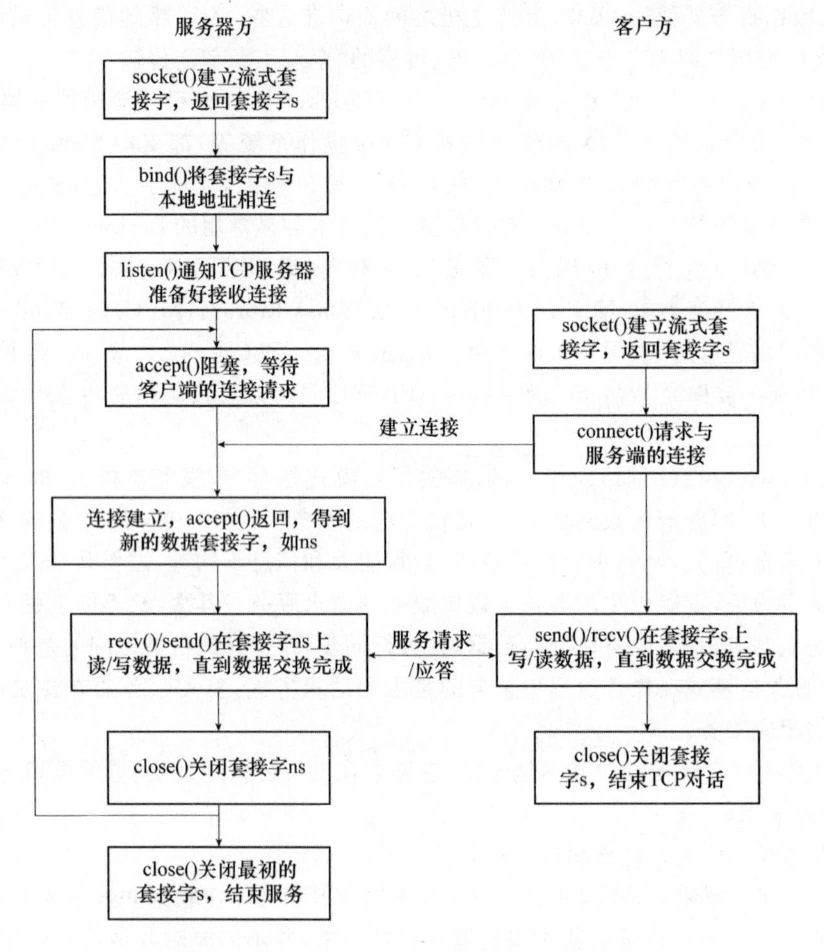

实验 9 图 2　面向连接的套接字系统调用时序图

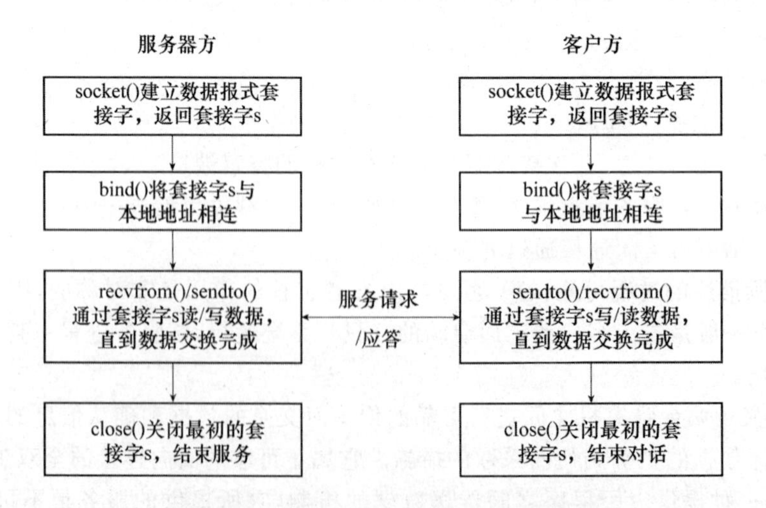

实验 9 图 3　无连接协议的套接字调用时序图

所开发程序要由服务器端和客户机端两部分组成，两部分都可以收发信息(包括文本框以及发送按钮)。

9.4 Windows Socket API 相关介绍

9.4.1 Winsock 介绍

Socket 是实现通信协议 TCP 和 UDP 的开发应用程序接口,通常用于在同一域中和其他 Socket 交换数据。Winsock 控件是微软公司提供的一个不可视的控件,用于进行通信。Winsock 控件支持 TCP 和 UDP 两种协议,使用时可根据需要选择其一。使用 Winsock 通信时分为客户机和服务器应用程序,双方都要有 Winsock 控件。Winsock 控件的一些常用方法和属性及事件如下。

Protocol 属性:设置当前 Winsock 控件的协议类型,可为 TCP 或 UDP。

Remotehost 属性:指向远端主机地址。

Localport 属性:对本地机来说是设置发送端口,对服务器来是说用于监听。

Listen 方法:用于监听连接请求。

Accept 方法:在处理 ConnectRequest 事件时用这个方法接受连接。

Connect 方法:主机地址和端口号,请求连接。

Close 方法:关闭连接。

Getdata 方法:接收数据。

Senddata 方法:发送数据。

ConnectRequest 事件:如果有连接请求,激发该事件。

DataArrival 事件:如果有数据从远程传来,激发该事件。

SendProgress 事件:在发送数据时激发。

SendComplete 事件:在数据发送完成时激发。

1. *Socket 库文件的初始化和释放*

(1) 初始化函数 WSAStartup

这是 Windows Socket 编程的第一个步骤,也是很多 Windows Socket 编程容易忽略的一个步骤,以致后面的 Sockct 操作都失败,主要原因是在其他操作系统如 UNIX 中没有这一个步骤。本函数初始化进程对 Windows Socket 的库文件 ws2_32.dll 的使用实际上是一个与 Windows 操作系统的 Socket 实现的一个协商过程,并取得 Socket 实现的具体细节。如果没有调用本函数,则不能进行更深一步的 Windows Socket 操作。

函数的原型是:

```
int WSAStartup(WORD wVersionRequested,LPWSADATA lpWSAData);
```

参数说明:wVersionRequested,这是一个输入参数,表示的是函数调用者可以使用的 Windows Socket 的最高版本。LpWSAData,返回参数,类型为指针,指向 Windows Socket 实现具体细节。

其具体结构为:

```
typedef struct WSAData
```

```
{
    WORD  wVersion;
    WORD  wHighVersion;
    char  szDescription[WSADESCRIPTiO N_LEN+1];
    char  szSystemStatus[WSASYS_STATUS_LEN+1];
    unsigned short iMaxSockets;
    unsigned short iMaxUdpDg;
    char FAR * lpVendor Info;
    }WSADATA, * LPWSADATA;
```

其中,wVersion 指明了 ws2_32.dll 期望调用者使用的 Windows Socket 版本。wHighVersion 表示的是 DLL 所支持的 Windows Socket 最高版本。

返回值说明:如果调用成功,返回 0;如果发生错误,返回错误码。注意,由于 ws2_32.dll 还没有装载,没有存放最近错误信息的数据区域,不能通过 WSAGetLastError 得到错误号。

(2) 释放函数 WSACleanup

进程终止对 Windows Socket 库文件 ws2_32.dll 的使用。当应用程序或 DLL 不再使用 Windows Socket 时,必须调用本函数从 Windows Socket 的实现中注销使用,并释放在库文件初始化时给应用程序和 DLL 的资源。

函数原型为:

```
int WSACleanup(void);
```

参数说明:没有参数。

返回值说明:如果操作成功,函数返回 0;否则函数返回 SOCKET_ERROR,具体的错误原因可以通过调用函数 WSAGetLastError 得到错误号。

对每一个成功的 WSAStartup 调用都必须调用 WSACleanup,但只有最后一次调用做实际的清理工作,其他的时候只是减小对 ws2_32.dll 的引用值。

2. Socket 的创建

创建一个 Socket,绑定到特定的服务提供者(Service Provider),并分配套接字号和相关的资源。

函数原型为:

```
SOCKET socket(int af,int type,int protocol)
```

参数说明:af,指定地址族。Windows Socket 支持的地址协议族有:

```
    /* WinSock2.h */
#define AF_UNIX         1           /* local to host (pipes, portals) */
#define AF_INET         2           /* internetwork: UDP, TCP, etc. */
#define AF_IMPLINK      3           /* arpanet imp addresses */
#define AF_PUP          4           /* pup protocols: e.g. BSP */
#define AF_CHAOS        5           /* mit CHAOS protocols */
#define AF_NS           6           /* XEROX NS protocols */
#define AF_IPX          AF_NS       /* IPX protocols: IPX, SPX, etc. */
```

```
#define AF_ISO          7           /* ISO protocols */
#define AF_OSI          AF_ISO      /* OSI is ISO */
#define AF_ECMA         8           /* european computer manufacturers */
#define AF_DATAKIT      9           /* datakit protocols */
#define AF_CCITT        10          /* CCITT protocols, X.25 etc */
#define AF_SNA          11          /* IBM SNA */
#define AF_DECnet       12          /* DECnet */
#define AF_DLI          13          /* Direct data link interface */
#define AF_LAT          14          /* LAT */
#define AF_HYLINK       15          /* NSC Hyperchannel */
#define AF_APPLETALK    16          /* AppleTalk */
#define AF_NETBIOS      17          /* NetBios - style addresses */
#define AF_VOICEVIEW    18          /* VoiceView */
#define AF_FIREFOX      19          /* Protocols from Firefox */
#define AF_UNKNOWN1     20          /* Somebody is using this! */
#define AF_BAN          21          /* Banyan */
#define AF_ATM          22          /* Native ATM Services */
#define AF_INET6        23          /* Internetwork Version 6 */
#define AF_CLUSTER      24          /* Microsoft Wolfpack */
#define AF_12,844       25          /* IEEE 1,284.4 WG AF */
```

常用的是 AF_INET 和 AF_INET6，分别对应于 IPv4 和 IPv6。

type，要创建的 Socket 的类型。Winsock2 支持的类型有：

```
    /* Winsock2.h */
#define SOCK_STREAM      1   /* stream socket 流类型 */
#define SOCK_DGRAM       2   /* datagram socket 数据报类型 */
#define SOCK_RAW         3   /* raw-protocol interface 原始协议接口 */
#define SOCK_RDM         4   /* reliably-delivered message 可靠传输的消息类型 */
#define SOCK_SEQPACKET 5   /* sequenced packet stream 有序数据包流类型 */
```

protocol，与指定的地址协议族有关的特定协议类型。对于 af=AF_INET 或者 AF_INET6，type=SOCK STREAM 或者 SOCK DGRAM，protocol 可以设置为 0。

返回值说明：如果创建 Socket 成功，返回所创建的 Socket 的套接字号。否则返回 INVALID_SOCKET，具体的错误信息可以通过函数 WSAGetLastError 得到错误号。

创建无连接的 UDP 套接字可以是：

```
int newsock;
newsock = socket(AF_INET,STREAM-DGRAM,0);
    if(newsock = INVALID_SOCKET)
    {
printf("Error when create socket: % ld\n",WSAGetLastError());
goto Sockct_Cleanup;      //做些清理工作
```

```
} //newsock 为新创建的 Socket。可以使用该 socket 接收和发送数据
```

3. 绑定服务器和端口 bind

将服务器的监听套接字与服务器的地址和端口进行绑定，一般服务器绑定在一个熟知的端口，这样客户端才知道向哪个服务程序请求服务。客户端程序一般是由操作系统自动分配端口，不需要绑定(当然客户端程序也可以将自己绑定在固定的端口上，只要该端口没有被占用)。

函数原型：

```
int bind(SOCKET s,const struct sockaddr FAR * my_addr,int addrlen);
```

参数说明：s，要绑定的套接字，一般由 socket()函数返回。my_addr，要绑定的服务器地址和端口。addrlen，my_addr 的长度，可以设置为 sizeof(struct sockaddr)。

返回值说明：正确返回 0；否则返回 SOCKET_ERROR，可以调用函数 WSAGetLastError 得到更具体的错误原因。

一个常用的例子是：

```
struct sockaddr_in server_addr;
memset(&serverad,0 ,sizeof(struct sockaddr_in));
    server_addr.sin_family = AF_INET;     //不同的地址协议族，有不同的地址
    server_addr.sin_port = htons(SERVER_PORT);            //端口
serveraddr.sin_addr.s_addr = inet_addr(INADDR_ANY);      //服务器地址
if(bind(sockfd,(structsockaddr * )&server_addr,sizeof(struct sockaddr)) = =
SOCKET_ERROR)
{
    printf("Error when binding socket\n");
      goto Srv_Cleanup;//做些清理工作
};
```

注：给网络地址赋值为 INADDR_ANY 表示绑定在服务器的各个网卡上，也可以绑定在特定的网卡上，只要使用该网卡的 IP 地址。

4. 监听套接字 listen

把套接字转化成一个被动监听的套接字，并在套接字指定的端口上开始等待别人来连接，当有人进行连接时，服务器需要进行两个步骤，一个是监听等待连接请求，另一个是调用 accept 来处理连接请求。可能同时有多个客户端程序向服务器程序发起连接请求，所以被动监听的套接字需要建立一个连接队列。

函数原型：

```
int listen(SOCKET s,int backlog);
```

参数说明：s，要被动监听的套接字；backlog，未处理的连接请求队列长度。如果连接请求队列满，那么客户端将接收到错误号 WSAECONNREFUSED。

返回值说明：正确返回 0，错误返回 SOCKET ERROR，可以调用函数 WSAGetLastError 得到具体错误原因。

例子：

```
    if(1 isten(sockfd,10) = = SOCKET_ERROR)
    {
print("Error when listening socket\n");
goto Srv_Cleanup;
}
```

5. 接收连接请求 accept

当套接字被动监听后，如果有连接请求到来，Windows 的网络协议栈就会进行处理。当连接过程的三次握手完成后，连接建立完成。服务器接收连接请求是调用函数 accept。当没有完全建立连接的请求时，套接字阻塞，直到有连接完成，函数 accept 被唤醒，返回接收的连接请求的套接字，供以后通信使用。

函数原型：

```
SOCKET accept(SOCKET s,struct sockaddr FAR * addr,int FAR * addrlen);
```

参数说明：s，处于被动监听的套接字；addr，连接实体的地址，地址的格式由创建 Socket 的地址协议族决定。对于 IPv4 是指向一个 struct sockaddr_in 结构的指针；addrlen，地址 addr 的长度。

返回值说明：如果没有发生错误，程序返回新的套接字号；否则返回 INVALID_SOCKET，可用 WSAGetLastError 得到具体的错误原因。

实例：

```
int newfd;
struct sockaddr_in their_addr;
int addrlen;
        while(1)
        {
        addrlen = sizeof(struct sockaddr_in);
        newfd = accept(sockfd,(struct sockaddr * )&their_addr,&addrlen);
        if(newfd = = INVALID_SOCKET)
        {
    printf("Accept a wrong connectionha");
          continue;
}
          //做些清理工作
}
```

6. 连接服务器 connect

连接服务器对于面向连接和无连接的套接字是有区别的。对于面向连接的套接字，connect 是开始与服务器进行三次握手建立连接；对于无连接的套接字则是在 UDP 套接字结构中记住目的地址和目的端口，以后与服务器连接，系统自动使用已经设置的目的地址和端口来填写数据报头，这也决定了无连接的套接字可以使用 recv/send，而不仅仅使用 recvfrom/sendto 函数。

函数原型：

```
int connect(SOCKET s,const struct sockaddr FAR * serv_addr,int addrlen);
```

参数说明：s，套接字，在上面建立连接；serv_addr，要连接的服务器地址；addrlen，服务器地址长度。

返回值说明：如果正确返回 0，否则返回 SOCKET_ERROR，可以调用 WSAGetLastError 得到具体的错误号。

实例：

```
//初始化服务器地址和端口
memset(&serv_addr,0 ,sizeof(serv_addr));
serv_addr.sinfamily = AF_INET;
serv_addr.sin_addr.s_addr = inet_addr(ServerAddress);
serv_addr.sin_port = htons(SERVER_POPT);
//连接服务器
    if(connect(CliSock,(struct sockaddr * )&serv_addr,sizeof(struct
    sockaddr)) == SOCKET_ERROR)
    {
  printf("Error when connecting to Time Sever\n");
        goto Clnt_End;//做些清理工作
        }
```

7. 发送和接收数据(send/recv,sendto/recvfrom)

(1) send/recv

根据前面的介绍，send/recv 不仅仅可以用于面向连接的套接字，也可以用于无连接的套接字。对于无连接的套接字，首先必须调用 connect，然后就可以使用，实现真正的网络数据通信。

函数原型：

```
int send(SOCKET s, const char FAR * buf, int len,int flags);
int recv(SOCKET s, char FAR * buf, int len,int flags);
```

参数说明：s，进行发送/接收数据的套接字；buf，对于 send，是要发送数据的缓冲区，对于 recv，是用于接收数据的缓冲区；len，对于发送，是要发送数据的长度，对于接收是接收数据缓冲区的大小；flags，用于指定函数调用的方式。可能的值是

```
#define MSG_ OOB 0 x1          / * process out-of-band data * /
#define MSG_PEEK 0 x2          / * peek at incoming message。 * /
#define MSG_DONTROUTE 0 x4     / * send without using routing tables * /
#define MSG_PARTIAL 0 x8,000 / * partial send or recv for message xport * /
#define MSG_INTERRUPT 0 x10   / * send/recv in the interrupt context * /
```

但是最常用的是 flags=0，使用默认方式。

返回值说明：send 函数正确时返回发送的数据的字节长度，错误返回 SOCKET_ERROR，通过调用 WSAGetLastError 得到具体的原因。

recv 函数正确时返回接收到的数据的长度；对于 TCP，如果对方套接字已经关闭，返回

0。如果错误返回 SOCKET_ERROR,通过调用 WSAGetLastError 得到具体的原因。

发送实例:

```
memset(ReqBuf,256);
sprintf(ReqBuf,"GetTime");
if(send(CliSock,ReqBuf,strlen(ReqBuf),0) = = SOCKET_ERROR)
{
print("Error when sending the Request\n");
goto CInt_End;
}
```

接收实例:

```
memset(TimeBuf,0 ,256);
if(recv(CliSoek,TimeBuf,255 ,0)< = 0)
          printf("Error when receiveing Respons&n");
else  printf("The Server time is % s\n",TimeBuf);
```

注:发送和接收数据可以分为阻塞和非阻塞方式。阻塞方式就是指一定要接收到足够的数据或把所有缓冲区里的数据都发送完才返回,否则函数调用一直等着。非阻塞方式是指如果没有接收到或发送数据,函数立即返回 SOCKET_ERROR,WSAGetLastError 返回的错误号为 WSAEWOULDBLOCK,这时应该循环等待操作完成。而实际上在 Windows Socket 的扩展中提供了5种I/O模式,具体参考相关书籍。

(2) sendto/recvfrom

这里的函数一般用于无连接的套接字,也可以用于面向连接的套接字。使用这两个函数时,数据不需要连接建立过程,在只发送少量数据的通信中,代价比较小。但这是一个与服务要求有关的问题。如果要数据可靠接收和发送,使用面向连接的套接字,如果通信代价尽量小,可靠性不很重要(一般网络环境允许),选用无连接的套接字。无连接的套接字不需要与远程计算机建立连接,所以通信之前需要知道远程计算机的 IP 地址和端口。

函数原型:

```
int sendto(SOCKET s,const char FAR * buf, int len,int flags,
                    const struct sockaddr FAR * to,int tolen);
```

参数说明:s,与远程计算机连接的套接字号。buf,要发送的数据缓冲区。len,缓冲区中数据的长度。flags,与 send/recv 相同。to,远地计算机的地址。tolen,地址长度。

返回值说明:正确时返回发生的数据字节长度,错误返回 SOCKET_ERROR,通过调用 WSAGetLastError 得到具体的原因。

注:如果发送的数据长度 len 超过了操作系统设定的最大长度,将不会发送数据,直接返回错误号 WSAEMSGSIZE。最大长度可以通过函数 getsockopt 来取得。

函数原型:

```
int recvfrom(SOCKET s,char FAR * buf,int len,int flags,
                    struct sockaddr FAR * from,int FAR * fromlen);
```

参数说明:s,与远程计算机连接的套接字号。buf,要接收数据的缓冲区。len,缓冲区中的长度。flags,与 send/recv 相同。from,返回远地计算机的地址。fromlen,地址长度。

返回值说明:正确时返回接收到的数据的长度;对于 TCP,如果连接已经关闭,返回 0。如果错误,返回 SOCKET_ERROR,通过调用 WSAGetLastError 得到具体的原因。

注:如果接收到的数据报文长度大于给定的缓冲区,对于 UDP 这样的不可靠协议,数据将丢失,可以得到最大接收缓冲区长度,然后指定此大小的缓冲区用于接收数据。

实例:

```
int numbytes,addrlen;
struct sockaddr_in their_addr;
    numbytes = recvfrom(sockfd,buf,MAXBUFLEN,0 ,(struct sockaddr * )&their_ad-
dr,&addrlen);
    if(numbytesm = = SOCKET_ERROR)
    printf("Error when recvfrom data\n");
    else
    printf("From %s we got %d bytes data\a",inet_ntoa(their_addr.sin_addr),
numbytes);
```

8. 关闭套接字 closesocket 和 shutdown

当网络数据通信完成后,需要关闭套接字,释放创建 Socket 时分配的资源。使用 close 调用后,套接字不再允许进行读写操作。任何有关对套接字进行的读写操作都会返回一个错误 WSAENOTSOCK。

函数原型:

```
int closesocket(SOCKET s);
```

参数说明:s,要关闭的套接字。

返回值说明:如果正确,函数返回 0;否则函数返回 SOCKET_ERROR,调用 WSAGetLastError 得到具体的原因。

在调用 closesocket 之后,虽然不可以进行读写操作,但可能调用时有数据没有发送完成(存放在系统的发送缓冲区中),这时根据套接字选项的不同,可能会继续发送数据,也可能会直接丢掉这些数据。所以 Socket 提供了 shutdown 函数进行进一步控制,允许单向关闭。

函数原型:

```
int shutdown(SOCKET s,int how);
```

参数说明:s,要单向关闭的套接字。how,指定要关闭的操作。可能的值是:

SD_RECEWE,不允许以后接收数据

SD_SEND,不允许以后发送数据

SD_BOTH,与 close 一样,不允许继续任何读写操作

返回值说明:如果正确,函数返回 0;否则函数返回 SOCKET_ERROR,调用 WSAGetLastError 得到具体的原因。

注:shutdown 并不释放创建 Socket 时分配的资源。如果在一个未连接的数据报套接字上使用 shutdown()函数,将什么也不做。

实例:

```
① if(closesocket(sockfd) = = SOCKET_ERROR)
```

```
                printf("Error when closing socket\n");
② if(shutdown(sockfd,SD_RECEIVE) = = SOCKET_ERROR)
                printf("Error when closing socket\n");
```

在 Microsoft Visual C++中，这些 Socket API 被封装成 CAsyncSocket 类，使程序员的网络编程更加方便。

9.4.2 CAsyncSocket 介绍

CAsyncSocket 对 Windows Socket API 在比较低的级别上进行了封装，利用 CAsyncSocket 编制网络应用程序不但比较灵活而且能够避免直接调用 Windows Socket API 函数的繁琐工作。

1. 创建 Socket

Socket 的创建需要分为两步进行，首先通过调用 CAsyncSocket 类的构造函数构造 CAsyncSocket 对象，然后再调用 Create 成员函数创建和初始化 Socket。CAsyncSoeket 对象的构造可以按以下两种方式进行。

① 在堆栈上构造 CAsyncSocket 对象。

```
CAsyncSocket sock;
```

② 在堆上构造 CAsyncSocket 对象。

```
CasyncSocket * pSocket = new CAsyncSocket;
```

其中，第一种方式在堆栈上构造 CAsyncSocket 对象，第二种方式在堆上构造 CAsyne-Soeket 对象。在构造 CAsyneSoeket 对象之后，需要调用 Create 成员函数对其进行创建和初始化。

Create 成员函数的原型如下：

```
BOOL Create(
        UINT nSocketPort = 0 ,
        int nSocketType = SOCK_STREAM,
        long lEvent = FD_READ|FD_WRITE| FD_OOB|FD_ACCEPT|FD_CONNECT|FD_CLOSE,
        LPCTSTR lpszSocketAddress = NULI
);
```

Create 成员函数中各参数的意义如下。

- nSocketPort，为 Socket 指定一个端口。如果是服务器端的 Socket，那么应该为其指定一个具体的端口号。如果是客户机端 Socket，那么既可以为其指定一个具体的端口号，也可以让系统自动为其分配一个端口号。默认值 0 表示让系统自动为其选择端口号。
- nSocketType，指定 Socket 类型。Socket 类型分为流方式和数据报方式两种。流方式通过 SOCK_STREAM 指定，数据报方式通过 SOCK_DGRAM 指定。其中，流方式为默认方式。
- lEvent，用于指定要生成的事件通知。CAsyneSocket 类将事件处理封装成了虚函数，应用程序重载这些虚函数就可以处理这些事件。事件 FD_READ、FD_WRITE、FD_OOB、FD_ACCEPT、FD_CONNECT 和 FD_CLOSE 处理对应的虚函数分别为

OnReceive、OnSend、OnOutOfBandData、OnAccept、OnConneet 和 OnClose。

- lpszSocketAddress，指定 Socket 的网络地址。该地址既可以为主机的 IP 地址(如 202.113.25.99)，也可以为主机的域名地址(如 netlab.nankai.edu.cn)。默认值 NULL。将 Socket 的网络地址限定为本机。

如果调用成功，Create 以非 0 值返回。调用出错时，可以调用 GetLastError 函数得到具体的错误信息。

创建 Socket 的例子如下。

① 以流方式创建 Socket。

```
CAsyncSocket MySock;
BOO L bFlag = MySock.Create(2,000,SOCK_STREAM,FD_ACCEPT);
if(! bFlag)
{
      …  //创建套接口错误处理
   }
      …
```

② //以数据报方式创建 Socket。

```
CAsyncSocket MySock;
BOOL bFlag = MySock.Create(2,000,SOCK_DGRAM,FD_READ);
lf(! bFlag)
{
   …  //创建套接口错误处理
      }
      …
```

其中，第一种方式按照流方式创建和初始化 Socket。它在本机的 2000 端口等待远程应用程序的连接请求，并在收到远程应用程序的连接请求后触发 FD_ACCEPT 事件。第二种方式按照数据报方式创建和初始化 Socket。它在本机的 2000 端口等待远程应用程序发送的数据，并在收到远程应用程序发送的数据后触发 FD_READ 事件。

2. 发送和接收数据报

如果创建的是数据报 Socket，那么可以用 CAsyncSocket 的成员函数 SendTo 发送数据报，用 ReceiveFrom 接收数据报。由于采用数据报方式，因此在利用 SendTo 和 ReceiveFrom 发送和接收数据报时不需要与目标建立连接。

SendTo 成员函数的原型如下：

```
int SendTo(
const void * lpBuf,
int nBufLen.
UINT nHostPort,
LPCTSTR IpszHostAddress = NULL,
int nFlags = 0
   );
```

其中，各参数的主要意义如下。

- lpBuf，存放需要发送的数据信息。
- nBufLen，需要发送的字节数。
- nHostPort，目标主机端口号。
- lpszHostAddress，目标主机的 IP 地址或域名。
- nFlags，指定以何种方式调用该函数。

如果没有错误发生，那么 SendTo 将返回已经发送的字节数。如果发生错误，SendTo 将以 SOCKET_ERROR 返回，具体的错误信息可以通过调用 GetLastError 得到。

ReceiveFrom 成员函数的原型如下：

```
Int ReceiveFrom(
void * lpBuf,
int nBufLen,
Cstring& rSocketAddress,
UINT& rSocketPort,
int nFlags = 0
    );
```

其中，各参数的主要意义如下。

- lpBuf，存放接收到的数据信息。
- nBufLen，接收缓冲区 lpBuf 的长度。
- rSocketAddress，发送方使用的 IP 地址。
- rSocketPort，发送方使用的端口号。
- nFlags，指定以何种方式调用该函数。

在没有错误发生时，ReceiveFrom 返回实际读取的字节数。如果调用发生错误，ReceiveFrom 将以 SOCKET_ERROR 返回，具体的错误信息可以调用 GetLastError 函数得到。

3. 客户程序的建连请求

如果利用流方式使用 Socket，那么客户程序在发送正式的数据信息之前需要调用 CAsyncSocket 的 Connect 成员函数请求与服务器建立连接。Connect 成员函数的原型如下：

```
BOOL Connect(
LPCTSTR lpszHostAddress,
UINT nHostPort
    );
```

其中，lpszHostAddress 指定需要连接的远程主机的 IP 地址或域名，nHostPort 指定需要连接的远程主机的端口号。

如果连接成功，Connect 函数返回 TRUE；否则返回 FALSE。在连接失败时，可以调用 GetLastError 得到详细的错误报告。注意，默认状态下 CAsyncSoeket 使用异步方式，在操作不能立即返回时采用触发事件通知方式。因此，在 Connect 函数返回 FALSE 后，需要判定连接出错还是没有完成。如果这时调用 GetLastError 函数返回 WSAEWOULD-

BLOCK,那么可以判定 Connect 操作还未完成;一旦完成,系统将通过事件 FD_CONNECT 调用虚函数 OnConnect。程序员可以通过重载 OnConnect 对已经完成的建连请求进行处理。

4. 服务器程序的连接接受

服务器程序在创建 Socket 之后,需要调用 CAsyncSocket 的 Listen 成员函数侦听连接请求。Listen 成员函数的原型如下:

```
BOOL Listen(
int nConnectionBacklog = 5
);
```

nConnectionBacklog 为连接请求等待队列的最大长度,有效值为 1~5,默认值为 5。

如果 Listen 函数调用成功,则返回非 0 值;否则返回 0。具体的错误信息可以通过调用 GetLastError 函数得到。

当客户程序的连接请求到来时,系统通过触发 FD_ACCEPT 事件调用 OnAccept 虚函数。为了接受客户程序的连接请求,程序员需要重载 OnAccept 函数并在该函数中调用 CAsyncSocket 的成员函数 Accept。Accept 成员函数的原型如下:

```
Virtual BOOL Accept(
CasyncSocket& rConnectedSocket,
SOCKADDR * lpSockAddr = NULL.
int * lpSockAddrLen = NULL
);
```

利用 Accept 成员函数接受客户程序的建连请求时,首先需要构造一个新的 CAsyncSocket 对象,并将该对象与建立的连接联系起来。通过该连接进行的数据收发等操作都需要通过这个新建立的 CAsyncSocket 对象进行。在 Accept 函数中,rConnectedSocket 参数指向这个新构造的 CAsyncSocket 对象,lpSockAddr 和 lpSockAddrLen 为接收到的请求端的地址信息和长度。

5. 发送和接收流式数据

在流式 Socket 中发送和接收数据可以分别调用 CAsyncSocket 的 Send 和 Receive 成员函数。当一个 Socket 的发送缓冲区空并且可以进行另一次发送时,系统将触发 FD_WRITE 事件并调用 OnSend 虚函数通知程序员可以通过调用 Send 成员函数发送数据。Send 函数的原型如下:

```
virtual int Send(
const void * lpBuf,
int nBufLen,
Int nFlags = 0
    );
```

其中,lpBuf 指向需要发送数据的缓冲区,nBufLen 为需要发送数据的长度,nFlags 指定以何种方式调用该函数。在调用成功后,Send 函数将返回实际送出的字节数;否则,Send 将返回 SOCKET_ERROR,具体的错误信息可以调用 GetLastError 函数获得。

当Socket接收到数据后，系统将触发FD_READ事件并调用OnReceive虚函数通知程序员可以通过调用Receive成员函数从Socket接收缓冲区中读取数据。Socket接收的数据将一直保存在缓冲区中，直到调用Receive成员函数将其读出。Receive成员函数的原型如下：

```
virtuaI int Receive(
void* lpBuf,
int nBufLen,
    int nFlags = 0
    );
```

其中，lpBuf指定存放接收到数据的缓冲区，nBufLen为接收数据缓冲区的最大长度，nFlag指定以何种方式调用该函数。在调用成功后，Receive函数将返回实际读取到的字节数；否则，Receive将返回SOCKET_ERROR，具体的错误信息可以调用GetLastError函数获得。

6. 关闭Socket

在使用完Socket后，需要使用CAsyncSocket类的Close成员函数将其关闭，以释放该Socket占用的有关系统资源。Close函数非常简单，其函数的原型如下：

```
virtual void Close();
```

在调用Close函数将Socket关闭后，如果应用程序再次使用该Socket，那么系统将返回错误信息WSAENOTSOCK。

9.5　实验环境与设备

每组实验设备为：PC一台（软件要求：Windows XP以上操作系统，VC 6.0应用开发平台）。

9.6　实验步骤

9.6.1　利用Winsocket编制网络应用程序

项目：一个简单的timer服务器。

工作流程：客户端向服务器建立连接后，发送取得服务器本地时间的请求，然后等待服务器返回结果，并显示。服务器接收客户端传送来的得到服务器时间请求，然后获取时间，返回给客户端。

实现方法：采用面向连接的客户端服务器模型。（注意：编译时指定Windows Socket对应的lib文件ws2_32.lib，在VC++6.0中，Project|settings|Link|object library modules里添加ws2_32.lib）。

1. 服务器程序

(1) 初始化 Windows Socket 库文件。

(2) 创建 Socket。

(3) 绑定端口。

(4) 监听套接字。

(5) 阻塞,等待连接。

(6) 接收连接,处理请求。

(7) 返回处理结果。

(8) 关闭套接字,释放对库文件的使用。

```
/* TimeSrv*.c */
#include <mysock.h>      //初始化和释放库文件函数以及一些常用定义,见后文

int main()
{
  int MySock,ConnSock;
  char TimeBuf[256],ReqBuf[256];
  struct sockaddr_in serv_addr;
  printf("\n0.服务器已准备启动,按任意键单步执行! \n\n");
  getch();
//1.初始化 socket 库文件
  if(InitSock()<0)
  {
  printf("Error when initialize socket lib\n");
  return -1;
  }
  printf("1.调用 WSAStartup()函数,初始化 Socket 库文件成功! \n\n");
  getch();
// 2.创建 socket
  MySock = INVALID_SOCKET;
  MySock = socket(AF_INET,SOCK_STREAM,0);
    if(MySock = = INVALID_SOCKET)
    {
      print("Error when create socket\n");
              goto Srv_End;
    }
    printf("2.调用 socket()函数,创建 socket! \n\n");
    getch();
//初始化服务器地址和端口
    memset(&serv_addr,0 ,sizeof(serv_addr));
```

```
        serv_addr.sin_family = AF_INET;
        serv_addr.sin_addr.s_addr = htonl(INADDR_ANY);
        serv_addr.sin_port = htons(SERVER_PORT);
        printf("初始化服务器地址和端口！\n\n");
        getch();
    //3.将创建的套接字绑定在指定的地址和端口
        if(bind(MySock,(struct sockaddr * )&serv_addr,sizeof(serv_addr))<0)
        {
        printf("Error when bind the socket\n");
            goto Srv_End;
    }
        printf("3.调用 bind()函数，将创建的套接字和指定的服务器地址和端口绑定！\
n\n");
    //4.监听套接字
        getch();
        listen(MySock,LISTENQ);
        printf("4.调用 listen()函数，服务器监听客户请求！n\n");
        while(1)
        {
      ConnSock = accept(MySock,0,0);  //5.阻塞，等待连接
          printf("5.调用 accept()函数，等待连接，处理客户请求！\n\n");
      getch();

      if(ConnSock = = INVALID_SOCKET) continue;
      memset(ReqBuf,0,256);
      if(recv(ConnSock,ReqBuf,255,0)< = 0) continue; //6.读取客户端的请求
          printf("6.调用 recv()函数，读取客户端的请求！\n\n");
          getch();
      if(strcmp(ReqBuf,"GetTime"))continue;
      memset(TimeBuf,0 ,256);
          sprintf(TimeBuf, "Server Time is 2,013-11-26。\n",);
      send(ConnSock,TimeBuf,strlen(TimeBuf),0);//7.返回处理结果
          printf("7.服务器响应客户端 GetTime 请求，调用 send()函数，返回处理结果！
\n\n");
    }
    Srv End://8.关闭套接字，返回处理结果
        printf("8.调用 closesocket(),WSACleanup()函数，关闭套接字，释放库文件！\n
\n");
        if(MySock! = INVALID_SOCKET) closesocket(MySock);
```

```
  if(ReleaseSock()<0) printf("Error when Realease socket lib\n");
  return 0;
}
```

2. 客户端程序

(1) 初始化库文件。

(2) 创建套接字。

(3) 连接服务器。

(4) 发送取服务器本地时间请求。

(5) 等待接收请求结果,显示请求结果。

(6) 关闭套接字,释放库文件。

```
/*TimeClnt.c*/
#include <mysock.h>      //初始化和释放库文件函数以及一些常用定义,见后文
static char ServerAddress[]="127.0.0.1"; //本地地址作为服务器地址
int main()
{
int CliSock;
char TimeBuf[256],ReqBuf[256];
struct sockaddr_in serv_addr;
    printf("\n0.客户端已准备启动,按任意键单步执行!\n");
getch();
//1.初始化 socket 库文件
    if(InitSock()<0)
    {
      print("Error when initialize socket lib\n");
       return -1;
  }
    printf("1.调用 WSAStartup()函数,初始化 socket 库文件成功!\n\n");
    getch();
//2.创建 socket
    CliSock=INVALID_SOCKET;
    CliSock=socket(AF_INET,SOCK_STREAM,0);
    if(CliSock==INVALID_SOCKET)
    {
      printf("Error when create socket\n");
      goto ClntEnd;
  }
    printf("2.调用 socket()函数,创建 socket!\n");
  getch();
//初始化服务器地址和端口
```

```
        memset(&serv_addr,0 ,sizeof(serv_addr));
        serv_addr.sin_family = AF_INET;
    serv_addr.sin_add.S_addr = inet_addr(ServerAddress);
    serv_addr.sin_port = htons(SERVER_PORT);
        printf("初始化服务器地址和端口! \n\n");
        getch();
  //3.连接服务器
        if(connect(CliSock,(struct    sockaddr * )&serv_addr,sizeof(struct sock-
addr))
                    = = SOCKET_ERROR)
        {
        printf("Error when connect to Time Sever\a");
          goto Clnt_End;
    }
        printf("3.调用 connect()函数,连接服务器成功! \n\n");
    //4.发送取服务器本地时间请求
        getch();
        memset(ReqBuf,0 ,256);
        sprintf(ReqBuf,"GetTime");
        if(send(CliSock,ReqBuf,strlen(ReqBuf),0) = = SOCKET_ERROR)
    {
        printf("Error when sending the Request\n");
        goto Clnt_End;
    }
    printf("4.调用 send()函数,发送取服务器本地时间请求! \n\n");
  //5.等待接收请求结果,并显示
        getch();
        printf("5.调用 recv()函数,等待接收请求结果,并显示! \n\n");
        memset(TimeBuf,0 ,256);
        if(recv(CliSock,TimeBuC255 ,0)< = 0)
          print("Error when receiveing Response\n");
        else
          printf("The Server time is % s\n",TimeBuf);
        Clnt_End://6.关闭套接字,释放库文件
        getch();
        printf("6.调用 closesocket(),WSACleanup()函数,关闭套接字,释放库文件! \n
\n");
    if(CliSock! = INVALID_SOCKET) closesocket(CliSock);
    if(ReleaseSock()<0) printf("Error when Realease socket lib\n");
```

```
return 0;
}
```

3. mysock.h

```
/ * mysock.h * /
#include <winsock2.h>
#define SERVER_PORT 4,000 //服务器端口
#define LISTENQ  10       //监听队列长度
int InitSock()
{
    WORD wVersionRequested;
    WSADATA wsaData;
int err;
wVersionRequested = MAKEWORD(2 ,2);
err = wSAStartup(wVersionRequested,&wsaData);
if(err!  = 0) return -1;
return 1;
}
int ReleaseSock()
{
if(WSACleanup() = = SOCKET_ERROR)   return -1;
return 1;
}
```

4. 程序运行顺序

(1) 先启动服务器程序,运行服务器程序界面如实验 9 图 4 所示。

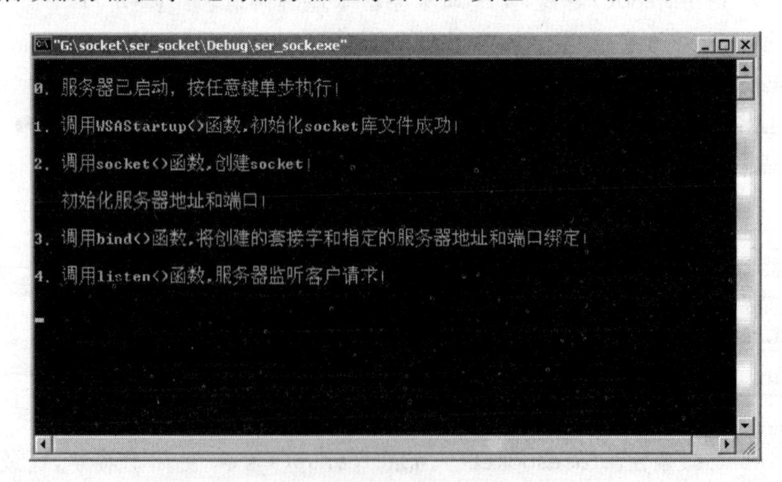

实验 9 图 4　服务器运行

(2) 发起客户端请求,运行客户端程序,服务器和客户端界面如实验 9 图 5 所示。

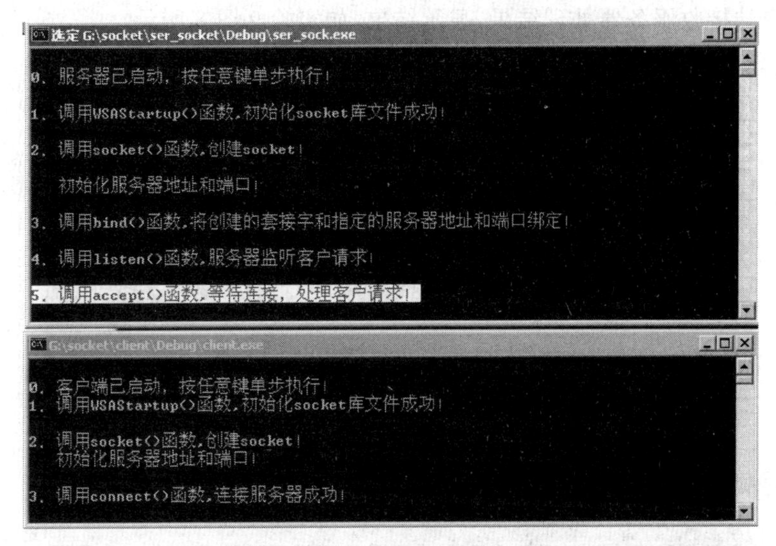

实验 9 图 5　服务器和客户端

(3) 客户向服务器发出“GetTime”命令，客户端界面如实验 9 图 6 所示。

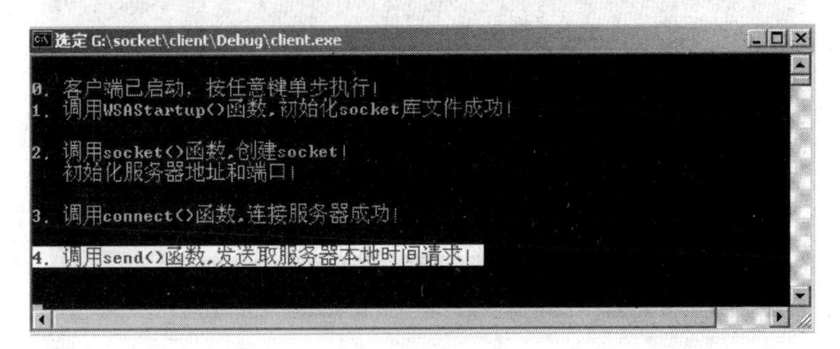

实验 9 图 6　客户向服务器发出“GetTime”命令

(4) 服务器接受命令，处理命令，返回处理结果，服务器界面如实验 9 图 7 所示。

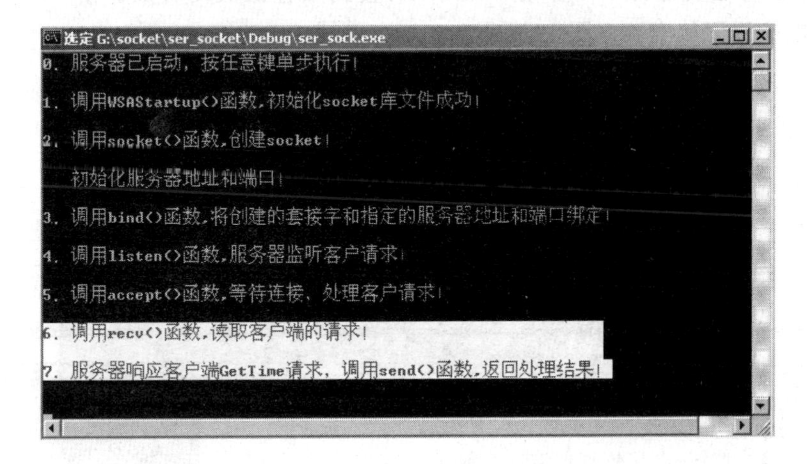

实验 9 图 7　服务器接收“GetTime”请求处理

（5）客户端接收服务器处理结果，显示结果，如实验 9 图 8 所示。

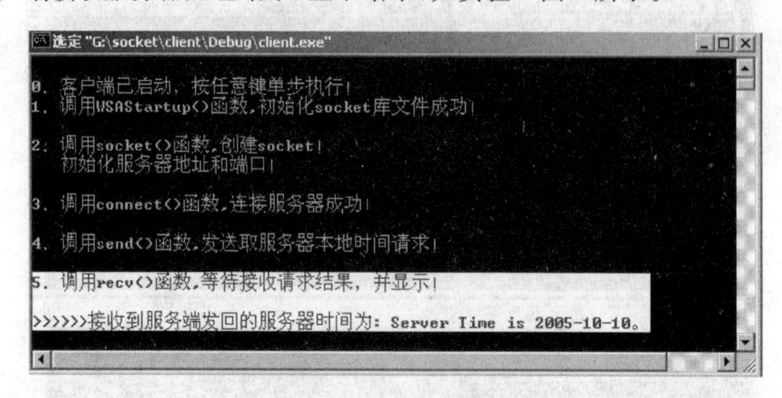

实验 9 图 8　客户端接收服务器响应

（6）客户端运行结束，释放 Socket 连接，客户端界面如实验 9 图 9 所示。

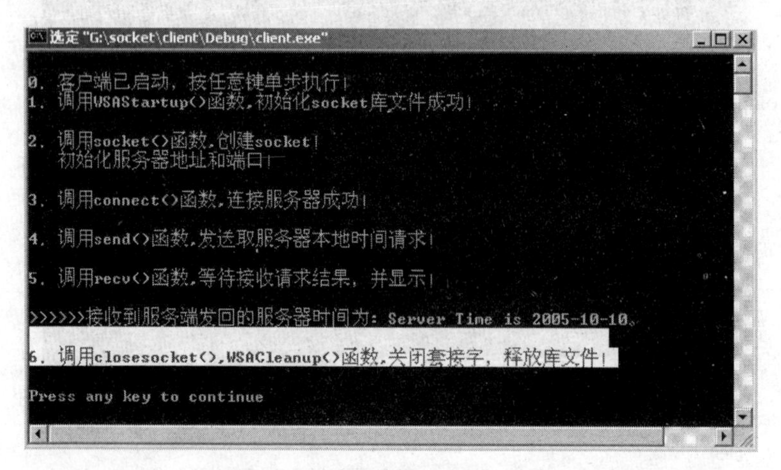

实验 9 图 9　客户端释放 Socket 连接

（7）服务器继续等待下一个客户的请求，直到服务器关闭释放。下一个客户发出请求，服务器响应界面如实验 9 图 10 所示。

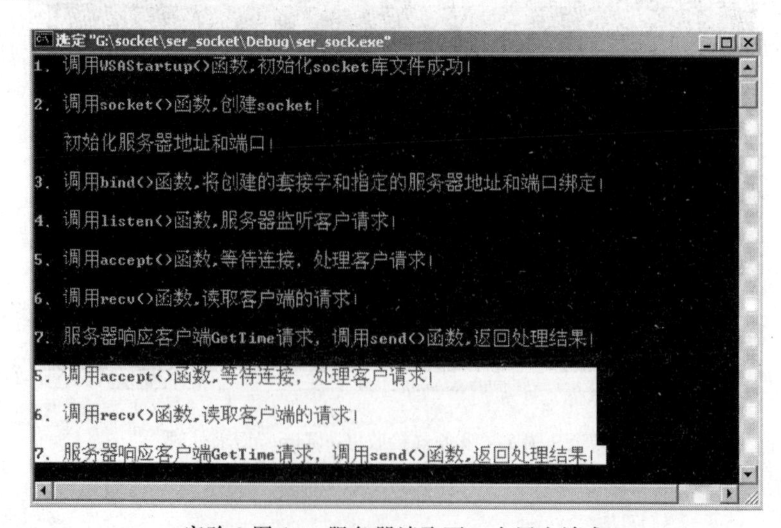

实验 9 图 10　服务器读取下一个用户请求

9.6.2　利用 CAsyncSocket 编制网络应用程序

现在利用 CAsyncSocket 类提供的数据报(UDP)方式编写一个简单的客户/服务器程序,实现服务器对客户日期请求的响应。其中,客户程序和服务器程序的界面如实验 9 图 11和实验 9 图 12 所示。

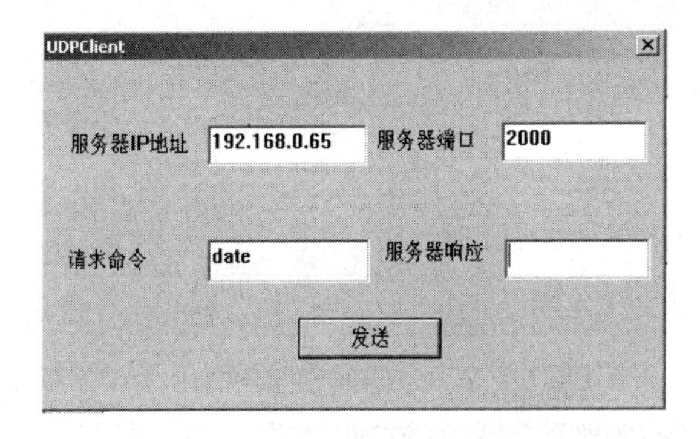

实验 9 图 11　客户程序界面

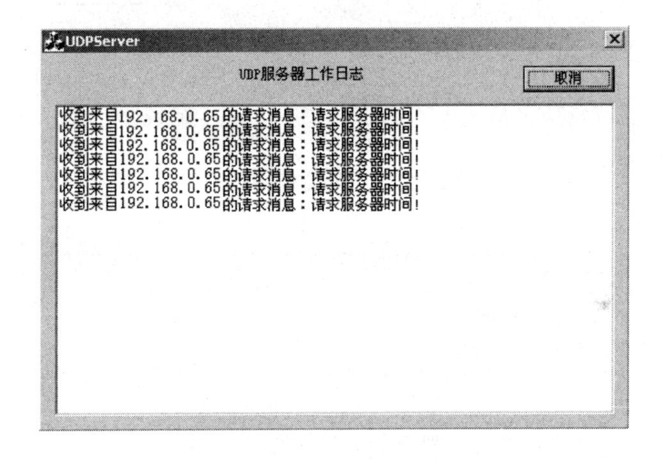

实验 9 图 12　服务器程序界面

在编写客户和服务器程序过程中需要注意的问题如下。

1. 选中 Windows 套接字选项

不论是客户程序还是服务器程序,在建立使用 Windows 套接字的应用程序项目时应选中"Windows Sockets"选项,如实验 9 图 13 所示。选中"Windows Sockets"选项,Visual C++集成开发环境将自动为该应用程序增加与套接字有关的宏和常数等内容,以便编译过程顺利完成。

2. 添加和定制新 Socket 类

添加新的 Socket 类可以通过 Visual C++集成开发环境中"Insert"菜单中的"New Class"命令完成。添加的新 Socket 类应该以 CAsyncSocket 类为基类,如实验 9 图 14 所示。

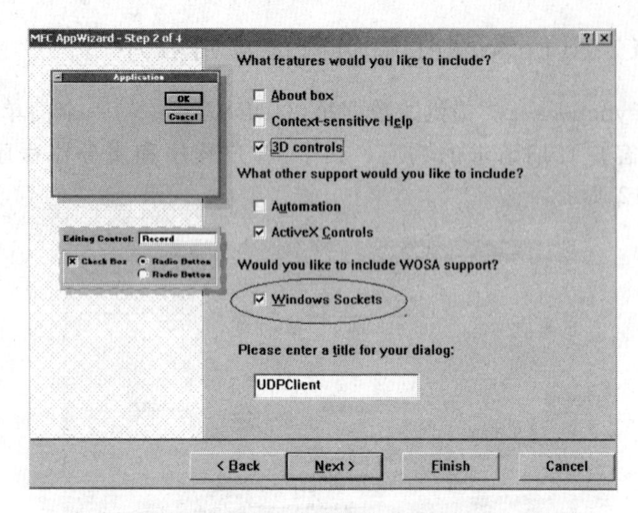

实验 9 图 13　VC++中的“Windows Sockets”选项

实验 9 图 14　在 VC++中添加新建 Socket 类

为了能够处理 FD_CONNECT、FD_ACCEPT、FD_READ、FD_WRITE 等 Socket 事件，添加的新 Socket 类需要重载 OnConnect、OnAccept、OnReceive、OnSend 等虚函数。重载这些虚函数可以通过右击类视图中添加的新 Socket 类(如 CUDPClient)并执行下拉菜单中的“Add Virtual Funtion”命令进行。在弹出的“Add Virtual Funtion”窗口中双击所要重载的函数即可，如实验 9 图 15 所示。

由于该客户/服务器应用程序比较简单，因此只重载 OnReceive 虚函数就可以满足要求。在客户程序中，通过调用 ReceiveFrom 成员函数获取该接收到的数据并将该 Socket 数据显示在应用程序界面上。在服务器程序中同样调用 ReceiveFrom 成员函数获得该Socket 接收到的数据并对接收到的数据内容进行判定，如果接收到的为 date，那么通过 SendTo 成员函数响应服务器本机的当前日期；如果接收到的不是 date，那么通过 SendTo 成员函数响应“错误请求信息”。

服务器程序中重载 OnReceive 虚函数的代码如下：

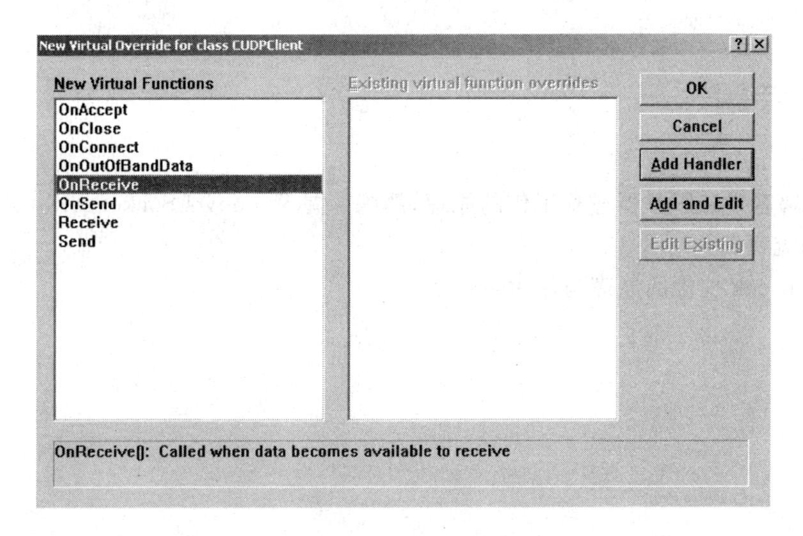

实验 9 图 15　重载新建 Socket 类的虚函数

```
void CUDPSer::OnReceive(int nErrorCode)
{
    // TODO: Add your specialized code here and/or call the base class
    char  ch[2,000];
    unsigned int lpSockAddrLen = 30;
    CString  lpSockAddr;
    CString    text;
    int rt;

     rt = ReceiveFrom(ch,2,000 ,lpSockAddr,lpSockAddrLen,0);

  text = "收到来自" + lpSockAddr + "的请求消息:" + ((CString)ch).Left(rt) + "!";
     ((CUDPServerDlg *)dlghandle) - >m_list.AddString( text);//将收到的请求,在对话框列表中显示
     }
```

3. 创建和关闭套接字

在添加和定制新的 Socket 类后,可以对该类进行实例化,如 CUDPClient m_ClientSocket,然后利用 Create 成员函数对其进行创建,如 m_ClientSocket. Create(...)。在利用 Create 为客户应用程序创建 Socket 时,通常可以让系统为该 Socket 自动选择端口号。但是在利用 Create 为服务器程序创建 Socket 时,用户则需要指定 Socket 使用的端口号。同时,由于该简单的客户/服务器程序要求使用数据报方式处理数据到达事件,因此 nSocketType 和 lEvent 参数需要分别置为 SOCK_DGRAM 和 FD_READ。由于采用数据报方式,客户程序和服务器程序的数据发送都可以通过 SendTo 成员函数进行。

在使用完毕后,需要使用 close 成员函数关闭这些套接字。

9.7 思考题

（1）理解客户和服务器进程工作的原理，熟练掌握 Windows Socket API 实现客户和服务器进程的流程。

（2）Winsock 控件的原理与作用是什么？

参考文献

[1] 谢希仁. 计算机网络. 5版. 北京：电子工业出版社，2008.

[2] 吴功宜. 计算机网络. 4版. 北京：电子工业出版社，2011.

[3] 冯博琴. 计算机网络. 2版. 北京：高等教育出版社，2004.

[4] Laura A Chappell，Ed Tittel. TCP/IP 协议原理与应用. 马海军，吴华，译. 北京：清华大学出版社，2005.

[5] James F Kurose，Keith W Ross. 计算机网络——自顶向下方法与 Internet 特色. 陈鸣，译. 北京：机械工业出版社，2005.

[6] Andrew S Tanenbaum. 计算机网络. 3版. 熊桂喜，王小虎，译. 北京：清华大学出版社，2003.

[7] 肖盛文. 计算机网络实用教程. 北京：北京邮电大学出版社，2010.

[8] 李馥娟. 计算机网络实验教程. 北京：清华大学出版社，2007.

[9] 张建忠，徐敬东. 计算机网络实验指导书. 北京：清华大学出版社，2005.

[10] 石硕. 计算机网络实验技术. 北京：电子工业出版社，2002.